| 第二版 |

Servlet & JSP

邁向 Spring Boot

Servlet&JSP 技術手冊(第二版)--邁向 Spring Boot

作　　　者：林信良
企劃編輯：江佳慧
文字編輯：江雅鈴
設計裝幀：張寶莉
發 行 人：廖文良

發 行 所：碁峰資訊股份有限公司
地　　　址：台北市南港區三重路 66 號 7 樓之 6
電　　　話：(02)2788-2408
傳　　　真：(02)8192-4433
網　　　站：www.gotop.com.tw
書　　　號：AEL024500
版　　　次：2021 年 05 月二版
　　　　　　2024 年 03 月二版七刷
建議售價：NT$620

國家圖書館出版品預行編目資料

Servlet&JSP 技術手冊：邁向 Spring Boot / 林信良著. -- 二版.
　-- 臺北市：碁峰資訊, 2021.05
　　面；　公分
　ISBN 978-986-502-840-4(平裝)
　1.Java(電腦程式語言)　2.網頁設計　3.全球資訊網
312.32J3　　　　　　　　　　　　　　　110007517

序

2020 年 12 月 Eclipse 基金會正式推出 Jakarta EE 9，在規範的實現方面，發佈了 Eclipse Glassfish 6.0.0，而 Apache Tomcat 10 在 2021 年初也實現了 Web 容器的規範。

雖然就本書而言，理論上是可以基於 Jakarta EE 9，具體而言是基於 Apache Tomcat 10 來改版，不過因為 `javax.*` 套件名稱過渡到 `jakarta.*` 套件名稱，Java 生態圈相關技術的遷移還需要時間，而且本書主軸之一，是從應用程式重構中認識 MVC 架構，並銜接至 Spring 方案，最後決定的是，仍基於 Java EE 8 來進行改版。

這其實是件好事，對於既有的 Servlet /JSP 的內容，可以專心地將這陣子以來的一些經驗（無論是實務上或是教學上的）融入書中，在去蕪存菁之後，挪出篇幅來介紹更多 Spring 相關方案的套用。

單就主題而言，雖說增加的 Spring 篇幅，可以讓讀者不致於對本書有新瓶裝舊酒之感，然而就改版細節來說，真正心力與時間，是放在技術與技術之間，如何逐步構成一個應用程式。

畢竟技術本身的難點，往往不在個別功能的認識，而在於每個環節之間的銜接，這些技術環境個別拆開來看往往不具意義，學習或應用的難處，往往在於尋找彼此之間的銜接方式。

在改版本書之際，對於技術環節間銜接的重新省思，實際上也讓自己有不少收穫，一直以來這也是我改版的動力之一，因為若自身能在過程中得到新的體會，相信讀者亦能在這本書中獲得成長。

畢竟，自己都不覺得有趣的東西，別人又怎麼能從中獲得樂趣呢？

2021.5

導讀

這份導讀可以讓你更了解如何使用本書。

字型

本書內文中與程式碼相關的文字,都用等寬字型來加以呈現,以與一般名詞作區別。例如 JSP 是一般名詞,而 `HttpServlet` 為程式碼相關文字,使用了等寬字型。

新舊版差異

在第一版中,實驗性地加入三章有關 Spring 的內容,主要是作為一個銜接,希望從實際的應用程式重構中,篩選出對應用程式有益的框架特性,以逐步掌握框架的本質,這部分無論是在讀者的反應,或是我個人教學過程學員的回饋上,都有不錯的效果。

因而在第二版,第 12 章到第 14 章增加了更多內容,特別是在 Spring Security 與 Spring Boot 方面,這是為了能將 Servlet/JSP 實作的微網誌應用程式,整個重構至 Spring Boot,從中認識 Web 應用程式的開發,以及套用框架時的一些考量及做法。

至於第 1 章到第 11 章的部分,內容做了一些精簡,除了內文描述的調整之外,去除了稍微離題或不合時宜的內容,例如刪除第一版第 5 章的非同步 Long Polling 介紹、第 9 章的 `RowSet` 的使用等。

各章節的範例都做了全面檢視與必要的修正,特別是微網誌應用程式,主要是為了銜接至 Spring Boot 時更為順利,另外也試著使用 Java SE 9 以後的一些 API,以及 Java SE 10 的 `var` 語法來簡化程式的撰寫。

程式範例

你可以在以下網址下載本書的範例：

- http://books.gotop.com.tw/download/AEL024500

本書許多範例都使用完整程式實作來展現，當看到以下的程式碼示範時：

```
FirstServlet  Hello.java

package cc.openhome;

import java.io.IOException;
import java.io.PrintWriter;

import javax.servlet.ServletException;
import javax.servlet.annotation.WebServlet;
import javax.servlet.http.HttpServlet;
import javax.servlet.http.HttpServletRequest;
import javax.servlet.http.HttpServletResponse;

@WebServlet("/hello")
public class Hello extends HttpServlet {  ←——❶ 繼承 HttpServlet
    @Override
    protected void doGet(  ←——❷ 重新定義 doGet()
            HttpServletRequest request, HttpServletResponse response)
                throws ServletException, IOException {
                                              ❸ 設定回應內容類型
        response.setContentType("text/html;charset=UTF-8");←

        String name = request.getParameter("name");←——❹ 取得請求參數

        PrintWriter out = response.getWriter();←——❺ 取得回應輸出物件
        out.print("<!DOCTYPE html>");
        out.print("<html>");
        out.print("<head>");
        out.print("<title>Hello</title>");
        out.print("</head>");
        out.print("<body>");
        out.printf("<h1> Hello! %s!%n</h1>", name);←——❻ 跟使用者說 Hello!
        out.print("</body>");
        out.print("</html>");
    }
}
```

範例開始的左邊名稱為 FirstServlet，表示可在範例檔案的 samples 資料夾中各章節資料夾中，找到對應的 FirstServlet 專案，而右邊名稱為 Hello.java，表示可以在專案中找到 Hello.java 檔案。如果程式碼中出現標號與提示文字，表示後續的內文中，會有對應於標號及提示的更詳細說明。

原則上，建議每個專案範例都親手動作撰寫，如果由於教學時間或實作時間上的考量，本書有建議進行的練習，如果在範例開始前有個 [Lab] 圖示，表示建議動手實作，而且在範例檔案的 labs 資料夾中，會有練習專案的基礎，可以在匯入專案後，完成專案中遺漏或必須補齊的程式碼、設定。

如果使用以下的程式碼呈現，表示它是一個完整的程式內容，但不是專案的一部分，主要是用來展現一個完整的檔案如何撰寫：

```
<%@page import="java.time.LocalDateTime"%>
<%@page contentType="text/html; charset=UTF-8" pageEncoding="UTF-8"%>
<!DOCTYPE html>
<html>
    <head>
        <meta charset="UTF-8">
        <title>JSP 範例文件</title>
    </head>
    <body>
        <!-- 這邊會依 Web 網站的時間而產生不同的回應 -->
        <%= LocalDateTime.now() %>
    </body>
</html
```

如果使用以下程式碼呈現，表示它是個程式碼片段，主要展現程式撰寫時需要特別注意的片段：

```
// 略 ...
public void _jspService(HttpServletRequest request,
                        HttpServletResponse response)
    throws java.io.IOException, ServletException {
    // 略...
    try {
        response.setContentType("text/html;charset=UTF-8");
        //略...
        out = pageContext.getOut();
        // 略...
    } catch (Throwable t) {
        // 略 ...
    } finally {
        // 略 ...
```

操作步驟

本書將 IDE 設定的相關操作步驟，也作為練習的一部分，你會看到如下的操作步驟說明：

1. 執行 eclipse 資料夾的 eclipse.exe。

2. 出現「Eclipse Launcher」對話方塊時，將「Workspace:」設定為「C:\workspace」，按下「Launch」。

3. 執行選單「Window/Preferences」，在出現的「Preferences」對話方塊中，展開左邊的「Server」節點，並選擇其中的「Runtime Environment」節點。

4. 按下右邊「Server Runtime Environments」中的「Add」按鈕，在出現的「New Server Runtime Environment」中選擇「Apache Tomcat v9.0」，按下「Next」按鈕。

5. 按下「Tomcat installation directory」旁的「Browse」，選取 C:\workspace 中解壓縮的 Tomcat 資料夾，按下「確定」。

對話框

在本書會出現以下的對話框：

提示 >>> 對課程中提到的觀念，提供額外的資源或思考方向，暫時忽略這些提示對課程進行沒有影響，但有時間的話，針對提示多些閱讀、思考或討論是有幫助的。

注意 >>> 針對課程中提到的觀念，以對話框方式特別呈現出必須注意的一些使用方式、陷阱或避開問題的方法，看到這個對話框時請集中精神閱讀。

綜合練習

本書以「微網誌」專案實作貫穿全書，隨著每一章的進行，都會在適當的時候將新學習到的技術，應用至「微網誌」程式並做適當修改，以了解完整的應用程式基本上是如何建構出來的。

附錄

範例檔案包括本書全部範例，提供 Eclipse 範例專案，部分範例是 Gradle 專案，附錄 A 說明如何使用這些範例專案，本書也說明如何在 Web 應用程式整合資料庫，實作範例時使用的資料庫為 H2，使用方式可見 9.1 的內容，範例若包含 H2 資料庫檔案*.mv.db 的話，連線時的名稱與密碼都會是 caterpillar 與 12345678。

聯繫作者

若有勘誤回報等相關書籍問題，可透過網站與作者聯繫：

- openhome.cc

目錄

3　請求與回應

4 會話管理

5 Servlet 進階 API、過濾器與傾聽器

6 使用 JSP

7 使用 JSTL

8 自訂標籤

9 整合資料庫

10 Web 容器安全管理

11 JavaMail 入門

12 Spring 起步走

13 Spring MVC/Security

14 使用 Spring Boot

附錄 *A* 如何使用本書專案

簡介 Web 應用程式

學習目標

- 認識 HTTP 基本特性
- 了解何為 URI 編碼
- 認識 Web 容器角色

- 了解 Servlet 與 JSP 的關係
- 認識 MVC/Model 2

1.1 Web 應用程式基礎

在正式學習 Servlet/JSP 相關技術前，先來建立一些 Web 應用程式基礎，因為很意外地，在多年來的教學中，有些學員並不具這些基礎，或忽略了其中的一些細節，像是 HTML（HyperText Markup Language）、HTTP（HyperText Transfer Protocol）、URI（Uniform Resource Identifier）甚至文字編碼的問題等。

1.1.1 關於 HTML

本書的 Web 應用程式，是由伺服端（Server-side）的 HTTP 伺服器與 Servlet/JSP 等資源組成，客戶端（Client-side）想請求應用程式，基本上會使用瀏覽器，後續會使用瀏覽器來作為客戶端代表，以 Web 網站來代稱 HTTP 伺服器以及運行在上頭的相關資源。

瀏覽器會請求 Web 網站，就本書主旨來說，Web 網站會提供 HTML。例如，一個簡單的 HTML 範例如下所示：

```
<!DOCTYPE html>
<html>
    <head>
        <meta charset="UTF-8">
        <title>HTML 範例文件</title>
    </head>
    <body>
        <img src="images/caterpillar.jpg">哈囉！請輸入...<br><br>
        <form method="get" action="echo" name="message">
            名稱：<input type="text" name="name"><br><br>
            <button>送出</button>
        </form>
    </body>
</html>
```

瀏覽器取得這份 HTML 文件後，就可以按照 HTML 定義的結構等資訊進行畫面呈現，下圖為大致的 HTML 標籤與對應的畫面呈現：

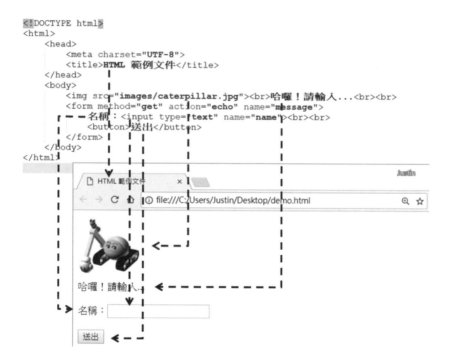

圖 1.1 瀏覽器依 HTML 結構等資訊進行畫面呈現

就本書來說，絕大多數 HTML 都是由 Servlet/JSP 動態生成，因此基本的 HTML 認識，是閱讀本書前的必備基礎，如果你不具備這個基礎，建議先尋找 HTML 相關的文件或書籍進行了解，w3schools 的〈HTML Tutorial〉[1]是不錯的入門文件，足以應付閱讀本書必要的 HTML 基礎。

1.1.2　URL、URN 與 URI？

想告訴瀏覽器到哪裡取得文件、檔案等資源時，通常會聽到有人這麼說：「要指定 URL」，偶而會聽到有人說：「要指定 URI」。那麼到底什麼是 URL？URI？甚至還聽過 URN？首先，三個名詞都是縮寫，其全名分別為：

- URL：Uniform Resource Locator
- URN：Uniform Resource Name
- URI：Uniform Resource Identifier

從歷史的角度來看，URL 標準最先出現，早期 U 代表 Universal（萬用），標準化後代表 Uniform（統一）。就早期的〈RFC 1738〉[2]規範來看，URL 的主要語法格式為：

```
<scheme>:<scheme-specific-part>
```

協議（scheme）指定了以何種方式取得資源，一些協議名稱的例子有：

- ftp（檔案傳輸協定，File Transfer protocol）
- http（超文件傳輸協定，Hypertext Transfer Protocol）
- mailto（電子郵件）
- file（特定主機檔案名稱）

協議之後跟隨冒號，協議特定部分（scheme-specific-part）的格式依協議而定，通常會是：

```
//<使用者>:<密碼>@<主機>:<埠號>/<路徑>
```

---

[1]　HTML Tutorial：www.w3schools.com/html/

[2]　RFC 1738：tools.ietf.org/html/rfc1738

舉例來說，若資源如下圖放置 Web 網站上：

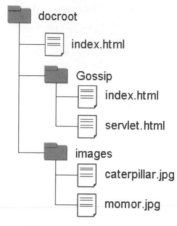

圖 1.2 Web 網站上的資源

若主機名稱為 openhome.cc，要以 HTTP 協定取得 Gossip 資料夾中 index.html 文件，連接埠號 8080，必須使用以下的 URL：

```
http://openhome.cc:8080/Gossip/index.html
```

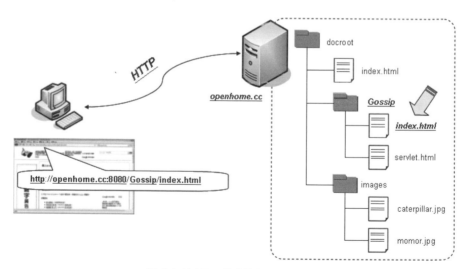

圖 1.3 以 URL 指定資源位置等資訊

若想取得電腦檔案系統中 C:\workspace 下的 jdbc.pdf 檔案，可以指定如下的 URL 格式：

```
file://C:/workspace/jdbc.pdf
```

URN 代表某個資源獨一無二的名稱，就早期規範〈RFC 2141〉[3]來看，URN 的主要語法格式為：

```
<URN> ::= "urn:" <NID> ":" <NSS>
```

舉例來說，《Java SE 14 技術手冊》的國際標準書號（International Standard Book Number，ISBN）若以 URN 來表示的話會是 urn:isbn:978-986-502-513-7，這就是 URN 的實例之一。

由於 URL 或 URN，都是用來識別某個資源，後來制定了 URI 規範，而 URL 與 URN 成為 URI 的子集，就〈RFC 3986〉[4]的規範來看，URI 的主要語法格式主要為：

```
URI       = scheme ":" hier-part [ "?" query ] [ "#" fragment ]
hier-part = "//" authority path-abempty
          / path-absolute
          / path-rootless
          / path-empty
```

在規範中有個語法的實例對照：

```
foo://example.com:8042/over/there?name=ferret#nose
 \_/   _____/_____/ _____/ \__/
  |            |            |           |        |
scheme     authority      path        query   fragment
  |    _____|__
 / \ /                        \
 urn:example:animal:ferret:nose
```

在制定 URI 規範之後，一些標準機構如 W3C（World Wide Web Consortium）文件中，就算指的是 Web 網站上的資源，多半會使用 URI 這個名稱，不過許多人已經習慣使用 URL 這個名稱，因而 URL 這個名稱仍廣為使用，不少既有的技術，像是 API 或者相關設定中，也會出現 URL 字樣，然而為了符合規範，本書將統一採用 URI 來表示。

如果想對 URL、URI 與 URN 的歷史演進與標準發佈作更多的了解，可以參考維基百科的〈Uniform Resource Identifier〉[5]條目。

---

[3]　RFC 2141：www.ietf.org/rfc/rfc2141.txt
[4]　RFC 3986：www.ietf.org/rfc/rfc3986.txt
[5]　Uniform Resource Identifier：en.wikipedia.org/wiki/Uniform_Resource_Identifier

1.1.3　關於 HTTP

　　HTTP 是一種通訊協定,通訊協定基本上就是兩台電腦間對談溝通的方式,也就是客戶端跟伺服器之間連線、交換資訊的確認步驟,例如:

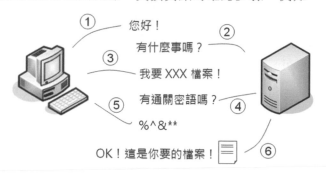

圖 1.4 通訊協定是電腦間溝通的一種方式

　　不同的需求下會有不同的通訊協定。例如發送信件時會使用 SMTP(Simple Mail Transfer Protocol),傳輸檔案會使用 FTP,下載信件會使用 POP3(Post Office Protocol 3)等,而瀏覽器跟 Web 網站間的溝通基礎是 HTTP,它有兩個基本但極為重要的特性:

- 基於請求(Request)/回應(Response)
- 無狀態(Stateless)協定

◉ 基於請求/回應

　　HTTP 是基於請求/回應的通訊協定,瀏覽器對 Web 網站發出請求,Web 網站將對應的資源回應給瀏覽器,**沒有請求就不會有回應。**

　　HTTP 歷經數個版本。HTTP/1.1 支援 Pipelining,瀏覽器可以在同一個連線中,對 Web 網站發出多次請求,然而 Web 網站必須依請求順序來進行回應。

　　HTTP/2 支援 Server Push,允許 Web 網站在收到請求後,主動推送必要的 CSS、JavaScript、圖片等資源到瀏覽器,不用瀏覽器後續再對資源發出請求,即便如此,也是在瀏覽器發出請求後可以有持續發送資源罷了,**瀏覽器沒有發出請求,Web 網站就不會有回應的基本模型並沒有改變。**

◉ 無狀態協定

在 HTTP 協定下，Web 網站是個健忘的傢伙，Web 網站回應完成後，就不會記得瀏覽器的資訊，因此 HTTP 又稱為無狀態的通訊協定。

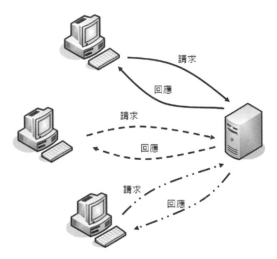

圖 1.5 HTTP 是基於請求/回應的無狀態通訊協定

明白 HTTP 這兩個基本特性很重要，如此才知道 Web 應用程式可以做到什麼，又有哪些做不到，才能知道稍後要介紹的 MVC 模式（Model-View-Controller Pattern），為何要變化為 Model 2 模式，之後談到會話管理（Session management）時，也才能知道會話管理的基本原理，並針對需求採取適當的會話管理機制。

1.1.4　HTTP 請求方法

HTTP 定義了 GET、POST、PUT、DELETE、HEAD、OPTIONS、TRACE 等請求方式，在前端（Frontend）工程尚未興起的年代，撰寫 Servlet/JSP 最常接觸的就是 GET 與 POST，這是因為過去主要以 HTML 表單發送為主，而 HTML 的 <form> 標籤在 method 屬性上，只支援 GET 與 POST；不過，在前端工程當道之後，也就不再侷促於 GET 與 POST 了。

不過，由於本書主要是談 Servlet 與 JSP，不涉及前端，因此這邊針對 GET 與 POST 來進行說明。

▶ GET 請求

GET 是向 Web 網站取得指定的資源，在發出 GET 請求時，必須一併告訴 Web 網站請求資源的 URI，以及一些標頭（Header）資訊，例如一個 GET 請求的發送範例如下所示：

圖 1.6 GET 請求範例

在上圖中，請求標頭提供了 Web 網站一些瀏覽器相關的資訊，Web 網站可以使用這些資訊來進行回應處理。例如 Web 網站可以從 User-Agent 中得知使用者的瀏覽器種類與版本，從 Accept-Language 了解瀏覽器接受哪些語系的內容回應等。

請求參數是放在路徑的問號(?)之後，然後是請求參數名稱與請求參數值，中間以等號（=）表示成對關係。若有多個請求參數，則以&字元連接。使用 GET 的方式發送請求，瀏覽器的網址列上也會出現請求參數資訊。

圖 1.7 GET 請求參數會出現在網址列

GET 請求可以發送的請求參數長度有限，這依瀏覽器而有所不同，Web 網站也會設定長度限制，因此大量資料不適合用 GET 方法，這個時候可以改用 POST。

▶ POST 請求

對於大量的資訊發送（例如檔案上傳），通常會採用 POST 來進行發送，一個 POST 發送的範例如下所示：

圖 1.8 POST 請求範例

　　對於請求參數，POST 會將之移至最後的訊息本體（**Message body**），由於訊息本體的內容長度不受限制，大量資料的發送會使用 POST 方法；由於請求參數移至訊息本體，網址列不會出現請求參數，對於一些較敏感的資訊，像是密碼，即使長度不長，通常也會改用 POST 的方式發送，以避免因為出現在網址列上而被直接窺看。

注意 ≫≫ 雖然在 POST 請求時，請求參數不會出現在網址列，然而在非加密連線的情況下，若請求被第三方擷取了，請求參數仍然是一目瞭然，機密資訊請務必在加密連線下傳送。

　　在考慮使用 GET 或 POST 時，實際上並不是只考慮資料長度，以及網址列是否會出現請求參數，該選用哪個 HTTP 方法，最好的方式，就是對 HTTP 的各個方法規範有進一步的認識：

◉ 敏感資訊

　　如方才談到的，像是密碼之類的敏感資訊，不適合使用 GET 發送，除了可能被鄰近之人偷窺，或者是被現代瀏覽器過於方便的網址自動補齊記錄下來之外，另一個問題還出現在 HTTP 的 Referer 標頭上，這是用來告知 Web 網站，瀏覽器是從哪一個頁面連結到目前網頁，如果網址列出現了敏感資訊，之後連接到另一網站，該網站就有可能透過 Referer 標頭得到敏感資訊。

▶ 書籤設置考量

由於瀏覽器書籤功能是針對網址列，因此想讓使用者針對查詢結果設定書籤的話，可以使用 GET。POST 後新增的資源不一定會有個 URI 作為識別，基本上無法讓使用者設定書籤。

▶ 瀏覽器快取

GET 的回應可以被快取，最基本的就是指定的 URI 沒有變化時，許多瀏覽器會從快取中取得資料，不過，伺服端可以指定適當的 Cache-Control 標頭來避免 GET 回應被快取的問題。

至於 POST 的回應，許多瀏覽器（但不是全部）不會快取，不過 HTTP/1.1 中規範，如果伺服端指定適當的 Cache-Control 或 Expires 標頭，仍可以建議瀏覽器會 POST 回應進行快取。

▶ 安全與等冪

由於傳統上發送敏感資訊時，並不會透過 GET，因而會有人誤解為 GET 不安全，這其實是個誤會，或者說對安全的定義不同，在 HTTP/1.1 對 HTTP 方法的定義中，有區分了**安全方法（Safe methods）**與**等冪方法（Idempotent methods）**。

安全方法是指在實作應用程式時，必須避免有使用者非預期中的結果。慣例上，**GET 與 HEAD**（與 GET 同為取得資訊，不過僅取得回應標頭）對使用者來說就是「取得」資訊，**不應該被用來「修改」與使用者相關的資訊**，像是進行轉帳或刪除資料之類的動作，GET 是安全方法，這與傳統印象中 GET 比較不安全相反。

相對之下，POST、PUT 與 DELETE 等其他方法就語義上來說，代表著對使用者來說可能會產生不安全的操作，像是刪除使用者的資料等。

安全與否並不是指方法對伺服端是否產生副作用（Side effect），而是指對使用者來說該動作是否安全，GET 也有可能在伺服端產生副作用。

對於副作用的進一步規範是在方法的等冪特性，GET、HEAD、PUT、DELETE 是等冪方法，也就是**單一請求產生的副作用，與同樣請求進行多次的副作用必須是**

相同的（而不是無副作用），舉例來說，若使用 DELETE 的副作用就是某筆資料被刪除，相同請求再執行多次的結果就是該筆資料不存在，而不是造成更多的資料被刪除。OPTIONS 與 TRACE 本身就不該有副作用，所以也是等冪方法。

　　HTTP/1.1 中的方法去除掉上述的等冪方法之後，**只有 POST 不具有等冪特性**，HTTP/1.1 對 POST 的規範，是要求指定的 URI「接受」請求中附上的實體（Entity），像是儲存為檔案、新增為資料庫中的一筆資料等，要求伺服器接受的資訊是附在請求本體（Body）而不是在 URI，也就是說，POST 時指定的 URI 並不代表能取得 POST 時的資源（像是檔案等），每次 POST 的副作用可以不同。

提示 》》 這是使得 POST 與 PUT 有所區別的特性之一，在 HTTP/1.1 規範中，PUT 方法要求將附加的實體儲存於指定的 URI，如果指定的 URI 下已存在資源，附加的實體是用來進行資源的更新，如果資源不存在，則將實體儲存下來並使用指定的 URI 來代表它，這亦符合等冪特性。

例如用 PUT 來更新使用者基本資料，只要附加於請求的資訊相同，一次或多次請求的副作用都會是相同，也就是使用者資訊保持為指定的最新狀態。

　　先前談過，就表單發送而言，可以藉由<form>的 method 屬性來設定使用 GET 或 POST 方式來發送資料，不設定 method 屬性的話，預設會使用 GET：

```
...
    <form method="get" action="download " name="filename">
        名稱：<input type="text" name="name"><br><br>
        <input type="button" value="送出">
    </form>
...
```

提示 》》 現 在 不 少 Web 服 務 或 框 架 支 援 REST 風 格 的 架 構 ， REST 全 名 REpresentational State Transfer，REST 架構由客戶端/伺服端組成，兩者間通訊機制是無狀態的（Stateless），在許多概念上，與 HTTP 規範不謀而合（REST 架構基於 HTTP/1.0，與 HTTP/1.1 平行發展，但不限於 HTTP）。

符合 REST 架構原則的系統稱其為 **RESTful**，例如，POST /bookmarks 可用來新增一筆資料，GET /bookmarks/1 用來取得 ID 為 1 的書籤，PUT /bookmarks/1 用來更新 ID 為 1 的書籤資料，而 DELETE /bookmarks/1 用來刪除 ID 為 1 的書籤資料。

1.1.5 有關 URI 編碼

HTTP 請求參數必須使用請求參數名稱與請求參數值，中間以等號（=）表示成對關係，現在問題來了，如果請求參數值本身包括=符號呢？又或許想發送的請求參數值是「https://openhome.cc」這個值呢？假設是 GET 請求，直接這麼發送是不行的：

```
GET /Gossip/download?url=https://openhome.cc HTTP/1.1
```

▶ 保留字元

URI 規範定義了保留字元（Reserved character），像是「:」、「/」、「?」、「&」、「=」、「@」、「%」等字元，在 URI 中都有其作用，如果要在請求參數上表達 URI 中的保留字元，必須在%字元之後以 16 進位數值表示方式，來表示該字元的八個位元數值。

例如，「:」字元真正儲存時的八個位元為 00111010，用 16 進位數值來表示則為 3A，所以必須使用「%3A」來表示「:」，「/」字元儲存時的八個位元為 00101111，用 16 進位表示則為 2F，所以必須使用「%2F」來表示「/」字元，所以想發送的請求參數值是「https://openhome.cc」的話，必須使用以下格式：

```
GET /Gossip/download?url=https%3A%2F%2Fopenhome.cc HTTP/1.1
```

這是 URI 規範中的**百分比編碼（Percent-Encoding）**，也就是俗稱的 **URI 編碼**。如果你想得知，某個字元的 URI 編碼為何，可以使用 java.net.URLEncoder 類別的靜態 encode()方法進行編碼的動作（相對地，要解碼是使用 java.net. URLDecoder 的靜態 decode()方法）。例如：

```
String text = URLEncoder.encode("https://openhome.cc ", "ISO-8859-1");
```

知道這些有什麼用？例如，想給某人一段 URI，讓他直接點選就可以連到網頁，你貼給他的 URI 在請求參數部分就要注意 URI 編碼。

不過在 URI 之前，HTTP 在 GET、POST 時也對保留字作了規範，這與 URI 規範的保留字有所差別，其中一個差別就是在 URI 規範中，空白字元是編碼為「%20」，而在 **HTTP 規範中空白是編碼為「+」**，java.net.URLEncoder 類別的靜態方法 encode()產生的字串，空白字元就是編碼為「+」。

◉ 中文字元

URI 規範的 URI 編碼，針對的是字元 UTF-8 編碼的 8 位元數值，如果請求參數都是 ASCII 字元，那沒什麼問題，因為在 UTF-8 編碼在 ASCII 字元的編碼部分是相容的，也就是使用一個位元組，編碼方式就如先前所述。

然而在非 ASCII 字元方面，例如中文，在 UTF-8 的編碼下，多半會使用三個位元組來表示。例如「林」這個字在 UTF-8 編碼下的三個位元組，對應至 16 進位數值表示就是 E6、9E、97，所以在 URI 規範下，請求參數中要包括「林」這個中文，表示方式就是「%E6%9E%97」。例如：

```
https://openhome.cc/addBookmar.do?lastName=%E6%9E%97
```

有些初學者會直接打開瀏覽器鍵入以下的內容，然後告訴我：「URI 也可以直接打中文啊！」

🔒 安全 | https://openhome.cc/register?lastName=林

圖 1.9 瀏覽器網址列真的可以輸入中文？

不過你可以將網址列複製，貼到純文字檔案中，就會看到 URI 編碼的結果，這其實是現在的瀏覽器很聰明，會自動將 URI 編碼並顯示為中文。無論如何，若如上發送請求參數，Web 網站處理請求參數時，必須使用 UTF-8 編碼來取得正確的「林」字元。

然而在 HTTP 規範下的 URI 編碼，並不限使用 UTF-8，例如在一個 MS950 網頁中，表單若使用 GET 發送「林」這個中文字，網址列會出現：

```
https://openhome.cc/register?lastName=%AA%4C
```

> 提示 »» 若是「%AA%4C」，由於單獨看「%4C」的話，代表著字元 L，瀏覽器也可以發送「%AAL」。

這是因為「林」這個中文字的 MS950 編碼為兩個位元組，以 16 進位表示的話，分別為 AA、4C，如果透過表單發送，由於網頁是 MS950 編碼，瀏覽器會自動將「林」編碼為「%AA%4C」，Web 網站處理請求參數時，就必須指定 MS950 編碼，以取得正確的「林」中文字元。

若使用 `java.net.URLEncoder` 類別的靜態 `encode()` 方法,來做這個編碼的動作,可以如下得到「`%AA%4C`」的結果:

```
String text = URLEncoder.encode("林", "MS950");
```

同理可推,如果網頁是 `UTF-8` 編碼,透過表單發送時,瀏覽器會自動將「林」編碼為「`%E6%9E%97`」。若使用 `java.net.URLEncoder` 類別的靜態 `encode()` 方法來做編碼的動作,可如下得到「`%E6%9E%97`」的結果:

```
String text = URLEncoder.encode("林", "UTF-8");
```

知道這些要做什麼?你應該隱約感覺到了:「我們會發送中文」。中文是如何編碼?到伺服端又是如何解碼?這些問題必須先搞清楚,隨便問個「為什麼我收到的是亂碼?」、「為什麼資料庫中是亂碼?」,往往解決不了問題,若能具備這些基礎,之後在說明 Servlet/JSP 中如何接收包括中文字的請求參數時,才能理解如何使用某些 API 進行正確的編碼轉換動作。

> 提示 》》 由於一些歷史性的原因,編碼問題其實錯綜複雜,如果有興趣進一步探究,可以參考〈亂碼 1/2〉[6]。

1.1.6 後端?前端?

現在這個世界通常不會只使用單一技術來完成 Web 應用程式,就今日來說,若粗略區分,Web 應用程式技術可分為前端(Frontend)與後端(Backend),而就本書的範疇來說,主要是在談論 Servlet/JSP、Spring MVC 等技術,**這些是屬於後端的技術**。

舉例來說,底下是個 JSP 的例子,當瀏覽器請求這個 JSP 時,會根據 Web 網站上的時間產生回應內容:

```
<%@page import="java.time.LocalDateTime"%>
<%@page contentType="text/html; charset=UTF-8" pageEncoding="UTF-8"%>
<!DOCTYPE html>
<html>
    <head>
```

---

[6]   亂碼 1/2:openhome.cc/Gossip/Encoding/

```
    <meta charset="UTF-8">
    <title>JSP 範例文件</title>
</head>
<body>
    <!-- 這邊會依 Web 網站的時間而產生不同的回應 -->
    <%= LocalDateTime.now() %>
</body>
</html>
```

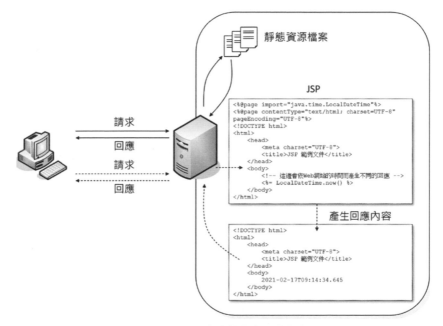

圖 1.10 JSP 會動態產生回應內容

　　JSP 會在 Web 網站上執行程式碼，產生回應內容後傳回，在回應內容傳至瀏覽器之後，若其中包含了 JavaScript 程式碼，瀏覽器會執行 JavaScript，在瀏覽器上執行的相關技術是前端的範疇，而相對來說，執行於 Web 網站的相關技術，就被稱為後端技術。

　　有些初學者分不清楚 JavaScript 與 Servlet/JSP 的關係，由於 JSP 中可以撰寫 Java 程式碼，而 JSP 中又可以撰寫 JavaScript，而 JavaScript 當初命名時，又套上了個"Java"的名字在前頭，讓許多學習 JavaScript 或 JSP 的人，誤以為 JavaScript 與 JSP（或 Java）有直接的關係，事實上，並沒有這回事。

　　Servlet/JSP 是後端技術，執行於 Web 網站的記憶體空間，而 JavaScript 屬於前端技術，執行於瀏覽器，也就是使用者電腦上的記憶體空間，**兩個記憶**

體空間實體位置並不同，無法做直接的互動（像是以 Servlet/JSP 直接取得 JavaScript 執行時期的變數值），必須透過網路經由 HTTP 來進行互動、資料交換等動作，以完成應用程式的功能。

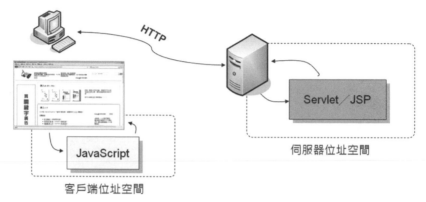

圖 1.11 Servlet/JSP 與 JavaScript 執行於不同的記憶體空間

如果 JSP 網頁中撰寫了 JavaScript 程式碼，這些 JavaScript 程式碼並不是在 Web 網站上執行，Web 網站會如同 HTML 標籤一樣，將 JavaScript 程式碼傳給瀏覽器，瀏覽器收到後才會處理 HTML 標籤與執行 JavaScript。

對處理 JSP 內容的伺服端而言，JavaScript 程式碼跟 HTML 標籤沒有兩樣，如果了解兩者的差別，就不會有所謂「可以直接讓 JavaScript 直接取得 `request` 中的屬性嗎？」、「為什麼 JSP 沒有執行 JavaScript？」或「可以直接用 JavaScript 取得 JSTL 中 `<c:if>` 標籤的 `test` 屬性嗎？」這樣的問題。

1.1.7 Web 安全觀念

在各式系統入侵事件頻傳的這個年代，不用太多強調，每個人都知道系統必須在安全這塊予以重視，不注重安全而帶來的損失不單只是經濟層面，也會面臨法律問題，不注重安全不單只是危及商譽的問題，也有可能阻礙政府政策的推動，甚至牽動國家安全等問題。

安全是一個複雜的議題，最好的方式是有專責部門、專職人員、專門流程、專業工具，以及時時實施安全教育訓練等，雖說如此，在學習程式設計，特別是 Web 網站相關技術時，若能一併留意基本的安全觀念，在實際撰寫應用程式時避免顯而易見的安全弱點，對於應用程式的整體安全來說，也是不無小補。

　　就 Web 安全這塊來說，想要認識基本的安全弱點從何產生，可以從 **OWASP TOP 10**[7]出發，這是由 OWASP（Open Web Application Security Project）發起的計畫之一，於 2002 年發起，針對 Web 應用程式最重大的十個弱點進行排行，首次 OWASP Top 10 於 2003 發布，2004 年做了更新，之後每三年改版一次，就撰寫這段文字的時間點來說，**最新版的 OWASP Top 10 於 2017 年 11 月正式釋出。**

OWASP Top 10 - 2013	➡	OWASP Top 10 - 2017
A1 – Injection	➡	A1:2017-Injection
A2 – Broken Authentication and Session Management	➡	A2:2017-Broken Authentication
A3 – Cross-Site Scripting (XSS)	↘	A3:2017-Sensitive Data Exposure
A4 – Insecure Direct Object References [Merged+A7]	∪	A4:2017-XML External Entities (XXE) [NEW]
A5 – Security Misconfiguration	↘	A5:2017-Broken Access Control [Merged]
A6 – Sensitive Data Exposure	↗	A6:2017-Security Misconfiguration
A7 – Missing Function Level Access Contr [Merged+A4]	∪	A7:2017-Cross-Site Scripting (XSS)
A8 – Cross-Site Request Forgery (CSRF)	☒	A8:2017-Insecure Deserialization [NEW, Community]
A9 – Using Components with Known Vulnerabilities	➡	A9:2017-Using Components with Known Vulnerabilities
A10 – Unvalidated Redirects and Forwards	☒	A10:2017-Insufficient Logging&Monitoring [NEW,Comm.]

圖 1.12 OWASP TOP 10 中 2013 年與 2017 年十大弱點比較

　　如果對 Web 應用程式設計有基本認識，查看 2013 年與 2017 年的十大弱點內容時就會發現，在產生弱點的原因中，有些異常地簡單，像是未經驗證的輸入就能導致各式的注入攻擊，未經過濾的輸出就可能引發 XSS 攻擊等，若能在撰寫程式時多一份留意，至少能讓 Web 網站不致於赤裸裸地曝露出這些弱點。

　　從 OWASP TOP 10 作為起點，進一步地可以留意 **CWE**（**Common Weakness Enumeration**）[8]弱點清單，這清單始於 2005 年，收集了近千個通用的軟體弱點；另一方面，針對特定軟體漏洞，可以查看 **CVE**（**Common Vulnerabilities**

---

[7]　OWASP TOP 10：owasp.org/index.php/Category:OWASP_Top_Ten_Project
[8]　CWE：cwe.mitre.org

and Exposures）[9]資料庫，CVE 會就特定軟體發生的安全問題給予 CVE-YYYY-NNNN 形式的編號，以便於通報、查詢、交流等，像是 2017 年底的 CPU「推測執行」（Speculative execution）安全漏洞，就發出 CVE-2017-5754、CVE-2017-5753 與 CVE-2017-5715 變種漏洞的 CVE 通報。

在本書中，會適當地提示一些 Web 安全議題，在相關的實作中，會提示可能形成弱點的原因，然而，本書畢竟不是談安全的專書，範例終究是以介紹 Servlet/JSP 相關技術為主體，必然會有所簡化以彰顯技術上的重點，無法全面涵蓋相關安全設計。

實際上，任何非談論安全為主體的技術相關書籍都是如此，範例都是經過簡化的，無論如何，絕對不要把範例的做法或概念直接用於實際應用程式，在安全議題的面前，在有心破壞的使用者面前，這些範例都是脆弱而不堪一擊的。

1.2　簡介 Servlet/JSP

在學習 Java 程式語言時，有個重要的觀念就是：「JVM（Java Virtual Machine）是 Java 程式唯一認識的作業系統，其可執行檔為.class 檔案。」基於這樣的觀念，撰寫 Java 程式時，就必須了解 Java 程式如何與 JVM 這個虛擬作業系統溝通，JVM 如何管理 Java 程式中的物件等問題。

在學習 Servlet/JSP 時，也有個重要的觀念：「Web 容器（Container）是 Servlet/JSP 唯一認得的 HTTP 伺服器。」如果希望用 Servlet/JSP 撰寫的 Web 應用程式可以正常運作，就必須知道 Servlet/JSP 如何與 Web 容器溝通，Web 容器如何管理 Servlet/JSP 的各種物件等問題。

1.2.1　何謂 Web 容器？

對於 Java 程式而言，JVM 是其作業系統，.java 檔案會編譯為.class 檔案，.class 對於 JVM 而言，就是其可執行檔，Java 程式基本上只認得一種作業系統，那就是 JVM。

---

[9]　CVE：cve.mitre.org

　　在開始撰寫 Servlet/JSP 程式時，必須開始接觸**容器（Container）**的概念，容器這個名詞也用在如 List、Set 這類的 Collection 上，也就是用來持有、保存物件的群集（Collection）物件。對於撰寫 Servlet/JSP 來說，容器的概念更廣，它不僅持有物件，還負責物件的生命周期與相關服務的連結。

　　在具體層面，容器就是一個用 Java 寫的程式，運行於 JVM 之上，不同類型的容器會負責不同的工作，若以運行 Servlet/JSP 的 Web 容器（Web Container）來說，也是一個 Java 寫的程式。將來撰寫 Servlet 時，會接觸 HttpServletRequest、HttpServletResponse 等物件，想想看，HTTP 那些文字性的通訊協定，如何變成 Servlet/JSP 中可用的 Java 物件？其實就是容器居中剖析與轉換。

　　在抽象層面，可以將 Web 容器視為運行 Servlet/JSP 的 HTTP 伺服器，就如同 Java 程式僅認得 JVM 這個作業系統，Servlet/JSP 程式在抽象層面上，也僅認得 Web 容器這個被抽象化的 HTTP 伺服器，只要 Servlet/JSP 撰寫時符合 Web 容器的標準規範，Servlet/JSP 就可以在各種不同廠商實作的 Web 容器上運行，而不用理會底層真正的 HTTP 伺服器為何。

　　本書將會使用 Apache Tomcat[10]作為範例運行的 Web 容器，若以 Tomcat 為例，容器的角色位置可以用下圖來表示：

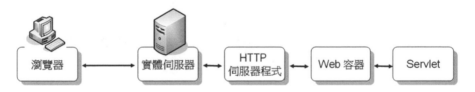

圖 1.13 從請求到 Servlet 處理的線性關係

　　就如同 JVM 介於 Java 程式與實體作業系統之間，Web 容器是介於實體 HTTP 伺服器與 Servlet 之間，也正如撰寫 Java 程式時，必須了解 JVM 與 Java 應用程式間如何互動，撰寫 Servlet/JSP 時，也必須知道 Web 容器如何與 Servlet/JSP 互動，以及如何管理 Servlet 等事實（JSP 最後也是轉譯、編譯、載入為 Servlet，在容器的世界中，真正負責請求、回應的是 Servlet）。

---

[10] Apache Tomcat：tomcat.apache.org

一個請求/回應的基本例子是：

1. 瀏覽器對 HTTP 伺服器發出請求。

2. HTTP 伺服器收到請求，將請求轉由 Web 容器處理，Web 容器會剖析 HTTP 請求內容，建立各種物件（像是 `HttpServletRequest`、`HttpServletResponse`、`HttpSession` 等）。

3. Web 容器由請求的 URI 決定要使用哪個 Servlet 來處理請求（開發人員要定義 URI 與 Servlet 的對應關係）。

4. Servlet 根據請求物件（`HttpServletRequest`）的資訊決定如何處理，透過回應物件（`HttpServletResponse`）來建立回應。

5. Web 容器與 HTTP 伺服器溝通，HTTP 伺服器將相關回應物件轉換為 HTTP 回應並傳回給瀏覽器。

以上是了解 Web 容器如何管理 Servlet/JSP 的一個例子，不了解 Web 容器行為容易產生問題，舉例來說，Servlet 是執行在 Web 容器之中，Web 容器是由伺服器上的 JVM 啟動，JVM 本身就是伺服器上的一個可執行程式，**當一個請求來到時，Web 容器會為每個請求分配一個執行緒：**

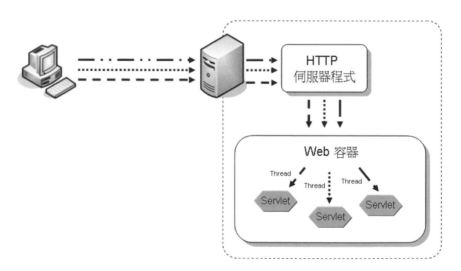

圖 1.14 Web 容器為每個請求分配一個執行緒

如果有多個請求，就會有多個執行緒來各自處理請求，而不是重複啟動多次 JVM，執行緒就像是行程中的輕量級流程，由於不用重複啟動多個行程，可以大幅減輕效能負擔。

然而，**Web 容器可以使用同一個 Servlet 實例來服務多個請求**，也就是說，**多個請求下，就相當於多個執行緒在共用存取一個物件，因此得注意執行緒安全的問題**，避免引發資料錯亂，造成像是 A 使用者登入後，看到 B 使用者的資料這類的問題。

1.2.2　Servlet 與 JSP 的關係

本書從開始到現在常在談 Servlet，這是因為 Servlet 與 JSP 是一體兩面，JSP 會被 Web 容器轉譯為 Servlet 的 ".java" 原始檔、編譯為 ".class" 檔案，然後載入容器，因此最後提供服務的還是 Servlet 實例，這也是為何始終在談 Servlet 的原因，**要能完全掌握 JSP，也必須先對 Servlet 有相當程度的了解**，才不會一知半解，遇到錯誤無法解決。

也許有人會說，有必要掌握 JSP 嗎？畢竟自 Java EE 6 中規範的 JSP 2.2 之後，JSP 本身就沒有顯著的演進了，雖然 Java EE 7 規範中的 JSP 是 2.3，然而只是做些規範維護，主要是因應 Expression Language、JSF 技術做了些許調整，而在 Java EE 8 之中，JSP 規範仍維持在 2.3；在 Jakarta EE 9 中，雖然 JSP 版號為 3.0，然而主要是將套件 `javax.*` 改為 `jakarta.*` 吧？

這一方面有些商業性考量，另一方面則是因為前端技術的興起，就今日來說，若要能與前端技術相關開發者適當配合，JSP 已經不是撰寫主要選擇，不過，既有的應用程式，不少是基於 JSP 而撰寫，認識 JSP 的需求仍然是存在著。

在 Java 的 Web 開發這塊，一些重大 Web 框架，像是 Spring MVC，仍是基於 Servlet，如果能掌握 Servlet，在使用這類框架時，在理解底層細節或者進行框架細部控制，會有很大的幫助。

因而，無論是從掌握 JSP 的角度來看，或者是能靈活運用基於 Servlet 的 Web 框架來看，掌握 Servlet 都是必要的！

本書將會基於 Java EE 8（原因在 1.2.4 會談到），先來看一個 Java EE 8 的基本 Servlet 長什麼樣子？

```
package cc.openhome;

import java.io.IOException;
import java.io.PrintWriter;
import java.time.LocalDateTime;

import javax.servlet.ServletException;
import javax.servlet.annotation.WebServlet;
import javax.servlet.http.HttpServlet;
import javax.servlet.http.HttpServletRequest;
import javax.servlet.http.HttpServletResponse;

@WebServlet("/time")
public class Time extends HttpServlet {
    @Override
    protected void doGet(
            HttpServletRequest request, HttpServletResponse response)
                throws ServletException, IOException {
        PrintWriter out = resp.getWriter();

        out.println("<!Doctype html>");
        out.println("<html>");
        out.println("<head>");
        out.println("<meta charset='UTF-8'>");
        out.println("<title>Servlet 範例文件</title>");
        out.println("</head>");
        out.println("<body>");
        out.println("</body>");
        out.println(LocalDateTime.now());
        out.println("</html>");
    }
}
```

　　先別管這個程式中有太多細節是還沒看過的，目前只要先注意兩件事。第一件事是 Servlet 類別必須繼承 HttpServlet，第二件事就是要輸出 HTML 時，必須透過 Java 的輸入輸出功能（在這邊是從 HttpServletResponse 取得 PrintWriter），並使用 Java 程式取得 Web 網站上的時間。

　　就輸出結果來說，這個 Servlet 與 1.1.6 中看到的 JSP 頁面，基本上是相同的，如果是從網頁設計師角度來看待這個功能的撰寫，相信會選擇 JSP 而不是 Servlet。事實上，Servlet 主要是用來定義 Java 程式邏輯，應該避免直接在 Servlet 中直接產生畫面輸出（如直接編寫 HTML）。如何適當地分配 JSP 與 Servlet 的職責，需要一些經驗與設計，而這也是本書之後會著墨的部分。

　　先前說過，**JSP 網頁最後還是成為 Servlet**，以 1.1.6 中的 JSP 為例，若使用 Tomcat 作為 Web 容器，最後由容器轉譯後的 Servlet 類別如下所示：

```java
package org.apache.jsp;

import javax.servlet.*;
import javax.servlet.http.*;
import javax.servlet.jsp.*;
import java.time.LocalDateTime;

public final class time_jsp extends org.apache.jasper.runtime.HttpJspBase
    implements org.apache.jasper.runtime.JspSourceDependent,
               org.apache.jasper.runtime.JspSourceImports {

    // 略...

  public void _jspInit() {
  }

  public void _jspDestroy() {
  }

  public void _jspService(final javax.servlet.http.HttpServletRequest request,
final javax.servlet.http.HttpServletResponse response)
      throws java.io.IOException, javax.servlet.ServletException {

    final java.lang.String _jspx_method = request.getMethod();
    if (!"GET".equals(_jspx_method) && !"POST".equals(_jspx_method)
&& !"HEAD".equals(_jspx_method)
&& !javax.servlet.DispatcherType.ERROR.equals(request.getDispatcherType())) {
      response.sendError(HttpServletResponse.SC_METHOD_NOT_ALLOWED, "JSPs only
permit GET POST or HEAD");
      return;
    }
    // 略...
    try {
      response.setContentType("text/html; charset=UTF-8");
      pageContext = _jspxFactory.getPageContext(this, request, response,
                    null, true, 8192, true);
      // 略...
      out = pageContext.getOut();
      _jspx_out = out;

      out.write("\r\n");
      out.write("\r\n");
      out.write("<!Doctype html>\r\n");
      out.write("<html>\r\n");
      out.write("    <head>\r\n");
      out.write("        <meta charset=\"UTF-8\">\r\n");
      out.write("        <title>JSP 範例文件</title>\r\n");
      out.write("    </head>\r\n");
      out.write("    <body>\r\n");
      out.write("        ");
      out.print( LocalDateTime.now() );
      out.write("\r\n");
      out.write("    </body>\r\n");
      out.write("</html>");
```

```
    } catch (java.lang.Throwable t) {
        // 略...
    } finally {
      _jspxFactory.releasePageContext(_jspx_page_context);
    }
  }
}
```

　　基於篇幅限制，上例的程式碼省略了一些目前還不需要注意的細節，重點在觀察這個類別繼承了 `HttpJspBase`，而 `HttpJspBase` 繼承自 `HttpServlet`，而 HTML 的輸出方式，與先前撰寫的 `Time` 類別是類似的。這個由容器轉譯的 Servlet 類別，會再進行編譯並載入容器以提供服務。

1.2.3　關於 MVC/Model 2

　　在 Servlet 程式中夾雜 HTML 的畫面輸出絕對不是什麼好主意，之後介紹到 JSP 時，會知道 JSP 中也能撰寫 Java 程式碼，然而 JSP 網頁中的 HTML 間夾雜 Java 程式碼，也是極度不建議的作法，Java 程式碼與呈現畫面的 HTML 等攪和在一起，非但撰寫不易、日後維護麻煩、對大型專案的分工合作是一大困擾，將來若需轉換為其他頁面模版技術，也會遇上許多的問題。

　　談及 Web 應用程式架構上的設計時，總會談到 MVC 或 Model 2 這兩個名詞。**MVC 是 Model、View、Controller 的縮寫**，這邊譯為模型、視圖、控制器，分別代表應用程式中三種職責各不相同的物件。

　　最原始的 MVC 模式是指桌面應用程式的一種設計方式，為了讓同一份資料能有不同的畫面呈現方式，並且當資料被變更時，畫面可獲得通知並根據資料更新畫面呈現。通常 MVC 模式的互動示意，會使用類似下圖的方式來表現：

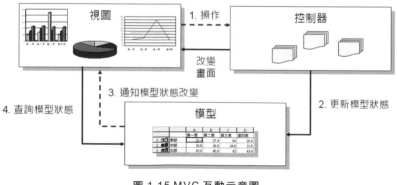

圖 1.15 MVC 互動示意圖

本書不是在教桌面應用程式，對於上圖的 MVC 模型最主要的是知道：

- 模型不會有畫面相關的程式碼。
- 視圖負責畫面相關邏輯。
- 控制器知道某個操作必須呼叫哪些模型。

後來有人認為，MVC 這樣的職責分配，可以套用在 Web 應用程式的設計上：

- 視圖部分可由網頁來實現。
- 伺服器上的資料存取或商務邏輯（Business logic）由模型負責。
- 控制器接送瀏覽器的請求，決定呼叫哪些模型來處理。

然而，桌面應用程式上的 MVC 設計方式，有個與 Web 應用程式決定性的不同，還記得先前談過，Web 應用程式是基於 HTTP，必須基於請求/回應模型，沒有請求就不會有回應，也就是 HTTP 伺服器不可能主動對瀏覽器發出回應，也就是在圖 1.16 中第 3 點，基於 HTTP 是不可能達成，因此，對 MVC 的行為略做變化，形成 Model 2 架構。

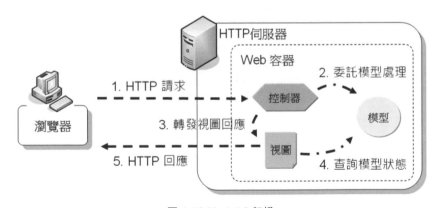

圖 1.16 Model 2 架構

在 Model 2 的架構上，仍將程式職責分為模型（Model）、視圖（View）、控制器（Controller），這也就是為何，有些人也稱這個架構為 MVC，或併稱為 MVC/Model 2，也有直接稱之為 Web MVC。在 Model 2 的架構上，模型、視圖、控制器各負的職責是：

- 控制器

  取得請求參數、驗證請求參數、轉發請求給模型、轉發請求給畫面，這些都使用程式碼來實現。

- 模型

  接受控制器的請求呼叫，負責處理商務邏輯、負責資料存取邏輯等，這部分還可依應用程式功能，產生各種不同職責的模型物件，模型使用程式碼來實現。

- 視圖

  接受控制器的請求呼叫，會從模型提取運算後的結果，根據頁面邏輯呈現畫面，在職責分配良好的情況下，可做到不出現 Java 程式碼，因此不會發生程式碼與 HTML 混雜在一起的情況。例如以下的 JSP 就完全沒有出現 Java 程式碼：

```html
<html>
    <head>
        <meta content='text/html;charset=UTF-8' http-equiv='content-type'>
        <title>Gossip 微網誌</title>
        <link rel='stylesheet' href='css/member.css' type='text/css'>
    </head>
    <body>
        <div class='leftPanel'>
            <img src='images/caterpillar.jpg' alt='Gossip 微網誌' />
            <br><br>
            <a href='logout?username="${ sessionScope.login }'>登出 ${ sessionScope.login }</a>
        </div>
        <form method='post' action='message'>
        分享新鮮事...<br>
    <c:if test="${requestScope.blabla != null}">訊息要 140 字以內<br></c:if>
            <textarea cols='60' rows='4' name='blabla'>${requestScope.blabla}</textarea><br>
            <button type='submit'>送出</button>
        </form>
        <table style='text-align: left; width: 510px; height: 88px;'
               border='0' cellpadding='2' cellspacing='2'>
            <thead>
                <tr>
                    <th><hr></th>
                </tr>
            </thead>
            <tbody>
            <c:forEach var="blah" items="${requestScope.blahs}">
                <tr>
                    <td style='vertical-align: top;'>${blah.username}<br>
                        <c:out value="${blah.txt}"/><br>
                        <fmt:formatDate value="${blah.date}" type="both"
                                        dateStyle="full" timeStyle="full"/>
                        <a href='delete?message=${blah.date.time}'>刪除</a>
                        <hr>
                    </td>
                </tr>
            </c:forEach>
            </tbody>
        </table>
        <hr style='width: 100%; height: 1px;'>
    </body>
</html>
```

圖 1.17 沒有混雜 Java 程式碼的 JSP

這樣的 JSP 頁面，將來要轉換至其他模版技術時相對來說比較容易，例如，上面的 JSP 轉換為基於 Java 的 Thymeleaf 模版頁面的話，會是如下圖：

```html
<html xmlns="http://www.w3.org/1999/xhtml"
      xmlns:th="http://www.thymeleaf.org">
    <head>
        <meta content='text/html;charset=UTF-8' http-equiv='content-type'>
        <title>Gossip 微網誌</title>
        <link rel='stylesheet' href='css/member.css' type='text/css'>
    </head>
    <body>
        <div class='leftPanel'>
            <img src='images/caterpillar.jpg' alt='Gossip 微網誌' />
            <br><br>
            <a th:href="@{logout?username={username}(username=${session.login})}">登出</a>
        </div>
        <form method='post' action='message'>分享新鮮事...<br>
        <span th:if="${blabla != null}">訊息要 140 字以內</span><br>
            <textarea cols='60' rows='4' name='blabla' th:text="${blabla}">Blabla...</textarea><br>
            <button type='submit'>送出</button>
        </form>
        <table style='text-align: left; width: 510px; height: 88px;'
               border='0' cellpadding='2' cellspacing='2'>
            <thead>
                <tr>
                    <th><hr></th>
                </tr>
            </thead>
            <tbody>
            <tr th:each="blah : ${blahs}">
                <td style='vertical-align: top;'>
                    <span th:text="${blah.username}">user name</span><br>
                    <span th:text="${blah.txt}">blabla</span><br>
                    <span th:text="${#dates.format(blah.date, 'dd/MMM/yyyy HH:mm')}">time here</span>
                    <a th:href="@{delete?message={time}(time=${blah.date.time})}">刪除 </a>
                    <hr>
                </td>
            </tr>
            </tbody>
        </table>
        <hr style='width: 100%; height: 1px;'>
    </body>
</html>
```

圖 1.18 使用 Thymeleaf 模版頁面

　　Model 2 在 Web 應用程式中是非常重要的模式，因為職責分配清楚，有助團隊合作，本書後面的章節，會以實際程式逐步實現 Model 2 架構，你也可藉此逐步了解各個角色如何分配職責，**這會是本書特別偏重的部分**，因為許多 Web 框架都實現了 Model 2，其應用也不僅在 Java 技術實現的 Web 應用程式。

　　如果 Web 應用程式的設計符合 Model 2 模式，那麼在使用支援 Model 2 的 Web 框架時，也才能感受到 Web 框架的益處，本書之後會談到 Spring MVC 框架，也將基於 Model 2 的範例程式改寫為套用 Spring MVC，從實際案例中，瞭解 Model 2 設計帶來的的優點。

1.2.4 簡介 Java EE/Jakarta EE

時至今日，Java 這個名詞不僅代表一個程式語言的名稱，更代表了一個開發平台，由於 Java 這個平台可以解決的領域非常龐多，因而區分為三大平台：Java SE（Java Platform, Standard Edition）、Java EE（Java Platform, Enterprise Edition）與 Java ME（Java Platform, Micro Edition）。

Java SE 是初學 Java 必要的標準版本，可解決標準桌面應用程式需求，並為 Java EE 的基礎，Java ME 的部分集合。

Java ME 的目標則為微型裝置，像是手機、平板等的解決方案，為 Java SE 的部分子集加上一些裝置的特性集合，目前有很大部分被 Android 方案取代了。

Java EE 目標是全面性解決企業可能遇到的各個領域問題之方案，Servlet/JSP 就是座落於 Java EE 的範疇之中。

無論是 Java SE、Java EE 或 Java ME，都是業界共同制定的標準，業界代表可參與 JCP（Java Community Process）共同參與、審核、投票決定平台應有的元件、特性、應用程式介面等，制定出來的標準會以 JSR（Java Specification Requests）作為正式標準規範文件，不同的技術解決方案標準規範會給予一個編號。在 JSR 規範的標準之下，各廠商可以各自實作成品，所以同樣是 Web 容器，會有不同廠商的實作產品，而 JSR 通常也會提供參考實作（Reference Implementation, RI）。

在 2017 年 9 月，Oracle 正式宣佈將 Java EE 開放原始碼，後來選定將 Java EE 相關技術授權給 Eclipse 基金會，由於 Java 商標是 Oracle 所有，基金會決定將 Java EE 更名為 Jakarta EE，在撰寫本書時，Jakarta EE 的最新版本延續了 Java EE 8 的版號，命名為 Jakarta EE 9，主要任務是將 API 的 `javax.*` 更名為 `jakarta.*`。

在撰寫這段文字的時間點，雖然 Jakarta EE 9 在 Web 容器部分已經有實作品（例如 Tomcat 10），不過 Java EE 這些年來，有許多應用程式、程式庫或框架，都是基於 Java EE 8，它們要能在 Jakarta EE 9 的 Web 容器運行，勢必也得將 API 的 `javax.*` 更名為 `jakarta.*`，然而這並非一朝一夕就能完成之事。

　　因此本書仍基於 Java EE 8，主要規範是在 JSR 366 文件之中，而 Java EE 平台中的特定技術，再規範於特定的 JSR 文件之中，若對這些文件有興趣，可以參考〈Java™ EE 8 Technologies〉[11]。

　　本書主要介紹的 Servlet 4.0 規範在 JSR 369，JSP 2.3 規範在 JSR 245，Expression Language 3.0 規範在 JSR341，JSTL 1.2 規範於 JSR52。

　　JSR 文件規範了相關技術應用的功能，在閱讀完本書內容之後，建議可以試著自行閱讀 JSR，內容雖然有點生硬，但可以了解更多 Servlet/JSP 的相關細節。

提示 ⟫⟫⟫　想要查詢 JSR 文件，只要在「jcp.org/en/jsr/detail?id=」加上文件編號就可以了，例如查詢 JSR 369 文件的話，網址就是 jcp.org/en/jsr/detail?id=369。

1.3　重點複習

　　URL 的主要目的，是以文字方式來說明網際網路上的資源如何取得。URN 代表某個資源獨一無二的名稱。URL 或 URN 目的都是用來識別某個資源，後來的標準制定了 URI，而 URL 與 URN 成為 URI 的子集。

　　HTTP 是基於請求/回應的通訊協定，瀏覽器對 Web 網站發出一個取得資源的請求，Web 網站將要求的資源回應給瀏覽器，沒有請求就不會有回應。

　　在 HTTP 協定之下，Web 網站是個健忘的傢伙，Web 網站回應瀏覽器之後，就不會記得瀏覽器的資訊，更不會去維護與瀏覽器有關的狀態，因此 HTTP 又稱為無狀態的通訊協定。

　　請求參數是在 URI 之後跟隨一個問號（?），然後是請求參數名稱與請求參數值中間以等號（=）表示成對關係。若有多個請求參數，則以&字元連接。

　　GET 與 POST 在使用時除了 URI 的資料長度限制、是否在網址列上出現請求參數等表面上的功能差異之外，事實上在 HTTP 最初的設計中，該選擇使用 GET

---

[11] Java™ EE 8 Technologies：www.oracle.com/technetwork/java/javaee/tech/

或 POST，可根據其是否為安全或等冪操作來決定。GET 應用於安全、等冪操作的請求，而 POST 應用於非等冪操作的請求。

在 URI 的規範中定義了一些保留字元，像是「:」、「/」、「?」、「&」、「=」、「@」、「%」等字元，在 URI 中都有它的作用，如果要在請求參數上表達 URI 中的保留字元，必須在 % 字元之後以 16 進位數值表示方式，來表示該字元的 8 個位元數值，這是 URI 規範中的百分比編碼，也就是俗稱的 URI 編碼或 URL 編碼。

在 URI 規範中，空白字元是編碼為 %20，而在 HTTP 規範中空白字元是編碼為「+」。URI 規範的 URI 編碼，針對的是字元 UTF-8 編碼的八個位元數值，在 HTTP 規範下的 URI 編碼，並不限使用 UTF-8。

就 Web 安全這塊來說，想要認識基本的安全弱點從何產生，可以從 OWASP TOP 10 出發，這是由 OWASP（Open Web Application Security Project）發起的計畫之一，於 2002 年發起，針對 Web 應用程式最重大的十個弱點進行排行，首次 OWASP Top 10 於 2003 發布，2004 年做了更新，之後每三年改版一次，就本書撰寫的這個時間點，最新版的 OWASP Top 10 於 2017 年 11 月正式釋出。

在學習 Servlet/JSP 時，有個重要的觀念：「Web 容器（Container）是 Servlet/JSP 唯一認得的 HTTP 伺服器。」如果希望用 Servlet/JSP 撰寫的 Web 應用程式可以正常運作，就必須知道 Servlet/JSP 如何與 Web 容器作溝通，Web 容器如何管理 Servlet/JSP 的各種物件等問題。

Servlet 的執行依賴於 Web 容器提供的服務，沒有容器，Servlet 只是單純的一個 Java 類別，不能稱為可提供服務的 Servlet。對每個請求，容器是建立一個執行緒並轉發給適當的 Servlet 來處理，因而可以大幅減輕效能上的負擔，但也因此要注意執行緒安全問題。

JSP 最後終究會被容器轉譯為 Servlet 並載入執行，了解 JSP 與 Servlet 中各物件的對應關係是必要的，必要時可配合適當的工具，檢視 JSP 轉譯為 Servlet 之後的原始碼內容。

撰寫與設定 Servlet

2

CHAPTER

學習目標

- 開發環境準備與使用
- 了解 Web 應用程式架構
- Servlet 撰寫與部署設定
- 了解 URI 模式對應
- 使用 web-fragement.xml

2.1　第一個 Servlet

從這章開始會正式學習 Servlet，首先要準備開發環境，使用 Apache Tomcat 作為容器，本書也會一併介紹整合開發環境（Integrated Development Environment）的使用，簡稱 IDE，了解如何善用 IDE 這樣的產能工具來增進程式撰寫效率是必要的，也能符合業界需求。

2.1.1　準備開發環境

第 1 章曾經談過，抽象層面來說，Web 容器是 Servlet 唯一認得的 HTTP 伺服器，開發工具的準備中，自然就要有 Web 容器的存在，本書使用 Apache Tomcat 9 作為 Web 容器，可以在這邊下載：

- tomcat.apache.org/download-90.cgi

在這邊建議下載頁面中的 Core 版本，如果是在 Windows 環境中，**請留意 Windows 版本是 32-bit 或是 64-bit**，本書的範例環境是 Windows 10 64-bit 版本，因此會使用下載頁面中的「64-bit Windows zip」。

在第 1 章中看過這張圖：

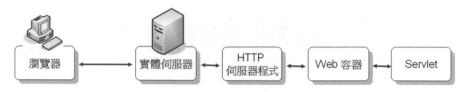

圖 2.1 從請求到 Servlet 處理的線性關係

Tomcat 提供 Web 容器的功能，而不是 HTTP 伺服器的功能，然而為了給開發者便利，下載的 Tomcat 會附帶一個簡單的 HTTP 伺服器，相較於真正的 HTTP 伺服器而言，Tomcat 附帶的 HTTP 伺服器功能簡易，僅作開發用途，不建議日後直接上線服務。

接著準備 IDE，本書會使用 Eclipse，這是業界普遍採用的 IDE 之一，可以在這邊下載：

- www.eclipse.org/downloads/eclipse-packages/

請下載頁面中的 Eclipse IDE for Enterprise Java Developers，同樣地，若是 Windows 作業系統，請確定是 32-bit 或是 64-bit，本書會下載基於 Eclipse IDE 2020-12 的 Eclipse IDE for Enterprise Java Developers 之 64-bit 版本。

當然，必須有 Java 執行環境，Java EE 8 建議搭配 Java SE 8 以後的版本，本書使用的是 Java SE 15，如果還沒安裝，可以在這邊下載：

- www.oracle.com/technetwork/java/javase/downloads/

底下總結本書目前使用到的基礎環境：

- Java SE 15
- Eclipse IDE for Enterprise Java Developers
- Tomcat 9

本書預設你已經有 Java SE 的基礎，有能力自行安裝 JDK，如果願意，可以配合本書的環境配置，本書製作範例時，將 Eclipse 與 Tomcat 都解壓縮在 C:\workspace 中，如下圖所示：

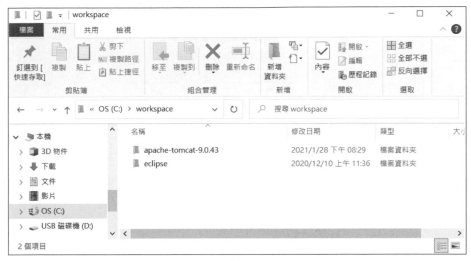

圖 2.2 範例基本環境配置

注意 ▸▸▸　如果想放在別的資料夾中，請不要放在有中文或空白字元的資料夾中，Eclipse
或 Tomcat 對此會有點感冒。

接著要在 Eclipse 中新增 Tomcat 為伺服器執行時期環境（Server Runtime
Environments），以便之後開發的 Servlet 可執行於 Tomcat 實現的 Web 容器上。
請按照以下步驟執行：

1. 執行 eclipse 資料夾中的 eclipse.exe。

2. 出現「Eclipse IDE Launcher」對話方塊時，將「Workspace:」設定為
「C:\workspace」，按下「Launch」。

3. 執行選單「Window/Preferences」，在出現的「Preferences」對話方塊
中，展開左邊的「Server」節點，並選擇其中的「Runtime Environment」
節點。

4. 按下右邊「Server Runtime Environments」中的「Add」按鈕，在出現
的「New Server Runtime Environment」中選擇「Apache Tomcat v9.0」，
按下「Next」按鈕。

5. 按下「Tomcat installation directory」旁的「Browse」，選取 C:\workspace
中解壓縮的 Tomcat 資料夾，按下「確定」。

6. 在按下「Finish」按鈕後，應該會看到以下的畫面，按下「Apply and
Close」完成配置：

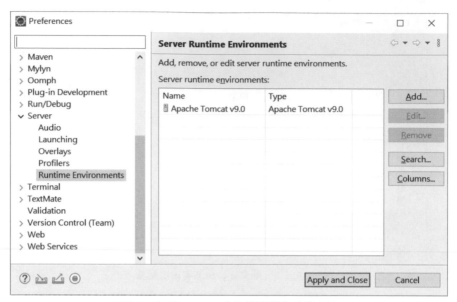

圖 2.3 新增 Tomcat 為伺服器執行時期環境

接著要配置工作區（Workspace）預設的文字檔案編碼，在沒有進一步設定的情況下，Eclipse 會使用作業系統預設的文字檔案編碼，在 Windows 上就是 MS950，在這邊建議使用 UTF-8，除此之外，CSS、HTML、JSP 等相關編碼設定，也建議都設為 UTF-8，這可以避免日後遇到一些編碼處理上的問題。請按照以下的步驟進行：

1. 執行選單「Window/Preferences」，在出現的「Preferences」對話方塊中，展開左邊的「General/Workspace」節點。

2. 在右邊的「Text file encoding」選擇「Other」，在下拉選單中選擇「UTF-8」，按下「Apply」按鈕。

3. 展開左邊的「Web」節點，選擇「CSS Files」，在右邊的「Encoding」選擇「UTF-8」，按下「Apply」按鈕。

4. 選擇「HTML Files」，在右邊的「Encoding」選擇「UTF-8」，按下「Apply」按鈕。

5. 選擇「JSP Files」，在右邊的「Encoding」選擇「UTF-8」，按下「Apply」按鈕。

6. 按下「Preferences」對話方塊的「Apply and Close」完成設定。

2.1.2　第一個 Servlet 程式

　　接著可以開始撰寫第一個 Servlet 程式了，程式將使用 Servlet 接收使用者名稱並顯示招呼語。由於 IDE 是產能工具，會使用專案來管理應用程式相關資源，在 Eclipse 中第一步是建立「Dynamic Web Project」，之後在專案中建立第一個 Servlet。請按照以下步驟進行操作：

1. 執行選單「File/New/Dynamic Web Project」，在出現的「New Dynamic Web Project」對話方塊中，輸入「Project name」為「FirstServlet」。

2. 確定「Target runtime」為方才設定的「Apache Tomcat v9.0」，按下「Finish」按鈕。

3. 展開新建專案中的「Java Resources」節點，在「src」上按右鍵，執行「New/Servlet」。

4. 在「Create Servlet」對話方塊的「Java package」輸入「cc.openhome」，「Class name」輸入「Hello」，按下「Next」按鈕。

5. 選擇「URL mappings」中的「Hello」，按右邊的「Edit」按鈕並改為「/hello」後，按下「OK」按鈕。

6. 按下「Create Servlet」的「Finish」按鈕。

　　接著就可以來撰寫第一個 Servlet 了，在建立的「Hello.java」中，編輯以下的內容：

FirstServlet　Hello.java

```
package cc.openhome;

import java.io.IOException;
import java.io.PrintWriter;

import javax.servlet.ServletException;
import javax.servlet.annotation.WebServlet;
import javax.servlet.http.HttpServlet;
import javax.servlet.http.HttpServletRequest;
import javax.servlet.http.HttpServletResponse;

@WebServlet("/hello")
public class Hello extends HttpServlet {          ❶ 繼承 HttpServlet
    @Override
    protected void doGet(          ❷ 重新定義 doGet()
            HttpServletRequest request, HttpServletResponse response)
                throws ServletException, IOException {
```

❸ 設定回應內容類型

```
        response.setContentType("text/html;charset=UTF-8");

        String name = request.getParameter("name");    ← ❹ 取得請求參數

        PrintWriter out = response.getWriter();  ← ❺ 取得回應輸出物件
        out.print("<!DOCTYPE html>");
        out.print("<html>");
        out.print("<head>");
        out.print("<title>Hello</title>");
        out.print("</head>");
        out.print("<body>");
        out.printf("<h1> Hello! %s!%n</h1>", name);   ← ❻ 跟使用者說 Hello!
        out.print("</body>");
        out.print("</html>");
    }
}
```

範例中繼承了 **HttpServlet**❶，並重新定義了 **doGet()** 方法❷，當瀏覽器使用 GET 方法發送請求時，會呼叫此方法。

在 doGet() 方法上可以看到 **HttpServletRequest** 與 **HttpServletResponse** 兩個參數，容器接收到瀏覽器的 HTTP 請求後，會收集 HTTP 請求中的資訊，並分別建立代表請求與回應的 Java 物件，而後在呼叫 doGet() 時，將這兩個物件當作參數傳入。可以從 HttpServletRequest 物件中取得有關 HTTP 請求相關資訊，在範例中是透過 HttpServletRequest 的 **getParameter()** 指定請求參數名稱，來取得使用者發送的請求參數值❹。

HttpServletResponse 物件代表對瀏覽器的回應，可以藉由其 **setContentType()** 設定正確的內容類型❸，範例中是告知瀏覽器，回應要以 text/html 解析，而採用的字元編碼是 UTF-8。接著使用 getWriter() 方法取得代表回應輸出的 **PrintWriter** 物件❺，藉由 PrintWriter 的 println() 方法來對瀏覽器輸出回應的文字資訊，在範例中是輸出 HTML 以及根據使用者名稱說聲 Hello! ❻。

提示 ››› 在 Servlet 的 Java 程式碼中，以字串輸出 HTML，當然是很笨的行為，別擔心，在談到 JSP 時，會有個有趣的練習，將 Serlvet 轉為 JSP，從中明瞭 Servlet 與 JSP 的對應。

接著要執行 Servlet 了，瀏覽器要對這個 Servlet 進行請求，同時附上請求參數。請按照以下的步驟進行：

1. 在「Hello.java」上按右鍵，執行「Run As/Run on Server」。

2. 在「Run On Server」對話方塊中，確定「Server runtime environment」為先前設定的「Apache Tomcat v9.0」，按下「Finish」按鈕。

3. 在 Tomcat 啟動後，Eclipse 也會啟動內嵌的瀏覽器，接著可以使用底下網址來進行請求：

```
http://localhost:8080/FirstServlet/hello?name=Justin
```

如上操作之後，就會看到以下的畫面：

圖 2.4　第一個 Servlet 程式

提示 ❯❯❯　Eclipse 內建的瀏覽器功能其實陽春，可以執行選單「Window/Web Browser」來選擇「Run on Server」時啟動的瀏覽器。

　　Tomcat 預設會使用 8080 埠號，注意到網址列中，請求的 Web 應用程式路徑是 FirstServlet 嗎？預設專案名稱就是 Web 應用程式環境路徑（Context root），那為何請求的 URI 必須是/hello 呢？記得 Hello.java 中有這麼一行嗎？

```
@WebServlet("/hello")
```

　　這表示，如果請求的 URI 是/hello，就會由 Hello 來處理請求，事實上，由於到目前為止，借助了 IDE 的輔助，有許多細節都被省略了，接下來得先來討論這些細節。

提示 ❯❯❯　如果使用 Tomcat 10 以後的版本作為 Web 容器，因為 Tomcat 10 實現了 Jakarta EE 9，方才範例中的 javax.*都要改為 jakarta.*。

2.2　在 Hello 之後

　　在 IDE 中撰寫了 Hello，並成功執行出應有的結果，那這一切是如何串起來的，IDE 又代勞了哪些事情？你在 IDE 的專案管理中看到的檔案組織結構，真的是應用程式上傳之後的結構嗎？

　　記得！Web 容器是 Servlet/JSP 唯一認得的 HTTP 伺服器，你要了解 Web 容器會讀取哪些設定？又要求什麼樣的檔案組織結構？Web 容器對於請求到來，又會如何呼叫 Servlet？IDE 很方便，但不要過份依賴 IDE！

2.2.1 關於 HttpServlet

注意到 Hello.java 中 import 的語句區段：

```
import javax.servlet.ServletException;
import javax.servlet.annotation.WebServlet;
import javax.servlet.http.HttpServlet;
import javax.servlet.http.HttpServletRequest;
import javax.servlet.http.HttpServletResponse;
```

如果要編譯 Hello.java，類別路徑（Classpath）中必須包括 Servlet API 的相關類別，如果使用的是 Tomcat，這些類別會封裝在 Tomcat 資料夾的 lib 資料夾中的 **servlet-api.jar**。假設 Hello.java 位於 src 資料夾下，並放置於對應套件的資料夾之中，則可以如下進行編譯：

```
% cd YourWorkspace/FirstServlet
% javac -classpath Yourlibrary/YourTomcat/lib/servlet-api.jar -d ./classes
src/cc/openhome/Hello.java
```

底線部分必須修改為實際的資料夾位置，編譯出的 .class 檔案會出現於 classes 資料夾中，並有對應的套件階層（因為使用 javac 時下了 -d 引數）。事實上，如果遵照 2.1 節的操作，Eclipse 就會自動完成類別路徑設定、在存檔時嘗試編譯等細節，展開「Project Explorer」中的「Libraries/Apache Tomcat v9.0」節點，就會看到相關 JAR（Java ARchive）檔案的類別路徑設定。

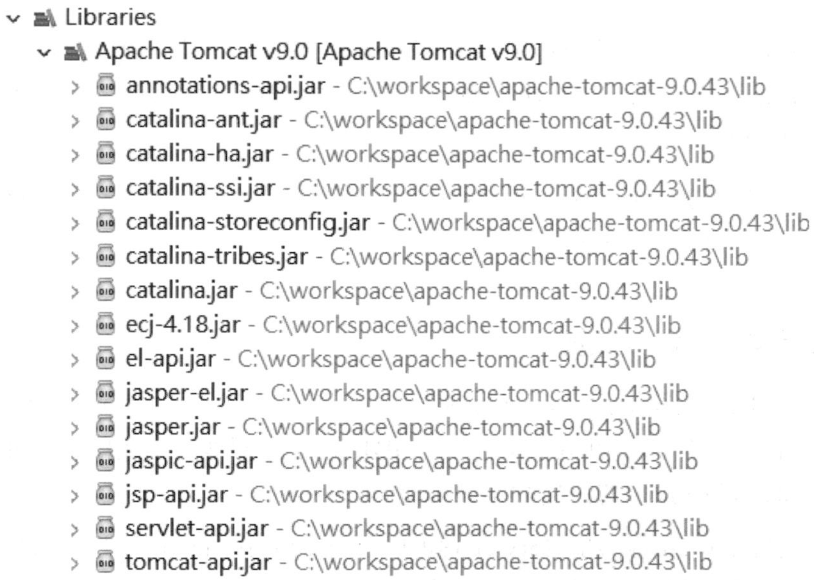

```
∨ 🗽 Libraries
  ∨ 🗽 Apache Tomcat v9.0 [Apache Tomcat v9.0]
    > 🗒 annotations-api.jar - C:\workspace\apache-tomcat-9.0.43\lib
    > 🗒 catalina-ant.jar - C:\workspace\apache-tomcat-9.0.43\lib
    > 🗒 catalina-ha.jar - C:\workspace\apache-tomcat-9.0.43\lib
    > 🗒 catalina-ssi.jar - C:\workspace\apache-tomcat-9.0.43\lib
    > 🗒 catalina-storeconfig.jar - C:\workspace\apache-tomcat-9.0.43\lib
    > 🗒 catalina-tribes.jar - C:\workspace\apache-tomcat-9.0.43\lib
    > 🗒 catalina.jar - C:\workspace\apache-tomcat-9.0.43\lib
    > 🗒 ecj-4.18.jar - C:\workspace\apache-tomcat-9.0.43\lib
    > 🗒 el-api.jar - C:\workspace\apache-tomcat-9.0.43\lib
    > 🗒 jasper-el.jar - C:\workspace\apache-tomcat-9.0.43\lib
    > 🗒 jasper.jar - C:\workspace\apache-tomcat-9.0.43\lib
    > 🗒 jaspic-api.jar - C:\workspace\apache-tomcat-9.0.43\lib
    > 🗒 jsp-api.jar - C:\workspace\apache-tomcat-9.0.43\lib
    > 🗒 servlet-api.jar - C:\workspace\apache-tomcat-9.0.43\lib
    > 🗒 tomcat-api.jar - C:\workspace\apache-tomcat-9.0.43\lib
```

圖 2.5 IDE 會為你設定專案的類別路徑

為什麼要在繼承 HttpServlet 之後重新定義 doGet()？又為什麼 HTTP 請求為 GET 時會自動呼叫 doGet() 呢？首先來討論範例中看到的相關 API 架構圖：

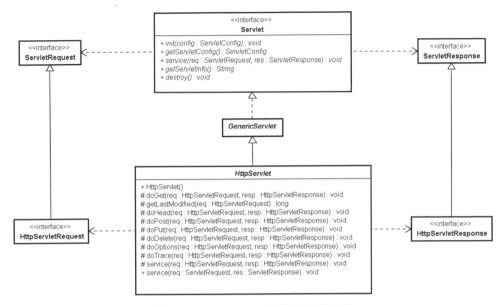

圖 2.6 HttpServlet 相關 API 類別圖

首先看到 **Servlet** 介面，它定義了 Servlet 的基本行為，例如與 Servlet 生命週期相關的 **init()**、**destroy()** 方法、提供服務時要呼叫的 **service()** 方法等。

實作 Servlet 介面的類別是 GenericServlet 類別，它還實作了 ServletConfig 介面，將容器呼叫 init() 方法時傳入的 ServletConfig 實例封裝起來，而 service() 方法直接標示為 abstract 而沒有任何實作。在本章中將暫且忽略 GenericServlet（第 5 章會加以討論）。

在這邊只要先注意到一件事，GenericServlet 沒有規範任何有關 HTTP 的相關方法，而是由繼承它的 HttpServlet 定義。在最初定義 Servlet 時，並不限定它只能用於 HTTP，因此沒有將 HTTP 相關服務流程定義在 GenericServlet 之中，而是定義在 HttpServlet 的 service() 方法中。

> **提示 》》》** 可以注意到套件的設計，與 Servlet 定義相關的類別或介面都位於 javax.servlet 套件中，像是 Servlet、GenericServlet、ServletRequest、ServletResponse 等。
> 而與 HTTP 定義相關的類別或介面都位於 javax.servlet.http 套件之中，像是 HttpServlet、HttpServletRequest、HttpServletResponse 等。

HttpServlet 的 service() 方法中的流程大致如下：

```
protected void service(HttpServletRequest req,
                            HttpServletResponse resp)
    throws ServletException, IOException {
    String method = req.getMethod(); // 取得請求的方法
    if (method.equals(METHOD_GET)) { // HTTP GET
        // 略...
        doGet(req, resp);
        // 略 ...
    } else if (method.equals(METHOD_HEAD)) { // HTTP HEAD
        // 略 ...
        doHead(req, resp);
    } else if (method.equals(METHOD_POST)) { // HTTP POST
        // 略 ...
        doPost(req, resp);
    } else if (method.equals(METHOD_PUT)) { // HTTP PUT
        // 略 ...
}
```

當請求來到時，容器會呼叫 Servlet 的 service() 方法，而可以看到，HttpServlet 的 service() 中定義的，基本上就是判斷 HTTP 請求的方式，再分別呼叫 doGet()、doPost() 等方法，若想針對 GET、POST 等方法進行處理，才會在繼承 HttpServlet 以後，重新定義相對應的 doGet()、doPost() 方法。

注意 >>> 不建議也不應該在繼承了 HttpServlet 之後，重新定義 service() 方法，這會覆蓋掉 HttpServlet 中定義的 HTTP 預設處理流程。

2.2.2 使用@WebServlet

撰寫 Servlet 時，要告訴 Web 容器有關於這個 Servlet 的一些資訊。自 Java EE 6 的 Servlet 3.0 以後，可以使用標註（Annotation）來告知容器哪些 Servlet 會提供服務以及額外資訊。例如在先前的 Hello.java 中，就有底下的標註：

```
@WebServlet("/hello")
public class Hello extends HttpServlet {
```

只要 Servlet 上有設定 @WebServlet 標註，容器就會自動讀取當中的資訊。上面的 @WebServlet 告訴容器，若請求的 URI 是 /hello，就由 Hello 的實例提供服務。

標註 @WebServlet 時可以提供更多資訊，例如，修改先前的 Hello.java 如下：

FirstServlet Hello.java

```
package cc.openhome;

import java.io.IOException;
import java.io.PrintWriter;

import javax.servlet.ServletException;
import javax.servlet.annotation.WebServlet;
import javax.servlet.http.HttpServlet;
import javax.servlet.http.HttpServletRequest;
import javax.servlet.http.HttpServletResponse;

@WebServlet(
    name="Hello",
    urlPatterns={"/hello"},
    loadOnStartup=1
)
public class Hello extends HttpServlet {
    ...略
}
```

　　上面的@WebServlet 告知容器，Hello 這個 Servlet 的名稱是 Hello，這是由 **name** 屬性指定，若瀏覽器請求的 URI 是/hello，就由這個 Servlet 來處理，這是由 **urlPatterns** 屬性來指定。在 Java 應用程式中使用標註時，沒有設定的屬性通常會有預設值，例如，**若沒有設定@WebServlet 的 name 屬性時，預設值會是 Servlet 的類別完整名稱**。

　　應用程式啟動後，預設不會建立 Servle 實例，而是在首次接到請求需要某個 Servlet 服務時，才將對應的 Servlet 類別實例化、進行初始動作，接著再處理請求。這意謂著第一次請求該 Servlet 的瀏覽器，必須等待 Servlet 類別實例化、進行初始動作之後，才真正得到請求的處理。

　　如果希望應用程式啟動時，可先將 Servlet 類別載入、實例化並作好初始化動作，可以使用 loadOnStartup 設定，設定大於 0 的值（預設值-1），表示啟動應用程式後就初始化 Servlet（而不是實例化幾個 Servlet）。**數字代表了 Servlet 的初始優先權，容器必須保證有較小數字的 Servlet 先初始化**，在使用標註的情況下，如果有多個 Servlet 在設定 loadOnStartup 時使用了相同的數字，容器實作廠商可以自行決定要如何載入哪個 Servlet。

提示 ⟫⟫ 可以在〈Java(TM) EE 8 Specification APIs〉[1]中查看 Servlet API 文件。

2.2.3　使用 web.xml

使用標註來定義 Servlet，是從 Java EE 6 的 Servlet 3.0 以後才有的功能，目的是在簡化設定，在舊的 Servlet 版本中，必須於 Web 應用程式的 WEB-INF 資料夾中，建立 **web.xml** 檔案定義 Servlet 相關資訊，當然，就算可以使用標註，必要的時候，仍然能使用 web.xml 檔案來定義 Servlet。

例如，可以在先前的 FirstServlet 專案的「Project Explorer」中，找到「Deployment Descriptor:FirstServlet」節點，按右鍵執行「Generate Deployment Descriptor Stub」，這會在「WebContent/WEB-INF」節點中，建立一個 web.xml 檔案，就本書使用的 Eclipse 版本來說，會有以下的預設內容：

```xml
<?xml version="1.0" encoding="UTF-8"?>
<web-app xmlns:xsi="http://www.w3.org/2001/XMLSchema-instance"
xmlns="http://xmlns.jcp.org/xml/ns/javaee"
xsi:schemaLocation="http://xmlns.jcp.org/xml/ns/javaee
http://xmlns.jcp.org/xml/ns/javaee/web-app_4_0.xsd" version="4.0">
  <display-name>FirstServlet</display-name>
  <welcome-file-list>
    <welcome-file>index.html</welcome-file>
    <welcome-file>index.htm</welcome-file>
    <welcome-file>index.jsp</welcome-file>
    <welcome-file>default.html</welcome-file>
    <welcome-file>default.htm</welcome-file>
    <welcome-file>default.jsp</welcome-file>
  </welcome-file-list>
</web-app>
```

像這樣的檔案稱為**部署描述檔（Deployment Descriptor，有人簡稱 DD 檔）**，在 Servlet 4.0 中，XSD 檔案應該是 web-app_4_0.xsd，而 version 會是 4.0。

提示 ⟫⟫ 可以在〈Java EE: XML Schemas for Java EE Deployment Descriptors〉[2]中找到各版本的 XML Shema。

---

[1]　Java(TM) EE 8 Specification APIs：javaee.github.io/javaee-spec/javadocs/
[2]　Java EE: XML Schemas for Java EE Deployment Descriptors：
www.oracle.com/webfolder/technetwork/jsc/xml/ns/javaee/index.html

在產生的 web.xml 中，可以看到`<display-name>`，這定義了 Web 應用程式的名稱，若工具程式有支援，可以採用此名稱來代表 Web 應用程式，**`<display-name>`不是 Web 應用程式環境根目錄**，在 Servlet 4.0 之前，並沒有規範如何定義 Web 應用程式環境根目錄，因而各廠商實作會有各自定義的方式。

提示 >>>　Tomcat 可以在 META-INF/context.xml 中設定環境根目錄，可參考〈The Context Container〉[3]。

Tomcat 預設會使用應用程式資料夾作為環境根目錄，在 Eclipse 中，也可以於專案上按右鍵，執行「Properties」，在「Web Project Settings」裏設定環境根目錄：

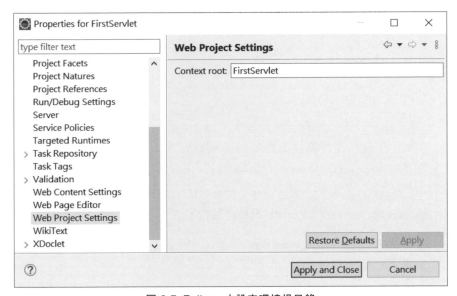

圖 2.7　Eclipse 中設定環境根目錄

從 Servlet 4.0 開始，可以在 web.xml 使用`<default-context-path>`來建議預設環境路徑，然而考量到既有容器實作的相容性，容器實作廠商可以不理會這個設定。

至於`<welcome-file-list>`定義的檔案清單，是在瀏覽器請求路徑沒有指定特定檔案時，會看看路徑中是否有清單中的檔案，如果有的話，就會作為預設頁面回應。

---

[3]　The Context Container：tomcat.apache.org/tomcat-9.0-doc/config/context.html

除了定義整個 Web 應用程式必要的資訊之外，**web.xml 的設定可用來覆蓋 Servlet 中的標註設定**，因此可以使用標註來作預設值，而 web.xml 作為日後自訂值之用，例如：

FirstServlet web.xml

```xml
<?xml version="1.0" encoding="UTF-8"?>
<web-app xmlns:xsi="http://www.w3.org/2001/XMLSchema-instance"
xmlns="http://xmlns.jcp.org/xml/ns/javaee"
xsi:schemaLocation="http://xmlns.jcp.org/xml/ns/javaee
http://xmlns.jcp.org/xml/ns/javaee/web-app_4_0.xsd" version="4.0">
    ...略
    <servlet>
        <servlet-name>Hello</servlet-name>
        <servlet-class>cc.openhome.Hello</servlet-class>
        <load-on-startup>1</load-on-startup>
    </servlet>
    <servlet-mapping>
        <servlet-name>Hello</servlet-name>
        <url-pattern>/helloUser</url-pattern>
    </servlet-mapping>
</web-app>
```

在上例中，若有瀏覽器請求/helloUser，就由 Hello 這個 Servlet 來處理，這分別是由**<servlet-mapping>**中的**<url-pattern>**與**<servlet-name>**來定義，而 Hello 名稱的 Servlet，實際上是 cc.openhome.Hello 類別的實例，這分別是由**<servlet>**中的**<servlet-name>**與**<servlet-class>**來定義。

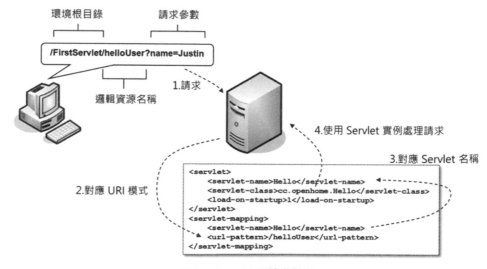

圖 2.8 Servlet 的請求對應

　　由於 web.xml 中<servlet-name>的名稱也是 Hello，與 Hello.java 中的
@WebServlet 標註的 name 屬性設定值相同，**在 Servlet 名稱相同的情況下，web.xml**
中的 Servlet 設定會覆蓋@WebServlet 標註設定，現在必須使用/helloUser（而不是
使用/hello）請求 Servlet 了。

　　無論是使用@WebServlet 標註，或是使用 web.xml 設定，瀏覽器請求的 URI
都只是個邏輯上的名稱（Logical Name），請求/hello 並不一定指 Web 網站上
有個實體檔案叫 hello，而會由 Web 容器來對應至實際處理請求的程式實體名稱
（Physical Name）或檔案。如果願意，也可以用個像 hello.view 或甚至 hello.jsp
之類的名稱來偽裝資源。

　　目前為止可以知道，Servlet 在 web.xml 會有三個名稱設定：<url-pattern>
設定的邏輯名稱、<servlet-name>註冊的 Servlet 名稱、以及<servlet-class>設定
的實體類別名稱。

2.2.4　檔案組織與部署

　　IDE 為了管理專案資源，會有各自專用的檔案組織方式，那並不是真正上
傳至 Web 容器後該有的組織方式，Web 容器部署應用程式，必須遵照以下
結構：

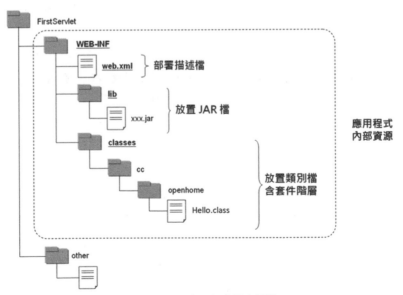

圖 2.9 Web 應用程式檔案組織

上圖有幾個重要的資料夾與檔案位置必須說明：

- WEB-INF

  這個資料夾名稱是固定的，一定要位於應用程式根資料夾下，放置在 WEB-INF 中的檔案或資料夾，無法使用 HTTP 方法「直接」請求，若有這類需要，必須透過 Servlet 的請求轉發（Forward），不想讓瀏覽器直接存取的資源，可以放置在這個資料夾下。

- web.xml

  Web 應用程式部署描述檔，必須放在 WEB-INF 資料夾。

- lib

  放置 JAR（Java Archive）檔案的資料夾，必須位於 WEB-INF 資料夾之中。

- classes

  放置編譯過後.class 檔案的資料夾，必須放在 WEB-INF 資料夾，編譯過後的類別檔案，必須有與套件名稱相符的資料夾結構。

如果使用 Tomcat 作為 Web 容器，可以將符合圖 2.9 的 FirstServlet 整個資料夾複製至 Tomcat 資料夾下 webapps 資料夾，然後至 Tomcat 的 bin 資料夾下，執行 startup 指令啟動 Tomcat，接著使用以下 URI 請求應用程式（假設 URI 模式為/helloUser）：

```
http://localhost:8080/FirstServlet/helloUser?name=caterpillar
```

實際部署 Web 應用程式時，會將應用程式封裝為一個 WAR（Web Archive）檔案，副檔名為*.war。WAR 檔案可使用 JDK 附的 jar 工具程式來建立。例如，如圖 2.9 的方式組織好 Web 應用程式檔案之後，可進入 FirstServlet 資料夾，然後執行以下指令：

```
jar cvf ../FirstServlet.war *
```

這會在 FirstServlet 資料夾外建立 FirstServlet.war 檔案，在 Eclipse 中，則可以直接專案中，按右鍵執行「Export/WAR file」匯出 WAR 檔案。

WAR 檔案採用 zip 壓縮格式封裝，可以使用解壓縮軟體來檢視其中的內容。如果使用 Tomcat，可以將建立的 WAR 檔案複製至 webapps 資料夾下，重新啟動 Tomcat，容器若發現 webapps 資料夾中有 WAR 檔案，會將之解壓縮、載入 Web 應用程式。

提示 >>> 不同的應用程式伺服器，會提供不同的指令或介面讓你部署 WAR 檔案。有關 Tomcat 9 更多部署方式，可以查看〈Tomcat Web Application Deployment〉[4]。

2.3　進階部署設定

初學 Servlet/JSP，了解本章之前說明的資料夾結構與部署設定已經足夠，然而還有更多部署設定方式，可以讓 Servlet 的部署更方便、更模組化、更有彈性。

接下來的內容會是比較進階，如果是第一次接觸 Servlet，急著想要了解如何使用 Servlet 相關 API 開發 Web 應用程式，可以先跳過這一節的內容，日後想了解更多部署設定時再回來細讀。

2.3.1　URI 模式設定

可以使用 HttpServletRequest 的 **getRequestURI()** 來取得請求 URI 資訊，取得的字串是由三個部分組成：

```
requestURI = contextPath + servletPath + pathInfo
```

▶ 環境路徑

contextPath 為環境路徑（Context path），可以使用 HttpServletRequest 的 **getContextPath()** 來取得，這個路徑是容器決定該挑選哪個 Web 應用程式的依據（一個容器上可能部署多個 Web 應用程式），如先前談到的，環境路徑的設定方式，在 Servlet 4.0 之前沒有規範，依使用的應用程式伺服器而不同。

若應用程式環境路徑與 Web 網站環境根路徑相同，getContextPath() 會傳回空字串，如果不是，應用程式環境路徑以 "/" 開頭，不包括 "/" 結尾。

提示 >>> 下一章就會細談 HttpServletRequest，有關請求的相關資訊，都可以使用這個物件來取得。

一旦決定是哪個 Web 應用程式處理請求，接下來會進行 Servlet 的對應，Servlet 必須設定 URI 模式，可以設定的格式分別列點說明：

---

[4]　Tomcat Web Application Deployment：tomcat.apache.org/tomcat-9.0-doc/deployer-howto.html

- 路徑對應（Path mapping）

  "/"開頭但"/*"結尾的 URI 模式。例如若設定 URI 模式為"/guest/*"，請求 URI 扣去環境路徑的部分，若為 /guest/test.view 、/guest/home.view 等以/guest/作為開頭的，都會交由該 Servlet 處理。

- 延伸對應（extension mapping）

  以"*."開頭的 URI 模式。例如若 URI 模式設定為"*.view"，以.view 結尾的請求，都會交由該 Servlet 處理。

- 環境根資料夾（Context root）對應

  空字串""是個特殊的 URI 模式，對應至環境根資料夾（Context root），也就是/的請求。例如若環境根資料夾為 app，則 http://host:port/app/ 的請求，路徑資訊（pathInfo）是"/"，而 Servlet 路徑（servletPath）與環境路徑（contextPath）都是空字串。

- 預設 Servlet

  僅包括"/"的 URI 模式，當找不到適合的 URI 模式對應時，就會使用預設 Servlet。

提示 >>> 有些 Web 框架（例如 Spring MVC），會由一個 Servlet 來統一分配請求，該 Servlet 的 URI 模式就會設成"/"。

- 嚴格匹配（Exact match）

  不符合以上設定的其他字串，都要進行路徑的嚴格對應，例如若設定 /guest/test.view，則請求不包括請求參數部分，必須是/guest/test.view。

如果 URI 模式設定的規則，在比對某些 URI 請求時有重疊，例如若有 "/admin/login.do"、"/admin/*"與"*.do"三個 URI 模式設定，**比對時是從最嚴格的 URI 模式開始符合**。如果請求/admin/login.do，一定是由 URI 模式設定為 "/admin/login.do"的 Servlet 來處理，而不會是"/admin/*"或"*.do"。如果請求 /admin/setup.do，是由"/admin/*"的 Servlet 來處理，而不會是"*.do"。

◉ Servlet 路徑

在 requestURI 中，servletPath 的部分是指 Servlet 路徑（Servlet path），不包括路徑資訊（pathInfo）與請求參數（Request parameter）。Servlet 路徑直接對應至 URI 模式資訊，可使用 HttpServletRequest 的 **getServletPath()** 來取得，Servlet 路徑基本上是以 "/" 開頭，但 "/*" 與 "" 的 URI 模式比對而來的請求除外，在 "/*" 與 "" 的情況下，getServletPath() 取得的 Servlet 路徑是空字串。

例如若某個請求是根據 "/hello.do" 對應至某個 Servlet，getServletPath() 取得的 Servlet 路徑就是 "/hello.do"，如果是透過 "/servlet/*" 對應至 Servlet，則 getServletPath() 取得的 Servlet 路徑就是 "/servlet"，如果是透過 "/*" 或 "" 對應至 Servlet，getServletPath() 取得的 Servlet 路徑就是空字串。

◉ 路徑資訊

在 requestURI 中，pathInfo 的部分是指路徑資訊，路徑資訊不包括請求參數，指的是不包括環境路徑與 Servlet 路徑部分的額外路徑資訊。可使用 HttpServletRequest 的 **getPathInfo()** 來取得。如果沒有額外路徑資訊，傳回值會是 null（延伸對應、預設 Servlet、嚴格匹配的情況下，getPathInfo() 就會傳回 null），如果有額外路徑資訊，則是個以 "/" 為開頭的字串。

如果你撰寫以下的 Servlet：

FirstServlet Path.java

```java
package cc.openhome;

import java.io.IOException;
import java.io.PrintWriter;

import javax.servlet.ServletException;
import javax.servlet.annotation.WebServlet;
import javax.servlet.http.HttpServlet;
import javax.servlet.http.HttpServletRequest;
import javax.servlet.http.HttpServletResponse;

@WebServlet("/servlet/*")
public class Path extends HttpServlet {
    protected void doGet(
            HttpServletRequest request, HttpServletResponse response)
                throws ServletException, IOException {
        response.setContentType("text/html;charset=UTF-8");
        PrintWriter out = response.getWriter();
```

```
        out.print("<!DOCTYPE html>");
        out.print("<html>");
        out.print("<head>");
        out.print("<title>Path Servlet</title>");
        out.print("</head>");
        out.print("<body>");
        out.printf("%s<br>", request.getRequestURI());
        out.printf("%s<br>", request.getContextPath());
        out.printf("%s<br>", request.getServletPath());
        out.print(request.getPathInfo());
        out.print("</body>");
        out.print("</html>");
    }
}
```

如果在瀏覽器中輸入的 URI 為：

```
http://localhost:8080/FirstServlet/servlet/path
```

那麼看到的結果就是：

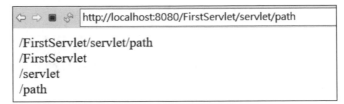

圖 2.10 請求的路徑資訊

⊙ **HttpServletMapping**

　　在 Servlet 4.0 中，`HttpServletRequest` 新增了 **getHttpServletMapping()** 方法，可以取得 `javax.servlet.http.HttpServletMapping` 實作物件，透過該物件能在執行時期，偵測執行中的 Servlet 是透過哪個 URI 對應而來，以及被比對到的值等資訊，例如：

FirstServlet Mapping.java

```
package cc.openhome;

import java.io.IOException;
import java.io.PrintWriter;

import javax.servlet.ServletException;
import javax.servlet.annotation.WebServlet;
import javax.servlet.http.HttpServlet;
import javax.servlet.http.HttpServletMapping;
import javax.servlet.http.HttpServletRequest;
```

```
import javax.servlet.http.HttpServletResponse;

@WebServlet("/mapping/*")
public class Mapping extends HttpServlet {
    protected void doGet(
            HttpServletRequest request, HttpServletResponse response)
                throws ServletException, IOException {
        HttpServletMapping mapping = request.getHttpServletMapping();
        response.setContentType("text/html;charset=UTF-8");
        PrintWriter out = response.getWriter();
        out.print("<!DOCTYPE html>");
        out.print("<html>");
        out.print("<head>");
        out.print("<title>Mapping Servlet</title>");
        out.print("</head>");
        out.print("<body>");
        out.printf("%s<br>", mapping.getMappingMatch());
        out.printf("%s<br>", mapping.getMatchValue());
        out.print(mapping.getPattern());
        out.print("</body>");
        out.print("</html>");
    }
}
```

getMappingMatch()會傳回 javax.servlet.http.MappingMatch 列舉值，成員有 CONTEXT_ROOT、DEFAULT、EXACT、EXTENSION 與 PATH，名稱上可得知個別的 URI 模式意義，而這在先前談環境路徑時已經說明過了。

getMatchValue()會傳回實際上符合的比對值，getPattern()傳回比對時的 URI 模式，如果瀏覽器請求：

http://localhost:8080/FirstServlet/mapping/path

那麼會是路徑比對成功，而比對值是 path，結果會顯示如下：

圖 2.11 請求的路徑資訊

2.3.2　Web 資料夾結構

在第一個 Servlet 中簡介過 Web 應用程式資料夾架構，這邊再進行詳細的說明。一個 Web 應用程式基本上會由以下項目組成：

- 靜態資源（HTML、圖片、音訊、影片等）
- Servlet
- JSP
- 自定義類別
- 工具類別
- 部署描述檔（web.xml 等）、設定資訊（Annotation 等）

Web 應用程式資料夾結構必須符合規範。舉例來說，如果應用程式的環境路徑（Context path）是/openhome，所有的資源項目必須以/openhome 為根資料夾按規定結構擺放。基本上根資料夾中的資源直接請求，例如若 index.html 位在/openhome 下，則可以直接以/openhome/index.html 來取得。

Web 應用程式的 **WEB-INF** 資料夾中存在的資源項目，不能直接請求（例如在網址上指明存取 WEB-INF），若試圖直接請求會是 404 Not Found 的錯誤結果。WEB-INF 中的資源有著固定的名稱與結構。例如：

- /WEB-INF/web.xml 是部署描述檔。
- /WEB-INF/classes 用來放置應用程式用到的自定義類別（.class），必須包括套件結構。
- /WEB-INF/lib 用來放置應用程式用到的 JAR（Java ARchive）檔案。

Web 應用程式相依的 JAR 檔案中，可以放置 Servlet、JSP、自定義類別、工具類別、部署描述檔等，應用程式的類別載入器可以從 JAR 中載入對應的資源。

可以在 JAR 檔案的**/META-INF/resources**資料夾中放置靜態資源或 JSP 等，例如若在/META-INF/resources 放個 index.html，若請求的 URI 中包括/openhome/index.html，而實際上/openhome 根資料夾中不存在 index.html，則會使用 JAR 中的/META- INF/resources/index.html。

如果要用到某個類別，Web 應用程式會到/WEB-INF/classes 試著載入類別，若無，再試著從/WEB-INF/lib 的 JAR 檔案中尋找類別檔案（若還沒有找到，會到容器實作本身存放類別或 JAR 的資料夾中尋找，位置視實作廠商而有所不同，以 Tomcat 而言，搜尋的路徑是 Tomcat 安裝資料夾下的 lib 資料夾）。

WEB-INF 中的資源不可以直接請求，然而可以透過程式碼的控管提供 WEB-INF 中的資源，像是使用 `ServletContext` 的 `getResource()` 與

getResourceAsStream()，或是透過 RequestDispatcher 請求調派，這在之後的章節會看到實際範例。

　　如果對 Web 應用程式的請求 URI 最後以/結尾，而且確實存在該資料夾，Web 容器必須傳回該資料夾下的歡迎頁面，可以在部署描述檔 web.xml 中包括 `<welcome-file-list>`、`<welcome-file>` 定義，指出可用的歡迎頁面名稱為何，在 2.2.3 已經看過實際範例，Web 容器會依序看看是否有對應的檔案，如果有則傳回給瀏覽器。

　　如果找不到歡迎用的檔案，會嘗試至 JAR 的/META-INF/resources 中尋找已置放的資源頁面。如果 URI 最後是以/結尾，但不存在該資料夾，會使用預設 Servlet（如果有定義的話，參考 2.3.1 的說明）。

　　整個 Web 應用程式可以被封裝為 WAR（Web ARchive）檔案，例如 openhome.war，以便部署至 Web 容器。

2.3.3　使用 web-fragment.xml

　　在 Servlet 3.0 以後，可以使用標註來設定 Servlet 的相關資訊，實際上，Web 容器不僅會讀取/WEB-INF/classes 的 Servlet 標註訊息，如果 JAR 檔案中有使用標註的 Servlet，Web 容器也可以讀取標註資訊、載入類別並註冊為 Servlet 進行服務。

　　在 Servlet 3.0 以後，JAR 檔案可用來作為 Web 應用程式的模組，事實上不僅是 Servlet，傾聽器、過濾器等，也可以在撰寫、定義標註完畢後，封裝在 JAR 檔案中，視需要放置至 Web 應用程式的/WEB-INF/lib 之中，彈性抽換 Web 應用程式的功能性。

> 提示 ⟫⟫⟫　這邊談到的「模組」，單純指一個獨立可抽換的 Web 應用程式元件，並不是 Java SE 9 以後，模組平臺系統定義的模組。

◉ web-fragment.xml

　　在 JAR 檔案中，除了可使用標註定義的 Servlet、傾聽器、過濾器外，也可以擁有自己的部署描述檔，這是避免了過去一堆設定都得寫在 web.xml，而造成難以分工合作的窘境。

每個 JAR 檔案可定義部署描述檔 web-fragment.xml，必須放置在 JAR 檔案中的 META-INF 資料夾。基本上，web.xml 中可定義的元素，在 web-fragment.xml 中也可以定義，舉個例子來說，可以在 web-fragment.xml 中定義如下的內容：

```xml
<?xml version="1.0" encoding="UTF-8"?>
<web-fragment id="WebFragment_ID" version="4.0"
xmlns="http://xmlns.jcp.org/xml/ns/javaee"
xmlns:xsi="http://www.w3.org/2001/XMLSchema-instance"
xsi:schemaLocation="http://xmlns.jcp.org/xml/ns/javaee
http://xmlns.jcp.org/xml/ns/javaee/web-fragment_4_0.xsd">
    <display-name> WebFragment1</display-name>
    <name>WebFragment1</name>
    <servlet>
        <servlet-name>Hi</servlet-name>
        <servlet-class>cc.openhome.Hi</servlet-class>
    </servlet>
    <servlet-mapping>
        <servlet-name>Hi</servlet-name>
        <url-pattern>/hi</url-pattern>
    </servlet-mapping>
</web-fragment>
```

注意 ▶▶▶ web-fragment.xml 的根標籤是 `<web-fragment>` 而不是 `<web-app>`。web-fragment.xml 中指定的類別，不一定要在 JAR 檔案中，也可以是在 web 應用程式的/WEB-INF/classes 中。

在 Eclipse 中內建「Web Fragment Project」，如果想嘗試使用 JAR 檔部署 Servlet，或者是使用 web-fragment.xml 部署的功能，可以按照以下的步驟練習：

1. 執行選單「File/New/Other」，在出現的對話方塊中選擇「Web」節點中的「Web Fragment Project」節點，按下「Next」按鈕。

2. 在「New Web Fragment Project」對話方塊中，注意可以設定「Dynamic Web Project membership」，這邊可以選擇 Web Fragment Project 產生的 JAR 檔，將會部署於哪一個專案，如此就不用手動產生 JAR 檔案，並將之複製至另一應用程式的 WEB-INF/lib 資料夾。

3. 在「Project name」中輸入「FirstWebFrag」，按下「Finish」按鈕。

4. 展開新建立的「FirstWebFrag」專案中「src/META-INF」節點，你可以看到預先建立的 web-fragment.xml。你可以在這個專案中建立 Servlet 等資源，並設定 web-fragment.xml 的內容。

5. 在「FirstServlet」專案上按右鍵（方才 Dynamic Web Project membership 設定的對象）執行「Properties」，展開「Deployment Assembly」節點，可以看到，「FirstWebFrag」專案建構而成的「FirstWebFrag.jar」，將會自動部署至「FirstServlet」專案 WEB-INF/lib 中。

接著可以在 FirstWebFrag 中新增 Servlet 並設定標註，看看運行結果為何，再於 web-fragment.xml 中設定相關資訊，並再次實驗運行結果為何。

▶ web.xml 與 web-fragment.xml

web.xml 與標註的配置順序，在規範中並沒有定義，對 web-fragment.xml 及標註的配置順序也沒有定義，然而可以決定 web.xml 與 web-fragment.xml 的配置順序，其中一個設定方式是在 web.xml 中使用`<absolute-ordering>`定義絕對順序。例如在 web.xml 中定義：

```
<web-app ...>
    <absolute-ordering>
        <name>WebFragment1</name>
        <name>WebFragment2</name>
    </absolute-ordering>
    ...
</web-app>
```

各個 JAR 檔中 web-fragment.xml 定義的名稱不得重複，若有重複，會忽略掉重複的名稱。另一個定義順序的方式，是直接在每個 JAR 檔的 web-fragment.xml 中使用`<ordering>`，在其中使用`<before>`或`<after>`來定義順序。以下是一個例子，假設有三個 web-fragment.xml 分別存在於三個 JAR 檔案中：

```
<web-fragment ...>
    <name>WebFragment1</name>
    <ordering>
        <after><name>MyFragment2</name>
    </after></ordering>
    ...
</web-fragment>

<web-fragment ...>
    <name>WebFragment2</name>
    ..
</web-fragment>

<web-fragment ...>
```

```
    <name>WebFragment3</name>
    <ordering>
        <before><others/></before>
    </ordering>
    ..
</web-fragment>
```

而 web.xml 沒有額外定義順序資訊：

```
<web-app ...>
    ...
</web-app>
```

那麼載入定義的順序是 web.xml、`<name>`名稱為 `WebFragment3`、`WebFragment2`、`WebFragment1` 的 web-fragment.xml 中的定義。

▶ metadata-complete 屬性

如果將 web.xml 中`<web-app>`的 **metadata-complete** 屬性設定為 `true`（預設是 `false`），表示 web.xml 中已完成 Web 應用程式的相關定義，部署時就不會掃描標註與 web-fragment.xml 的定義，如果有`<absolute-ordering>`與`<ordering>`也會被忽略。例如：

```
<web-app id="WebFragment_ID" version="4.0"
xmlns="http://xmlns.jcp.org/xml/ns/javaee"
xmlns:xsi="http://www.w3.org/2001/XMLSchema-instance"
xsi:schemaLocation="http://xmlns.jcp.org/xml/ns/javaee
http://xmlns.jcp.org/xml/ns/javaee/web-fragment_4_0.xsd"
    metadata-complete="true">
    ...
</web-app>
```

如果 web-fragment.xml 中指定的類別可在 web 應用程式的 /WEB-INF/classes 中找到，就會使用該類別，如果該類別本身有標註，而 web-fragment.xml 又有定義該類別為 Servlet，此時會有兩個 Servlet 實例。如果將`<web-fragment>`的 metadata-complete 屬性設定為 `true`（預設是 `false`），就只會處理自己 JAR 檔案中的標註資訊。

提示 ≫ 可以參考 Servlet 4.0 規格書（JSR 369）中第八章內容，當中有更多的 web.xml、web-fragment.xml的定義範例。

2.4　重點複習

Tomcat 提供的主要是 Web 容器的功能，而不是 HTTP 伺服器的功能，然而為了給開發者便利，下載的 Tomcat 會附帶一個簡單的 HTTP 伺服器，相較於真正的 HTTP 伺服器而言，Tomcat 附帶的 HTTP 伺服器功能太過簡單，僅作開發用途，不建議日後直接上線服務。

要編譯 Hello.java，類別路徑（Classpath）中必須包括 Servlet API 的相關類別，如果使用的是 Tomcat，這些類別通常是封裝在 Tomcat 資料夾的 lib 資料夾中的 servlet-api.jar。

要撰寫 Servlet 類別，必須繼承 HttpServlet 類別，並重新定義 doGet()、doPost() 等對應 HTTP 請求的方法。容器會分別建立代表請求、回應的 HttpServletRequest 與 HttpServletResponse，可以從前者取得所有關於該次請求的相關資訊，從後者對瀏覽器進行各種回應。

在 Servlet 的 API 定義中，Servlet 是個介面，當中定義了與 Servlet 生命週期相關的 init()、destroy() 方法，以及提供服務的 service() 方法等。GenericServlet 實作了 Servlet 介面，不過它直接將 service() 標示為 abstract，GenericServlet 還實作了 ServletConfig 介面，將容器初始化 Servlet 呼叫 init() 時傳入的 ServletConfig 封裝起來。

真正在 service() 方法中定義了 HTTP 請求基本處理流程是 HttpServlet，doGet()、doPost() 中傳入的參數是 HttpServletRequest、HttpServletResponse，而不是通用的 ServletReqeust、ServletResponse。

在 Servlet 3.0 以後，可以使用 @WebServlet 標註（Annotation）來告知容器哪些 Servlet 會提供服務以及額外資訊，也可以定義在部署描述檔 web.xml 中。

一個 Servlet 至少會有三個名稱：類別名稱、註冊的 Servlet 名稱與 URI 模式（Pattern）名稱。

WEB-INF 中的資料無法直接請求取得，必須透過請求的轉發才有可能存取。web.xml 必須位於 WEB-INF 中。lib 資料夾用來放置 Web 應用程式會使用到的 JAR 檔案。classes 資料夾用來放置編譯好的 .class 檔案。

可以將整個 Web 應用程式使用到的所有檔案與資料夾,封裝為 WAR(Web Archive)檔案,副檔名為.war,再利用 Web 應用程式伺服器提供的工具,進行應用程式部署。

一個請求 URI 實際上是由三個部分組成:

```
requestURI = contextPath + servletPath + pathInfo
```

一個 JAR 檔案中,除了可使用標註定義的 Servlet、傾聽器、過濾器外,也可以擁有自己的部署描述檔,檔案名稱是 web-fragment.xml,必須放置在 JAR 檔案中的 META-INF 資料夾之中。基本上,web.xml 中可定義的元素,在 web-fragment.xml 中也可以定義。

📖 課後練習

實作題

1. 撰寫一個 Servlet,當使用者請求該 Servlet 時,顯示使用者於幾點幾分從哪個 IP(Internet Protocol)位址連線至 Web 網站,以及發出的查詢字串(Query String)。

> **提示 >>>** 請查詢一下 ServletRequest 或 HttpServletRequest 的 API 說明文件,了解有哪些方法可以使用。

2. 撰寫一個應用程式,可以讓使用者在表單網頁上輸入名稱、密碼,若名稱為 "caterpillar"且密碼為"12345678",則顯示一個 HTML 頁面回應並有「登入成功」字樣,否則顯示「登入失敗」字樣,並有一個超鏈結連回表單網頁。注意!不可在網址列上出現使用者輸入的名稱、密碼。

請求與回應

學習目標

- 取得請求參數與標頭
- 處理中文字元請求與回應
- 設定與取得請求範圍屬性
- 使用轉發、包含、重新導向

3.1 從容器到 `HttpServlet`

在第 2 章介紹了 Web 容器要求的資料夾架構，以及相關的部署規範，然而對於 `HttpServletRequest`、`HttpServletResponse` 的使用沒有太多著墨，因為這是本章的重點。

從本章開始，將開發一個微網誌應用程式，採逐步重構、增強此應用程式的方式進行介紹，使其功能更加完備，而目標是朝 Model 2 架構進行設計。

3.1.1 Web 容器做了什麼？

在第 2 章中，已經看過 Web 容器代勞的事情有…建立 Servlet 實例、註冊 Servlet 名稱、URI 模式的對應。在請求來到時，Web 容器會找出正確的 Servlet 來處理請求。

當瀏覽器請求 HTTP 伺服器時，會使用 HTTP 來傳送請求與相關資訊（標頭、請求參數、Cookie 等）。HTTP 許多資訊是透過文字來傳送，然而 Servlet 本質上是個 Java 物件，運行於 Web 容器（一個 Java 寫的應用程式）。HTTP 請求的相關訊息，如何變成相對應的 Java 物件呢？

當請求來到 HTTP 伺服器，而 HTTP 伺服器轉交請求給容器時，容器會建立一個代表當次請求的 HttpServletRequest 實例，並剖析請求相關資訊設定給該物件。同時，容器會建立一個 HttpServletResponse 實例，作為對瀏覽器進行回應的物件。

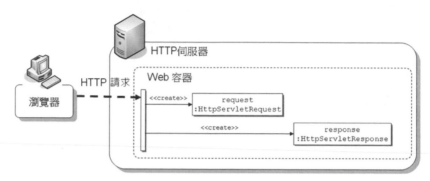

圖 3.1　容器收集相關資訊，並建立代表請求與回應的物件

如果查詢 HttpServletRequest、HttpServletResponse 的 API 文件說明，會發現它們都是介面（interface），而這些介面的相關實作類別就是由容器提供，還記得嗎？Web 容器本身就是 Java 撰寫的應用程式。

接著，容器會根據 @WebServlet 標註或 web.xml 的設定，找出處理該請求的 Servlet，呼叫它的 service() 方法，將建立的 HttpServletRequest 物件、HttpServletResponse 物件傳入作為參數值，service() 方法中會根據 HTTP 請求的方式，呼叫對應的 doXXX() 方法，例如若為 GET，則呼叫 doGet() 方法。

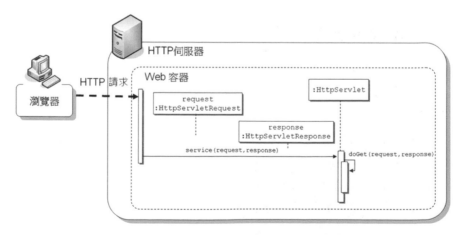

圖 3.2　容器呼叫 Servlet 的 service() 方法

接著在 doGet() 方法中，可使用 HttpServletRequest 物件、HttpServletResponse 物件，例如使用 getParameter() 取得請求參數，使用 getWriter() 取得輸出回應內容用的 PrintWriter 物件。對 PrintWriter 的輸出操作，最後由容器轉換為 HTTP 回應，然後再由 HTTP 伺服器傳送給瀏覽器。之後容器將 HttpServletRequest 物件、HttpServletResponse 物件回收，該次請求回應結束。

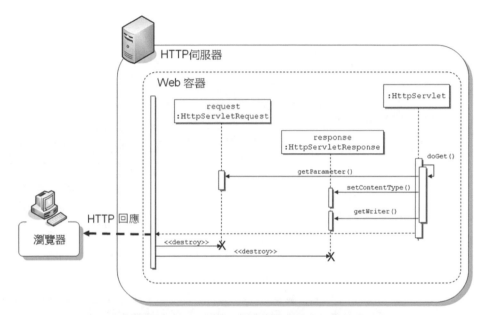

圖 3.3　容器轉換 HTTP 回應，並回收當次請求回應等相關物件

還記得第 1 章談過，HTTP 是基於請求/回應、無狀態的協定嗎？每一次的請求/回應後，Web 應用程式就不會記得任何瀏覽器的資訊，對照先前所提及，容器每次請求都會建立新的 HttpServletRequest、HttpServletResponse 物件，回應後將回收該次的 HttpServletRequest、HttpServletResponse。下次請求時建立的請求/回應物件就與上一次建立的請求/回應物件無關了，符合 HTTP 基於請求/回應、無狀態的模型，因此每次對 HttpServletRequest、HttpServletResponse 的設定，並不會延續至下一次請求。

像這類請求/回應物件的生命週期管理，也是 Web 容器提供的功能，事實上不只請求/回應物件，之後還會看到，Web 容器管理了多種物件的生命週期，因此必須了解 Web 容器管理物件生命週期的方式，否則就會引來不必要的錯誤。

沒有了 Web 容器，請求資訊的收集、HttpServletRequest 物件、HttpServletResponse 物件等的建立、輸出 HTTP 回應之轉換、HttpServletRequest 物件、HttpServletResponse 物件等的回收，都必須自行動手完成；有了容器提供這些服務（當然還有更多服務，之後章節還會陸續提到），就可以專心使用 Java 物件來解決問題。

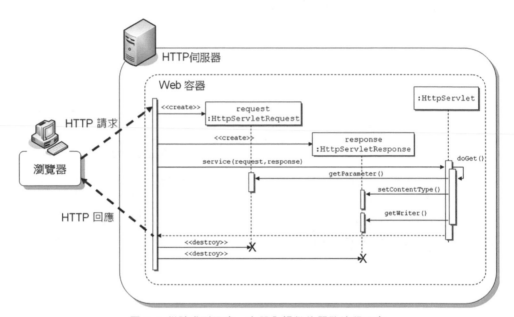

圖 3.4 從請求到回應，容器內提供的服務流程示意

3.1.2 **doXXX()**方法？

到目前為止提過很多次了，容器呼叫 Servlet 的 service()方法時，如果是 GET 請求就呼叫 doGet()，如果是 POST 就呼叫 doPost()，不過這中間還有一些細節可以探討。如果細心一點的話，你可能留意到 Servlet 介面的 service()方法簽署，其實接受的是 **ServletRequest**、**ServletResponse**：

```
public void service(ServletRequest req, ServletResponse res)
        throws ServletException, IOException;
```

第 2 章提過，當初在定義 Servlet 時，期待的是 Servlet 不僅使用於 HTTP，因此請求/回應物件的基本行為是規範在 ServletRequest、ServletResponse（套件是 javax.servlet），而與 HTTP 相關的行為，才分別由兩者的子介面 HttpServletRequest、HttpServletResponse（套件是 javax.servlet.http）定義。

　　Web 容器建立的確實是 HttpServletRequest、HttpServletResponse 的實作物件，之後呼叫 Servlet 介面的 service() 方法，而在 HttpServlet 的實作 service() 實作中，會依請求方法的不同，呼叫對應的 doXXX() 方法：

```
public void service(ServletRequest req, ServletResponse res)
    throws ServletException, IOException {
    HttpServletRequest  request;
    HttpServletResponse response;

    try {
        request = (HttpServletRequest) req;
        response = (HttpServletResponse) res;
    } catch (ClassCastException e) {
        throw new ServletException("non-HTTP request or response");
    }
    service(request, response);
}
```

　　上面呼叫的 service(request, response)，其實是 HttpServlet 新定義的方法：

```
protected void service(HttpServletRequest req,
                       HttpServletResponse resp)
                    throws ServletException, IOException {
    String method = req.getMethod();
    if (method.equals(METHOD_GET)) {
        long lastModified = getLastModified(req);
        if (lastModified == -1) {
            doGet(req, resp);
        } else {
            long ifModifiedSince;
            try {
                ifModifiedSince = req.getDateHeader(HEADER_IFMODSINCE);
            } catch (IllegalArgumentException iae) {
                ifModifiedSince = -1;
            }
            if (ifModifiedSince < (lastModified / 1000 * 1000)) {
                maybeSetLastModified(resp, lastModified);
                doGet(req, resp);
            } else {
                resp.setStatus(HttpServletResponse.SC_NOT_MODIFIED);
            }
        }
    } else if (method.equals(METHOD_HEAD)) {
        long lastModified = getLastModified(req);
        maybeSetLastModified(resp, lastModified);
        doHead(req, resp);
```

```
        } else if (method.equals(METHOD_POST)) {
            doPost(req, resp);
        } else if (method.equals(METHOD_PUT)) {
            略...
}
```

這也是為何在繼承 HttpServlet 後，必須實作與 HTTP 方法對應的 doXXX() 方法來處理請求，HTTP 定義了 GET、POST、PUT、DELETE、HEAD、OPTIONS、TRACE 等請求方式，而 HttpServlet 中對應的方法有：

- doGet()：處理 GET 請求

- doPost()：處理 POST 請求

- doPut()：處理 PUT 請求

- doDelete()：處理 DELETE 請求

- doHead()：處理 HEAD 請求

- doOptions()：處理 OPTIONS 請求

- doTrace()：處理 TRACE 請求

如果瀏覽器發出了沒有實作的請求又會如何？以 HttpServlet 的 doGet() 為例：

```
protected void doGet(HttpServletRequest req,
                     HttpServletResponse resp)
    throws ServletException, IOException {
    String protocol = req.getProtocol();
    String msg =
        lStrings.getString("http.method_get_not_supported");
    if (protocol.endsWith("1.1")) {
        resp.sendError(
                HttpServletResponse.SC_METHOD_NOT_ALLOWED, msg);
    } else {
        resp.sendError(HttpServletResponse.SC_BAD_REQUEST, msg);
    }
}
```

如果在繼承 HttpServlet 後，沒有重新定義 doGet() 方法，而瀏覽器對該 Servlet 發出了 GET 請求，會收到錯誤訊息，在 Tomcat 下，會出現以下的畫面：

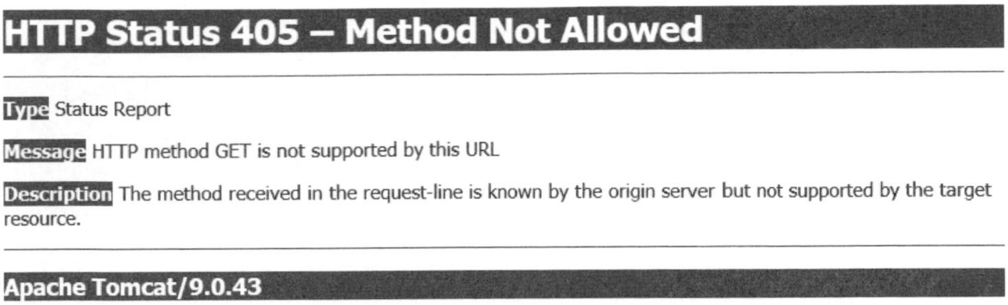

HTTP Status 405 – Method Not Allowed

Type Status Report

Message HTTP method GET is not supported by this URL

Description The method received in the request-line is known by the origin server but not supported by the target resource.

Apache Tomcat/9.0.43

圖 3.5　預設的 `doGet()` 方法會顯示的畫面

　　在上面 `HttpServlet` 的 `service()` 方法程式片段中也可以看到，對於 GET 請求，可以實作 **`getLastModified()`** 方法（預設傳回 `-1`，也就是預設不支援 `if-modified-since` 標頭），來決定是否呼叫 `doGet()` 方法，`getLastModified()` 方法傳回自 1970 年 1 月 1 日午夜至資源最後一次更新期間經過的毫秒數，傳回的時間如果晚於瀏覽器發出的 `if-modified-since` 標頭，才會呼叫 `doGet()` 方法。

> 提示 ⏵⏵⏵　可以在〈Tomcat 9 Software Downloads〉[1]中，下載 Tomcat 原始碼，在解開壓縮檔後的 java 資料夾中，能找到 .java 原始碼，其中的 javax 資料夾就是 Servlet 標準 API 的原始碼。

3.2　關於 **HttpServletRequest**

　　當 HTTP 請求交給 Web 容器處理時，Web 容器會收集相關資訊，並產生 `HttpServletRequest` 物件，可以使用這個物件取得 HTTP 請求中的資訊。Servlet 中可進行請求的處理，或是轉發（包含）另一個 Servlet/JSP 進行處理。各個 Servlet/JSP 在同一請求週期中要共用的資料，可以設定在請求物件中成為屬性。

---

[1]　Tomcat 9 Software Downloads：tomcat.apache.org/download-90.cgi

3.2.1　處理請求參數

請求來到伺服器時，Web 容器會建立 HttpServletRequest 實例包裝請求相關訊息，HttpServletRequest 定義了取得請求資訊的方法，例如可使用以下的方法來取得請求參數：

■　getParameter()

指定請求參數名稱來取得對應的值，例如：

```
String username = request.getParameter("name");
```

getParameter()傳回字串，若請求中沒有指定的請求參數名稱，會傳回null。

■　getParameterValues()

若表單有可複選之元件，例如核取方塊（Checkbox）、清單（List）等，同一個請求參數名稱會有多個值（此時的 HTTP 查詢字串其實就是像 param=10&param=20&param=30），getParameterValues()方法可取得字串陣列，陣列元素就是被選取的選項值。例如：

```
String[] values = request.getParameterValues("param");
```

■　getParameterNames()

若想取得全部的請求參數名稱，可以使用 getParameterNames()方法，這會傳回 Enumeration<String>物件，當中包括全部請求參數名稱。例如：

```
Enumeration<String> e = req.getParameterNames();
while(e.hasMoreElements()) {
    String param = e.nextElement();
    ..
}
```

■　getParameterMap()

將請求參數以 Map<String, String[]>物件傳回，Map 中的鍵（Key）是請求參數名稱，值（Value）的部分是請求參數值，使用 String[]型態，是因為考慮到同一請求參數可能會有多個值的情況。

在 2.1.2 就看過取得請求參數的範例，就 API 而言，請求參數的取得本身不是難事，然而在考量 Web 應用程式安全性時，出發點就是：「**永遠別假設使用者會按照你的期望提供請求資訊**」。

　　例如，像是 2.1.2 的第一個 Servlet 範例，若使用瀏覽器請求：

http://localhost:8080/FirstServlet/hello?name=%3Csmall%3EJustin%3C/small%3E

那麼回應畫面中，可以看到顯示的字變小了：

圖 3.6　未經過濾的請求

　　name=%3Csmall%3EJustin%3C/small%3E 其實是 name=<small>Justin</small> 經過
URI 編碼後的結果，也就是說 Servlet 取得的 name 請求參數值，等同於
"<small>Justin</small>"，這個值未經任何處理就輸出至瀏覽器，結果就會是：

```html
<!DOCTYPE html>
<html>
    <head>
        <title>Hello</title>
    </head>
    <body>
        <h1> Hello! <small>Justin</small>!</h1>
    </body>
</html>
```

> **提示 ⟫⟫⟫**　如果使用現代瀏覽器，在網址列指定請求參數時，可以直接輸入
> name=<small>Justin</small>，現代瀏覽器會自動做 URI 編碼。

　　也就是說<small>Justin<small>成為 HTML 的一部分了，單就這個簡單範例
來說，可以注入任何資訊，甚至是 JavaScript，例如，指定請求參數
name=%3Cscript%3Ealert(%27Attack%27)%3C/script%3E，也就是 name=<script>alert
('Atack')</script>的 URI 編碼，就會發現注入的 JavaScript 程式碼也輸出至瀏
覽器執行了：

圖 3.7 瀏覽器執行了注入的 JavaScript

　　簡單來說，**未經過濾的請求參數值會形成 Web 網站的弱點，引發各種可能注入（Injection）攻擊的可能性**，方才的例子就有可能進一步發展成某種 XSS（Cross Site Script）攻擊，如果請求參數值未經過濾，且進一步成為後端 SQL 語句查詢的一部分，就有可能發生 SQL 注入（SQL Injection）的安全問題，若請求參數未經過濾就成為網址重導的一部分，就有可能成為攻擊的跳板等，這也是為何，在圖 1.12 中，**2013、2017 年的 OWASP TOP 10 裏，第一名都是 Injection**。

　　要防止注入式的弱點發生，必須對請求進行驗證，只不過注入的模式多而複雜，該做什麼驗證，實際上得視應用程式的設計而定，這部分應該從專門討論安全的書籍中學習。

　　單就這簡單的範例來說，基本的防範方式，可以將使用者的輸入中<、>過濾、轉換為對應的 HTML 實體名稱（Entity name）<、>，例如：

Request Hello.java

```
package cc.openhome;

import java.io.IOException;
import java.io.PrintWriter;
import java.util.Optional;

import javax.servlet.ServletException;
import javax.servlet.annotation.WebServlet;
import javax.servlet.http.HttpServlet;
import javax.servlet.http.HttpServletRequest;
import javax.servlet.http.HttpServletResponse;

@WebServlet("/hello")
public class Hello extends HttpServlet {
```

```
@Override
protected void doGet(
        HttpServletRequest request, HttpServletResponse response)
            throws ServletException, IOException {
    response.setContentType("text/html;charset=UTF-8");

                                        ❶ 使用 Optional
    String name = Optional.ofNullable(request.getParameter("name"))
            .map(value -> value.replaceAll("<", "&lt;"))   ❷ 取代為 HTML 實體名稱
            .map(value -> value.replaceAll(">", "&gt;"))
            .orElse("Guest");   ❸ 沒有提供請求參數時的預設值

    PrintWriter out = response.getWriter();
    out.print("<!DOCTYPE html>");
    out.print("<html>");
    out.print("<head>");
    out.print("<title>Hello</title>");
    out.print("</head>");
    out.print("<body>");
    out.printf("<h1> Hello! %s!</h1>", name);
    out.print("</body>");
    out.print("</html>");
    }
}
```

　　由於沒有指定的請求參數名稱時，`getParameter()`會傳回 null，基本上可以使用 if 來檢查是否為 null，然而，這邊使用 Java SE 8 以後的 Optional API 來提高程式碼撰寫的流暢度與可讀性❶。

　　如果請求參數確實存在，`map()`方法會傳入參數值，此時將`<`、`>`轉換為對應`&lt;`、`&gt;`❷，最後的 `orElse()`在請求參數存在時，會傳回轉換後的字串，若請求參數不存在，會傳回指定的字串值，在範例中是指定為`"Guest"`❸。

　　HTML 實體名稱只會在瀏覽器上顯示對應的字元，因此同樣的注入模式，現在只會看到底下的結果：

```
http://localhost:8080/Request/hello?name=%3Cscript%3Ealert(%27Attack%27)%3C/script%3E
```

Hello! <script>alert('Attack')</script>!

圖 3.8　基本的注入防範

　　不過，像這類為了安全而撰寫的程式碼，若夾雜在一般的商務流程之中，容易令商務流程的程式碼不易閱讀，為了安全而撰寫的程式碼比較適合設計為

攔截器（Interceptor）之類的元件，適時地設定給應用程式，例如在第 5 章將談到的過濾器（Filter），會比較適合用來設計這類安全元件。

3.2.2 處理請求標頭

HTTP 中包含了請求標頭（Header）資訊，`HttpServletRequest` 設計了一些方法可以用來取得標頭資訊：

- `getHeader()`

  使用方式與 `getParameter()` 類似，指定標頭名稱後可傳回字串值，代表瀏覽器送出的標頭訊息。

- `getHeaders()`

  使用方式與 `getParameterValues()` 類似，指定標頭名稱後可傳回 `Enumeration<String>`，元素為字串。

- `getHeaderNames()`

  使用方式與 `getParameterNames()` 類似，取得所有標頭名稱，以 `Enumeration<String>` 傳回，內含所有標頭字串名稱。

在 API 層面，你也許發現了，不僅請求參數，在取得標頭資訊時，有些方法的傳回型態是 `Enumeration`，相對來說，`Enumeration` 是個從 JDK1.0 就存在的古老介面，功能面上與 `Iterator` 重疊，如果可以的話，建議使用 `Collections.list()` 轉換為 `ArrayList`，以便與增強的 for 語法，或甚至是 Java SE 8 以後的 Lambda、Stream API 等結合運用。

例如，下面這個範例示範了如何取得、顯示瀏覽器送出的標頭訊息：

Request Header.java

```java
package cc.openhome;

import java.io.*;
import java.util.*;
import javax.servlet.*;
import javax.servlet.annotation.*;
import javax.servlet.http.*;

@WebServlet("/header")
public class Header extends HttpServlet {
```

```
@Override
protected void doGet(
            HttpServletRequest request, HttpServletResponse response)
                throws ServletException, IOException {
    response.setContentType("text/html;charset=UTF-8");

    PrintWriter out = response.getWriter();
    out.print("<!DOCTYPE html>");
    out.print("<html>");
    out.print("<head>");
    out.print("<title>Show Headers</title>");
    out.print("</head>");
    out.print("<body>");

    Collections.list(request.getHeaderNames())  ◄────❶ 取得全部標頭名稱
            .forEach(name -> {
                out.printf("%s: %s<br>",
                        name, request.getHeader(name));
            });                                       ▲
                                             ❷ 取得標頭值
    out.print("</body>");
    out.print("</html>");
    }
}
```

這個範例除了介紹 getHeaderNames()❶與 getHeader()❷方法的使用外，還示範了如何將 Enumeration 轉為 ArrayList，以便進一步使用 forEach()方法，結果如下所示：

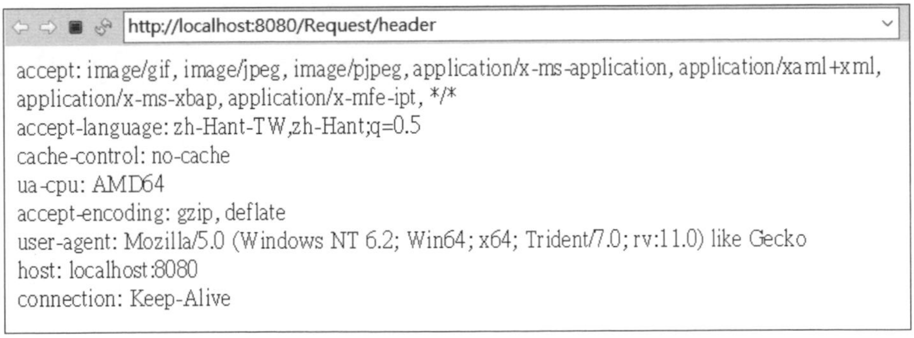

圖 3.9　查看瀏覽器所送出的標頭

如果標頭值本身是個整數或日期的字串表示法，可以使用 getIntHeader()或 getDateHeader()方法，分別取得轉換為 int 或 Date 的值。如果 getIntHeader()無法轉換為 int，會丟出 NumberFormatException，如果 getDateHeader()無法轉換為 Date，會丟出 IllegalArgumentException。

3.2.3　請求參數編碼處理

　　身為非西歐語系的國家，總是得處理編碼的問題，例如，使用者會發送中文，那要如何正確處理請求參數，才能得到正確的中文字元呢？在第 1 章曾經談過 URI 編碼的問題，這是正確處理請求參數前必須知道的基礎，如果你忘了，或還沒看過第 1 章的內容，請你先複習一下。

　　請求參數的編碼，POST 與 GET 的處理方式不同，先來看 POST 的情況…

▶ POST 請求參數編碼處理

　　如果瀏覽器沒有在 Content-Type 標頭中設定字元編碼資訊（例如可以設定 Content-Type:text/html;charset=UTF-8），此時使用 HttpServletRequest 的 getCharacterEncoding()傳回值會是 null，在這個情況下，容器若使用的預設編碼處理是 ISO-8859-1[2]，而瀏覽器使用 UTF-8 發送非 ASCII 字元的請求參數，Servlet 使用 getParameter()等方法取得請求參數值，就是不正確的結果，也就是得到亂碼。

　　可以用另一種方式，來簡略表示出為何這個過程會出現亂碼，假設網頁編碼是 UTF-8，透過表單使用 POST 發送「林」，依第 1 章的說明，會將「林」作 URI 編碼為「%E6%9E%97」再送出，也就是瀏覽器相當於做了：

```
String text = java.net.URLEncoder.encode("林", "UTF-8");
```

　　在 Servlet 中取得請求參數時，容器若預設使用 ISO-8859-1 來處理編碼，相當於做了：

```
String text = java.net.URLDecoder.decode("%E6%9E%97", "ISO-8859-1");
```

　　這樣的話，顯示出來的中文字元就不正確了。

　　可以使用 HttpServletRequest 的 **setCharacterEncoding()**方法，指定取得 POST 請求參數時使用的編碼。例如，若瀏覽器以 UTF-8 發送請求，接收時想以 UTF-8 解碼字串，那就在取得請求值之「前」執行：

request.setCharacterEncoding("UTF-8");

---

[2]　ISO/IEC 8859-1：zh.wikipedia.org/zh-tw/ISO/IEC_8859-1

這相當於要求容器作這個動作：

```
String text = java.net.URLDecoder.decode("%E6%9E%97", "UTF-8");
```

如此就可以取得正確的「林」。記得，在取得任何請求參數前執行 setCharacterEncoding() 方 法 才 有 作 用 ，**取 得 請 求 參 數 之 後 ， 再 呼 叫 setCharacterEncoding()不會有任何作用**。

如果每個請求都需要設定字元編碼的話，在每個 Servlet 中撰寫，並不是建議的方式，而是會設計在第 5 章將談到的過濾器元件中。

如果整個應用程式的請求，都打算採用某個編碼，從 Servlet 4.0 開始，可以在 web.xml 中加入**<request-character-encoding>**，設定整個應用程式使用的請求參數編碼，如此一來，就不用特別在每次請求使用 HttpServletRequest 的 setCharacterEncoding()方法來設定編碼。例如要設定整個應用程式的請求編碼為 UTF-8，可以於 web.xml 中加入：

```
<request-character-encoding>UTF-8</request-character-encoding>
```

◉ GET 請求參數編碼處理

在 HttpServletRequest 的 API 文件中，對 setCharacterEncoding()的說明清楚提到：

Overrides the name of the character encoding used in the body of this request.

也就是說，**setCharacterEncoding()方法對於請求本體中的字元編碼才有作用**，也就是 setCharacterEncoding()只對 POST 產生作用，規範並無定義請求使用 GET 發送時如何處理，究其原因，是因為處理 URI 的是 HTTP 伺服器，而非 Web 容器。

對於 Tomcat 7 以前版本附帶的 HTTP 伺服器來說，處理 URI 時使用的預設編碼是 ISO-8859-1，在不改變 Tomcat 附帶的 HTTP 伺服器 URI 編碼處理設定的情況下，若瀏覽器使用 UTF-8 發送請求，常見使用底下的處理方式：

```
String name = request.getParameter("name");
String name = new String(name.getBytes("ISO-8859-1"), "UTF-8");
```

舉例來說，在 UTF-8 的網頁中，對「林」這個字元，若使用表單發送 GET 請求，瀏覽器相當於作了這個動作：

```
String text = java.net.URLEncoder.encode("林", "UTF-8");
```

在 Servlet 中取得請求參數時，HTTP 伺服器在 URI 上，若預設使用 ISO-8859-1 來處理編碼，相當於作了這個動作：

```
String text = java.net.URLDecoder.decode("%E6%9E%97", "ISO-8859-1");
```

使用 getParameter() 取得的字串就是上例 text 參考的字串，可以依下面的編碼轉換來得到正確的「林」字元：

```
text = new String(name.getBytes("ISO-8859-1"), "UTF-8");
```

同樣地，在 Servlet 中直接進行編碼設定或轉換，並不是最好的地方，通常會使用第 5 章談到的過濾器（Filter）進行轉換。

從 Tomcat 8 以後，附帶的 HTTP 伺服器在 URI 編碼處理時，預設使用 UTF-8 了，若瀏覽器使用 UTF-8 發送請求，就不用如上自行轉換字串編碼了。

> **提示 >>>** 如果瀏覽器不是使用 UTF-8 發送請求，例如過去許多中文網頁是採用 Big5，而且採用 Tomcat 7 或更早版本，使用的 URI 編碼是 ISO-8859-1，在昇級至 Tomcat 8 後，若仍要能取得正確的中文請求參數值，可參考〈The HTTP Connector〉[3]自行更改 Tomcat 8 容器的 URIEncoding 設定為 ISO-8859-1，而不是單純使用 new String(name.getBytes("UTF-8"), "Big5") 就好，因為有些字元若使用 UTF-8 解碼後，就沒辦法再轉換回原始字元的位元組了。

3.2.4 **getReader()**、**getInputStream()** 讀取本體

HttpServletRequest 定義有 **getReader()** 方法，可以取得一個 **BufferedReader**，透過該物件，可以讀取請求的本體資料。例如可以使用下面這個範例來讀取請求本體內容：

---

[3] The HTTP Connector：tomcat.apache.org/tomcat-9.0-doc/config/http.html

Request PostBody.java

```java
package cc.openhome;

import java.io.BufferedReader;
import java.io.IOException;
import java.io.PrintWriter;
import java.util.stream.Collectors;

import javax.servlet.ServletException;
import javax.servlet.annotation.WebServlet;
import javax.servlet.http.HttpServlet;
import javax.servlet.http.HttpServletRequest;
import javax.servlet.http.HttpServletResponse;

@WebServlet("/postbody")
public class PostBody extends HttpServlet {
    protected void doPost(
            HttpServletRequest request, HttpServletResponse response)
                    throws ServletException, IOException {
        PrintWriter out = response.getWriter();
        out.println("<!DOCTYPE html>");
        out.println("<html>");
        out.println("<body>");
        out.println(bodyContent(request.getReader()));    ← 取得 BufferedReader
        out.println("</body>");
        out.println("</html>");
    }

    private String bodyContent(BufferedReader reader) {
        return String.join(
            "<br>",
            reader.lines().collect(Collectors.toList())
        );
    }
}
```

可試著對這個 Servlet 以下列表單發出請求：

Request postbody.html

```html
<!DOCTYPE html>
<html>
    <head>
        <meta charset="UTF-8">
    </head>
    <body>
        <form action="postbody" method="post">
            名稱：<input type="text" name="user"><br>
```

```
            密碼：<input type="password" name="passwd"><br>
            <input type="submit" name="送出查詢">
        </form>
    </body>
</html>
```

如果在「名稱」欄位輸入「良葛格」，密碼欄位輸入「12345678」，按下「送出」按鈕後，會看到以下的內容：

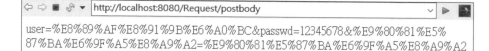

user=%E8%89%AF%E8%91%9B%E6%A0%BC&passwd=12345678&%E9%80%81%E5%
87%BA%E6%9F%A5%E8%A9%A2=%E9%80%81%E5%87%BA%E6%9F%A5%E8%A9%A2

圖 3.10 查看瀏覽器送出的請求本體

回憶第 1 章談到 URI 編碼，可以看到「良葛格」三字的 URI 編碼是「%E8%89%AF%E8%91%9B%E6%A0%BC」，而「送出查詢」的 URI 編碼則是「%E9%80%81%E5%87%BA=%E9%80%81%E5%87%BA%E6%9F%A5%E8%A9%A2」。

表單發送時，如果 `<form>` 標籤沒有設定 **enctype** 屬性，預設值就是 "application/x-www-form-urlencoded"。如果要上傳檔案，enctype 屬性要設為 "multipart/form-data"。若使用以下的表單選擇一個檔案發送：

Request upload.html

```
<!DOCTYPE html>
<html>
    <head>
        <meta charset="UTF-8">
    </head>
    <body>
        <form action="postbody" method="post"
            enctype="multipart/form-data">
            選擇檔案：<input type="file" name="filename" value="" /><br>
            <input type="submit" value="Upload" name="upload" />
        </form>
    </body>
</html>
```

　　例如使用 Chrome 瀏覽器發送一個 JPG 圖檔，在網頁上會看到：

```
-----------------------------7e11a63520166
Content-Disposition: form-data; name="filename"; filename="caterpillar.jpg"
Content-Type: image/pjpeg

會有一堆奇奇怪怪的字元，這些字元是實際的檔案內容

-----------------------------7e11a63520166
Content-Disposition: form-data; name="upload"

Upload
-----------------------------7e11a  63520166--
```

　　不同的瀏覽器，送出的檔案名稱並不相同，Eclipse 內建的瀏覽器、Internet Explorer、Edge 等，在上傳時的 filename 會是絕對路徑，Chrome 只包含了檔案名稱，如果想參考瀏覽器送出的檔案名稱，必須留意這個差異性。

　　粗體字部分是上傳檔案的相關資訊，另一個區段是「Upload」按鈕的資訊，在這邊關心的是粗體字部分，要取得上傳的檔案，基本方式就是判斷檔案的開始與結束區段，然後使用 HttpServletRequest 的 **getInputStream()** 取得 ServletInputStream，它是 InputStream 的子類別，代表請求本體的串流物件，可以利用它來處理上傳的檔案區段。

注意 >>> 在同一個請求期間，getReader()與 getInputStream()只能擇一呼叫，若同一請求期間兩者都有呼叫，會丟出 IllegalStateException 例外。

　　在 Servlet 3.0 中，其實可以使用 getPart()或 getParts()方法，協助處理檔案上傳事宜，這是稍後就會介紹的內容，不過這邊為了說明 getInputStream()的使用，將親自實作如何使用 getInputStream()取得上傳的檔案。

> **提示 >>>** 接下來這個範例是進階內容，暫且跳過不看，不影響之後的內容了解。如果想要了解接下來這些進階內容，可以到 JWorld@TW[4]論壇全文搜尋「HTTP 檔案上傳機制解析」。

例如可使用以下的 Servlet 來處理一個上傳的檔案：

Request Upload.java

```java
package cc.openhome;

import java.io.*;
import java.util.regex.Matcher;
import java.util.regex.Pattern;

import javax.servlet.*;
import javax.servlet.annotation.*;
import javax.servlet.http.*;

@WebServlet("/upload")
public class Upload extends HttpServlet {
    private final Pattern fileNameRegex =
                Pattern.compile("filename=\"(.*)\"");
    private final Pattern fileRangeRegex =
                Pattern.compile("filename=\".*\"\\r\\n.*\\r\\n\\r\\n(.*+)");

    @Override
    protected void doPost(
        HttpServletRequest request, HttpServletResponse response)
            throws ServletException, IOException {


        byte[] content = request.getInputStream()    ←── 取得 ServletInputStream
                            .readAllBytes();
        String contentAsTxt = new String(content, "ISO-8859-1");

        String filename = filename(contentAsTxt);
        Range fileRange = fileRange(contentAsTxt, request.getContentType());

        write(
            content,
            contentAsTxt.substring(0, fileRange.start)
                    .getBytes("ISO-8859-1")
                    .length,
            contentAsTxt.substring(0, fileRange.end)
                    .getBytes("ISO-8859-1")
                    .length,
```

```
            String.format("c:/workspace/%s", filename)
        );
    }

    // 取得檔案名稱
    private String filename(String contentTxt)
            throws UnsupportedEncodingException {
        Matcher matcher = fileNameRegex.matcher(contentTxt);
        matcher.find();

        String filename =  matcher.group(1);
        // 如果名稱上包含資料夾符號「\」，就只取得最後的檔名
        if(filename.contains("\\")) {
            return filename.substring(filename.lastIndexOf("\\") + 1);
        }
        return filename;
    }

    // 封裝範圍起始與結束
    private static class Range {
        final int start;
        final int end;
        public Range(int start, int end) {
            this.start = start;
            this.end = end;
        }
    }

    // 取得檔案邊界範圍
    private Range fileRange(String content, String contentType) {
        Matcher matcher = fileRangeRegex.matcher(content);
        matcher.find();
        int start = matcher.start(1);

        String boundary = contentType.substring(
                contentType.lastIndexOf("=") + 1, contentType.length());
        int end = content.indexOf(boundary, start) - 4;

        return new Range(start, end);
    }

    // 儲存檔案內容
    private void write(byte[] content, int start, int end, String file)
                throws IOException {
        try(FileOutputStream fileOutputStream = new FileOutputStream(file)) {
            fileOutputStream.write(content, start, (end - start));
        }
    }
}
```

這邊的程式碼比較冗長，主要概念就是使用規則表示式（Regular expression）來判斷檔名與檔案內容邊界，程式將流程切割為數個子方法，每個方法的作用以註解說明了。可以將先前的 upload.html 中，`<form>`的 `action` 屬性改為 `"upload"`，就可以上傳檔案了，範例中預設將上傳的檔案存在 C:\workspace 資料夾。

提示 **》》》** java.util.regex.Pattern 實例為不可變動（Immutable），在多執行緒共用存取下不會有執行緒安全問題，可放在 Servlet 成為 `final` 值域成員。範例中使用了 Java SE 9 在 InputStream 新增的 readAllBytes() 方法。

3.2.5 getPart()、getParts()取得上傳檔案

Servlet 3.0 新增了 **Part** 介面，可以方便地進行檔案上傳處理，透過 HttpServletRequest 的 **getPart()** 能取得 Part 實作物件。例如若有個上傳表單如下：

```
Request  photo.html

<!DOCTYPE html>
<html>
    <head>
        <meta charset="UTF-8">
    </head>
    <body>
        <form action="photo" method="post"
                enctype="multipart/form-data">
                上傳相片：<input type="file" name="photo" /><br><br>
            <input type="submit" value="上傳" name="upload" />
        </form>
    </body>
</html>
```

 你可以撰寫一個 Servlet 來進行檔案上傳的處理，這次使用 getPart() 來處理上傳的檔案：

```
Request  Photo.java

package cc.openhome;

import java.io.*;
import java.util.regex.Matcher;
import java.util.regex.Pattern;
```

```
import javax.servlet.*;
import javax.servlet.annotation.*;
import javax.servlet.http.*;

@MultipartConfig  ←——❶ 必須設定此標註才能使用 getPart()相關 API
@WebServlet("/photo")
public class Photo extends HttpServlet {
    private final Pattern fileNameRegex =
            Pattern.compile("filename=\"(.*)\"");

    @Override
    protected void doPost(
            HttpServletRequest request, HttpServletResponse response)
                throws ServletException, IOException {
        Part photo = request.getPart("photo");  ←——❷ 使用 getPart()取得 Part 物件
        String filename = getSubmittedFileName(photo);
        write(photo, filename);
    }

    private String getSubmittedFileName(Part part) {  ←——❸ 取得上傳檔名
        String header = part.getHeader("Content-Disposition");
        Matcher matcher = fileNameRegex.matcher(header);
        matcher.find();

        String filename =  matcher.group(1);
        if(filename.contains("\\")) {
            return filename.substring(filename.lastIndexOf("\\") + 1);
        }
        return filename;
    }              ❹ 儲存檔案
                    ↓
    private void write(Part photo, String filename)
                    throws IOException, FileNotFoundException {
        try(InputStream in = photo.getInputStream();
            OutputStream out = new FileOutputStream(
                    String.format("c:/workspace/%s", filename))) {
            out.write(in.readAllBytes());
        }
    }
}
```

@MultipartConfig 標註可設定 Servlet 處理上傳檔案的相關資訊，在上例中僅標註@MultipartConfig，這表示相關屬性採預設值。@MultipartConfig 可用屬性有：

- fileSizeThreshold：整數值設定，上傳檔案大小超過設定門檻的話，會先寫入暫存檔案，預設值 0。

- location：字串設定，設定寫入檔案時的資料夾，如果有設定這個屬性，暫存檔就是寫到指定的資料夾，也可搭配 Part 的 write() 方法使用，預設為空字串。

- maxFileSize：限制上傳檔案大小，預設值-1L，表示不限制大小。

- maxRequestSize：限制 multipart/form-data 請求個數，預設值-1L，表示不限個數。

要在 Servlet 上設定 @MultipartConfig 才能取得 Part 物件❶，否則 getPart() 會得到 null 的結果。呼叫 getPart() 時要指定名稱取得對應的 Part 物件❷。上一節曾經談過，multipart/form-data 發送的每個內容區段，都會有以下的標頭資訊：

```
Content-Disposition: form-data; name="filename"; filename="caterpillar.jpg"
Content-Type: image/jpeg
...
```

如果想取得這些標頭資訊，可以使用 Part 物件的 **getHeader()** 方法，指定標頭名稱來取得對應的值，想要取得上傳的檔案名稱，就是取得 Content-Disposition 標頭的值，然後取得 filename 屬性的值❸。最後，再利用 Java I/O API 寫入檔案中❹。

Servlet 3.1 中，Part 新增了 getSubmittedFileName()，可以取得上傳的檔案名稱，然而，各瀏覽器送出的檔案名稱會有差異性，getSubmittedFileName() 的 API 文件沒有規定如何處理這個差異性，就 Tomcat 9 的實作，若是遇到名稱中有"\" 的話會過濾掉，這會造成無法判斷真正的檔案名稱，因此範例中自行實作了 getSubmittedFileName() 方法。

就安全的考量來說，不建議直接將瀏覽器送出的檔案名稱，直接作為存檔時的檔案名稱，畢竟是由使用者提供的名稱，本身並不可信，例如，惡意使用者也許會指定特定路徑或檔案名稱，企圖覆蓋系統上既有檔案，取得的檔案名稱，最好僅作為參考，或者是顯示在使用者頁面之用，不要用來直接儲存檔案。

　　實際上，開放檔案上傳本身就有許多安全上的風險，像上頭範例這種毫無防範的上傳機制是危險的，**應該閱讀一下〈Unrestricted File Upload〉[5] 進一步瞭解檔案上傳時有哪些安全考量。**

　　Part 有個 **write()** 方法，可以將上傳檔案指定檔名寫入磁碟，write() 可指定檔名，寫入的路徑是相對於 @MultipartConfig 的 location 設定的路徑。例如上例可以修改為：

Request　Photo2.java

```java
package cc.openhome;

import java.io.*;
import java.util.regex.Matcher;
import java.util.regex.Pattern;

import javax.servlet.*;
import javax.servlet.annotation.*;
import javax.servlet.http.*;

@MultipartConfig(location="c:/workspace")  ←❶設定 location 屬性
@WebServlet("/photo2")
public class Photo2 extends HttpServlet {
    private final Pattern fileNameRegex =
            Pattern.compile("filename=\"(.*)\"");

    @Override
    protected void doPost(
            HttpServletRequest request, HttpServletResponse response)
                throws ServletException, IOException {
        request.setCharacterEncoding("UTF-8");  ←❷為了處理中文檔名
        Part photo = request.getPart("photo");
        String filename = getSubmittedFileName(photo);
        photo.write(filename);  ←❸將檔案寫入 location 指定的目錄
    }

    private String getSubmittedFileName(Part part) {
        String header = part.getHeader("Content-Disposition");
        Matcher matcher = fileNameRegex.matcher(header);
        matcher.find();

        String filename =  matcher.group(1);
        if(filename.contains("\\")) {
            return filename.substring(filename.lastIndexOf("\\") + 1);
        }
```

5　Unrestricted File Upload：www.owasp.org/index.php/Unrestricted_File_Upload

```
        return filename;
    }
}
```

在這個範例中，設定了 @MultiPartConfig 的 location 屬性❶，上傳的檔名可能會有中文，因此呼叫 setCharacterEncoding() 設定正確的編碼❷，最後使用 Part 的 write() 將檔案寫入 location 屬性指定的資料夾❸。

如果有多個檔案要上傳，可以使用 getParts() 方法，這會傳回一個 Collection<Part>，當中是每個上傳檔案的 Part 物件。例如若有個表單如下：

Request uploads.html

```html
<!DOCTYPE html>
<html>
    <head>
        <meta charset="UTF-8">
    </head>
    <body>
        <form action="uploads" method="post"
            enctype="multipart/form-data">
            檔案 1：<input type="file" name="file1"/><br>
            檔案 2：<input type="file" name="file2"/><br>
            檔案 3：<input type="file" name="file3"/><br><br>
            <input type="submit" value="上傳" name="upload" />
        </form>
    </body>
</html>
```

 可以使用以下的 Servlet 來處理檔案上傳請求：

Request Uploads.java

```java
package cc.openhome;

import java.io.*;
import java.time.Instant;

import javax.servlet.ServletException;
import javax.servlet.annotation.MultipartConfig;
import javax.servlet.annotation.WebServlet;
import javax.servlet.http.HttpServlet;
import javax.servlet.http.HttpServletRequest;
import javax.servlet.http.HttpServletResponse;
import javax.servlet.http.Part;

@MultipartConfig(location="c:/workspace")
@WebServlet("/uploads")
```

```java
public class Uploads extends HttpServlet {
    @Override
    protected void doPost(
            HttpServletRequest request, HttpServletResponse response)
                throws ServletException, IOException {

        request.setCharacterEncoding("UTF-8");
        request.getParts()                            ❷ 只處理上傳檔案區段
                .stream()  ◄─── ❶ 使用 Stream        │
                .filter(part -> part.getName().startsWith("file"))
                .forEach(this::write);
    }

    private void write(Part part) {
        String submittedFileName = part.getSubmittedFileName();
        String ext = submittedFileName.substring(  ◄───❸ 取得副檔名
                        submittedFileName.lastIndexOf('.'));
        try {
            part.write(String.format("%s%s",  ◄───❹ 使用時間毫秒數為主檔名
                    Instant.now().toEpochMilli(), ext));
        } catch (IOException e) {
            throw new UncheckedIOException(e);
        }
    }
}
```

　　在這個範例中，使用 Java 8 Stream API❶，由於「上傳」按鈕也會是其中一個 Part 物件，先判斷 Part 的名稱是否以"file"作開頭，可以使用 Part 的 **getName()** 來取得名稱，進一步過濾出檔案上傳區段的 Part 物件❷，然後取得副檔名❸，為了避免上傳後可能發生的檔名重複問題，在這邊是取得系統時間之毫秒數作為主檔名來寫入檔案❹，

　　如果要使用 web.xml 設定@MultipartConfig 對應的資訊，則可以如下：

```xml
...
<servlet>
    <servlet-name>UploadServlet</servlet-name>
    <servlet-class>cc.openhome.UploadServlet</servlet-class>
    <multipart-config>
        <location>c:/workspace</location>
    </multipart-config>
</servlet>
...
```

3.2.6 使用 RequestDispatcher 調派請求

在 Web 應用程式中，經常需要多個 Servlet 來完成請求，像是將另一個 Servlet 的請求處理流程包括（Include）進來，或將請求轉發（Forward）給別的 Servlet 處理。如果有這類的需求，可以使用 HttpServletRequest 的 **getRequestDispatcher()** 方法取得 RequestDispatcher 介面的實作物件實例，呼叫時指定轉發或包含的相對 URI 網址。例如：

```
RequestDispatcher dispatcher =
    request.getRequestDispatcher("some ");
```

```
                <<interface>>
              RequestDispatcher
────────────────────────────────────────────
+ forward(request : ServletRequest, response : ServletResponse) : void
+ include(request : ServletRequest, response : ServletResponse) : void
```

圖 3.11 RequestDispatcher 介面

提示 ▶▶▶ 取得 RequestDispatcher 還有兩個方式，透過 ServletContext 的 getRequestDispatcher() 或 getNamedDispatcher()，之後章節談到 ServletContext 時會再介紹。

▶ 使用 include() 方法

RequestDispatcher 的 **include()** 方法，可以將另一個 Servlet 的執行流程包括至目前 Servlet 執行流程之中。例如：

Request Some.java

```java
package cc.openhome;

import java.io.*;
import javax.servlet.*;
import javax.servlet.annotation.*;
import javax.servlet.http.*;

@WebServlet("/some")
public class Some extends HttpServlet {
    @Override
    protected void doGet(
```

```
                  HttpServletRequest request, HttpServletResponse response)
                       throws ServletException, IOException {
        PrintWriter out = response.getWriter();
        out.println("Some do one...");
        RequestDispatcher dispatcher =
                request.getRequestDispatcher("other");
        dispatcher.include(request, response);
        out.println("Some do two...");
    }
}
```

　　other 實際上會是依照 URI 模式取得對應的 Servlet。呼叫 include() 時，必須分別傳入實作 ServletRequest、ServletResponse 介面的物件，可以是 service() 方法傳入的物件，或者是自定義的物件或包裹器（之後章節會介紹包裹器的撰寫）。如果被 include() 的 Servlet 是這麼撰寫的：

Request Other.java

```
package cc.openhome;

import java.io.*;
import javax.servlet.*;
import javax.servlet.annotation.*;
import javax.servlet.http.*;

@WebServlet("/other")
public class Other extends HttpServlet {
    @Override
    protected void doGet(
        HttpServletRequest request, HttpServletResponse response)
            throws ServletException, IOException {
        response.getWriter().println("Other do one...");
    }
}
```

　　則網頁上見到的回應順序是「Some do one... Other do one... Some do two...」。在取得 RequestDispatcher 時，也可以包括查詢字串，例如：

```
req.getRequestDispatcher("other?data=123456")
    .include(req, resp);
```

　　那麼在被包括（或轉發，如果使用的是 forward() 的話）的 Servlet 中，就可以使用 getParameter("data") 取得請求參數值。

◐ 請求範圍屬性

在 include() 或 forward() 時包括請求參數的作法，僅適用於傳遞字串值給另一個 Servlet，在調派請求的過程中，如果有必須共用的「物件」，可以設定給請求物件成為屬性，稱為**請求範圍屬性（Request Scope Attribute）**。HttpServletRequest 上與請求範圍屬性有關的幾個方法是：

- setAttribute()：指定名稱與物件設定屬性
- getAttribute()：指定名稱取得屬性
- getAttributeNames()：取得所有屬性名稱
- removeAttribute()：指定名稱移除屬性

例如有個 Servlet 會根據某些條件查詢資料：

```
...
    List<Book> books = bookDAO.query("ServletJSP");
    request.setAttribute("books", books);
    request.getRequestDispatcher("result ")
        .include(request,response);
...
```

假設 result 這個 URI 是個負責回應的 Servlet 實例，就可以利用 HttpServletRequest 物件的 getAttribute() 取得查詢結果：

```
...
    List<Book> books = (List<Book>) request.getAttribute("books");
...
```

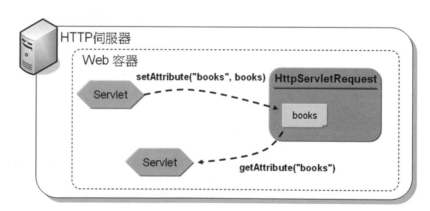

圖 3.12 透過請求範圍屬性共用資料

由於請求物件僅在此次請求週期內有效，在請求/回應之後，請求物件會被回收，設定在請求物件的屬性也就消失了，因此透過 setAttribute() 設定的屬性才稱為請求範圍屬性。

在設定請求範圍屬性時，需注意屬性名稱由 java. 或 javax. 開頭的名稱通常保留給規格書中某些特定意義之屬性。例如以下幾個名稱各有其意義：

- javax.servlet.include.request_uri

- javax.servlet.include.context_path

- javax.servlet.include.servlet_path

- javax.servlet.include.path_info

- javax.servlet.include.query_string

- javax.servlet.include.mapping（Servlet 4.0 新增）

以上的屬性名稱在被包括的 Servlet 中，分別表示上一個 Servlet 的 Request URI、Context path、Servlet path、Path info 與取得 RequestDispatcher 時給定的請求參數，如果被包括的 Servlet 還有包括其他的 Servlet，這些屬性名稱的對應值也會被代換。

之所以會需要這些請求屬性名稱，是因為在 RequestDispatcher 執行 include() 時，必須傳入 request、response 物件，而這兩個物件來自於最前端的 Servlet，後續的 Servlet 若使用 request、response 物件，也就會是一開始最前端 Servlet 收到的兩個物件，此時嘗試在後續的 Servlet 中使用 request 物件的 getRequestURI() 等方法，得到的資訊跟第一個 Servlet 中執 getRequestURI() 等方法是相同的。

然而，有時必須取得 include() 時傳入的路徑資訊，而不是第一個 Servlet 的路徑資訊，這時候就必須透過方才的幾個屬性名稱來取得，這些屬性會由容器在 include() 時設定。

你不用記憶那些屬性名稱，可以透過 RequestDispatcher 定義的常數來取得：

- RequestDispatcher.INCLUDE_REQUEST_URI

- RequestDispatcher.INCLUDE_CONTEXT_PATH

- RequestDispatcher.INCLUDE_SERVLET_PATH

- RequestDispatcher.INCLUDE_PATH_INFO

- RequestDispatcher.INCLUDE_QUERY_STRING

- RequestDispatcher.INCLUDE_MAPPING（Servlet 4.0 新增）

前五個取得屬性都是字串，而 RequestDispatcher.INCLUDE_MAPPING 取得的屬性會是 HttpServletMapping 實例，因此可以透過它的 getMappingMatch() 等方法取得相關的 URI 匹配資訊，這在 2.3.1 曾經說明過。

注意 >>> 使用 include()時，被包括的 Servlet 中任何對請求標頭的設定都會被忽略。被包括的 Servlet 中可以使用 getSession()方法取得 HttpSession 物件（之後會介紹，這是唯一的例外，HttpSession 底層預設使用 Cookie，因此回應會加上 Cookie 請求標頭）。

▶ 使用 forward() 方法

RequestDispatcher 有個 **forward()**方法，呼叫時同樣傳入請求與回應物件，這表示要將請求處理轉發給別的 Servlet，**對瀏覽器的回應也轉發給另一個 Servlet**。

注意 >>> 要呼叫 forward()方法的話，目前的 Servlet 不能有任何回應確認（Commit），如果在目前的 Servlet 透過回應物件設定了一些回應但未確認（回應緩衝區未滿或未呼叫任何出清方法），呼 forward()會忽略全部的回應，如果已經有回應確認，呼叫 forward()會丟出 IllegalStateException。

在被轉發請求的 Servlet 中，亦可透過以下的請求範圍屬性名稱取得對應資訊：

- javax.servlet.forward.request_uri

- javax.servlet.forward.context_path

- javax.servlet.forward.servlet_path

- javax.servlet.forward.path_info

- javax.servlet.forward.query_string

- javax.servlet.forward.mapping（Servlet 4.0 新增）

　　同樣地，會需要這些請求屬性的原因在於，在 `RequestDispatcher` 執行 `forward()` 時，必須傳入 `request`、`response` 物件，而這兩個物件來自於最前端的 Servlet，後續的 Servlet 若使用 `request`、`response` 物件，也就會是一開始最前端 Servlet 收到的兩個物件，此時嘗試在後續的 Servle 中使用 `request` 物件的 `getRequestURI()` 等方法，得到的資訊跟第一個 Servlet 中執行 `getRequestURI()` 等方法是相同的。

　　然而，有時必須取得 `forward()` 時傳入的路徑資訊，而不是第一個 Servlet 的路徑資訊，這時候就必須透過方才的幾個屬性名稱來取得，你不用記憶那些屬性名稱，可以透過 `RequestDispatcher` 定義的常數來取得：

- `RequestDispatcher.FORWARD_REQUEST_URI`

- `RequestDispatcher.FORWARD_CONTEXT_PATH`

- `RequestDispatcher.FORWARD_SERVLET_PATH`

- `RequestDispatcher.FORWARD_PATH_INFO`

- `RequestDispatcher.FORWARD_QUERY_STRING`

- `RequestDispatcher.FORWARD_MAPPING`（Servlet 4.0 新增）

　　請求的 `include()` 或 `forward()`，是屬於容器內部流程的調派，而不是在回應中要求瀏覽器重新請求某些 URI，因此瀏覽器不會知道實際的流程調派，也就是說，瀏覽器的網址列上也就不會有任何變化。

　　第 1 章曾經談過 Model 2，在了解請求調派的處理方式之後，這邊先來做個簡單的 Model 2 架構應用程式，一方面應用方才學習到的請求調派處理，一方面初步了解 Model 2 基本流程。

　　首先看到控制器（Controller），由一個 Servlet 來實現：

Model2　HelloController.java

```java
package cc.openhome;

import java.io.IOException;
import javax.servlet.ServletException;
import javax.servlet.annotation.WebServlet;
import javax.servlet.http.HttpServlet;
import javax.servlet.http.HttpServletRequest;
import javax.servlet.http.HttpServletResponse;

@WebServlet("/hello")
```

```
public class HelloController extends HttpServlet {
    private HelloModel model = new HelloModel();
    @Override
    protected void doGet(HttpServletRequest request,
                         HttpServletResponse response)
                    throws ServletException, IOException {
        String name = request.getParameter("user"); ←❶ 收集請求參數
        String message = model.doHello(name); ←❷ 委託 HelloModel 物件處理
        request.setAttribute("message", message); ←❸ 將結果訊息設定至請求物件
        request.getRequestDispatcher("hello.view")        成為屬性
                .forward(request, response); ←❹ 轉發給 hello.view 進行回應
    }
}
```

　　HelloController 收集請求參數❶並委託給 HelloModel 物件處理❷，
HelloController 不會有任何 HTML 的出現。HelloModel 物件處理的結果，會設定
為請求物件中的屬性❸，之後呈現畫面的 Servlet 可以從請求物件中取得該屬性。
接著將請求的回應工作轉發給 hello.view 來負責❹。

　　至於 HelloModel 類別的設計很簡單，利用一個 HashMap，針對不同的使用者
設定不同的訊息：

Model2 HelloModel.java

```
package cc.openhome;

import java.util.*;

public class HelloModel {
    private Map<String, String> messages = new HashMap<>();

    public HelloModel() {
        messages.put("caterpillar", "Hello");
        messages.put("Justin", "Welcome");
        messages.put("momor", "Hi");
    }

    public String doHello(String user) {
        String message = messages.get(user);
        return String.format("%s, %s!", message, user);
    }
}
```

　　這是個簡單的類別。要注意的是，HelloModel 物件處理完的結果傳回給
HelloController，HelloModel 類別不會有任何 HTML 的出現，也沒有任何與前端
呈現技術或後端儲存技術的 API 出現，是個純綷的 Java 物件。

　　HelloController 得到 HelloModel 物件的傳回值之後，將流程轉發給 HelloView 呈現畫面：

Model2　HelloView.java

```java
package cc.openhome;

import java.io.IOException;
import javax.servlet.ServletException;
import javax.servlet.annotation.WebServlet;
import javax.servlet.http.HttpServlet;
import javax.servlet.http.HttpServletRequest;
import javax.servlet.http.HttpServletResponse;

@WebServlet("/hello.view")
public class HelloView extends HttpServlet {
    private String htmlTemplate =
          "<!DOCTYPE html>"
        + "<html>"
        + "  <head>"
        + "    <meta charset='UTF-8'>"
        + "    <title>%s</title>"
        + "  </head>"
        + "  <body>"
        + "    <h1>%s</h1>"
        + "  </body>"
        + "</html>";

    @Override
    protected void doGet(HttpServletRequest request,
                         HttpServletResponse response)
                    throws ServletException, IOException {
        String user = request.getParameter("user");        ←❶取得請求參數
        String message =
                (String) request.getAttribute("message");   ←❷取得請求屬性
        String html =
                String.format(htmlTemplate, user, message); ←❸產生 HTML 結果
        response.getWriter().print(html);   ←❹輸出 HTML 結果
    }
}
```

　　在 HelloView 分別取得 user 請求參數❶以及先前 HelloController 中設定在請求物件中的 message 屬性❷。這邊特地使用字串組成 HTML 樣版，在取得請求參數與屬性後，分別設定樣版中的兩個 %s 佔位符號❸，然後再輸出至瀏覽器❹，這麼做的原因在於方便與同等作用的 JSP 作對照：

```
<%@page contentType="text/html" pageEncoding="UTF-8"%>
<!DOCTYPE html>
<html>
    <head>
        <meta charset="UTF-8">
        <title>${param.user}</title>  ◀── 利用 Expression Language 取得 user 請求參數
    </head>
    <body>
        <h1>${message}</h1>  ◀── 利用 Expression Language 取得請求範圍中設定的屬性值
    </body>
</html>
```

這個 JSP 網頁中動態的部分，是利用 Expression Language 功能（之後學習 JSP 時就會說明），分別取得 user 請求參數，以及先前 Servlet 中設定在請求物件中的 message 屬性。注意，JSP 中沒有任何 Java 程式碼。先來看執行時的結果畫面：

圖 3.13 範例執行結果

可以看到，在 Model 2 架構的實作下，控制器、視圖、模型各司其職，該呈現畫面的元件就不會有 Java 程式碼出現（HelloView），在負責商務邏輯的元件就不會有 HTML 輸出（HelloModel），該處理請求參數的元件就不會牽涉商務邏輯的程式碼（HelloController）。

3.3 關於 HttpServletResponse

可以使用 HttpServletResponse 對瀏覽器進行回應。大部分的情況下，會使用 setContentType() 設定回應類型，使用 getWriter() 取得 PrintWriter 物件，而後使用 PrintWriter 的 println() 等方法輸出 HTML 內容。

你還可以進一步使用 setHeader()、addHeader() 等方法設定回應標頭，或是使用 sendRedirect()、sendError() 方法，要求瀏覽器重新導向網頁、傳送錯誤狀態訊息。若必要，也可使用 getOutputStream() 取得 ServletOutputStream，直接使用串流物件對瀏覽器進行位元組資料的回應。

　　基本的 HTML 回應，標頭設定、重導向，甚至是使用串流物件進行回應，都將是本節所要介紹的內容。

3.3.1　設定回應標頭、緩衝區

　　HttpServletResponse 物件的 **setHeader()**、**addHeader()** 可以設定回應標頭，setHeader() 設定標頭名稱與值，addHeader() 可以在同一標頭名稱上附加值。

　　setHeader()、addHeader() 方法接受字串值，如果標頭的值是整數，可以使用 **setIntHeader()**、**addIntHeader()** 方法，如果標頭的值是個日期，可以使用 **setDateHeader()**、**addDateHeader()** 方法。

　　有些標頭必須搭配 HTTP 狀態碼（Status code），設定狀態碼可以透過 HttpServletResponse 的 **setStatus()** 方法，例如，正常回應的 HTTP 狀態碼為 200 OK，可以透過 HttpServletResponse.SC_OK 來設定，如果想要重新導向（Redirect）頁面，必須傳送狀態碼 301 Moved Permanently、302 Found，前者可以透過 HttpServletResponse.SC_MOVED_PERMANENTLY 取得，後者建議透過 HttpServletResponse.SC_SC_FOUND 或是 HttpServletResponse.SC_MOVED_TEMPORARILY。

　　例如，若某個資源永久性地移至另一網址，當瀏覽器請求原有網址時，必須要求瀏覽器重新導向至新網址，並要求未來連結時也應使用新網址的話（像是告訴搜尋引擎網站搬家了，有利於搜尋引擎最佳化），可以如下撰寫程式：

```
response.setStatus(HttpServletResponse.SC_MOVED_PERMANENTLY);
response.addHeader("Location", "new_url");
```

　　如果資源只是暫時性搬移，希望客戶端依舊使用現有位址來存取資源，不要快取資源之類的，可以使用暫時重定向：

```
response.setStatus(HttpServletResponse.SC_FOUND);
response.addHeader("Location", "temp_url");
```

　　必須在回應確認（Commit）之前設定標頭，在回應確認後設定的標頭，會被容器忽略。

> **提示 >>>** 除了 301、302 之外，HTTP 1.1 增加了 303 See Other 與 307 Temporary Redirect 狀態碼，詳情可參考〈Status Code Definitions[6]〉；有些標頭與安全有關，可以參考〈HTTP 安全從「頭」開始[7]〉。

容器可以（但非必要）對回應進行緩衝，通常容器預設會對回應進行緩衝，你可以操作 HttpServletResponse 以下有關緩衝的幾個方法：

- getBufferSize()
- setBufferSize()
- isCommitted()
- reset()
- resetBuffer()
- flushBuffer()

setBufferSize() 必 須 在 呼 叫 HttpServletResponse 的 getWriter() 或 getOutputStream()方法之前呼叫，取得的 Writer 或 ServletOutputStream 才會套用這個設定。

> **注意 >>>** 在呼叫 HttpServletResponse 的 getWriter()或 getOutputStream()方法之後呼叫 setBufferSize()，會丟出 IllegalStateException。

在緩衝區未滿之前，設定的回應相關內容都不會真正傳至瀏覽器，可以使用 isCommitted()看看是否回應已確認。如果想重置回應資訊，可以呼叫 reset() 方法，這會一併清除已設定的標頭，呼叫 resetBuffer()會重置回應內容，但不會清除已設定的標頭內容。

flushBuffer()會出清（flush）緩衝區中已設定的回應資訊，reset()、resetBuffer()必須在回應未確認前呼叫。

> **注意 >>>** 在回應已確認後呼叫 reset()、resetBuffer()會丟出 IllegalStateException。

---

[6] Status Code Definitions：www.w3.org/Protocols/rfc2616/rfc2616-sec10.html
[7] HTTP 安全從「頭」開始：openhome.cc/Gossip/Programmer/SecurityHeader.html

HttpServletResponse 物件若被容器關閉，必須出清回應內容，回應物件被關閉的時機點有：

- Servlet 的 service() 方法已結束
- 回應的內容超過 HttpServletResponse 的 setContentLength() 設定的長度
- 呼叫了 sendRedirect() 方法（稍後說明）
- 呼叫了 sendError() 方法（稍後說明）
- 呼叫了 AsyncContext 的 complete() 方法（第 5 章說明）

3.3.2　使用 getWriter() 輸出字元

如果要輸出 HTML，在先前的範例中，都會透過 HttpServletResponse 的 **getWriter()** 取得 **PrintWriter** 物件，然後指定字串進行輸出。例如：

```
PrintWriter out = response.getWriter();
out.println("<html>");
out.println("<head>");
```

要注意的是，在沒有設定任何內容型態或編碼之前，HttpServletResponse 使用的字元編碼預設是 ISO-8859-1，也就是說，如果直接輸出中文，在瀏覽器上就會看到亂碼。有幾個方式可以影響 HttpServletResponse 輸出的編碼處理。

▶ 設定 Locale

瀏覽器如果有發送 Accept-Language 標頭，可以使用 HttpServletRequest 的 **getLocale()** 來取得一個 **Locale** 物件，代表瀏覽器可接受的語系。

你可以使用 HttpServletResponse 的 **setLocale()** 來設定地區（Locale）資訊，地區資訊就包括了語系與編碼資訊。語系資訊通常透過回應標頭 Content-Language 來設定，而 setLocale() 也會設定 HTTP 回應的 Content-Language 標頭。例如：

```
response.setLocale(Locale.TAIWAN);
```

這會將 HTTP 回應的 Content-Language 設定為 zh-TW，作為瀏覽器處理回應編碼時的參考依據。

◉ 使用 `setCharacterEncoding()` 或 `setContentType()`

至於回應的字元編碼處理，可以呼叫 `HttpServletResponse` 的 **`setCharacgerEncoding()`** 進行設定：

```
response.setCharacterEncoding("UTF-8");
```

可以在 web.xml 中設定預設的區域與編碼對應。例如：

```
...
<locale-encoding-mapping-list>
    <locale-encoding-mapping>
        <locale>zh_TW</locale>
        <encoding>UTF-8</encoding>
    </locale-encoding-mapping>
</locale-encoding-mapping-list>
...
```

設定好以上資訊後，若使用 `resp.setLocale(Locale.TAIWAN)`，或者是 `resp.setLocale(new Locale("zh", "TW"))`，`HttpServletResponse` 的字元編碼處理就採 UTF-8，呼叫 `HttpServletResponse` 的 **`getCharacterEncoding()`** 取得的結果就是`"UTF-8"`。

影響輸出字元編碼處理的另一個方式是，使用 `HttpServletResponse` 的 **`setContentType()`** 指定內容類型時，一併指定 `charset`，`charset` 的值會用來呼叫 `setCharacterEncoding()`。例如以下不僅設定內容類型為 `text/html`，也會呼叫 `setCharacterEncoding()`，設定編碼為 UTF-8：

```
resp.setContentType("text/html; charset=UTF-8");
```

如果使用 `setCharacterEncoding()` 或 `setContentType()` 時指定了 `charset`，`setLocale()` 會被忽略。

在 Servlet 4.0 中，也可以在 web.xml 加入 **`<response-character-encoding>`**，設定整個應用程式的回應編碼，如此一來，就不用特別在每次請求使用 `HttpServletResponse` 的 `setCharacterEncoding()` 方法來設定編碼了，例如：

```
<response-character-encoding>UTF-8</response-character-encoding>
```

> **提示 >>>** 如果要接收中文請求參數，在回應時於瀏覽器正確顯示中文，必須同時設定 `HttpServletRequest` 的 `setCharacterEncoding()` 以及 `HttpServletResponse` 的 `setCharacterEncoding()` 或 `setContentType()` 為正確的編碼，或在 web.xml 設定`<request-character-encoding>`與`<response-character-encoding>`。

　　瀏覽器需要知道如何處理回應，因此必須告知內容類型，`setContentType()`
方法在回應中設定 `content-type` 回應標頭，只要指定 **MIME（Multipurpose
Internet Mail Extensions）**類型就可以了，編碼設定與內容類型通常都要設定，
因此呼叫 `setContentType()`設定內容類型時，同時指定 `charset` 屬性是方便且常見
的作法。

　　常見的 **MIME** 設定有 `text/html`、`application/pdf`、`application/jar`、
`application/x-zip`、`image/jpeg` 等。不用強記 MIME 形式，新的 MIME 形式也不
斷地在增加，必要時再了解即可。對於應用程式使用到的 MIME 類型，可以在
web.xml 中設定副檔名與 MIME 類型對應。例如：

```
...
    <mime-mapping>
        <extension>pdf</extension>
        <mime-type>application/pdf</mime-type>
    </mime-mapping>
...
```

　　<extension>設定檔案的副檔名，而**<mime-type>**設定對應的 MIME 類型名稱。
如果想知道某檔案的 MIME 類型名稱，可以使用 `ServletContext` 的 `getMimeType()`
方法（之後章節會談到如何取得與使用 `ServletContext`），這個方法讓你指定檔
案名稱，然後根據 web.xml 中設定的副檔名對應，取得 MIME 類型名稱。

　　在介紹 `HttpServletRequest` 時，曾說明過如何正確取得中文請求參數，結合
這邊的說明，以下範例可以透過表單發送中文請求參數值，Servlet 可正確地接
收處理並顯示在瀏覽器中。你可以使用表單發送名稱、郵件與多選項的喜愛寵
物類型。首先是表單的部分：

Response form.html

```
<!DOCTYPE html>
<html>
    <head>
        <meta charset= "UTF-8">
        <title>寵物類型大調查</title>
    </head>
    <body>
        <form action="pet" method="post">
            姓名：<input type="text" name="user"><br>
            郵件：<input type="email" name="email"><br>
            你喜愛的寵物代表：<br>
            <select name="type" size="6" multiple>
```

```
                         <option value="貓">貓</option>
                         <option value="狗">狗</option>
                         <option value="魚">魚</option>
                         <option value="鳥">鳥</option>
                     </select><br>
                     <input type="submit" value="送出"/>
                </form>
            </body>
</html>
```

可以在這個表單的「姓名」欄位輸入中文，而下拉選單的值，這邊也故意設為中文，看看稍後是否可正確接收並顯示中文。注意網頁編碼為 UTF-8。接著是 Servlet 的部分：

Response Pet.java

```java
package cc.openhome;

import java.io.*;
import java.util.List;

import javax.servlet.*;
import javax.servlet.annotation.*;
import javax.servlet.http.*;

@WebServlet("/pet")
public class Pet extends HttpServlet {
    @Override
    protected void doPost(
        HttpServletRequest request, HttpServletResponse response)
            throws ServletException, IOException {
        request.setCharacterEncoding("UTF-8");   ←❶ 設定請求物件字元編碼
        response.setContentType("text/html; charset=UTF-8");  ←❷ 設定內容類型

        PrintWriter out = response.getWriter();   ←❸ 取得輸出物件
        out.println("<!DOCTYPE html>");
        out.println("<html>");
        out.println("<body>");

        out.printf("聯絡人：<a href='mailto:%s'>%s</a>%n",
            request.getParameter("email"),   ┐
            request.getParameter("user")     ┘ ←❹ 取得請求參數值
        );

        out.println("<br>喜愛的寵物類型");
        out.println("<ul>");

        List.of(request.getParameterValues("type"))   ←❺ 取得複選項請求參數值
            .forEach(type -> out.printf("<li>%s</li>%n", type));
```

```
        out.println("</ul>");
        out.println("</body>");
        out.println("</html>");
    }
}
```

　　為了可以接受中文請求參數值，使用了 setCharacterEncoding() 方法來指定請求物件處理字串編碼的方式❶，這個動作必須在取得請求參數之前進行❸。為了取得多選清單的選項，使用了 getParameterValues() 方法❺。HttpServletResponse 物件也呼叫了 setContentType() 方法，告知瀏覽器使用 UTF-8 編碼來解讀回應的文字❷。在範例中示範了如何在使用者名稱上加上超鏈結，並設定 mailto: 與發送的電子郵件❹，如果使用者直接點選鏈結，就會開啟預設的郵件程式。

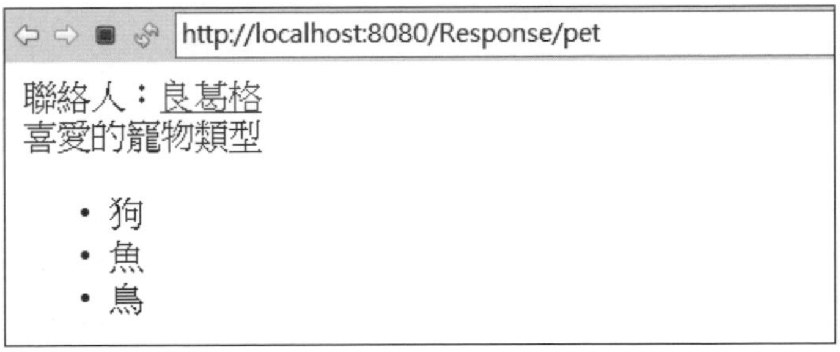

圖 3.14　範例結果顯示可正確接收中文參數值與顯示中文

提示 ≫≫　範例中使用了 Java SE 9 的 List.of() 方法。

　　在 Servlet 4.0 之前，web.xml 無法設定 <request-character-encoding> 與 <response-character-encoding>，若頁面很多，逐個頁面設定編碼是件很麻煩的事，因此設定編碼的動作其實不會直接在 Servlet 中進行，而會在過濾器（Filter）中設定，第 5 章會談到過濾器的細節。

3.3.3　使用 getOutputStream() 輸出位元

　　在大部分的情況下，會從 HttpServletResponse 取得 PrintWriter 實例，使用 println() 對瀏覽器進行字元輸出。然而有時候，需要直接對瀏覽器進行位元組輸出，這時可以使用 HttpServletResponse 的 **getOutputStream()** 方法取得 **ServletOutputStream** 實例，它是 OutputStream 的子類別。

舉個例子來說，你也許會希望有個功能，使用者必須輸入正確的密碼，才可以取得 PDF 電子書。接下來這個範例實作出這個功能。

```
Response Download.java

package cc.openhome;

import java.io.*;

import javax.servlet.ServletException;
import javax.servlet.annotation.WebServlet;
import javax.servlet.http.HttpServlet;
import javax.servlet.http.HttpServletRequest;
import javax.servlet.http.HttpServletResponse;

@WebServlet("/download")
public class Download extends HttpServlet {
    @Override
    protected void doPost(
            HttpServletRequest request, HttpServletResponse response)
                throws ServletException, IOException {
        String passwd = request.getParameter("passwd");
        if ("12345678".equals(passwd)) {
            response.setContentType("application/pdf");    ← ❶ 設定內容類型

                                                ❷ 取得輸入串流
            try(InputStream in =
                getServletContext().getResourceAsStream("/WEB-INF/jdbc.pdf");
                OutputStream out = response.getOutputStream()) {  ❸ 取得輸出串流
                out.write(in.readAllBytes());    ← ❹ 讀取 PDF 並輸出
            }
        }
    }
}
```

當輸入密碼正確時，這個程式會讀取指定的 PDF 檔案，並對瀏覽器進行回應。由於會對瀏覽器輸出位元串流，瀏覽器必須知道如何正確處理收到的位元組資料，因此設定內容類型為 application/pdf❶，如此若瀏覽器有外掛 PDF 閱讀器，就會直接使用閱讀器開啟 PDF（對於不曉得如何處理的內容類型，瀏覽器通常會出現另存新檔的提示）。

為了取得 Web 應用程式中的檔案串流，可以使用 HttpServlet 的 getServletContext()取得 ServletContext 物件，這個物件代表了目前這個 Web 應用程式（第 5 章將詳細說明）。可以使用 ServletContext 的 getResourceAsStream()

方法以串流程式讀取檔案❷，指定的路徑是相對於 Web 應用程式環境根資料夾。為了不讓瀏覽器直接請求 PDF 檔案，將 PDF 檔案放在 WEB-INF 資料夾。

　　再來就是透過 HttpServletResponse 的 getOutputStream()取得 ServletOutputStream 物件❸，接下來從 PDF 讀入位元組資料，再用 ServletOutputStream 來對瀏覽器進行寫出回應❹。

圖 3.15 使用 ServletOutputStream 輸出 PDF 檔案

3.3.4　使用 sendRedirect()、sendError()

　　3.2.6 介紹過 RequestDispatcher 的 forward()方法，forward()將請求轉發至指定的 URI，這個動作是在 Web 容器中進行，瀏覽器不會知道請求被轉發，網址列也不會有變化。

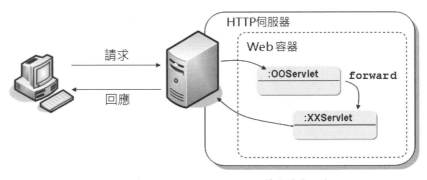

圖 3.16 使用 RequestDispatcher 轉發請求示意

　　轉發過程是在同一個請求週期，這也是為何，RequestDispatcher 是由呼叫 HttpServletRequest 的 getRequestDispather() 方法取得，在 HttpServletRequest 中使用 setAttribute() 設定的屬性物件，都可以在轉發過程中共享。

　　在 3.3.1 時，曾經看過如何設定請求標頭，令瀏覽器重新導向，對於暫時重定向，除了自行透過 HTTP 狀態碼與 Location 標頭的設定，還可以使用 HttpServletResponse 的 sendRedirect() 要求瀏覽器重新請求另一個 URI，使用時可指定絕對 URI 或相對 URI，例如：

```
response.sendRedirect("https://openhome.cc");
```

　　這個方法會在回應中設定 HTTP 狀態碼 302 以及 Location 標頭，無論是自行控制狀態碼、標頭，或者是透過 sendRedirect() 方法重定向，瀏覽器會使用 GET 方法請求指定的 URI，因此網址列上會發現 URI 的變更。

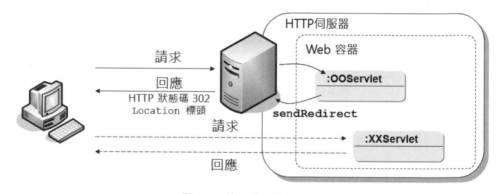

圖 3.17 使用重新導向示意

> **注意 >>>** 由於是利用 HTTP 狀態碼與標頭資訊，要求瀏覽器重新導向網頁，這個方法必須在回應未確認輸出前執行，否則會發生 IllegalStateException。

　　重新定向的使用時機之一，若使用者在 POST 表單之後，重新載入網頁造成重複發送 POST 內容，會對應用程式狀態造成不良影響的話，可以在 POST 後要求重新導向。

　　重定向的使用時機之二，使用者登入後自動導回先前閱讀之頁面，例如，若目前頁面為 xyz.html，設定一個鏈結為 login?url=xyz.html，在使用者登入成功之後，取得 url 請求參數來進行重新導向。

　　如果重新導向的目的地，是根據使用者的指定（例如透過請求參數），特別是允許使用者指定外部網址的開放式重新導向，請務必特別小心，以免成為安全弱點，**如果是開放式重新導向，務必檢查允許的對象網址，非開放式重新導向也得小心檢查，或者是對重新導向的目標予以編碼，使用編碼來替代任意的 URI 指定，再於應用程式中對應至真正的 URI**。

　　如果在處理請求的過程中發現錯誤，想要傳送 HTTP 伺服器預設的狀態與錯誤訊息，可以使用 **sendError()** 方法。例如，如果根據請求參數必須傳回的資源根本不存在，可以如下送出錯誤訊息：

```
response.sendError(HttpServletResponse.SC_NOT_FOUND);
```

　　SC_NOT_FOUND 會令伺服器回應 404 狀態碼，這類的常數是定義在 HttpServletResponse 介面上。如果想使用自訂訊息來取代預設的訊息文字，可以使用 sendError() 的另一個版本：

```
response.sendError(HttpServletResponse.SC_NOT_FOUND, "筆記文件");
```

　　以 HttpServlet 的以 doGet() 為例，其預設實作就使用了 sendError() 方法：

```
protected void doGet(HttpServletRequest req,
                     HttpServletResponse resp)
                        throws ServletException, IOException {
    String protocol = req.getProtocol();
    String msg =  Strings.getString("http.method_get_not_supported");
    if (protocol.endsWith("1.1")) {
        resp.sendError(
            HttpServletResponse.SC_METHOD_NOT_ALLOWED, msg);
    } else {
        resp.sendError(HttpServletResponse.SC_BAD_REQUEST, msg);
    }
}
```

注意 >>> 由於利用到 HTTP 狀態碼，要求瀏覽器重新導向網頁，因此 sendError() 方法必須在回應未確認輸出前執行，否則會發生 IllegalStateException。

3.4 綜合練習／微網誌

從本節開始，將逐步開發一個微網誌的 Web 應用程式，逐一應用學習到的 Servlet/JSP。這個應用程式將貫穿全書，隨著你對 Servlet/JSP 的了解更多，程式將進一步修改地更完備，無論是在功能上或是技術的應用上，例如在學到 JSP 之後，使用 JSP 作為視圖的呈現技術，而不是直接在 Servlet 輸出 HTML。

在這一節中，將實作微網誌的「會員申請」與「會員登入」功能，請求參數會由 Servlet 來負責，由於尚未介紹到 JSP，所以畫面暫時也由 Servlet 輸出 HTML，之後介紹到 JSP，會將畫面的呈現改成使用 JSP 技術。

基於篇幅限制，書中對這個應用程式的程式碼，只呈現重要的實作概念與片段，完整程式碼可以參考書附範例檔案，至於一些進階功能或者是安全概念，僅以提示或簡單方式實作，簡而言之，因為只是範例，應用程式本身並不完善，在實際產品開發時，應進一步思考如何加強應用程式功能或安全性。

3.4.1 微網誌應用程式功能概述

首先來分析一下微網誌應用程式在本節將完成的兩個功能：「會員申請」與「會員登入」。使用者首先會連結到首頁，這是個純 HTML 網頁：

圖 3.18 微網誌首頁

　　使用者可以在首頁進行會員登入，或者點選「還不是會員？」鏈結，進行新會員的申請，如果使用者忘記密碼，也可以點選「忘記密碼？」鏈結，要求系統使用註冊時提供的郵件位址，寄送重設密碼鏈結（將來學習到 Java Mail 時會實作這部分）。

　　下圖是新會員申請的畫面：

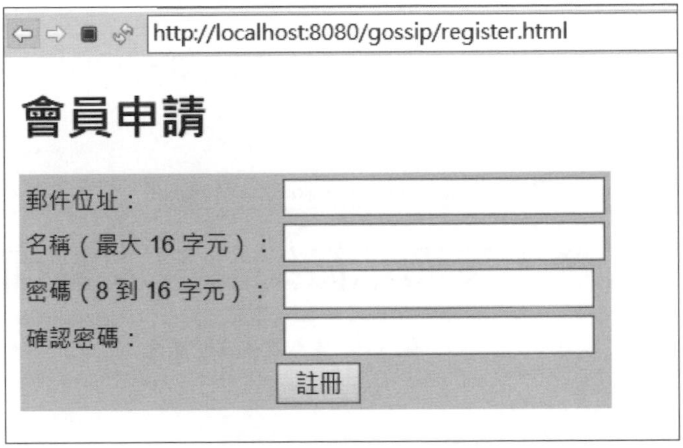

圖 3.19　微網誌會員申請

如果表單欄位填寫不符格式，會顯示相關失敗原因：

圖 3.20　會員申請失敗畫面

如果表單欄位填寫正確，會顯示申請會員時的名稱與成功訊息：

圖 3.21 會員申請成功畫面

會員申請成功的使用者可以返回首頁進行登入，如果登入失敗，會被重新導向回首頁進行重新登入，如果登入成功，會進入微網域發表頁面：

圖 3.22 會員登入成功畫面

3.4.2 實作會員申請功能

基於篇幅關係，純 HTML 網頁不在書中全部列出，例如會員申請的表單檔案是 register.html，可以在本書提供的範例檔案中直接找到完整檔案，其中有關會員申請表單要知道的必要資訊是：

- `<form>`標籤

  ```
  <form method='post' action='register'>
  ```

- 郵件地址欄位

  ```
  <input type='text' name='email' size='25' maxlength='100'>
  ```

- 名稱欄位

  ```
  <input type='text' name='username' size='25' maxlength='16'>
  ```

- 密碼與確認密碼欄位

  ```
  <input type='password' name='password' size='25' maxlength='16'>
  <input type='password' name='password2' size='25' maxlength='16'>
  ```

　　register 會由 Servlet 實現，作為 Model 2 架構中的控制器，這個 Servlet 將會取得請求參數、驗證請求參數，目前還沒有要實作模型（Model），處理請求參數的部分，也暫由 Servlet 負責。

　　以下是處理註冊的 Register 類別實作：

gossip　Register.java

```java
package cc.openhome.controller;

import java.io.*;
import java.nio.file.Files;
import java.nio.file.Path;
import java.nio.file.Paths;
import java.util.*;
import java.util.concurrent.ThreadLocalRandom;
import java.util.regex.Pattern;

import javax.servlet.ServletException;
import javax.servlet.annotation.WebServlet;
import javax.servlet.http.HttpServlet;
import javax.servlet.http.HttpServletRequest;
import javax.servlet.http.HttpServletResponse;

@WebServlet("/register")
public class Register extends HttpServlet {
    private final String USERS = "c:/workspace/gossip/users";
    private final String SUCCESS_PATH = "register_success.view";
    private final String ERROR_PATH = "register_error.view";

    private final Pattern emailRegex = Pattern.compile(
        "^[_a-z0-9-]+([.][_a-z0-9-]+)*@[a-z0-9-]+([.][a-z0-9-]+)*$");

    private final Pattern passwdRegex = Pattern.compile("^\\w{8,16}$");

    private final Pattern usernameRegex = Pattern.compile("^\\w{1,16}$");

    protected void doPost(
            HttpServletRequest request, HttpServletResponse response)
                throws ServletException, IOException {
        var email = request.getParameter("email");
        var username = request.getParameter("username");      // ❶ 取得請求參數
        var password = request.getParameter("password");
        var password2 = request.getParameter("password2");
```

```
        var errors = new ArrayList<String>();
        if (!validateEmail(email)) {
            errors.add("未填寫郵件或格式不正確");
        }
        if(!validateUsername(username)) {
            errors.add("未填寫使用者名稱或格式不正確");        ❷ 驗證請求參數
        }
        if (!validatePassword(password, password2)) {
            errors.add("請確認密碼符合格式並再度確認密碼");
        }

        String path;
        if(errors.isEmpty()) {
            path = SUCCESS_PATH;
            tryCreateUser(email, username, password);    ❸ 試著建立使用者資料
        } else {
            path = ERROR_PATH;                            ❹ 表單驗證出錯誤，設定收集
            request.setAttribute("errors", errors);          錯誤的 List 為請求屬性
        }

        request.getRequestDispatcher(path).forward(request, response);
    }

    private boolean validateEmail(String email) {
        return email != null && emailRegex.matcher(email).find();
    }

    private boolean validateUsername(String username) {
        return username != null && usernameRegex.matcher(username).find();
    }

    private boolean validatePassword(String password, String password2) {
        return password != null &&
                passwdRegex.matcher(password).find() &&
                password.equals(password2);
    }

    private void tryCreateUser(
            String email, String username, String password) throws IOException {
        var userhome = Paths.get(USERS, username);
        if(Files.notExists(userhome)) {    ❺ 檢查使用者資料夾是否建立
            createUser(userhome, email, password);   來確認使用者是否已註冊
        }
    }
                    ❻ 建立使用者資料夾，在 profile 中
                      儲存郵件、加密後密碼及鹽值
    private void createUser(Path userhome, String email, String password)
                    throws IOException {
        Files.createDirectories(userhome);

        var salt = ThreadLocalRandom.current().nextInt();
```

```
    var encrypt = String.valueOf(salt + password.hashCode());

    var profile = userhome.resolve("profile");
    try(var writer = Files.newBufferedWriter(profile)) {
        writer.write(String.format("%s\t%s\t%d", email, encrypt, salt));
    }
  }
}
```

在 Register 的 doPost() 中取得請求參數之後❶，接著進行表單驗證的動作，如果發現到表單上的值不合規定，會使用 List 來收集相關錯誤訊息❷，只要這個 List 不為空，就表示驗證失敗，於是將 List 設為 "errors" 請求屬性，轉發的路徑預設為 "register_error.view"❹，如果表單驗證成功就設為 "register_success.view"，並試著建立使用者資料❸。

提示 >>> 在這邊將驗證用的規則表示式（Regular expresion）寫在原始碼中，這只是為了簡化範例。OWASP 有個 ESAPI（Enterprise Security API）[8] 專案，為 Web 應用程式提供 API 層面的安全基本方案，可作為安全實作時的參考，其中輸入方面提供了 ESAPI.validator()，可取得 Validator 實例來協助驗證，並可將驗證規則定義在 validation.properties 檔案之中。

由於目前還沒介紹到如何使用 JDBC（Java DataBase Connectivity）存取資料庫，有關註冊使用者的資料，先使用檔案儲存。預設所有使用者資料儲存在 C:\workspace\gossip\users 下，檢查使用者名稱是否已有人使用，就是看看是否有相同名稱的資料夾❺，在範例中使用了 JDK7 新增的 NIO2 相關 API 進行檢查，如果確定要建立使用者，就以使用者名稱來建立資料夾，並將郵件、加密後密碼及鹽值存放在 profile 檔案中❻。

加密後密碼及鹽值？是的！從安全防護角度來看，**不建議以明碼方式儲存密碼**，因為萬一資料庫被駭客入侵，使用者的密碼將一覽無遺！

基本上應該將密碼進行不可逆的單向摘要演算，然而，為了避免單向摘要演算被破解而可逆演算至原密碼，或者直接以彩虹表（Rainbow table）比對，也就是使用明碼對應單向摘要演算值的表格來比對出原密碼，可以再加上隨機的鹽值進行混淆，鹽值實際上也建議另外存放在其他位置，在這邊為了簡化範

---

[8] ESAPI：www.owasp.org/index.php/Category:OWASP_Enterprise_Security_API

例而儲存在同一檔案內，單向摘要演算也只是簡單使用字串的 `hashCode()` 產生之雜湊碼，鹽值單純只是隨機產生的整數值，**在正式的場合上，你應該使用更安全的雜湊碼與鹽值生成方式。**

> **注意 ≫** 範例中的 `var` 是 Java SE 10 以後的區域變數型態推斷（Local-Variable Type Inference）新特性。

目前的範例程式也僅在表單內容符合格式時，顯示成功送出表單，而不是註冊成功，之後學到 JavaMail，會使用郵件寄送註冊通知信件，在信中告知啟用帳號的鏈結，或者是註冊失敗的訊息（例如因使用者名稱、郵件位址已存在而註冊失敗）。

> **提示 ≫** 註冊時該不該在頁面上顯示使用者名稱或郵件位址已存在呢？登入時該使用使用者名稱或郵件帳號呢？這是個安全上可討論的議題，有人認為不直接於註冊頁面，顯示使用者名稱或郵件位址是否存在，至少增加一點麻煩來降低駭客入侵的意圖，可參考〈"username or password incorrect" is bullshit〉[9]。

至於使用者登入後如何驗證密碼是否正確呢？稍後就會看到實作方式，現在先來看看，若表單發送失敗了，負責顯示錯誤畫面的 Servlet 要如何撰寫：

gossip RegisterError.java

```java
package cc.openhome.view;

import java.io.*;
import java.util.List;

import javax.servlet.ServletException;
import javax.servlet.annotation.WebServlet;
import javax.servlet.http.HttpServlet;
import javax.servlet.http.HttpServletRequest;
import javax.servlet.http.HttpServletResponse;

@WebServlet("/register_error.view")
public class RegisterError extends HttpServlet {
    protected void doPost(
            HttpServletRequest request, HttpServletResponse response)
                throws ServletException, IOException {
        response.setContentType("text/html;charset=UTF-8");  ←──❶ 設定回應編碼
```

---

[9] "username or password incorrect" is bullshit：https://goo.gl/TJd2pq

```
        PrintWriter out = response.getWriter();

        out.println("<!DOCTYPE html");
        out.println("<html>");
        out.println("<head>");
        out.println("<meta charset='UTF-8'>");
        out.println("<title>表單填寫錯誤</title>");
        out.println("</head>");
        out.println("<body>");
        out.println("<h1>表單填寫錯誤</h1>");
        out.println("<ul style='color: rgb(255, 0, 0);'>");    ❷ 取得請求屬性

        List<String> errors = (List<String>) request.getAttribute("errors");
        for(String error : errors) {
                out.printf("<li>%s</li>", error);    ❸ 顯示錯誤訊息
        }
        out.println("</ul>");
        out.println("<a href='register.html'>返回註冊表單</a>");
        out.println("</body>");
        out.println("</html>");
    }
}
```

　　由於 RegisterError 這個 Servlet 主要負責畫面輸出，內容多為 HTML 的字串內容，之後會使用 JSP 改寫。最主要的是注意到，為了顯示中文的錯誤訊息，使用 HttpServletResponse 的 setContentType() 時順便指定了 charset 屬性❶。由於只有在失敗時才會轉發到這個頁面，並在請求中帶有"errors"屬性，於是使用 HttpServletRequest 的 getAtttribute() 取得屬性❷，並逐一顯示錯誤訊息❸。

注意》》 第 6 章會將負責畫面的 Servlet 改為 JSP，然而 Tomcat 9 處理 JSP 時，實現的是 Java EE 8 規範，不支援 var 語法，因此綜合練習時負責畫面的 Servlet，不會使用 var 語法，這是為了第 6 章綜合練習修改為 JSP 時比較方便。

　　至於表單發送成功的部分則由 RegisterSuccess 這個 Servlet 負責：

gossip RegisterSuccess.java

```
package cc.openhome.view;

import java.io.*;
import javax.servlet.ServletException;
import javax.servlet.annotation.WebServlet;
import javax.servlet.http.HttpServlet;
import javax.servlet.http.HttpServletRequest;
import javax.servlet.http.HttpServletResponse;
```

```
@WebServlet("/register_success.view")
public class RegisterSuccess extends HttpServlet {
    protected void doPost(
            HttpServletRequest request, HttpServletResponse response)
                    throws ServletException, IOException {
        response.setContentType("text/html;charset=UTF-8");
        PrintWriter out = response.getWriter();
        out.println("<!DOCTYPE html>");
        out.println("<html>");
        out.println("<head>");
        out.println("<meta charset='UTF-8'>");
        out.println("<title>成功送出表單</title>");
        out.println("</head>");
        out.println("<body>");
        out.printf("<h1>%s 成功送出表單</h1>", request.getParameter("username"));
        out.println("<a href='index.html'>回首頁</a>");
        out.println("</body>");
        out.println("</html>");
    }
}
```

┌─ 顯示使用者名稱與成功訊息

由於 RegisterSuccess 這個 Servlet 同樣主要負責畫面輸出，內容多為 HTML 的字串內容，而程式中動態的部分，是取得使用者名稱，顯示表單發送成功訊息。

3.4.3 實作會員登入功能

會員登入的首頁目前是純 HTML 實現，完整檔案請直接觀看範例檔案中的原始碼。有關於表單登入部分重要的資訊是：

■ `<form>`標籤

```
<form method='post' action='login'>
```

■ 名稱欄位

```
<input type='text' name='username'>
```

■ 密碼欄位

```
<input type='password' name='password'>
```

負責處理登入的 Servlet 是 Login，如下所示：

```
gossip Login.java
```

```java
package cc.openhome.controller;

import java.io.*;
import java.nio.file.Files;
import java.nio.file.Path;
import java.nio.file.Paths;

import javax.servlet.ServletException;
import javax.servlet.annotation.WebServlet;
import javax.servlet.http.HttpServlet;
import javax.servlet.http.HttpServletRequest;
import javax.servlet.http.HttpServletResponse;

@WebServlet("/login")
public class Login extends HttpServlet {
    private final String USERS = "c:/workspace/Gossip/users";
    private final String SUCCESS_PATH = "member.html";
    private final String ERROR_PATH = "index.html";

    protected void doPost(
            HttpServletRequest request, HttpServletResponse response)
                        throws ServletException, IOException {
        var username = request.getParameter("username");
        var password = request.getParameter("password");

        response.sendRedirect(
            login(username, password) ? SUCCESS_PATH : ERROR_PATH);
    }

    private boolean login(String username, String password)
                    throws IOException {

        if(username != null && username.trim().length() != 0 &&
                password != null) {
            var userhome = Paths.get(USERS, username);
            return Files.exists(userhome) &&
                    isCorrectPassword(password, userhome);
        }
        return false;
    }

    private boolean isCorrectPassword(
            String password, Path userhome) throws IOException {
        Path profile = userhome.resolve("profile");
        try(var reader = Files.newBufferedReader(profile)) {
            var data = reader.readLine().split("\t");
```

❶ 檢查使用者名稱與密碼是否符合，
以決定重新導向頁面

❷ 讀取使用者資料夾中的 profile 檔案

```
                        var encrypt = Integer.parseInt(data[1]);
                        var salt = Integer.parseInt(data[2]);
                        return password.hashCode() + salt == encrypt;
                }
        }                    ❸ 摘要與鹽值計算後，是否等於加密後的密碼
}
```

　　檢查登入時是查看使用者名稱是否有對應的資料夾，並且讀取資料夾中的 profile 檔案❷，看看檔案中存放的加密密碼，與使用者發送之密碼摘要及鹽值計算後之值是否符合 ❸。如果名稱與密碼不符就重新導向首頁，讓使用者可以重新登入，登入資訊正確的話，就重新導向會員網頁❶。

　　會員網頁主要負責畫面輸出，目前只是簡單的 HTML 頁面，如圖 3.22 所示，之後會改用動態的 Servlet 進行畫面呈現。

　　就目前為止，僅可檢查名稱與密碼正確並重新導向至對應之頁面，但仍無法「記憶」使用者已經登入，這必須先了解如何實作「會話管理」（Session Management），而這是下一章要說明的內容。

3.5　重點複習

　　HttpServletRequest 是瀏覽器請求的代表物件，可以用來取得 HTTP 請求的相關訊息，像是使用 getParameter() 取得請求參數，使用 getHeader() 取得標頭資訊等。在取得請求參數的時候，要注意請求物件處理字元編碼的問題，才可以正確處理非 ASCII 編碼範圍的字元。

　　可以使用 HttpServletRequest 的 setCharacterEncoding() 方法指定取得 POST 請求參數時使用的編碼，這必須在取得任何請求值之「前」執行，setCharacterEncoding() 方法只對於請求本體中的字元編碼才有作用，若採用 GET，必須注意伺服器的處理 URI 時預設的編碼。

　　可以使用 HttpServletRequest 的 getRequestDispatcher() 方法取得 RequestDispatcher 物件，使用時必須指定 URI 相對路徑，之後就可以利用 RequestDispatcher 物件的 forward() 或 include() 來進行請求轉發或包括。使用 forward() 作請求轉發，是將回應的職責轉發給別的 URI，在這之前不可以有實際的回應，否則會發生 IllegalStateException 例外。

　　請求轉發是在容器之中進行，可以取得 WEB-INF 中的資源，而瀏覽器不會知道請求被轉發了，網址列上不會看到變化。使用 `HttpServletResponse` 的 `sendRedirect()` 則要求瀏覽器重新請求另一個 URI，又稱為重新導向，在網址列上會發現 URI 的變更。

　　在進行請求轉發或包含時，若有請求週期內必須共用的資源，可以透過 `HttpServletRequest` 的 `setAttribute()` 設定為請求範圍屬性，而透過 `getAttribute()` 可以將請求屬性取出。

　　大部分情況下，會使用 `HttpServletResponse` 的 `getWriter()` 來取得 `PrintWriter` 物件，並使用其 `println()` 等方法進行 HTML 輸出等字元回應。有時候，必須直接對瀏覽器輸出位元組資料，這時可以使用 `getOutputStream()` 來取得 `ServletOutputStream` 實例，以進行位元組輸出，為了讓瀏覽器知道如何處理回應的內容，記得設定正確的 `content-type` 標頭。

　　Servlet 3.0 新增了 `Part` 介面，可以方便地進行檔案上傳處理。可以透過 `HttpServletRequest` 的 `getPart()` 取得 `Part` 實作物件。

　　從 Servlet 4.0 開始，可以在 web.xml 中加入 `<request-character-encoding>`、`<response-character-encoding>`，分別設定整個 Web 應用程式預設的請求編碼與回應編碼。

📖 課後練習

實作題

1. 請實作一個 Web 應用程式,可以將使用者發送的 `name` 請求參數值畫在一張圖片上(參考下圖,底圖可任選)。

提示 ≫ openhome.cc/Gossip/ServletJSP/GetOutputStream.html

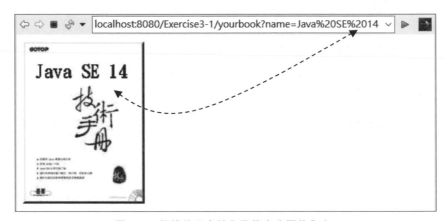

圖 3.23 根據使用者輸入動態產生圖片內容

2. 請實作一個 Web 應用程式,可動態產生數字(參考下圖,僅需先實作動態產生數字圖片功能即可)。

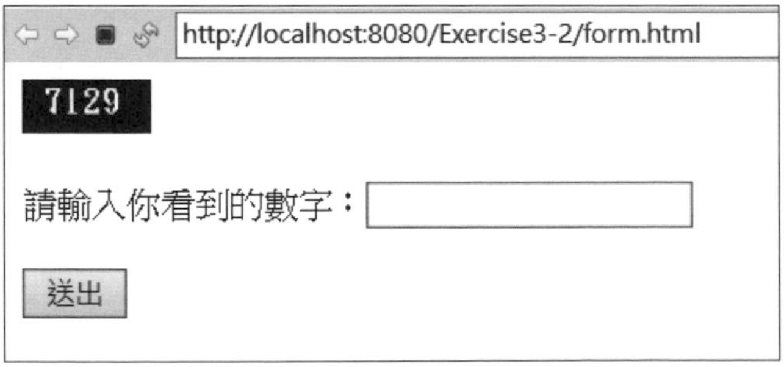

圖 3.24 動態產生數字圖片

會話管理

4

- 了解會話管理基本原理
- 使用 Cookie 類別
- 使用 `HttpSession` 會話管理
- 了解容器會話管理原理

4.1 會話管理基本原理

　　Web 應用程式的請求與回應是基於 HTTP，為無狀態的通訊協定，伺服器不會「記得」這次請求與下一次請求的關係。然而有些功能必須由多次請求來完成，例如購物車，使用者在多個購物網頁之間採購商品，Web 應用程式必須有個方式，「得知」使用者在這些網頁中採購了哪些商品，這種記得此次請求與之後請求間關係的方式，稱為**會話管理（Session Management）**。

　　本節將先介紹幾個實作會話管理的基本方式，像是隱藏欄位（Hidden Field）、Cookie 與 URI 重寫（URI Rewriting）的實作方式，了解這些基本會話管理實作方式，有助於了解下一節 `HttpSession` 的使用方式與原理。

4.1.1 使用隱藏欄位

　　在 HTTP 協定中，Web 應用程式是個健忘的傢伙，對每次的請求都一視同仁，根據請求中的資訊來執行程式並回應，每個請求對 Web 應用程式來說都是新的訪客請求。

　　如果你正在製作一個網路問卷，由於問卷內容很長，必須分作幾個頁面，上一頁面作答完後，必須請求 Web 應用程式顯示下一個頁面。在 HTTP 協定中，

Web 應用程式不會記得上一次請求狀態，如何保留上一頁的問卷結果（Web 應用程式不會記得，這次請求是之前的瀏覽器發送過來的）？

　　既然 **Web 應用程式不會記得兩次請求間的關係，那就由瀏覽器在每次請求時「主動告知」**。

　　隱藏欄位就是主動告知 Web 應用程式多次請求間必要資訊的方式之一。以問卷作答的範例來說，上一頁的問卷答案，可以用隱藏欄位的方式放在下一頁的表單，發送下一頁表單時，會一併發送這些隱藏欄位，每一頁的問卷答案就可以保留下來。

　　那麼上一次的結果如何成為下一頁的隱藏欄位？作法之一是將上一頁的結果發送至 Web 應用程式，由 Web 應用程式將上一頁結果，以隱藏欄位的方式回應給瀏覽器。

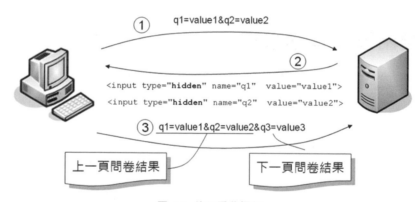

圖 4.1　使用隱藏欄位

　　以下這個範例是個簡單的示範，程式會有兩頁問卷，第一頁的結果會在第二頁成為隱藏欄位，當第二頁發送後，可以看到兩頁問卷的所有答案。

Session Questionnaire.java

```java
package cc.openhome;

import java.io.*;
import javax.servlet.*;
import javax.servlet.annotation.*;
import javax.servlet.http.*;

@WebServlet("/questionnaire")
public class Questionnaire extends HttpServlet {
```

```
@Override
protected void doGet(
        HttpServletRequest request, HttpServletResponse response)
            throws ServletException, IOException {
    processRequest(request, response);
}

@Override
protected void doPost(
        HttpServletRequest request, HttpServletResponse response)
            throws ServletException, IOException {
    processRequest(request, response);
}

protected void processRequest(
        HttpServletRequest request, HttpServletResponse response)
                throws ServletException, IOException {
    request.setCharacterEncoding("UTF-8");
    response.setContentType("text/html;charset=UTF-8");

    PrintWriter out = response.getWriter();
    out.println("<!DOCTYPE html>");
    out.println("<html>");
    out.println("<head>");
    out.println("<meta charset='UTF-8'>");
    out.println("</head>");
    out.println("<body>");

    String page = request.getParameter("page");
    out.println("<form action='questionnaire' method='post'>");

    if("page2".equals(page)) {
        page2(request, out);
    }
    else if("finish".equals(page)) {
        page3(request, out);
    }
    else {
        page1(out);
    }
    out.println("</form>");
    out.println("</body>");
    out.println("</html>");
}


private void page1(PrintWriter out) {
    out.println("問題一：<input type='text' name='p1q1'><br>");
    out.println("問題二：<input type='text' name='p1q2'><br>");
    out.println("<input type='submit' name='page' value='page2'>");
```

❶ page 請求參數決定顯示
哪一頁問卷

```
    }

    private void page2(HttpServletRequest request, PrintWriter out) {      ❷ 第 一 頁 問 卷
        String p1q1 = request.getParameter("p1q1");                           答案，使用隱
        String p1q2 = request.getParameter("p1q2");                           藏欄位發送
        out.println("問題三：<input type='text' name='p2q1'><br>");
        out.printf("<input type='hidden' name='p1q1' value='%s'>%n", p1q1);
        out.printf("<input type='hidden' name='p1q2' value='%s'>%n", p1q2);
        out.println("<input type='submit' name='page' value='finish'>");
    }

    private void page3(HttpServletRequest request, PrintWriter out) {
        out.println(request.getParameter("p1q1") + "<br>");
        out.println(request.getParameter("p1q2") + "<br>");
        out.println(request.getParameter("p2q1") + "<br>");
    }
}
```

　　由於程式只使用一個 Servlet，利用一個 page 請求參數來區別該顯示第幾頁
問卷❶，沒有提供 page 請求參數時，顯示第一頁問卷題目；為"page2"時，顯示
第二頁問卷題目，並將前一頁答案以隱藏欄位方式回應給瀏覽器❷，以便下一
次可以再發送給 Web 應用程式；page 請求參數的值為"finish"時，應用程式將
顯示問卷的所有答案。

　　在第二頁問卷顯示時，會傳回以下的 HTML 內容：

```
<!DOCTYPE html>
<html>
    <head>
        <meta charset='UTF-8'>
    </head>
    <body>
        <form action='questionnaire' method='post'>
            問題三：<input type='text' name='p2q1'><br>
            <input type='hidden' name='p1q1' value='測試一'>
            <input type='hidden' name='p1q2' value='測試二'>
            <input type='submit' name='page' value='finish'>
        </form>
    </body>
</html>
```

　　隱藏欄位的方式在關掉網頁後，就會遺失先前請求的資訊，僅適合用於一
些簡單的狀態管理，像是線上問卷。由於在檢視網頁原始碼時，就可以看到隱
藏欄位的值，因此這個方法不適用於隱密性較高的資料，把信用卡資料或密碼
之類的放到隱藏欄位，更是不可行的作法。

隱藏欄位不是 Servlet/JSP 實際管理會話時的機制，在這邊實作隱藏欄位，只是為了說明，由瀏覽器主動告知必要的資訊，為實作 Web 應用程式會話管理的基本原理。

4.1.2　使用 Cookie

Web 應用程式會話管理的基本方式，是在此次請求中，將下一次請求時 Web 應用程式該知道的資訊，先回應給瀏覽器，由瀏覽器在後續請求一併發送給應用程式，Web 應用程式就可以「得知」多次請求的相關資料。

◉ Cookie 原理

Cookie 是在瀏覽器儲存訊息的一種方式，Web 應用程式可以回應瀏覽器 `Set-Cookie` 標頭，瀏覽器收到這個標頭與數值後，儲存為電腦上的一個檔案，這個檔案就稱為 Cookie。可以設定給 Cookie 一個存活期限，將必要訊息保存在瀏覽器，如果關閉瀏覽器之後，再度開啟瀏覽器並連接 Web 應用程式，而 Cookie 仍在有效期限，瀏覽器會使用 `Cookie` 標頭，自動將 Cookie 發送給 Web 應用程式，Web 應用程式就可以得知請求的相關訊息。

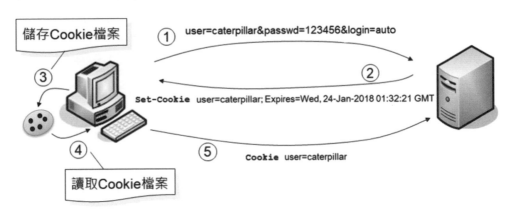

圖 4.2　使用 Cookie

瀏覽器基本上被預期能為每個網站儲存 20 個 Cookie，總共可儲存 300 個 Cookie，而每個 Cookie 的大小不超過 4KB（前面這些數字依瀏覽器而有所不同），因此 Cookie 實際上可儲存的資訊也是有限的。

　　Cookie 可以設定存活期限，在瀏覽器儲存的資訊可以活得更久些（除非使用者主動清除 Cookie 資訊）。有些購物網站會使用 Cookie 記錄使用者的瀏覽歷程，在下次使用者造訪時，根據 Cookie 中儲存的資訊為使用者建議購物清單。

　　Servlet 本身提供了建立、設定與讀取 Cookie 的 API。如果要建立 Cookie，可以使用 `Cookie` 類別，建立時指定 Cookie 中的名稱與數值，並使用 `HttpServletResponse` 的 **`addCookie()`** 方法在回應中新增 Cookie。例如：

```
Cookie cookie = new Cookie("user", "caterpillar");
cookie.setMaxAge(7 * 24 * 60 * 60); // 單位是「秒」，所以一星期內有效
response.addCookie(cookie);
```

注意》》 Cookie 的設定是透過 `Set-Cookie` 標頭，必須在實際回應瀏覽器前使用 `addCookie()` 新增 `Cookie` 實例，對瀏覽器輸出回應後再執行 `addCookie()` 是沒有作用的。

　　建立 Cookie 之後，可以使用 **`setMaxAge()`** 設定 Cookie 的有效期限，設定單位是「秒」。預設關閉瀏覽器後 Cookie 就失效。

　　Web 應用程式若要取得發送過來的 Cookie，可以從 `HttpServletRequest` 的 `getCookies()` 來取得，這可取得屬於該網頁所屬網域（Domain）的全部 Cookie，傳回值是 `Cookie[]` 陣列。取得 Cookie 物件後，可以使用 Cookie 的 `getName()` 與 `getValue()` 方法，分別取得 Cookie 的名稱與數值。例如：

```
Cookie[] cookies = request.getCookies();
if(cookies != null) {
    for(Cookie cookie : cookies) {
        String name = cookie.getName();
        String value = cookie.getValue();
        ...
    }
}
```

　　既然是基於 Java EE 8，也可以使用 Java SE 8 的 Lambda 風格：

```
Optional<Cookie[]> cookies = Optional.ofNullable(request.getCookies());
if(cookies.isPresent()) {
    Stream.of(cookies.get())
          .forEach(cookie -> {
              String name = cookie.getName();
              String value = cookie.getValue();
              ...
          });
}
```

◉ 實現自動登入

Cookie 另一個常見的應用，是實作使用者自動登入（Login）功能。在使用者登入表單上，經常看到有個自動登入的選項，登入時若有核取該選項，下次再造訪 Web 應用程式，就不用輸入名稱密碼，可以直接登入 Web 應用程式。

以下將實作一個簡單的範例來示範 Cookie API 的使用。當使用者造訪首頁時，會檢查使用者是否有對應的 Cookie，如果是的話，就轉送至使用者頁面。

Session User.java

```java
package cc.openhome;

import java.io.*;
import java.util.Optional;
import java.util.stream.Stream;

import javax.servlet.*;
import javax.servlet.annotation.*;
import javax.servlet.http.*;

@WebServlet("/user")
public class User extends HttpServlet {
    protected void doGet(
            HttpServletRequest request, HttpServletResponse response)
                    throws ServletException, IOException {

        Optional<Cookie> userCookie =
                Optional.ofNullable(request.getCookies())    ←❶ 取得 Cookie
                        .flatMap(this::userCookie);

        if(userCookie.isPresent()) {
            Cookie cookie = userCookie.get();
            request.setAttribute(cookie.getName(), cookie.getValue());
            request.getRequestDispatcher("user.view")
                    .forward(request, response);
        } else {
            response.sendRedirect("login.html");    ←❷ 如果沒有相對應的 Cookie 名稱
        }                                                  與數值，表示尚未允許自動登
                                                           入，重新導向至登入表單
    }

    private Optional<Cookie> userCookie(Cookie[] cookies) {
        return Stream.of(cookies)
                    .filter(cookie -> check(cookie))
                    .findFirst();
    }

    private boolean check(Cookie cookie) {
```

```
        return "user".equals(cookie.getName()) && ←——❸ 如果有這個 Cookie 名稱與
                "caterpillar".equals(cookie.getValue());  數值,使用者可以觀看頁面
    }
}
```

當使用者造訪 user 這個 Servlet 時,會取得全部的 Cookie❶。然後逐一檢查是否有 Cookie 儲存了名稱"user",值為"caterpillar"❸,如果是的話,表示先前使用者登入成功或曾核取「自動登入」選項,因此直接轉發至使用者網頁。否則重新導向至登入表單❷。

由於使用者 Cookie 若驗證成功,還會在請求屬性中設定"user"屬性,因此在使用者頁面就可以取得使用者名稱:

Session UserView.java

```java
package cc.openhome;

import java.io.*;

import javax.servlet.*;
import javax.servlet.annotation.*;
import javax.servlet.http.*;

@WebServlet("/user.view")
public class UserView extends HttpServlet {
    protected void doGet(
            HttpServletRequest request, HttpServletResponse response)
                    throws ServletException, IOException {
        response.setCharacterEncoding("UTF-8");
        PrintWriter out = response.getWriter();
        out.println("<!DOCTYPE html>");
        out.println("<html>");
        out.println("<head>");
        out.println("<meta charset='UTF-8'>");
        out.println("</head>");
        out.println("<body>");
        out.printf("<h1>%s 已登入</h1>", request.getAttribute("user"));
        out.println("</body>");
        out.println("</html>");
    }
}
```

在登入表單的設計上，會有個「自動登入」選項：

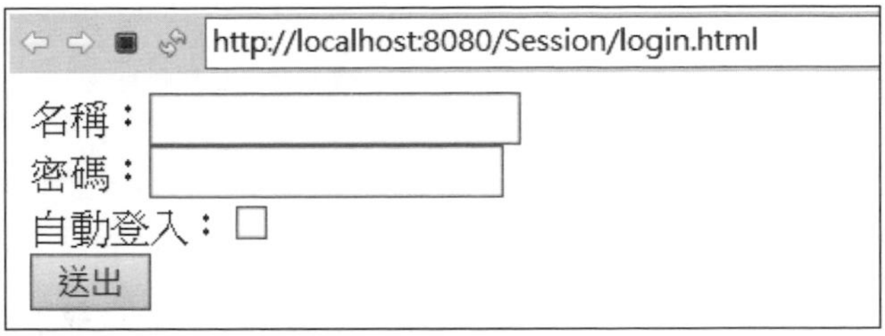

圖 4.3 顯示自動登入表單

登入表單會發送至負責處理登入請求的 Servlet，其實作如下所示：

Session Login.java

```java
package cc.openhome;

import java.io.*;
import javax.servlet.*;
import javax.servlet.annotation.*;
import javax.servlet.http.*;

@WebServlet("/login")
public class Login extends HttpServlet {
    @Override
    protected void doPost(
        HttpServletRequest request, HttpServletResponse response)
                    throws ServletException, IOException {
        String name = request.getParameter("name");
        String passwd = request.getParameter("passwd");

        String page;
        if("caterpillar".equals(name) && "12345678".equals(passwd)) {
            processCookie(request, response);
            page = "user";
        }
        else {
            page = "login.html";
        }
        response.sendRedirect(page);
    }

    private static final int ONE_WEEK = 7 * 24 * 60 * 60;

    private void processCookie(
            HttpServletRequest request, HttpServletResponse response) {
```

```
Cookie cookie = new Cookie("user", "caterpillar");
if("true".equals(request.getParameter("auto"))) {  ────❶auto 為 "true"
    cookie.setMaxAge(ONE_WEEK);◄                        表示自動登入
}
response.addCookie(cookie);    ❷ 設定一星期內有效
    }
}
```

登入名稱與密碼正確時，若使用者有核取「自動登入」選項，請求中會帶有 auto 參數且值為 "true"，一旦檢查到有這個請求參數❶，設定 Cookie 有效期限並加入回應之中❷，之後使用者就算關掉並重新開啟瀏覽器，再請求剛才示範的 user 程式時，仍可以取得對應的 Cookie 值，就可以實現自動登入的流程。

這個自動登入只是個範例，用來示範自動登入的原理，然而，只憑 Cookie 中簡單的 "user"、"caterpillar" 作為自動登入的憑據（Token）是危險的，這表示任何客戶端只要能發送這簡單的 Cookie，就能觀看使用者頁面了。

在實際的應用程式中，**必須設計一個安全性更高的憑據**，讓惡意使用者無法猜測，例如，憑據可以是使用者名稱結合過期時間、來源位址等加上隨機鹽值，然後透過摘要演算來產生，這樣每次產生的憑據就不會相同，鹽值必須另存在 Web 應用程式上某個地方。

在允許自動登入的頁面中，取得使用者名稱、Cookie 過期時間、來源位址等，並取得先前另存的鹽值，算出摘要之後，再與 Cookie 送來的憑據比對，確認是否符合來判斷可否自動登入。

◐ Cookie 安全性

可以透過 Cookie 的 setSecure() 設定 true，那麼就只在連線有加密（HTTPS）的情況下傳送 Cookie。

在 Servlet 3.0，Cookie 類別新增 setHttpOnly() 方法，可以將 Cookie 標示為僅用於 HTTP，這會在 Set-Cookie 標頭上附加 HttpOnly 屬性，在瀏覽器支援的情況下，**JavaScript 不能讀取 Cookie**，可以使用 isHttpOnly() 得知 Cookie 是否被 setHttpOnly() 標示為僅用於 HTTP。

注意 »»»　如果使用 Tomcat，在 Cookie 的使用上，必須留意 Tomcat 規範與 Java EE 規範的差異）。Java EE 官方 API 的 Cookie 文件一直都是寫：

This class supports both the Version 0 (by Netscape) and Version 1 (by RFC 2109) cookie specifications. By default, cookies are created using Version 0 to ensure the best interoperability.

在 Tomcat 8.0 前也都遵守此規範，不過從 Tomcat 8.5 的 Cookie 文件卻寫著：

This class supports both the RFC 2109 and the RFC 6265 specifications. By default, cookies are created using RFC 6265.

因此 Tomcat 8.5 以後，如果 Cookie 在設定時，不符合 RFC 6265 的規範，就有可能發生錯誤，若必須使用舊版 Cookie Processor，必須於 context.xml 中設定。

4.1.3　使用 URI 重寫

URI 重寫（URI Rewriting）就是 GET 請求參數的應用，當 Web 應用程式回應瀏覽器上一次請求時，將相關資訊以超鏈結方式回應給瀏覽器，超鏈結中包括請求參數資訊。例如：

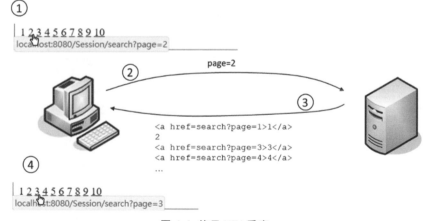

圖 4.4　使用 URI 重寫

在上圖中模擬搜尋某些資料的分頁結果，Web 應用程式在回應結果中加入超鏈結，如圖中第一個標號處，按下某個超鏈結時，會一併發送 start 請求參數，如此 Web 應用程式就可以知道，接下來該顯示的是第幾頁的搜尋分頁結果。以下這個範例模擬了搜尋的分頁結果。

Session Search.java

```java
package cc.openhome;

import java.io.*;
import java.util.Optional;
import java.util.stream.IntStream;

import javax.servlet.*;
import javax.servlet.annotation.*;
import javax.servlet.http.*;

@WebServlet("/search")
public class Search extends HttpServlet {
    @Override
    protected void doGet(
        HttpServletRequest request, HttpServletResponse response)
            throws ServletException, IOException {
        response.setCharacterEncoding("UTF-8");
        PrintWriter out = response.getWriter();

        out.println("<!DOCTYPE html>");
        out.println("<html>");
        out.println("<head>");
        out.println("<meta charset='UTF-8'>");
        out.println("</head>");
        out.println("<body>");

        results(out);
        pages(request, out);

        out.println("</body>");
        out.println("</html>");
    }

    private void results(PrintWriter out) {
        out.println("<ul>");
        IntStream.rangeClosed(1, 10)
                .forEach(i -> out.printf("<li>搜尋結果 %d</li>%n", i));
        out.println("</ul>");
    }

    private void pages(HttpServletRequest request, PrintWriter out) {
        String page = Optional.ofNullable(request.getParameter("page"))
                            .orElse("1");

        int p = Integer.parseInt(page);
        IntStream.rangeClosed(1, 10)
                .forEach(i -> {
                    if(i == p) {
```

```
                    out.println(i);
                }
                else {
                    out.printf("<a href='search?page=%d'>%d</a>%n", i, i);
                }
            });
    }
}
```

使用 URI 重寫保留分頁資訊 ↓

下圖為執行時的參考畫面：

圖 4.5　用 URI 重寫保留分頁資訊

　　顯然地，因為 URI 重寫是在超鏈結附加資訊的方式，必須以 GET 方式發送請求，GET 本身可以攜帶的請求參數長度有限，因此大量的瀏覽器資訊保留，並不適合使用 URI 重寫。

　　通常 URI 重寫是用在一些簡單的瀏覽器資訊保留，或者是輔助會話管理，接下來將談到的 HttpSession 會話管理機制的原理之一，就與 URI 重寫有關。

4.2　HttpSession 會話管理

　　前一節簡介了三個會話管理的基本方式。無論是哪個方式，都必須自行處理對瀏覽器的回應，決定哪些資訊必須送至瀏覽器，以便在後續請求一併發送相關資訊，供 Web 應用程式辨識請求間的關聯。

這一節將介紹 Servlet/JSP 中進行會話管理的機制：使用 **HttpSession**。你會看到 HttpSession 的基本 API 使用方式，以及其會話管理的背後原理。可以將會話期間要共用的資料，儲存為 HttpSession 的屬性。

4.2.1　使用 **HttpSession**

在 Servlet/JSP 中，如果要進行會話管理，可以使用 HttpServletRequest 的 **getSession()** 方法取得 HttpSession 物件。

```
HttpSession session = request.getSession();
```

getSession() 方法有兩個版本，上例表示若尚未存在 HttpSession 實例時，建立一個新物件傳回。另一個版本可以傳入布林值，若傳入 false，若尚未存在 HttpSession 實例，直接傳回 null。

setAttribute() 與 **getAttribute()** 是 HttpSession 上常用的方法，從名稱應該可以猜到，這與 HttpServletRequest 的 setAttribute() 與 getAttribute() 類似，可以在物件中設置及取得屬性，這是目前看過可以存放屬性物件的第二個地方（Serlvet API 第三個可存放屬性的地方是在 ServletContext）。

如果想在瀏覽器與 Web 應用程式的會話期間，保留請求之間的相關訊息，可以使用 HttpSession 的 setAttribute() 方法，將相關訊息設置為屬性。在會話期間，若想取出這些資訊，可以透過 HttpSession 的 getAttribute() 取出，可以從 Java 應用程式的觀點來進行會話管理，暫時忽略 HTTP 無狀態的事實。

以下範例是將 4.1.1 節線上問卷，從隱藏欄位方式改用 HttpSession 方式來實作會話管理（為節省篇幅，僅列出修改後需注意的部分）。

SessionAPI　Questionnaire.java

```java
package cc.openhome;

略...

@WebServlet("/questionnaire")
public class Questionnaire extends HttpServlet {
    略...

    private void page2(HttpServletRequest request, PrintWriter out) {
        String p1q1 = request.getParameter("p1q1");
        String p1q2 = request.getParameter("p1q2");
```

```
        request.getSession().setAttribute("p1q1", p1q1);
        request.getSession().setAttribute("p1q2", p1q2);
        out.println("問題三：<input type='text' name='p2q1'><br>");
        out.println("<input type='submit' name='page' value='finish'>");
    }

    private void page3(HttpServletRequest request, PrintWriter out) {
        out.println(request.getSession().getAttribute("p1q1") + "<br>");
        out.println(request.getSession().getAttribute("p1q2") + "<br>");
        out.println(request.getParameter("p2q1") + "<br>");
    }
}
```

❶改用 HttpSession 儲存第一頁答案

❷改用 HttpSession 取得第一頁答案

　　程式改寫時，分別利用 HttpSession 的 setAttribute() 來設置第一頁的問卷答案❶，以及 getAttribute() 來取得第一頁的問卷答案❷。可以省略發送隱藏欄位的動作。

　　預設在關閉瀏覽器前，取得的 HttpSession 都是相同的實例（稍後說明原理就會知道為什麼）。如果想在此次會話期間，讓目前的 HttpSession 失效，可以執行 HttpSession 的 **invalidate()** 方法。一個使用的時機是實作登出機制，如以下的範例所示範的，首先是登入的 Servlet 實作。

SessionAPI Login.java

```
package cc.openhome;

import java.io.*;
import javax.servlet.*;
import javax.servlet.annotation.*;
import javax.servlet.http.*;

@WebServlet("/login")
public class Login extends HttpServlet {
    @Override
    protected void doPost(
            HttpServletRequest request, HttpServletResponse response)
                    throws ServletException, IOException {
        String name = request.getParameter("name");
        String passwd = request.getParameter("passwd");

        String page;
        if("caterpillar".equals(name) && "12345678".equals(passwd)) {
            if(request.getSession(false) != null) {
                request.changeSessionId();    ❶變更 Session ID
            }
            request.getSession().setAttribute("login", name);    ❷設定登入字符
            page = "user";
```

```
        }
        else {
            page = "login.html";
        }
        response.sendRedirect(page);
    }
}
```

　　基於 Web 安全考量，建議在登入成功後改變 Session ID，至於什麼是 Session ID？稍後就會說明，想改變 Session ID，可以透過 Servlet 3.1 於 **HttpServletRequest** 新增的 **changeSessionId()** ❶。

　　至於 Servlet 3.0 或更早的版本，必須自行取出 HttpSession 中的屬性，令目前的 HttpSession 失效，然後再度建立 HttpSession 並設定屬性，例如自行撰寫一個 changeSessionId() 方法：

```
    private void changeSessionId(HttpServletRequest request) {
        HttpSession oldSession = request.getSession();

        Map<String, Object> attrs = new HashMap<>();
        for(String name : Collections.list(oldSession.getAttributeNames())) {
            attrs.put(name, oldSession.getAttribute(name));
        }

        oldSession.invalidate(); // 令目前 Session 失效

        // 逐一設置屬性
        HttpSession newSession = request.getSession();
        for(String name : attrs.keySet()) {
            newSession.setAttribute(name, attrs.get(name));
        }
    }
```

　　在登入成功之後，為了免於重複驗證使用者是否登入的麻煩，可以設定一個 "login" 屬性❷，用以代表使用者已經完成登入的動作，其他的 Servlet/JSP 如果可以從 HttpSession 取得 "login" 屬性，基本上就可以確定是個已登入的使用者，這類用來辨識使用者是否登入的屬性，通常稱為**登入憑據（Login Token）**。上面這個範例在登入成功之後，會重新導向至 user。

SessionAPI User.java

```
package cc.openhome;

import java.io.*;
import java.util.Optional;
import javax.servlet.*;
```

```java
import javax.servlet.annotation.*;
import javax.servlet.http.*;

@WebServlet("/user")
public class User extends HttpServlet {
    protected void doGet(
            HttpServletRequest request, HttpServletResponse response)
                    throws ServletException, IOException {

        HttpSession session = request.getSession();
        Optional<Object> token =
                Optional.ofNullable(session.getAttribute("login"));

        if(token.isPresent()) {
            request.getRequestDispatcher("user.view")
                    .forward(request, response);
        } else {
            response.sendRedirect("login.html");
        }
    }
}
```

❶ 取得登入憑據，轉
　發使用者頁面

❷ 無法取得登入憑據，重新
　導向至登入表單

　　如果有瀏覽器請求使用者頁面，程式先嘗試取得 HttpSession 中的"login"屬性，若可以取得"login"屬性，就轉發使用者頁面❶，否則表示尚未登入，要求瀏覽器重新導向至登入表單❷。

　　在使用者頁面中有個可以執行登出的 URI 超鏈結：

SessionAPI UserView.java

```java
package cc.openhome;

import java.io.*;
import java.util.Optional;
import java.util.stream.Stream;

import javax.servlet.*;
import javax.servlet.annotation.*;
import javax.servlet.http.*;

@WebServlet("/user.view")
public class UserView extends HttpServlet {
    protected void doGet(
        HttpServletRequest request, HttpServletResponse response)
                    throws ServletException, IOException {
        response.setCharacterEncoding("UTF-8");
        PrintWriter out = response.getWriter();
        out.println("<!DOCTYPE html>");
        out.println("<html>");
```

```
        out.println("<head>");
        out.println("<meta charset='UTF-8'>");
        out.println("</head>");
        out.println("<body>");
        out.printf("<h1>已登入</h1><br>",
                request.getSession().getAttribute("login"));
        out.println("<a href='logout'>登出</a>");
        out.println("</body>");
        out.println("</html>");
    }
}
```

按下登出超鏈結後會請求以下的 Servlet。

SessionAPI Logout.java

```
package cc.openhome;

import java.io.*;
import javax.servlet.*;
import javax.servlet.annotation.*;
import javax.servlet.http.*;

@WebServlet("/logout")
public class Logout extends HttpServlet {
    @Override
    protected void doGet(
            HttpServletRequest request, HttpServletResponse response)
                    throws ServletException, IOException {
        request.getSession().invalidate();   ◀── 使 HttpSession 失效
        response.sendRedirect("login.html");
    }
}
```

執行 HttpSession 的 invalidate()之後，容器會回收 HttpSession 物件，如果再次透過 HttpServletRequest 的 getSession()，取得的 HttpSession 就是另一個新物件了，這個新物件不會有先前的"login"屬性，再直接請求使用者頁面，就會因找不到"login"屬性，而重新導向至登入表單。

注意 »»» HttpSession 並非執行緒安全，多執行緒環境中必須注意屬性設定時共用存取的問題。

提示 >>> 這邊只是設計登入、登出的基本概念，使用者的驗證（Authentication）、授權（Authorization）等流程實際上更為複雜，可以藉助容器提供的機制，或者是使用第三方程式來實作，前者在第 10 章 Web 容器安全管理時會談到，至於後者，Spring Security 或 OWASP 的 ESAPI 專案，提供了驗證、授權的輔助方案。

4.2.2 **HttpSession** 會話管理原理

使用 HttpSession 進行會話管理十分方便，Web 應用程式看似「記得」瀏覽器數個請求間的關係，不過，Web 應用程式基於 HTTP 協定的事實並沒有改變，數個請求之間的關係實際上是由 Web 容器來負責。

執行 HttpServletRequest 的 getSession() 時，Web 容器會建立 HttpSession 物件，**每個 HttpSession 物件都有個特殊的 ID，稱為 Session ID**，可以執行 HttpSession 的 **getId()** 來取得 Session ID。這個 Session ID 預設會使用 Cookie 存放至瀏覽器，Cookie 的預設名稱是 JSESSIONID，數值是 getId() 取得的值。

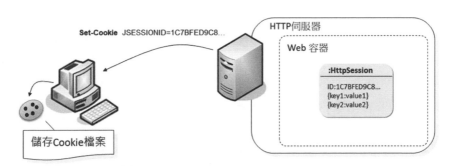

圖 4.6 　預設使用 Cookie 儲存 Session ID

Web 容器是執行於 JVM 中的一個 Java 程式，getSession() 取得的 HttpSession，是 Web 容器中的 Java 物件，HttpSession 中存放的屬性，自然也就存放於 Web 容器之中。HttpSession 各有特殊的 Session ID，當瀏覽器請求應用程式時，會將 Cookie 中存放的 Session ID 發送給應用程式，**Web 容器根據 Session ID 找出對應的 HttpSession 物件**，如此就可以取得各個瀏覽器的會話資料。

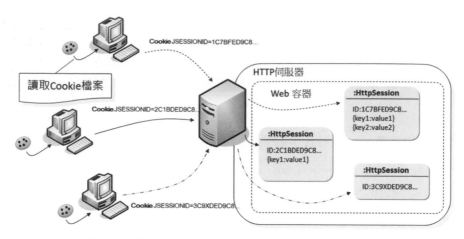

圖 4.7 根據 Session ID 取得個別的 HttpSession 物件

　　使用 HttpSession 進行會話管理時，屬性是儲存在 Web 應用程式，而 Session ID 預設使用 Cookie 存放於瀏覽器，「預設」為關閉瀏覽器就失效，因此重新開啟瀏覽器請求應用程式時，就沒有附上 Session ID，Web 應用程式透過 getSession() 會取得新的 HttpSession 物件。

　　每次請求來到應用程式時，容器會根據發送過來的 Session ID 取得對應的 HttpSession。由於 HttpSession 物件會佔用記憶體空間，HttpSession 的屬性不要儲存耗資源的大型物件，必要時將屬性移除，或者不需使用 HttpSession 時，執行 invalidate() 讓 HttpSession 失效。

注意 >>> 預設關閉瀏覽器會馬上失效的是瀏覽器上的 Cookie，不是 HttpSession。因為 Cookie 失效了，就無法透過 Cookie 來發送 Session ID，嘗試 getSession() 時，容器會產生新的 HttpSession。要讓 HttpSession 立即失效必須執行 invalidate() 方法，否則 HttpSession 會等到設定的失效期間過後，才被容器回收。

　　可以執行 HttpSession 的 **setMaxInactiveInterval()** 方法，設定瀏覽器多久沒有請求應用程式的話，HttpSession 就自動失效，設定的單位是「秒」。也可以在 web.xml 中設定 HttpSession 預設的失效時間，但要特別注意，設定的時間單位是「分鐘」。例如：

```
</web-app …>
    略...
    <session-config>
        <!-- 30 分鐘 -->
```

```
        <session-timeout>30</session-timeout>
    </session-config>
</web-app>
```

注意 >>> HttpSession 預設使用 Cookie 儲存 Session ID，但你不用介入操作 Cookie 的細節，容器會完成相關操作。特別注意的是，執行 HttpSession 的 setMaxInactiveInterval()方法，設定的是 HttpSession 物件在瀏覽器多久沒請求就失效的時間，而不是儲存 Session ID 的 Cookie 失效時間。儲存 Session ID 的 Cookie 預設為關閉瀏覽器就失效，而且僅用於儲存 Session ID。

Servlet 3.0 新增 **SessionCookieConfig** 介面，可以透過 ServletContext 的 **getSessionCookieConfig()**來取得實作物件，要取得 ServletContext 的話，可以透過 Servlet 實例的 getServletContext()（關於 ServletContext，會在第 5 章介紹）。

透過 SessionCookieConfig 實作物件，可以設定儲存 Session ID 的 Cookie 相關資訊，例如透過 **setName()**將預設的 Session ID 名稱修改為別的名稱，透過 **setAge()**設定儲存 Session ID 的 Cookie 存活期限等，單位是「秒」。

要注意的是，設定 SessionCookieConfig 必須在 ServletContext 初始化之前，因此要修改 Session ID、儲存 Session ID 的 Cookie 存活期限等資訊時，方式之一是在 web.xml 中設定。例如：

```
</web-app ...>
    ...
    <session-config>
        <session-timeout>30</session-timeout> <!-- 30 分鐘 -->
        <cookie-config>
            <name>yourJsessionid</name>
            <secure>true</secure>          <!-- 只在加密連線中傳送 -->
            <http-only>true</http-only> <!-- 不可被 JavaScript 讀取 -->
            <max-age>1800</max-age>       <!-- 1800 秒，不建議 -->
        </cookie-config>
    </session-config>
</web-app>
```

另一個方式是實作 ServletContextListener，容器在初始化 ServletContext 時會呼叫 ServletContextListener 的 contextInitialized()方法，可以在其中取得 ServletContext 進行 SessionCookieConfig 設定（關於 ServletContextListener 第 5 章還會說明）。

Servlet 4.0 以後，HttpSession 預設失效時間，也可以透過 ServletContext 的 setSessionTimeout() 來設定。

由於許多應用程式，會在 HttpSession 置放登入憑據屬性，藉此判斷使用者是否登入，省去每次都要驗證使用者身份的麻煩，這表示只要有人可以拿到 Session ID（Session Hijacking），或者令客戶端使用特定的 Session ID（Session Fixation），就能達到入侵的可能性。

因此，**建議不採用預設的 Session ID 名稱，在加密連線中傳遞 Session ID，設定 HTTP-Only 等，在使用者登入成功之後，變更 Session ID 以防止客戶端被指定了特定的 Session ID，以避免登入憑據等重要資訊存入特定的 HttpSession**。

> **注意 >>>** 必要時，不能只憑 HttpSession 中是否有登入憑據，判定是否為真正的使用者，會話階段的重要操作前，最好再次身份確認（例如線上轉帳前，再輸入一次轉帳密碼或簡訊發送確認碼等）。

4.2.3　**HttpSession 與 URI 重寫**

HttpSession 預設使用 Cookie 儲存 Session ID，如果使用者關掉瀏覽器接受 Cookie 的功能，就無法使用 Cookie 在瀏覽器儲存 Session ID。

若在使用者禁用 Cookie 的情況下，仍打算運用 HttpSession 來進行會話管理，可以搭配 URI 重寫，向瀏覽器回應超鏈結，超鏈結 URI 後附加 Session ID，當使用者按下超鏈結，將 Session ID 以 GET 請求發送給 Web 應用程式。

如果要使用 URI 重寫的方式發送 Session ID，可以使用 HttpServletResponse 的 **encodeURL()** 協助 URI 重寫。當容器嘗試取得 HttpSession 實例時，若能從請求中取得帶有 Session ID 的 Cookie，encodeURL() 會將傳入的 URI 原封不動地輸出。如果無法從請求中取得帶有 Session ID 的 Cookie 時（瀏覽器禁用 Cookie、爬蟲等情況），encodeURL() 會產生帶有 Session ID 的 URI 重寫。例如：

SessionAPI　Counter.java

```java
package cc.openhome;

import java.io.*;
import java.util.Optional;
```

```
import javax.servlet.*;
import javax.servlet.annotation.*;
import javax.servlet.http.*;

@WebServlet("/counter")
public class Counter extends HttpServlet {

    @Override
    protected void doGet(
        HttpServletRequest request, HttpServletResponse response)
            throws ServletException, IOException {
        response.setContentType("text/html; charset=UTF-8");

        Integer count = Optional.ofNullable(
                request.getSession().getAttribute("count")
            ).map(attr -> (Integer) attr + 1)
             .orElse(0);

        request.getSession().setAttribute("count", count);

        PrintWriter out = response.getWriter();
        out.println("<!DOCTYPE html>");
        out.println("<html>");
        out.println("<head>");
        out.println("<meta charset='UTF-8'>");
        out.println("</head>");
        out.println("<body>");
        out.println("<h1>Servlet Count " + count + "</h1>");
        out.printf("<a href='%s'>遞增</a>%n", response.encodeURL("counter"));
        out.println("</body>");                          └─使用 encodeURL()
        out.println("</html>");
    }
}
```

　　這個程式會顯示一個超鏈結，在關閉瀏覽器前，每次按下超鏈結都會遞增數字。如果瀏覽器沒有禁用 Cookie，encodeURL()傳回原本的"counter"，如果瀏覽器禁用 Cookie，encodeURL()會附加 Session ID，因此按下超鏈結後，在網址列就可發現 Session ID 資訊：

← → C △ ⓘ localhost:8080/SessionAPI/counter;jsessionid=2CF3BC44ACBFD6B67C9199A6326DB175

Servlet Count 1

遞增

圖 4.8 使用 URI 重寫發送 Session ID

如果不使用 encodeURL() 來產生超鏈結的 URI，在瀏覽器禁用 Cookie 的情況下，這個程式將會失效，也就是重複按遞增鏈結，計數也不會遞增。

當再次請求時，如果瀏覽器沒有禁用 Cookie，容器可以從 Cookie（從 Cookie 標頭）取得 Session ID，encodeURL() 就只會輸出"counter"。如果瀏覽器禁用 Cookie，由於無法從 Cookie 得 Session ID，encodeURL() 會在 URI 編上 Session ID。

另一個 HttpServletResponse 上的 **encodeRedirectURL()** 方法，可以為指定的重新導向 URI 編上 Session ID。

> **注意》》** 在 URI 上直接出現 Session ID，會有安全上的隱憂，像是使得有心人士在指定特定 Session ID 變得容易，造成 Session 固定攻擊（Session Fixation）的可能性提高，或者在從目前網址鏈結至另一網址時，因為 HTTP 的 Referer 標頭而洩漏了 Session ID。

4.3　綜合練習／微網誌

在第 3 章的「綜合練習」中，實作了「微網誌」應用程式的「會員註冊」與「會員登入」基本功能，不過會員登入部分沒有實作會話管理。在這一節中，將以本章學習到的會話管理內容，進一步地改進微網誌應用程式。

這一節的綜合練習成果，在觀看會員網頁時可以新增網誌訊息，網誌訊息將會寫入文字檔案，觀看會員網頁時，可以看到目前已儲存的網誌訊息，也可以刪除指定的訊息，會員網頁上也會有登出的功能。

4.3.1　登入與登出

在第 3 章的練習中，使用者登入的 Login.java，將請求參數檢查與登入驗證混在 login() 方法中，這邊會修改將兩者分離；之前沒有加入會話管理功能，這邊在使用者登入後會更改 Session ID，並設定登入憑據：

```
gossip  Login.java
package cc.openhome.controller;

...略
```

```
@WebServlet("/login")
public class Login extends HttpServlet {
    private final String USERS = "c:/workspace/gossip/users";
    private final String SUCCESS_PATH = "member";
    private final String ERROR_PATH = "index.html";

    protected void doPost(
            HttpServletRequest request, HttpServletResponse response)
                        throws ServletException, IOException {
        var username = request.getParameter("username");
        var password = request.getParameter("password");

        String page;
        if(isInputted(username, password) && login(username, password)) {
            if(request.getSession(false) != null) {
                request.changeSessionId();
            }
            request.getSession().setAttribute("login", username);
            page = SUCCESS_PATH;
        } else {
            page = ERROR_PATH;
        }

        response.sendRedirect(page);
    }

    private boolean isInputted(String username, String password) {
        return username != null && password != null &&
                username.trim().length() != 0 && password.trim().length() != 0;
    }

    private boolean login(String username, String password)
                        throws IOException {
        var userhome = Paths.get(USERS, username);
        return Files.exists(userhome) && isCorrectPassword(password, userhome);
    }

        ...略
}
```
設定"login"屬性

這個 Servlet 在使用者名稱與密碼無誤時，於 HttpSession 設定"login"屬性，屬性值為使用者名稱，至於登出的 Servlet，是撰寫在 Logout.java 之中：

gossip　Logout.java

```
package cc.openhome.controller;

...略
```

```
@WebServlet("/logout")
public class Logout extends HttpServlet {
    private final String LOGIN_PATH = "index.html";

    protected void doGet(
                HttpServletRequest request, HttpServletResponse response)
                            throws ServletException, IOException {
        if(request.getSession().getAttribute("login") != null) {
            request.getSession().invalidate(); ◀──── 令目前 HttpSession 失效
        }
        response.sendRedirect(LOGIN_PATH);
    }
}
```

如果有登入憑證，就令目前的 `HttpSession` 失效，最後一律重新導向至登入頁面。

提示 >>> 登出應該是設計成 GET 還是 POST 呢？就 **HTTP** 等安全或等冪規範來看，使用 GET 沒什麼大問題，為了簡化範例，這邊也是設計為使用 GET；不過現代瀏覽器可能會為了提供使用者更好的體驗，預先爬行既有頁面中的鏈結以預先載入某些頁面，若使用 GET 的話，可能會造成使用者意外被登出。

4.3.2 會員訊息管理

如果使用者登入成功，會重新導向至會員訊息管理頁面，這個頁面會列出已發表之訊息，可以新增或刪除訊息，也有個鏈結可以進行登出：

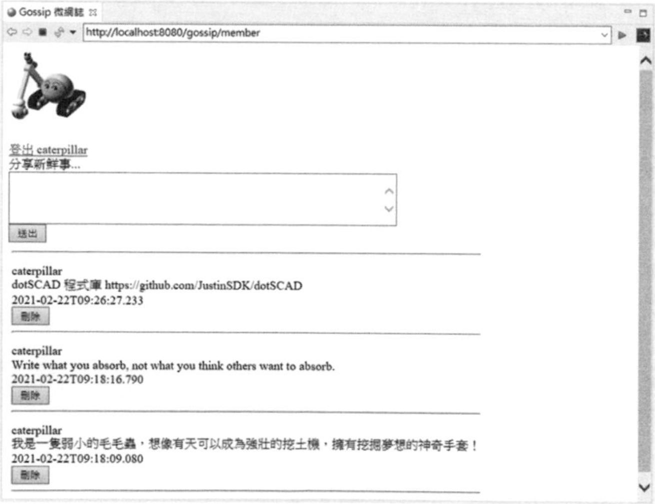

圖 4.9 會員訊息管理

從圖 4.9 中可以看到，登入成功之後，重新導向時指定的路徑其實是 member，
這個 Servlet 會根據使用者名稱讀取對應的訊息，然而不處理畫面呈現：

gossip　Member.java

```java
package cc.openhome.controller;

...略

@WebServlet("/member")
public class Member extends HttpServlet {
    private final String USERS = "c:/workspace/gossip/users";
    private final String MEMBER_PATH = "member.view";
    private final String LOGIN_PATH = "index.html";

    protected void doGet(
            HttpServletRequest request, HttpServletResponse response)
                    throws ServletException, IOException {
        processRequest(request, response);
    }

    protected void doPost(
            HttpServletRequest request, HttpServletResponse response)
                    throws ServletException, IOException {
        processRequest(request, response);
    }

    protected void processRequest(
            HttpServletRequest request, HttpServletResponse response)
                    throws ServletException, IOException {
        if(request.getSession().getAttribute("login") == null) {
            response.sendRedirect(LOGIN_PATH);
            return;
        }


        request.setAttribute("messages", messages(getUsername(request)));
        request.getRequestDispatcher(MEMBER_PATH).forward(request, response);
    }

    private String getUsername(HttpServletRequest request) {
        return (String) request.getSession().getAttribute("login");
    }


    private Map<Long, String> messages(String username) throws IOException {
```

❶ 若無"login"屬性，直接重導向至登入網頁

❷ 將取得的訊息設為請求屬性

❸ 轉發處理畫面的 Servlet

❹ 目前從"login"屬性取得使用者名稱

❺ 訊息存至.txt，並以時間毫秒數為主檔名

```
            var userhome = Paths.get(USERS, username);
            var messages = new TreeMap<Long, String>(Comparator.reverseOrder());
            try(var txts = Files.newDirectoryStream(userhome, "*.txt")) {
                for(var txt : txts) {
                    var millis = txt.getFileName().toString().replace(".txt", "");
                    var blabla = Files.readAllLines(txt).stream()
                              .collect(
                                   Collectors.joining(System.lineSeparator())
                              );
                    messages.put(Long.parseLong(millis), blabla);
                }
            }

            return messages;
        }
    }
```

已登入使用者才可觀看會員頁面，在這邊檢查 HttpSession 中是否有
"login"屬性，若無就重新導向至登入頁面❶；接著程式取得已發表之訊息，並
設定為請求範圍屬性❷，轉發至真正呈現畫面的 Servlet❸，在這個 member 中，
就不會出現 HTML 與 Java 程式碼夾雜的問題；取得訊息時是根據使用者名稱，
這是從 HttpSession 取得❹。

目前的範例將訊息儲存在文字檔案之中，主檔名會是始於 1970 年 1 月 1 日
0 時 0 分 0 秒至今之時間毫秒數，messages()方法是讀取使用者資料夾中的.txt
檔案，傳回的 Map<Long, String>物件中，鍵是時間毫秒數，值是各個.txt 檔案
的內容❺。

真正處理頁面呈現的是 MemberView.java：

gossip MemberView.java

```java
package cc.openhome.view;

...略

@WebServlet("/member.view")
public class MemberView extends HttpServlet {
    private final String LOGIN_PATH = "index.html";

    protected void doGet(
            HttpServletRequest request, HttpServletResponse response)
                    throws ServletException, IOException {
        processRequest(request, response);
    }
```

```
protected void doPost(
        HttpServletRequest request, HttpServletResponse response)
                throws ServletException, IOException {
    processRequest(request, response);
}

protected void processRequest(HttpServletRequest request,
        HttpServletResponse response) throws ServletException, IOException {
    if(request.getSession().getAttribute("login") == null) {
        response.sendRedirect(LOGIN_PATH);
        return;
    }
```

❶ 若無"login"屬性，直接
重導向至登入網頁

```
    String username = getUsername(request);

    response.setContentType("text/html;charset=UTF-8");
    PrintWriter out = response.getWriter();
    out.println("<!DOCTYPE html>");
    out.println("<html>");

    ...略

    out.printf("<a href='logout'>登出 %s</a>", username);
    out.println("</div>");
    out.println("<form method='post' action='new_message'>");
    out.println("分享新鮮事...<br>");
```

❷ 按下鏈結登出

❸ 新增訊息的 Servlet

```
    String preBlabla = request.getParameter("blabla");
    if(preBlabla == null) {
        preBlabla = "";
    }
    else {
        out.println("訊息要 140 字以內<br>");
    }
    out.printf(
      "<textarea cols='60' rows='4' name='blabla'>%s</textarea><br>",
      preBlabla);
```

❹ 如果發送的訊息超過 140 字，
會轉發回此頁面回填

```
    out.println("<button type='submit'>送出</button>");
    ...略
```

❺ 從請求範圍取得訊息逐一顯示

```
    Map<Long, String> messages =
            (Map<Long, String>) request.getAttribute("messages");
    if(messages.isEmpty()) {
        out.println("<p>寫點什麼吧！</p>");
    }
    else {
        out.println("<table border='0' cellpadding='2' cellspacing='2'>");
```

```
            out.println("<thead>");
            out.println("<tr><th><hr></th></tr>");
            out.println("</thead>");
            out.println("<tbody>");

            for(Map.Entry<Long, String> message : messages.entrySet()) {
                Long millis = message.getKey();
                String blabla = message.getValue();

                LocalDateTime dateTime =
                        Instant.ofEpochMilli(millis)
                            .atZone(ZoneId.of("Asia/Taipei"))
                            .toLocalDateTime();

                out.println("<tr><td style='vertical-align: top;'>");
                out.printf("%s<br>", username);
                out.printf("%s<br>", blabla);
                out.println(dateTime);
                out.println("<form method='post' action='del_message'>");
                out.printf(
                    "<input type='hidden' name='millis' value='%s'>", millis);
                out.println("<button type='submit'>刪除</button>");
                out.println("</form>");
                out.println("<hr></td></tr>");
            }

            out.println("</tbody>");
            out.println("</table>");
        }

        ...略
        out.println("</html>");
    }

    private String getUsername(HttpServletRequest request) {
        return  (String) request.getSession().getAttribute("login");
    }
}
```

　　同樣地，只有登入使用者才可請求頁面，因而檢查 HttpSession 是否有 "login"屬性，若無就重新導向至登入頁面❶；頁面有個登出鏈結，按下後會請求 logout 進行登出❷；如果要新增訊息，填完表單發送的請求路徑是 new_message❸。

　　由於範例限制訊息字數不得大於 140 字元，若訊息字數超過，new_message 的 Servlet 會轉發回此頁面，這時在同一請求週期中，可取得請求參數 blabla，由此判斷是否訊息字數過多，為了方便使用者修改訊息，將訊息取出並填入訊息欄位之中❹。

在逐一顯示訊息時，先從請求範圍取得訊息，範例中會顯示訊息發表時間，這邊使用了 Java SE 8 新日期時間 API，將毫秒數轉為臺灣本地時間，除了顯示使用者名稱、訊息與時間之外，每筆訊息都有個刪除按鈕，按下後會送出隱藏欄位中的毫秒數，以便 del_message 取得 millis 請求參數刪除對應訊息❺。

4.3.3　新增與刪除訊息

若使用者發送訊息，會是由 new_message 的 Servlet 來處理，訊息會是使用 blabla 請求參數發送：

gossip　NewMessage.java

```java
package cc.openhome.controller;

...略

@WebServlet("/new_message")
public class NewMessage extends HttpServlet {
    private final String USERS = "c:/workspace/gossip/users";
    private final String LOGIN_PATH = "index.html";
    private final String MEMBER_PATH = "member";

    protected void doPost(
            HttpServletRequest request, HttpServletResponse response)
                        throws ServletException, IOException {
        if(request.getSession().getAttribute("login") == null) {
            response.sendRedirect(LOGIN_PATH);
            return;
        }

        request.setCharacterEncoding("UTF-8");
        var blabla = request.getParameter("blabla");

        if(blabla == null || blabla.length() == 0) {
            response.sendRedirect(MEMBER_PATH);
            return;
        }

        if(blabla.length() <= 140) {
            addMessage(getUsername(request), blabla);
            response.sendRedirect(MEMBER_PATH);
        }
```

❶ 若無"login"屬性，直接重導向至登入網頁

❷ 無訊息時直接重新導向會員頁面

❸ 訊息字數未超過，進行訊息新增

```
        else {
            request.getRequestDispatcher(MEMBER_PATH)   ←❹訊息字數超過，轉發
                .forward(request, response);                會員頁面
        }
    }

    private String getUsername(HttpServletRequest request) {
        return  (String) request.getSession().getAttribute("login");
    }

    private void addMessage(String username, String blabla)
                                               throws IOException {
        var txt = Paths.get(
            USERS,
            username,
            String.format("%s.txt", Instant.now().toEpochMilli())
        );
        try(var writer = Files.newBufferedWriter(txt)) {
            writer.write(blabla);
        }
    }
}
```

你應該有察覺了，目前有幾個頁面，都在一開始檢查 HttpSession 是否有登入憑據❶，像這類動作，適合抽取出來設計為過濾器（Filter），而不是寫在各個 Servlet，這會是下一章討論的主題。

使用者可能誤按發送，此時欄位中沒有訊息，直接重新導向回會員頁面❷；若訊息未超過限制，進行訊息新增，這時使用 Java SE 8 新日期時間 API 取得毫秒數，以毫秒數為.txt 之主檔名，將訊息寫入文字檔案之中❸；如果訊息字數超過限制，就轉發回會員頁面，供使用者修改訊息後重新發送❹。

接下來是刪除訊息時的 Servlet 實作，主要就是取得 millis 請求參數，將使用者資料夾中對應的.txt 檔案刪除：

gossip DelMessage.java

```java
package cc.openhome.controller;

...略

@WebServlet("/del_message")
public class DelMessage extends HttpServlet {
    private final String USERS = "c:/workspace/gossip/users";
    private final String LOGIN_PATH = "index.html";
    private final String MEMBER_PATH = "member";
```

```
protected void doPost(
        HttpServletRequest request, HttpServletResponse response)
            throws ServletException, IOException {
    if(request.getSession().getAttribute("login") == null) {
        response.sendRedirect(LOGIN_PATH);
        return;
    }

    var millis = request.getParameter("millis");
    if(millis != null) {
        deleteMessage(getUsername(request), millis);
    }

    response.sendRedirect(MEMBER_PATH);
}

private String getUsername(HttpServletRequest request) {
    return (String) request.getSession().getAttribute("login");
}

private void deleteMessage(
                String username, String millis) throws IOException {
    var txt = Paths.get(
        USERS,
        username,
        String.format("%s.txt", millis)
    );
    Files.delete(txt);
}
}
```

4.4　重點複習

HTTP 本身是無狀態通訊協定，要進行會話管理的基本原理，就是將需要維持的狀態回應給瀏覽器，由瀏覽器在下次請求時主動發送狀態資訊，讓 Web 應用程式「得知」請求之間的關聯。

隱藏欄位是將狀態資訊以表單中看不到的輸入欄位回應給瀏覽器，在下次發表單時一併發送這些隱藏的輸入欄位值。

Cookie 是儲存在瀏覽器上的一個小檔案，可設定存活期限，在瀏覽器請求 Web 應用程式時，會一併將屬於網站的 Cookie 發送給應用程式。

URI 重寫是使用超鏈結，並在超鏈結的 URI 網址附加資訊，以 GET 的方式請求 Web 應用程式。

如果要建立 Cookie，可以使用 Cookie 類別，建立時指定 Cookie 的名稱與數值，並使用 HttpServletResponse 的 addCookie() 方法在回應中新增 Cookie。可以使用 setMaxAge() 來設定 Cookie 的有效期限，預設是關閉瀏覽器之後 Cookie 就失效。

執行 HttpServletRequest 的 getSession() 可以取得 HttpSession 物件。在會話階段，可以使用 HttpSession 的 setAttribute() 方法來設定會話期間要保留的資訊，利用 getAttribute() 方法就可以取得資訊。如果要讓 HttpSession 失效，可以執行 invalidate() 方法。

HttpSession 是 Web 容器中的一個 Java 物件，每個 HttpSession 實例都有個獨特的 Session ID。容器預設使用 Cookie 於瀏覽器儲存 Session ID，在下次請求時，瀏覽器將包括 Session ID 的 Cookie 送至應用程式，應用程式再根據 Session ID 取得相對應的 HttpSession 物件。

如果瀏覽器禁用 Cookie，無法使用 Cookie 在瀏覽器儲存 Session ID，此時若仍打算運用 HttpSession 來維持會話資訊，可使用 URI 重寫機制。HttpServletResponse 的 encodeURL() 方法在容器無法從 Cookie 中取得 Session ID 時，會在指定的 URI 附上 Session ID，以便設定 URI 重寫時的超鏈結資訊。HttpServletResponse 的 encodeRedirectURL() 方法，可以在指定的重新導向 URI 附上 Session ID 的訊息。

執行 HttpSession 的 setMaxInactiveInterval() 方法，設定的是 HttpSession 物件在瀏覽器多久沒活動就失效的時間，而不是儲存 Session ID 的 Cookie 失效時間。HttpSession 是用於當次會話階段的狀態維持，如果有相關的資訊，希望在關閉瀏覽器後，下次開啟瀏覽器請求 Web 應用程式時，仍可以發送給應用程式，則要使用 Cookie。

課後練習

實作題

1. 請實作一個 Web 應用程式，可動態產生使用者登入密碼，送出表單後必須通過密碼驗證才可觀看到使用者頁面。

> 提示 >>> 此題仍第 3 章課後練習第 2 個實作題之延伸。

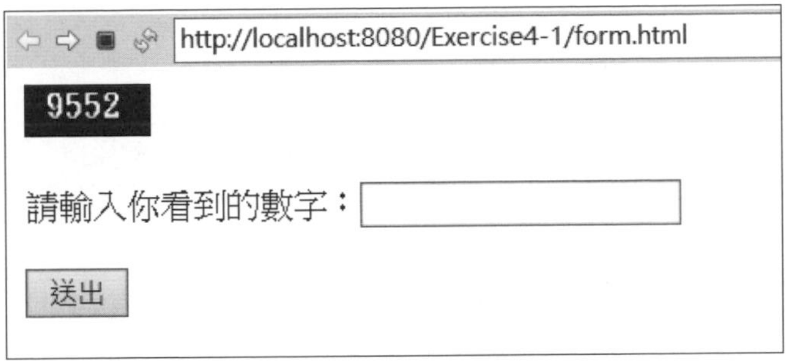

圖 4.10　圖片驗證

2. 實作一個購物車應用程式，可以在採購網頁進行購物、顯示目前採購項目數量，並可觀看購物車內容。

圖 4.11　採購網頁

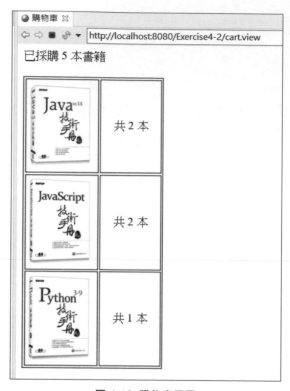

圖 4.12 購物車網頁

Servlet 進階 API、過濾器與傾聽器

- 了解 Servlet 生命週期
- 使用 ServletConfig 與 ServletContext
- 使用 PushBuilder
- 各種傾聽器的使用
- 實作過濾器

5.1 Servlet 進階 API

每個 Servlet 都必須由 Web 容器讀取 Servlet 設定資訊（無論是使用標註或 web.xml）、初始化等，對於每個 Servlet 的設定資訊，Web 容器會生成 ServletConfig 實例，可以從該物件取得 Servlet 初始參數，以及代表整個 Web 應用程式的 ServletContext 物件。

本節將再討論 Servlet 的生命週期作為開始，知道 ServletConfig 如何設定給 Servlet，如何設定、取得 Servlet 初始參數，以及如何使用 ServletContext。

Servlet 4.0 規範制訂了 HTTP/2 的支援，在伺服端資源推送上，提供了 PushBuilder，這也將在本節一併討論。

5.1.1 Servlet、ServletConfig 與 GenericServlet

在 Servlet 介面上，定義了與 Servlet 生命週期及請求服務相關的 init()、service() 與 destroy() 三個方法。3.1.1 節曾經介紹，每一次請求來到容器時，會產生 HttpServletRequest 與 HttpServletResponse 物件，並在呼叫 service() 方法時當作參數傳入（參考圖 3.4）。

在 Web 容器啟動後，會讀取 Servlet 設定資訊，將 Servlet 類別載入、實例化，並為每個 Servlet 設定資訊產生 **ServletConfig** 實例，而後呼叫 Servlet 介面的 init() 方法，將產生的 ServletConfig 實例當作引數傳入。

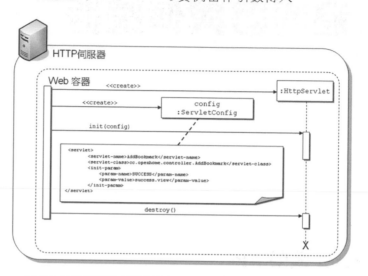

圖 5.1 容器根據設定資訊建立 Servlet 與 ServletConfig 實例

這個過程只在建立 Servlet 實例後發生一次，之後每次請求到來，就如第 3 章介紹的，呼叫 Servlet 實例的 service() 方法進行服務。

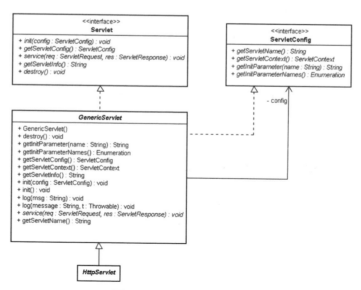

圖 5.2 Servlet 類別架構圖

　　ServletConfig 實例是每個 Servlet 設定的代表物件，容器為每個 Servlet 設定資訊產生一個 Servlet 及 ServletConfig 實例。**GenericServlet** 同時實作了 Servlet 及 ServletConfig。

　　GenericServlet 主要目的，是將初始 Servlet 呼叫 init() 方法傳入的 ServletConfig 封裝起來：

```
private transient ServletConfig config;
public void init(ServletConfig config) throws ServletException {
    this.config = config;
    this.init();
}
public void init() throws ServletException {
}
```

　　GenericServlet 在實作 Servlet 的 init() 方法時，呼叫了另一個無參數的 init() 方法，在撰寫 Servlet 時，**如果有一些初始時要執行的動作，可以重新定義無參數的 init() 方法**，而不是直接重新定義有 ServletConfig 參數的 init() 方法。

注意 ≫≫ 物件實例化後要執行的動作，必須定義建構式。在撰寫 Servlet 時，若想執行與 Web 應用程式資源相關的初始化動作時，要重新定義 init() 方法。舉例來說，若想使用 ServletConfig 來取得 Servlet 初始參數等資訊，不能在建構式中定義，因為實例化 Servlet 時，容器還沒有呼叫 init() 方法傳入 ServletConfig，建構式中並沒有 ServletConfig 實例可以使用。

　　GenericServlet 也簡單實作了 Servlet 與 ServletConfig 定義的方法，實作內容是透過 ServletConfig 來取得一些相關資訊，例如：

```
public ServletConfig getServletConfig() {
    return config;
}
public String getInitParameter(String name) {
    return getServletConfig().getInitParameter(name);
}
public Enumeration getInitParameterNames() {
    return getServletConfig().getInitParameterNames();
}
public ServletContext getServletContext() {
    return getServletConfig().getServletContext();
}
```

　　在繼承 HttpServlet 實作 Servlet 時，可以透過這些方法取得必要的資訊，不用直接意識到 ServletConfig 的存在。

提示 >>> GenericServlet 還定義了 log()方法，例如：

```
public void log(String msg) {
    getServletContext().log(getServletName() + ": "+ msg);
}
```

這個方法主要是透過 ServletContext 的 log()方法執行日誌，不過因為功能簡單，實務上很少使用。

如果是使用 Tomcat，ServletContext 的 log()方法儲存的日誌檔案，會存放在 Tomcat 資料夾的 logs 資料夾下。

5.1.2 使用 ServletConfig

ServletConfig 是個別 Servlet 設定資訊的代表物件，ServletConfig 定義了 **getInitParameter()**、**getInitParameterNames()**方法，可以取得 Servlet 初始參數。

若要使用標註設定 Servlet 初始參數，可以在@WebServlet 使用**@WebInitParam** 設定 **initParams** 屬性。例如：

```
...
@WebServlet(name="ServletConfigDemo", urlPatterns={"/conf"},
        initParams={
            @WebInitParam(name = "PARAM1", value = "VALUE1"),
            @WebInitParam(name = "PARAM2", value = "VALUE2")
        }
)
public class ServletConfigDemo extends HttpServlet {
    private String PARAM1;
    private String PARAM2;
    public void init() throws ServletException {
        PARAM1 = getServletConfig().getInitParameter("PARAM1");
        PARAM2 = getServletConfig().getInitParameter("PARAM2");
    }
    ....
}
```

若要在 web.xml 設定 Servlet 的初始參數，可以在<servlet>標籤之中，使用 **<init-param>**等標籤設定，web.xml 的設定會覆蓋標註的設定。例如：

```
...
<servlet>
    <servlet-name>ServletConfigDemo</servlet-name>
    <servlet-class>cc.openhome.ServletConfigDemo</servlet-class>
```

```
    <init-param>
        <param-name>PARAM1</param-name>
        <param-value>VALUE1</param-value>
    </init-param>
    <init-param>
        <param-name>PARAM2</param-name>
        <param-value>VALUE2</param-value>
    </init-param>
</servlet>
...
```

注意 >>> 若要用 web.xml 覆蓋標註設定，web.xml 的<servlet-name>設定必須與
@WebServlet 的 name 屬性相同。

　　在繼承 HttpServlet 後，可以重新定義無參數的 init()方法，在其中取得 Servlet
初始參數，之前也提過，GenericServlet 定義了一些方法，將 ServletConfig 封裝
起來，便於取得設定資訊，取得 Servlet 初始參數的程式碼也就可以改寫為：

```
...
@WebServlet(name="ServletConfigDemo", urlPatterns={"/conf"},
            initParams={
                @WebInitParam(name = "PARAM1", value = "VALUE1"),
                @WebInitParam(name = "PARAM2", value = "VALUE2")
            }
)
public class AddMessage extends HttpServlet {
    private String PARAM1;
    private String PARAM2;
    public void init() throws ServletException {
        PARAM1 = getInitParameter("PARAM1");
        PARAM2 = getInitParameter("PARAM2");
    }
    ...
}
```

提示 >>> Servlet 初始參數通常作為常數，可以將 Servlet 程式預設值使用標註設為初始
參數，之後若想變更那些資訊，可以建立 web.xml 進行設定，以覆蓋標註設定，
而不用進行修改原始碼、重新編譯、部署的動作。

　　下面這個範例簡單地示範如何設定、使用 Servlet 初始參數，其中登入成功
與失敗的網頁，可以由初始參數設定來決定：

ServletAPI Login.java

```java
package cc.openhome;

import java.io.*;
import javax.servlet.ServletException;
import javax.servlet.annotation.WebServlet;
import javax.servlet.http.HttpServlet;
import javax.servlet.http.HttpServletRequest;
import javax.servlet.http.HttpServletResponse;
import javax.servlet.annotation.WebInitParam;

@WebServlet(
    name="Login",             ←──❶ 設定 Servlet 名稱
    urlPatterns = {"/login"},
    initParams = {
        @WebInitParam(name = "SUCCESS", value = "success.view"),
        @WebInitParam(name = "ERROR", value = "error.view")     ←──❷ 設定初始
    }                                                                  參數
)
public class Login extends HttpServlet {
    private String SUCCESS_PATH;
    private String ERROR_PATH;

    @Override
    public void init() throws ServletException {
        SUCCESS_PATH = getInitParameter("SUCCESS");      ←──❸ 取得初始參數
        ERROR_PATH = getInitParameter("ERROR");
    }

    @Override
    protected void doPost(
            HttpServletRequest request, HttpServletResponse response)
                        throws ServletException, IOException {
        response.setContentType("text/html;charset=UTF-8");
        String name = request.getParameter("name");
        String passwd = request.getParameter("passwd");
        String path = login(name, passwd) ? SUCCESS_PATH : ERROR_PATH;
        response.sendRedirect(path);
    }

    private boolean login(String name, String passwd) {
        return "caterpillar".equals(name) && "12345678".equals(passwd);
    }
}
```

注意@WebServlet 的 name 屬性設定❶，如果 web.xml 的設定要覆蓋標註設定，
<servlet-name>的設定必須與@WebServlet的 name屬性相同，如果不設定 name屬性，
預設是類別完整名稱。

程式中使用標註設定預設初始參數❷，並於 init() 中讀取❸成功或失敗時轉發的網頁 URI，是由初始參數來決定。如果想使用 web.xml 來覆蓋這些初始參數設定，可以如下：

```
ServletAPI  web.xml
...
    <servlet>
        <servlet-name>Login</servlet-name> ◀── 注意 Servlet 名稱
        <servlet-class>cc.openhome.Login</servlet-class>
            <init-param>
                <param-name>SUCCESS</param-name>
                <param-value>success.html</param-value>
            </init-param>
            <init-param>
                <param-name>ERROR</param-name>
                <param-value>error.html</param-value>
            </init-param>
    </servlet>
    <servlet-mapping>
        <servlet-name>Login</servlet-name>
        <url-pattern>/login</url-pattern>
    </servlet-mapping>
...
```

如上設定 web.xml，成功與失敗網頁就分別設定為 success.html 及 error.html 了。

5.1.3　使用 ServletContext

ServletContext 介面定義了 Web 應用程式環境的一些行為與觀點，可以使用 ServletContext 實例取得所請求資源的 URI、設定與儲存屬性、應用程式初始參數，甚至動態設定 Servlet 實例。

ServletContext 本身的名稱令人困惑，容易被誤認為僅是單一 Servlet 的代表。**事實上，整個 Web 應用程式載入 Web 容器後，容器會生成一個 ServletContext 物件，作為整個應用程式的代表**，只要透過 ServletConfig 的 getServletContext() 方法就可以取得 ServletContext 物件。以下先簡介幾個需要注意的方法：

▶ getRequestDispatcher()

用來取得 RequestDispatcher 實例，使用時路徑的指定必須以"/"作為開頭，代表應用程式環境根資料夾（Context Root）。正如 3.2.6 調派請求的說明，取得 RequestDispatcher 實例後，就可以進行請求的轉發（Forward）或包含（Include）。例如：

```
context.getRequestDispatcher("/pages/some.jsp")
        .forward(request, response);
```

提示 ▶▶▶ 以"/"作為開頭有時稱為環境相對（Context-relative）路徑，沒有以"/"作為開頭則稱為請求相對（Request-relative）路徑。

▶ getResourcePaths()

如果想知道 Web 應用程式的某個資料夾中有哪些檔案，可以使用 getResourcePaths()方法，它會傳回 Set<String>實例，包含了指定資料夾中的檔案。例如：

```
getServletContext().getResourcePaths("/")
                    .forEach(path -> out.println(path));
```

使用時指定路徑必須以"/"作為開頭，表示相對於應用程式環境根目錄，傳回的路徑會像是：

```
/welcome.html
/catalog/
/catalog/index.html
/catalog/products.html
/customer/
/customer/login.jsp
/WEB-INF/
/WEB-INF/web.xml
/WEB-INF/classes/cc/openhome/Login.class
```

可以看到這個方法會連同 WEB-INF 的資訊都列出來。如果是個資料夾，會以"/"結尾。以下這個範例利用了 getResourcePaths()方法，自動取得 avatars 資料夾下的圖片路徑，並透過<img>標籤顯示圖片：

ServletAPI Avatar.java

```java
package cc.openhome;

import java.io.*;
import javax.servlet.*;
import javax.servlet.annotation.*;
import javax.servlet.http.*;

@WebServlet(
    urlPatterns = {"/avatar"},
    initParams = {
        @WebInitParam(name = "AVATAR_DIR", value = "/avatar")
    }
)
public class Avatar extends HttpServlet {
    private String AVATAR_DIR;

    @Override
    public void init() throws ServletException {
        AVATAR_DIR = getInitParameter("AVATAR_DIR");
    }

    protected void doGet(HttpServletRequest request,
            HttpServletResponse response)
            throws ServletException, IOException {
        response.setContentType("text/html;charset=UTF-8");

        PrintWriter out = response.getWriter();
        out.println("<!DOCTYPE html>");
        out.println("<html>");
        out.println("<body>");

        getServletContext().getResourcePaths(AVATAR_DIR)   ◀━━ 取得頭像路徑
                .forEach(avatar -> {
                    out.printf("<img src='%s'>%n",
                            avatar.replaceFirst("/", ""));
                });
                                    ▲
                            設定<img>的 src 屬性
        out.println("</body>");
        out.println("</html>");
    }
}
```

⦿ getResourceAsStream()

　　如果想讀取 Web 應用程式中某個檔案，可以使用 **getResourceAsStream()**方法，使用時指定路徑必須以"/"作為開頭，表示相對於應用程式環境根資料夾，或者

相對是/WEB-INF/lib 中 JAR 檔案裏 META-INF/resources 的路徑，執行結果會
傳回 `InputStream` 實例，接著就可以運用它來讀取檔案內容。

在 3.3.3 節有個讀取 PDF 的範例，當中示範過 `getResourceAsStream()`方法的
使用，可以直接參考該範例，這邊不再重複示範。

> **注意 >>>** 你也許會想到使用 `java.io` 的 `File`、`FileReader`、`FileInputStream` 等類別，可
> 以指定絕對路徑或相對路徑，絕對路徑自然是指檔案在 Web 應用程式上的真實
> 路徑；使用相對路徑指定時，此時路徑不是相對於 Web 應用程式根資料夾，而
> 是相對於啟動 Web 容器時的指令執行資料夾。

每個 Web 應用程式各有相對應的 `ServletContext`，「應用程式」初始化時需
用到的一些組態，可以在 web.xml 中設定為應用程式初始參數，通常這會結合
`ServletContextListener` 來作，關於傾聽器（Listener）的使用，將在 5.2 說明。

5.1.4　使用 PushBuilder

在瀏覽器要請求伺服器時，會經過握手協議（Handshaking）[1]建立 TCP 連
線，預設情況下，該次連線進行一次 HTTP 請求與回應，而後關閉 TCP 連線。

因此，瀏覽器在某次 HTTP 請求得到了個 HTML 回應後，若 HTML 中需要
CSS 檔案，瀏覽器必須再度建立連線，發出 HTTP 請求取得 CSS 檔案，而後連
線關閉，若 HTML 中還需要有 JavaScript，瀏覽器又要建立連線，發出 HTTP
請求得到回應之後關閉連線 … 此過程重複直到必要的資源都下載完成，每次的
請求回應都需要一次連線，在需要對網站效能進行最佳化、對使用者介面的高
回應性場合上，著實是很大的負擔。

雖然 HTTP/1.1 支援管線化（Pipelining），可以在一次的 TCP 連線中，多
次對伺服端發出請求，然而，伺服端必須依請求的順序進行回應，如果有某個
回應需時較久，之後的回應也就會被延遲，造成所謂 HOL（Head of line）阻塞
的問題。

---

[1]　Handshaking：en.wikipedia.org/wiki/Handshaking

　　為了加快網頁相關資源的下載，有許多減少請求的招式因應而生，像是合併圖片、CSS、JavaScript，直接將圖片編碼為 BASE64 內插至 HTML 之中，或者是 Domain Sharding 等⋯

　　HTTP/2 支援伺服器推送（Server Push），可以在一次的請求中，允許伺服端主動推送必要的 CSS、JavaScript、圖片等資源到瀏覽器，不用瀏覽器後續再對資源發出請求。

　　Servlet 4.0 制訂了對 HTTP/2 的支援，在伺服器推送上，提供了 PushBuilder，讓 Servlet 在必要的時候可以主動推送資源。例如：

ServletAPI Push.java

```java
package cc.openhome;

import java.io.IOException;
import java.io.PrintWriter;
import java.util.Optional;

import javax.servlet.ServletException;
import javax.servlet.annotation.WebServlet;
import javax.servlet.http.HttpServlet;
import javax.servlet.http.HttpServletRequest;
import javax.servlet.http.HttpServletResponse;

@WebServlet("/push")
public class Push extends HttpServlet {
    private static final long serialVersionUID = 1L;

    protected void doGet(
        HttpServletRequest request, HttpServletResponse response)
                    throws ServletException, IOException {
        Optional.ofNullable(request.newPushBuilder())
                .ifPresent(pushBuilder -> {
                    pushBuilder.path("avatar/caterpillar.jpg")
                            .addHeader("Content-Type", "image/jpg")
                            .push();
                });

        PrintWriter out = response.getWriter();
        out.println("<!DOCTYPE html>");
        out.println("<html>");
        out.println("<body>");
        out.println("<img src='avatars/caterpillar.jpg'>");
```

```
        out.println("</body>");
        out.println("</html>");
    }
}
```

可以透過 `HttpServletRequest` 的 `newPushBuilder()` 取得 `PushBuilder` 實例，如果 HTTP/2 不可用（瀏覽器或伺服器不支援的情況），那麼 `newPushBuilder()` 會傳回 `null`，若能取得 `PushBuilder`，就可以使用 `path()`、`addHeader()` 等方式，加入主動推送的資源，然後呼叫 `push()` 進行推送。

要啟用 HTTP/2 支援，必須在加密連線中進行，如果使用 Tomcat 9，可以在 server.xml 中設定 Connector。

如果是在 Eclipse 中，只要設定 Project Explorer 中 Servers 裏的 server.xml 就可以了，你必須準備好憑證，找到 server.xml 中的這些註解：

```xml
<!-- Define a SSL/TLS HTTP/1.1 Connector on port 8443 with HTTP/2
     This connector uses the APR/native implementation which always uses
     OpenSSL for TLS.
     Either JSSE or OpenSSL style configuration may be used. OpenSSL style
     configuration is used below.
-->
<!--
<Connector port="8443" protocol="org.apache.coyote.http11.Http11AprProtocol"
           maxThreads="150" SSLEnabled="true" >
    <UpgradeProtocol className="org.apache.coyote.http2.Http2Protocol" />
    <SSLHostConfig>
        <Certificate certificateKeyFile="conf/localhost-rsa-key.pem"
                     certificateFile="conf/localhost-rsa-cert.pem"
                     certificateChainFile="conf/localhost-rsa-chain.pem"
                     type="RSA" />
    </SSLHostConfig>
</Connector>
-->
```

將 `<Connetor>` 的註解去除，設定好憑證相關資訊，重新啟動 Tomcat，就可以用支援 HTTP/2 的瀏覽器，請求 https://localhost:8443/ServletAPI/push 測試看看是否可取得 `PushBuilder`，例如，若使用 Chrome 並開啟「開發者工具」，可以在 Network 頁籤中看到主動推送的圖片：

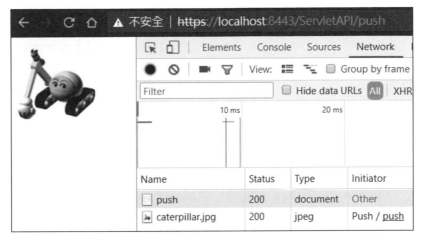

圖 5.3　主動推送圖片資源

提示 》》 在範例檔案的 samples\CH05 中有 certificate.pem 與 localhost.key，是給本書範例用的憑證檔案，這是自我簽署憑證（Self-signed certificate），因此如圖 5.3，瀏覽器會提出警告並顯示不安全，可以將 certificate.pem 與 localhost.key 複製至 C:\workspace 中，然後設定<Certificate>時撰寫：

```
<Certificate
    certificateFile="c:/workspace/certificate.pem"
    certificateKeyFile="c:/workspace/localhost.key"
    type="RSA"/>
```

5.2　應用程式事件、傾聽器

Web 容器管理 Servlet/JSP 相關的物件生命週期，若對 HttpServletRequest 物件、HttpSession 物件、ServletContext 物件在生成、銷毀或相關屬性設定發生的時機點有興趣，可以實作對應的傾聽器（Listener），在對應的時機點發生時，Web 容器會呼叫傾聽器上相對應的方法，讓你在對應的時機點執行某些任務。

5.2.1　ServletContext 事件、傾聽器

與 ServletContext 相關的傾聽器有 ServletContextListener 與 ServletContextAttributeListener。

⊙ **ServletContextListener**

ServletContextListener 是「生命週期傾聽器」，如果想知道何時 Web 應用程式初始化或即將結束銷毀，可以實作 ServletContextListener：

```
package javax.servlet;
import java.util.EventListener;
public interface ServletContextListener extends EventListener {
    public default void contextInitialized(ServletContextEvent sce) {}
    public default void contextDestroyed(ServletContextEvent sce) {}
}
```

在 Web 應用程式初始化後或即將結束銷毀前，會呼叫 ServletContextListener 實作類別相對應的 **contextInitialized()** 或 **contextDestroyed()**。可以在 contextInitialized() 中初始應用程式資源，在 contextDestroyed() 釋放應用程式資源。

在 Servlet 4.0 中，contextInitialized() 與 contextDestroyed() 都被標示為 **default**，然而實作方法為空，因此，在實作 ServletContextListener 時，只要針對感興趣的方法定義就可以了，實際上，Servlet 4.0 相關應用程式事件的傾聽器，相關方法都是實作為預設方法，這省去了實作傾聽器時的一些麻煩。

例如，可以實作 ServletContextListener，在應用程式初始過程中，準備好資料庫連線物件、讀取應用程式設定等動作，像是放置使用頭像的資料夾資訊，就不宜將資料夾名稱寫死在程式碼，以免日後資料夾變動名稱或位置時，相關的 Servlet 都需要進行原始碼的修改，這時可以這麼作：

Listener ContextParameterReader.java

```
package cc.openhome;

import javax.servlet.ServletContext;
import javax.servlet.ServletContextEvent;
import javax.servlet.ServletContextListener;
import javax.servlet.annotation.WebListener;
                                        ❷ 實作 ServletContextListener
@WebListener  ←──❶ 使用 @WebListener 標註
public class ServletContextAttributes implements ServletContextListener {
    public void contextInitialized(ServletContextEvent sce) {
        ServletContext context = sce.getServletContext();  ←─❸ 取得 ServletContext
        String avatar = context.getInitParameter("AVATAR");  ←─❹ 取得初始參數
        context.setAttribute("avatar", avatar);  ←─❺ 設定 ServletContext 屬性
    }
}
```

ServletContextListener 可以使用 @**WebListener** 標註❶，這省去在 web.xml 中設定的麻煩，然而仍必須實作 ServletContextListener 介面❷，如此容器才會在啟動時載入，並正確地執行對應的方法，當 Web 容器呼叫 contextInitialized()或 contextDestroyed()時，會傳入 **ServletContextEvent**，可以透過 ServletContextEvent 的 **getServletContext()** 方法取得 ServletContext❸，透過它的 getInitParameter() 方法來讀取初始參數❹，因此 Web 應用程式初始參數常被稱為 ServletContext 初始參數。

在整個 Web 應用程式生命週期，Servlet 需共用的資料，可以設定為 ServletContext 屬性。由於 ServletContext 在 Web 應用程式存活期間會一直存在，設定為 ServletContext 屬性的資料，除非主動移除，否則會一直存活於 Web 應用程式。

可以透過 ServletContext 的 **setAttribute()** 方法設定物件為 ServletContext 屬性❺，透過 **getAttribute()** 方法可以取出屬性。若要移除屬性，可透過 **removeAttribute()** 方法。

@WebListener 沒有設定初始參數的屬性，僅適用於無需設置初始參數的情況，若要設置初始參數，可以在 web.xml 中設定：

Listener web.xml

```
...
    <context-param>
        <param-name>AVATAR</param-name>
        <param-value>/avatar</param-value>
    </context-param>
...
```

在 web.xml 中，使用 <context-param> 標籤來定義初始參數。由於先前的 ServletContextAttributes 讀取的初始參數已設定為 ServletContext 屬性，先前的頭像範例，必須作點修改：

Listener Avatar.java

```
import java.io.*;

...略

@WebServlet("/avatar")  ←──❶ 僅設定 URI 模式
public class Avatar extends HttpServlet {
```

```
    private String AVATAR_DIR;

    @Override                              ❷ 取得 ServletContext 屬性
    public void init() throws ServletException {
        AVATAR_DIR = (String) getServletContext().getAttribute("avatar");
    }

    ...
}
```

程式中僅列出了改寫後需要注意的部分。主要就是不再需要設定 ServletConfig 初始參數❶，以及從 ServletContext 取出先前設定的屬性❷。

在 Servlet 3.0 之前，ServletContextListener 實作類別，必須在 web.xml 中設定，例如：

```
...
    <listener>
        <listener-class>cc.openhome.ServletContextAttributes</listener-class>
    </listener>
...
```

在 web.xml 中，使用了 **<listener>** 與 **<listener-class>** 標籤指定 ServletContextListener 介面的實作類別。

有些應用程式的設定，必須在 Web 應用程式初始時進行，例如 4.2.2 談過，若要改變 HttpSession 的 Cookie 設定，可以在 web.xml 中定義，另一個方式，是取得 ServletContext 後，使用 **getSessionCookieConfig()** 取得 **SessionCookieConfig** 設定，不過這個動作必須在應用程式初始時進行。例如：

```
...
@WebListener()
public class CookieConfig implements ServletContextListener {
    @Override
    public void contextInitialized(ServletContextEvent sce) {
        ServletContext context = sce.getServletContext();
        context.getSessionCookieConfig()
                .setName("caterpillar-sessionId");
    }
}
```

在應用程式初始化時，也可以實作 ServletContextListener 進行 Servlet、過濾器等的建立、設定與註冊，這麼做的好處，是給予 Servlet、過濾器等更多設定上的彈性，而不用受限於標註或 web.xml 的設定方式。

例如，方才的 Avatar.java 中，如果想將 AVATAR_DIR 設定為 final 是沒辦法的，因為 final 值域必須在建構式中明確設定初值，而 init() 方法會是在建構式執行過後才會執行，如果確實存在著將 AVATAR_DIR 設定為 final 的需求，或者進一步地，希望 AVATAR_DIR 的型態為 Path，那麼可以如下實作：

Listener Avatar2.java

```java
package cc.openhome;

import java.io.*;
import java.nio.file.Path;

import javax.servlet.*;
import javax.servlet.http.*;

public class Avatar2 extends HttpServlet {
    private final Path AVATAR_DIR;    ←──❶ final 值域

    public Avatar2(Path AVATAR_DIR) {
        this.AVATAR_DIR = AVATAR_DIR;    ←──❷ 透過建構式設定
    }

    protected void doGet(
        HttpServletRequest request, HttpServletResponse response)
            throws ServletException, IOException {
        response.setContentType("text/html;charset=UTF-8");

        PrintWriter out = response.getWriter();
        out.println("<!DOCTYPE html>");
        out.println("<html>");
        out.println("<body>");

        String path = String.format("/%s", AVATAR_DIR.getFileName());
        getServletContext().getResourcePaths(path)
                        .forEach(avatar -> {
                            out.printf("<img src='%s'>%n",
                                avatar.replaceFirst("/", ""));
                        });

        out.println("</body>");
        out.println("</html>");
    }
}
```

這個 Servlet 的值域是 `final`❶，因此必須在建構式設定初值❷，標示 `@WebServlet` 或在 web.xml 設定的方式，無法滿足此需求，這時可以實作 `ServletContextListener`：

Listener Avatar2Initializer.java

```java
package cc.openhome;

import java.nio.file.Paths;

import javax.servlet.ServletContext;
import javax.servlet.ServletContextEvent;
import javax.servlet.ServletContextListener;
import javax.servlet.ServletRegistration;
import javax.servlet.annotation.WebListener;

@WebListener
public class Avatar2Initializer implements ServletContextListener {
    @Override
    public void contextInitialized(ServletContextEvent sce)  {
        ServletContext context = sce.getServletContext();
        String AVATAR = context.getInitParameter("AVATAR");
        ServletRegistration.Dynamic servlet =
                context.addServlet(
                    "Avatar2",    ←——❶ 設定 Servlet 的名稱
                    new Avatar2(Paths.get(AVATAR)) ←——❷ 建立 Servlet 實例
                );
        servlet.setLoadOnStartup(1);
        servlet.addMapping("/avatar2");  ←——❸ 設定 URI 模式
    }
}
```

若想動態新增 Servlet，可以透過 `ServletContext` 的 `addServlet()`，此時指定 Servlet 名稱❶，建構 Servlet 實例時就可以使用自定義的建構式❷，最後記得要指定 Servlet 的 URI 模式，這可以透過 `ServletRegistration.Dynamic` 的 `addMapping()` 方法❸。

提示 »» Servlet 3.0 提供了 `ServletContainerInitializer`，如果 WEB-INF/lib 資料夾的 JAR 檔案中，有類別實作了 `ServletContainerInitializer`，而 JAR 中的 META-INF/services/javax.servlet.ServletContainerInitializer 檔案中撰寫了該類別全名，Web 應用程式啟動階段，就會呼叫它的 `onStartup()` 方法，這讓 Web 模組開發者可以將動態註冊的 Servlet、Listener 等，放在 JAR 檔案，不過要注意，想使用這個功能，web.xml 的 `metadata-complete` 不能是 true（參考 2.3.3）。

ServletContextAttributeListener

ServletContextAttributeListener 是「屬性傾聽器」，如果物件被設置、移除或替換 ServletContext 屬性時，想收到通知以進行一些動作，可以實作 ServletContextAttributeListener。

```
package javax.servlet;
import java.util.EventListener;
public interface ServletContextAttributeListener extends EventListener{
    public default void attributeAdded(ServletContextAttributeEvent scae) {}
    public default void attributeRemoved(ServletContextAttributeEvent scae) {}
    public default void attributeReplaced(ServletContextAttributeEvent scae) {}
}
```

在 ServletContext 加入屬性、移除屬性或替換屬性時，就會呼叫相對應的 **attributeAdded()**、**attributeRemoved()** 與 **attributeReplaced()** 方法。

如果希望容器在部署應用程式時，實例化 ServletContextAttributeListener 的實作類別並註冊給應用程式，同樣也是在實作類別標註 @WebListener，並實作 ServletContextAttributeListener 介面：

```
...
@WebListener()
public class SomeContextAttrListener
            implements ServletContextAttributeListener {
    ...
}
```

另一個方式是在 web.xml 設定：

```
...
    <listener>
        <listener-class>cc.openhome.SomeContextAttrListener</listener-class>
    </listener>
...
```

5.2.2　HttpSession 事件、傾聽器

與 HttpSession 相關的傾聽器有五個：HttpSessionListener、HttpSessionAttributeListener、HttpSessionBindingListener、HttpSessionActivationListener，以及 Servlet 3.1 新增的 HttpSessionIdListener。

⊙ HttpSessionListener

HttpSessionListener 是「生命週期傾聽器」，如果想在 HttpSession 物件建立或結束時，做些相對應動作，可以實作 HttpSessionListener。

```
package javax.servlet.http;
import java.util.EventListener;
public interface HttpSessionListener extends EventListener {
    public default void sessionCreated(HttpSessionEvent se) {}
    public default void sessionDestroyed(HttpSessionEvent se) {}
}
```

在 HttpSession 物件初始化或結束前，會分別呼叫 **sessionCreated()** 與 **sessionDestroyed()** 方法，可以透過傳入的 **HttpSessionEvent**，使用 **getSession()** 取得 HttpSession，以針對會話物件做相對應的處理動作。

舉個例子來說，有些網站為了防止使用者重複登入，會在資料庫中以某個欄位代表使用者是否登入，使用者登入後，於資料庫設置該欄位資訊，代表使用者已登入，而使用者登出後，再重置該欄位。如果使用者已登入，在登出前嘗試用另一個瀏覽器進行登入，應用程式會檢查資料庫中代表登入與否的欄位，如果發現已被設置為登入，則拒絕使用者重複登入。

現在的問題在於，如果使用者於登出前不小心關閉瀏覽器，沒有確實執行登出動作，那資料庫中代表登入與否的欄位就不會被重置。為此，可以實作 HttpSessionListener，由於 HttpSession 有其存活期限，當容器銷毀某個 HttpSession 時，就會呼叫 sessionDestroyed()，此時就可以判斷要重置哪個使用者資料庫中代表登入與否的欄位。例如：

```
...
@WebListener()
public class LoginTokenRemover implements HttpSessionListener {
    @Override
    public void sessionDestroyed(HttpSessionEvent se) {
        HttpSession session = se.getSession();
        String user = session.getAttribute("login");
        // 修改資料庫欄位為登出狀態
    }
}
```

如果在實作 HttpSessionListener 的類別標註@WebListener，容器在部署應用程式時，會實例化並註冊給應用程式。另一個方式是在 web.xml 設定：

...

```
<listener>
    <listener-class>cc.openhome.LoginTokenRemover</listener-class>
</listener>
```
...

　　來看另一個 HttpSessionListener 的應用實例。假設有個應用程式在使用者登入後，會使用 HttpSession 物件來進行會話管理。例如：

Listener Login.java

```java
package cc.openhome;

import java.util.*;
import java.io.IOException;
import javax.servlet.ServletException;
import javax.servlet.annotation.WebServlet;
import javax.servlet.http.HttpServlet;
import javax.servlet.http.HttpServletRequest;
import javax.servlet.http.HttpServletResponse;

@WebServlet("/login")
public class Login extends HttpServlet {
    private Map<String, String> users = new HashMap<String, String>() {{
        put("caterpillar", "123456");
        put("momor", "98765");
        put("hamimi", "13579");
    }};

    @Override
    protected void doPost(
            HttpServletRequest request, HttpServletResponse response)
                        throws ServletException, IOException {
        String name = request.getParameter("name");
        String passwd = request.getParameter("passwd");

        String page = "form.html";
        if(users.containsKey(name) && users.get(name).equals(passwd)) {
            request.getSession().setAttribute("user", name);
            page = "welcome.view";
        }
        response.sendRedirect(page);
    }
}
```

　　這個 Servlet 在使用者驗證通過後，會取得 HttpSession 實例並設定屬性。如果想在應用程式中，加上顯示目前已登入線上人數的功能，可以實作 HttpSessionListener 介面。例如：

Listener OnlineUsers.java

```java
package cc.openhome;

import javax.servlet.annotation.WebListener;
import javax.servlet.http.HttpSessionEvent;
import javax.servlet.http.HttpSessionListener;

@WebListener
public class OnlineUsers implements HttpSessionListener {
    public static int counter;

    @Override
    public void sessionCreated(HttpSessionEvent se) {
        OnlineUsers.counter++;
    }

    @Override
    public void sessionDestroyed(HttpSessionEvent se) {
        OnlineUsers.counter--;
    }
}
```

OnlineUsers 有個靜態（static）變數，在每次 HttpSession 建立時會遞增，而
銷毀 HttpSession 時會遞減，也就是藉由統計 HttpSession 的實例，實作登入使用
者的計數功能。

接下來在顯示線上人數的頁面，使用 OnlineUsers.counter，就可以取得目前
的線上人數並顯示。例如在登入成功的歡迎頁面上，一併顯示線上人數：

Listener Welcome.java

```java
package cc.openhome;

import java.io.*;
import java.util.Optional;

import javax.servlet.ServletException;
import javax.servlet.annotation.WebServlet;
import javax.servlet.http.HttpServlet;
import javax.servlet.http.HttpServletRequest;
import javax.servlet.http.HttpServletResponse;

@WebServlet("/welcome.view")
public class Welcome extends HttpServlet {
    @Override
    protected void doGet(
            HttpServletRequest request, HttpServletResponse response)
                        throws ServletException, IOException {
```

```
        response.setContentType("text/html;charset=UTF-8");
        PrintWriter out = response.getWriter();

        out.println("<!DOCTYPE html>");
        out.println("<html>");
        out.println("<head>");
        out.println("<meta charset='UTF-8'>");
        out.println("<title>歡迎</title>");
        out.println("</head>");
        out.println("<body>");
        out.printf("<h1>目前線上人數 %d 人</h1>", OnlineUsers.counter);

        Optional.ofNullable(request.getSession(false))
                .ifPresent(session -> {
                    String user = (String) session.getAttribute("user");
                    out.printf("<h1>歡迎：%s </h1>", user);
                    out.println("<a href='logout'>登出</a>");
                });

        out.println("</body>");
        out.println("</html>");
    }
}
```

圖 5.4　線上人數統計

HttpSessionAttributeListener

　　HttpSessionAttributeListener 是「屬性傾聽器」，在會話物件中加入屬性、移除屬性或替換屬性時，會呼叫相對應的 **attributeAdded()**、**attributeRemoved()** 與 **attributeReplaced()** 方法，並分別傳入 **HttpSessionBindingEvent**。

```
package javax.servlet.http;
import java.util.EventListener;
public interface HttpSessionAttributeListener extends EventListener {
    public default void attributeAdded(HttpSessionBindingEvent se) {}
    public default void attributeRemoved(HttpSessionBindingEvent se) {}
    public default void attributeReplaced(HttpSessionBindingEvent se) {}
}
```

HttpSessionBindingEvent 有個 **getName()** 方法，可以取得屬性設定或移除時指定的名稱， **getValue()** 可以取得屬性設定或移除時的物件。

如果希望容器在部署應用程式時，實例化 HttpSessionAttributeListener 的實作類別並註冊給應用程式，同樣也是在實作類別上標註@WebListener：

```
...
@WebListener()
public class HttpSessionAttrListener
                    implements HttpSessionAttributeListener {
    ...
}
```

另一個方式是在 web.xml 設定：

```
...
<listener>
    <listener-class>cc.openhome.HttpSessionAttrListener</listener-class>
</listener>
...
```

▶ **HttpSessionBindingListener**

HttpSessionBindingListener 是「物件綁定傾聽器」，如果有個即將加入 HttpSession 的屬性物件，希望在設定給 HttpSession 成為屬性或從 HttpSession 中移除時，可以收到 HttpSession 的通知，可以讓該物件實作 HttpSessionBindingListener 介面。

```
package javax.servlet.http;
import java.util.EventListener;
public interface HttpSessionBindingListener extends EventListener {
    public default void valueBound(HttpSessionBindingEvent event) {}
    public default void valueUnbound(HttpSessionBindingEvent event) {}
}
```

這個介面是讓即將加入 HttpSession 的屬性物件實作，不需標註或在 web.xml 中設定，當實作此介面的屬性物件被加入 HttpSession 或從中移除時，就會呼叫對應的 **valueBound()** 與 **valueUnbound()** 方法，並傳入 **HttpSessionBindingEvent** 物件，可以透過該物件的 getSession() 取得 HttpSession 物件。

來介紹這個介面使用的一個範例。假設修改先前範例程式的 Login.java 如下：

Listener　Login2.java

```
package cc.openhome;

...略

@WebServlet("/login2")
public class Login2 extends HttpServlet {
    ...略

    @Override
    protected void doPost(HttpServletRequest request,
                          HttpServletResponse response)
                            throws ServletException, IOException {
        String name = request.getParameter("name");
        String passwd = request.getParameter("passwd");

        String page = "form2.html";
        if(users.containsKey(name) && users.get(name).equals(passwd)) {
            User user = new User(name);
            request.getSession().setAttribute("user", user);
            page = "welcome2.view";
        }
        response.sendRedirect(page);
    }
}
```

　　當使用者輸入正確名稱與密碼時，會以使用者名稱來建立 User 實例，而後加入 HttpSession 作為屬性。若希望 User 實例被加入 HttpSession 屬性時，可以自動從資料庫載入使用者的其他資料，像是位址、照片等，或是在日誌中記錄使用者登入的訊息，可以讓 User 類別實作 HttpSessionBindingListener 介面。例如：

Listener　User.java

```
package cc.openhome;

import javax.servlet.http.HttpSessionBindingEvent;
import javax.servlet.http.HttpSessionBindingListener;

public class User implements HttpSessionBindingListener {
    private String name;
    private String data;

    public User(String name) {
        this.name = name;
    }

    public void valueBound(HttpSessionBindingEvent event) {
        this.data = name + " 來自資料庫的資料...";
```

```
    }

    public String getData() {
        return data;
    }
    public String getName() {
        return name;
    }
}
```

在 valueBound() 中，可以實作查詢資料庫的功能（也許是委託給一個負責查詢資料庫的服務物件），並補齊 User 物件中的相關資料。當 HttpSession 失效前會先移除屬性，或者主動移除屬性時，valueUnbound() 方法會被呼叫。

▶ HttpSessionActivationListener

HttpSessionActivationListener 是「物件遷移傾聽器」，其定義了兩個方法 sessionWillPassivate() 與 sessionDidActivate()：

```
package javax.servlet.http;
import java.util.EventListener;
public interface HttpSessionActivationListener extends EventListener {
    public default void sessionWillPassivate(HttpSessionEvent se) {}
    public default void sessionDidActivate(HttpSessionEvent se) {}
}
```

絕大部分的情況下，幾乎不會使用到 HttpSessionActivationListener。在分散式環境，應用程式的物件可能分散在多個 JVM，當 HttpSession 要從一個 JVM 遷移至另一個 JVM 時，必須先在原本的 JVM 序列化（Serialize）所有的屬性物件，在這之前若屬性物件有實作 HttpSessionActivationListener，就會呼叫 sessionWillPassivate() 方法，而 HttpSession 遷移至另一個 JVM 後，就會對所有屬性物件作反序列化，此時會呼叫 sessionDidActivate() 方法。

提示 ≫≫ 要可以序列化的物件必須實作 Serializable 介面。如果 HttpSession 屬性物件中，有些類別成員無法作序列化，可以在 sessionWillPassivate() 方法中做些替代處理來保存該成員狀態，而在 sessionDidActivate() 方法中做些恢復該成員狀態的動作。

▶ HttpSessionIdListener

　　Servlet 3.1 新增 HttpSessionIdListener，只有一個方法 void sessionIdChanged (HttpSessionEvent event, String oldSessionId) 需要實作，實作類別可以標註 @WebListener，或者是在 web.xml 設定，呼叫 HttpServletRequest 的 changeSessionId() 方法，使得 HttpSession 的 Session ID 發生變化時，就會呼叫 sessionIdChanged() 方法。

5.2.3　HttpServletRequest 事件、傾聽器

　　與 請 求 相 關 的 傾 聽 器 有 四 個 ： ServletRequestListener 、 ServletRequestAttributeListener、AsyncListener 與 ReadListener，第三個是 Servlet 3.0 新增的傾聽器，第四個是 Servlet 3.1 新增的傾聽器，兩者在之後談到非同步 處理時還會說明，以下先說明前兩個傾聽器。

▶ ServletRequestListener

　　ServletRequestListener 是「生命週期傾聽器」，如果想在 HttpServletRequest 物件生成或結束時，做些相對應動作，可以實作 ServletRequestListener。

```
package javax.servlet;
import java.util.EventListener;
public interface ServletRequestListener extends EventListener {
    public default void requestDestroyed (ServletRequestEvent sre) {}
    public default void requestInitialized (ServletRequestEvent sre) {}
}
```

　　在 ServletRequest 物件初始化或結束前，會呼叫 **requestInitialized()** 與 **requestDestroyed()** 方法，可以透過傳入的 **ServletRequestEvent** 來取得 ServletRequest，以針對請求物件做出相對應的初始化或結束處理動作。例如：

```
...
@WebListener()
public class SomeRequestListener implements ServletRequestListener {
    ...
}
```

如果在實作 ServletRequestListener 的類別標註@WebListener，容器在部署應用程式時，會實例化類別並註冊給應用程式。另一個方式是在 web.xml 設定：

```
...
<listener>
    <listener-class>cc.openhome.SomeRequestListener</listener-class>
</listener>
...
```

◉ ServletRequestAttributeListener

ServletRequestAttributeListener 是「屬性傾聽器」，在請求物件中加入屬性、移除屬性或替換屬性時，相對應的 **attributeAdded()**、**attributeRemoved()** 與 **attributeReplaced()** 方法就會被呼叫，並分別傳入 **ServletRequestAttributeEvent**：

```
package javax.servlet;
import java.util.EventListener;
public interface ServletRequestAttributeListener extends EventListener {
    public default void attributeAdded(ServletRequestAttributeEvent srae) {}
    public default void attributeRemoved(ServletRequestAttributeEvent srae) {}
    public default void attributeReplaced(ServletRequestAttributeEvent srae) {}
}
```

ServletRequestAttributeEvent 有個 **getName()** 方法，可以取得屬性設定或移除時指定的名稱，而 **getValue()** 可以取得屬性設定或移除時的物件。

如果希望容器在部署應用程式時，實例化 ServletRequestAttributeListener 的實作類別並註冊給應用程式，也是在實作類別上標註@WebListener：

```
...
@WebListener()
public class SomeRequestAttrListener
            implements ServletRequestAttributeListener {
    ...
}
```

另一個方式是在 web.xml 設定：

```
...
<listener>
    <listener-class>cc.openhome.SomeRequestListener</listener-class>
</listener>
...
```

5.3　過濾器

在容器呼叫 Servlet 的 `service()` 方法前，Servlet 不會知道有請求，而在 Servlet 的 `service()` 方法執行後，容器真正對瀏覽器進行 HTTP 回應之前，瀏覽器也不會知道 Servlet 真正的回應了什麼。過濾器（Filter）是介於 `service()` 方法呼叫前後，可攔截過濾瀏覽器對 Servlet 的請求，也可以改變 Servlet 對瀏覽器的回應。

本節將介紹過濾器的運用概念，認識 `Filter` 介面、Servlet 4.0 新增的 `GenericFilter` 與 `HttpFilter`，以及如何在 web.xml 設定過濾器、改變過濾器的順序等，進一步地，如何使用請求包裹器（Wrapper）及回應包裹器，針對某些請求資訊或回應加工處理等，也在這邊進行說明。

5.3.1　過濾器的概念

想像你已經開發好應用程式的主要商務功能了，但現在有幾個需求出現：

1. 針對所有的 Servlet，產品經理想了解從請求到回應的時間差。
2. 針對某些特定頁面，客戶希望只有特定使用者可以瀏覽。
3. 基於安全考量，使用者輸入的字元必須過濾或替換為無害的字元。
4. 請求與回應的編碼從 Big5 改用 `UTF-8`。
5. …

以第一個需求而言，也許你的直覺是打開每個 Servlet，在 `doXXX()` 開頭與結尾取得系統時間，計算時間差，然而，若頁面有上百個或上千個，這種方式如何能達到需求呢？如果產品經理在之後，又要求拿掉計算時間差的功能，你怎麼辦？

在急忙打開相關原始檔進行修改之前，請先分析一下這些需求：

1. 執行 Servlet 的 `service()` 方法「前」，記錄超始時間，`service()` 方法執行「後」，記錄結束時間並計算時間差。
2. 執行 `service()` 方法「前」，驗證是否為允許的使用者。
3. 執行 `service()` 方法「前」，對請求參數進行字元過濾與替換。

4. 執行 service() 方法「前」，對請求與回應物件設定編碼。

5. …

這些需求，可以在執行 Servlet 的 service() 方法「前」與「後」進行實作。

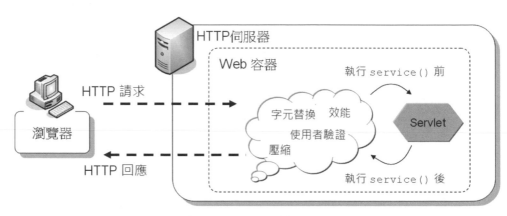

圖 5.5 介於 service() 方法執行前、後的需求

效能量測、使用者驗證、字元替換、編碼設定等需求，基本上與應用程式的商務需求沒有直接關係，是應用程式額外的元件服務之一，可能只是暫時需要它，或者需要整個系統套用相同設定，不應該為了一時的需求修改程式碼，強加入既有商務流程。

例如，效能量測也許只是開發階段才需要的，上線後就要拿掉，如果直接將效能量測的程式碼摻雜於商務流程，要拿掉這個功能，就得再修改一次原始碼。

像效能量測、使用者驗證、字元替換、編碼設定這類的需求，應該設計為獨立的元件，隨時可以加入應用程式之中，也隨時可以移除，或能修改設定而不用更動既有的程式碼。這類元件就像是過濾器，安插在瀏覽器與 Servlet 之間，可以過濾請求與回應，或做進一步的處理。

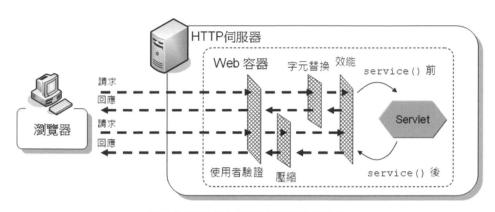

圖 5.6　將服務需求設計為可抽換的元件

　　Servlet/JSP 提供過濾器機制來實作這些元件服務，就如上圖所示，可以視需求抽換過濾器或調整過濾器的順序，也可以針對不同的 URI，套用不同的過濾器，或在不同的 Servlet 間請求轉發或包括時套用過濾器。

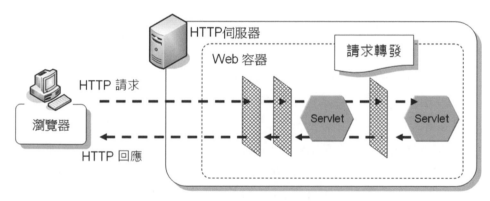

圖 5.7　在請求轉發時套用過濾器

5.3.2　實作與設定過濾器

　　在 Servlet/JSP 要實作過濾器，在 Servlet 4.0 之前，必須實作 **Filter** 介面，並使用 **@WebFilter** 標註或在 web.xml 定義，Servlet 4.0 新增了 HttpFilter，它繼承自 GenericFilter，可以直接繼承 HttpFilter 來實作過濾器。

▶ **Filter**

　　Filter 介面有三個要實作的方法：**init()**、**doFilter()** 與 **destroy()**。

```
package javax.servlet;
import java.io.IOException;
public interface Filter {
    public default void init(FilterConfig filterConfig)
                        throws ServletException {}

    public void doFilter(ServletRequest request, ServletResponse response,
            FilterChain chain) throws IOException, ServletException;

    public default void destroy() {}
}
```

在 Servlet 4.0 中，`Filter` 的 `init()` 與 `destroy()` 運用了預設方法實作，然而方法內容為空，這省去 Servlet 3.1 或更早版本實作 `Filter` 時，即使不需要定義初始或銷毀動作，也必須定義 `init()` 與 `destroy()` 的麻煩。

FilterConfig 類似於 `Servlet` 介面 `init()` 方法參數上的 `ServletConfig`，`FilterConfig` 是過濾器設定資訊的代表物件。如果在定義過濾器時有設定初始參數，可以透過 `FilterConfig` 的 **getInitParameter()** 方法取得初始參數。

`Filter` 介面的 `doFilter()` 方法類似於 `Servlet` 介面的 `service()` 方法。當請求來到容器，容器呼叫 Servlet 的 `service()` 方法前，可以套用某過濾器時，就會呼叫該過濾器的 `doFilter()` 方法。可以在 `doFilter()` 方法中，進行 `service()` 方法的前置處理，而後決定是否呼叫 **FilterChain** 的 **doFilter()** 方法。

如果呼叫 `FilterChain` 的 `doFilter()` 方法，會執行下一個過濾器，如果沒有下一個過濾器，就呼叫請求目標 Servlet 的 `service()` 方法。若因為某個情況（例如使用者沒有通過驗證）而沒有呼叫 `FilterChain` 的 `doFilter()`，請求就不會交給接下來的過濾器或目標 Servlet，這時就是所謂的**攔截請求**（從 Servlet 的觀點來看，根本不知道有請求）。

`FilterChain` 的 `doFilter()` 實作，概念上類似：

```
Filter filter = filterIterator.next();
if(filter != null) {
    filter.doFilter(request, response, this);
}
else {
    targetServlet.service(request, response);
}
```

在陸續呼叫完 Filter 實例的 doFilter()仍至 Servlet 的 service()之後，流程會以堆疊順序返回，因此在 FilterChain 的 doFilter()執行完畢後，就可以針對 service()方法做後續處理。

```
// service()前置處理
chain.doFilter(request, response);
// service()後置處理
```

在實作 Filter 介面時，不用理會這個 Filter 前後是否有其他 Filter，應該將之作為一個獨立的元件設計。

如果在呼叫 Filter 的 doFilter()期間，因故丟出 UnavailableException，此時不會繼續下一個 Filter，容器可以檢驗例外的 isPermanent()，如果不是 true，可以在稍後重試 Filter。

⏵ GenericFilter 與 HttpFilter

Servlet 4.0 新增了 GenericFilter 類別，角色類似於 GenericServlet，GenericFilter 將 FilterConfig 的設定、Filter 初始參數的取得做了封裝，來看看它的原始碼：

```java
package javax.servlet;
import java.io.Serializable;
import java.util.Enumeration;
public abstract class GenericFilter
                    implements Filter, FilterConfig, Serializable {
    private static final long serialVersionUID = 1L;

    private volatile FilterConfig filterConfig;

    @Override
    public String getInitParameter(String name) {
        return getFilterConfig().getInitParameter(name);
    }

    @Override
    public Enumeration<String> getInitParameterNames() {
        return getFilterConfig().getInitParameterNames();
    }

    public FilterConfig getFilterConfig() {
        return filterConfig;
    }

    @Override
```

```
    public ServletContext getServletContext() {
        return getFilterConfig().getServletContext();
    }

    @Override
    public void init(FilterConfig filterConfig) throws ServletException {
        this.filterConfig  = filterConfig;
        init();
    }

    public void init() throws ServletException {
    }

    @Override
    public String getFilterName() {
        return getFilterConfig().getFilterName();
    }
}
```

因此若是 GenericFilter 的子類別，要定義 Filter 的初始化，可以重新定義無參數 init() 方法，Servlet 4.0 也新增 **HttpFilter**，繼承自 GenericFilter，對於 HTTP 方法的處理，新增了另一個版本的 doFilter() 方法：

```
package javax.servlet.http;
import java.io.IOException;
import javax.servlet.FilterChain;
import javax.servlet.GenericFilter;
import javax.servlet.ServletException;
import javax.servlet.ServletRequest;
import javax.servlet.ServletResponse;

public abstract class HttpFilter extends GenericFilter {
    private static final long serialVersionUID = 1L;

    @Override
    public void doFilter(
        ServletRequest request, ServletResponse response, FilterChain chain)
            throws IOException, ServletException {
        if (!(request instanceof HttpServletRequest)) {
            throw new ServletException(request + " not HttpServletRequest");
        }
        if (!(response instanceof HttpServletResponse)) {
            throw new ServletException(request + " not HttpServletResponse");
        }
        doFilter(
            (HttpServletRequest) request,
            (HttpServletResponse) response,
            chain);
    }
```

```
    protected void doFilter(
      HttpServletRequest request, HttpServletResponse response,
            FilterChain chain) throws IOException, ServletException {
        chain.doFilter(request, response);
    }
}
```

因此 Servlet 4.0 以後，若要定義過濾器，可以繼承 HttpFilter，並重新定義 HttpServletRequest、HttpServletResponse 版本的 doFilter()方法。

以下實作一個簡單的效能量測過濾器，記錄請求與回應間的時間差，了解 Servlet 處理請求到回應需花費的時間。

Filters　TimeIt.java

```
package cc.openhome;

import java.io.*;
import javax.servlet.*;
import javax.servlet.annotation.*;
import javax.servlet.http.*;

@WebFilter("/*")  ←——❶ 使用@WebFilter 標註
public class TimeIt extends HttpFilter {  ←——❷繼承 HttpFilter
    @Override
    protected void doFilter(
        HttpServletRequest request,
        HttpServletResponse response, FilterChain chain)
                throws IOException, ServletException {
        long begin = current();

        chain.doFilter(request, response);

        getServletContext().log(
            String.format("Request process in %d milliseconds",
                          current() - begin)
        );
    }

    private long current() {
        return System.currentTimeMillis();
    }
}
```

在 doFilter()的實作中，先記錄目前的系統時間，接著呼叫 FilterChain 的 doFilter()繼續接下來的過濾器或 Servlet，當 FilterChain 的 doFilter()返回時，取得系統時間並減去先前記錄的時間，就是請求與回應間的時間差。

過濾器的設定與 Servlet 的設定很類似。`@WebFilter` 也可以使用 **`filterName`** 設定過濾器名稱，**`urlPatterns`** 設定哪些 URI 請求必須套用哪個過濾器，或者是僅設定 URI 模式❶，可套用的 URI 模式與 Servlet 基本上相同，而"/*"表示套用在所有的 URI 請求，過濾器可以實作 `Filter` 介面，或者以上範例繼承 `HttpFilter`❷。

◉ 過濾器的設定

可以在 web.xml 設定過濾器，標註的設定會被 web.xml 的設定覆蓋：

```
...
    <filter>
        <filter-name>TimeIt</filter-name>
        <filter-class>cc.openhome.TimeIt</filter-class>
    </filter>
    <filter-mapping>
        <filter-name>TimeIt</filter-name>
        <url-pattern>/*</url-pattern>
    </filter-mapping>
...
```

`<filter>`標籤中使用**`<filter-name>`**與**`<filter-class>`**設定過濾器名稱與類別名稱。在**`<filter-mapping>`**中，使用**`<filter-name>`**與**`<url-pattern>`**來設定可套用過濾器的 URI 請求。

在過濾器的請求套用上，除了指定 URI 模式，也可以指定 Servlet 名稱，這可以透過`@WebServlet`的 **`servletNames`** 來設定：

```
@WebFilter(filterName="TimeIt", servletNames={"SomeServlet"})
```

或 web.xml 中，在`<filter-mapping>`中使用**`<servlet-name>`**來設定：

```
...
    <filter-mapping>
        <filter-name>TimeIt</filter-name>
        <servlet-name>SomeServlet</servlet-name>
    </filter-mapping>
...
```

如果想一次符合所有的 Servlet 名稱，可以使用星號（*）。如果想設定過濾器初始參數，可以在`@WebFilter`使用**`@WebInitParam`**設定 **`initParams`**。例如：

```
...
@WebFilter(
    urlPatterns={"/*"},
```

```
    initParams={
        @WebInitParam(name = "PARAM1", value = "VALUE1"),
        @WebInitParam(name = "PARAM2", value = "VALUE2")
    }
)
public class TimeIt extends HttpFilter {
    private String PARAM1;
    private String PARAM2;

    @Override
    public void init() throws ServletException {
        PARAM1 = getInitParameter("PARAM1");
        PARAM2 = getInitParameter("PARAM2");
    }
    ...
}
```

在 web.xml 的話，可以在<filter>標籤中，使用**<init-param>**設定過濾器初始參數，如果過濾器名稱相同，web.xml 的設定會覆蓋標註的設定。例如：

```
...
    <filter>
        <filter-name>cc.openhome.TimeIt</filter-name>
        <filter-class>cc.openhome.TimeIt</filter-class>
        <init-param>
            <param-name>PARAM1</param-name>
            <param-value>VALUE1</param-value>
        </init-param>
        <init-param>
            <param-name>PARAM2</param-name>
            <param-value>VALUE2</param-value>
        </init-param>
    </filter>
...
```

觸發過濾器的時機，預設是瀏覽器直接發出請求。如果是那些透過 RequestDispatcher 的 forward()或 include()的請求，可以設定 @WebFilter 的 **dispatcherTypes**。例如：

```
@WebFilter(
    filterName="some",
    urlPatterns={"/some"},
    dispatcherTypes={
        DispatcherType.FORWARD,
        DispatcherType.INCLUDE,
        DispatcherType.REQUEST,
        DispatcherType.ERROR,
        DispatcherType.ASYNC
    }
)
```

如果不設定任何 dispatcherTypes，預設為 **REQUEST**。**FORWARD** 是指透過 RequestDispatcher 的 forward() 的請求可以套用過濾器。**INCLUDE** 就是指透過 RequestDispatcher 的 include() 而來的請求。**ERROR** 是指由容器處理例外而轉發過來的請求。**ASYNC** 是指非同步處理的請求（5.4 節會說明非同步處理）。

若要在 web.xml 設定，可以使用 **\<dispatcher\>** 標籤。例如：

```
...
<filter-mapping>
    <filter-name>SomeFilter</filter-name>
    <servlet-name>*.do</servlet-name>
    <dispatcher>REQUEST</dispatcher>
    <dispatcher>FORWARD</dispatcher>
    <dispatcher>INCLUDE</dispatcher>
    <dispatcher>ERROR</dispatcher>
    <dispatcher>ASYNC</dispatcher>
</filter-mapping>
...
```

可以透過 \<url-pattern\> 或 \<servlet-name\> 來指定，哪些 URI 請求或哪些 Servlet 可套用過濾器。如果同時具備 \<url-pattern\> 與 \<servlet-name\>，先比對 \<url-pattern\>，再比對 \<servlet-name\>。

提示 >>> 若有某個 URI 或 Servlet 會套用多個過濾器，根據 \<filter-mapping\> 在 web.xml 中出現的先後順序，來決定過濾器的執行順序，詳見 Servlet 4.0 規格書[2] 的 6.2.4 節。

5.3.3 請求包裹器

以下舉兩個實際的例子，來說明請求包裹器的實作與應用，分別是字元替換過濾器與編碼設定過濾器。

◎ 實作字元替換過濾器

假設有個留言版程式已經上線，後來發現有些使用者會在留言中輸入 HTML 標籤。基於安全性的考量，不希望使用者輸入的 HTML 標籤，直接出現在留言而被瀏覽器當作 HTML 的一部分。例如，並不希望訪客在留言中輸入

---

[2] Servlet 4.0 規格書：download.oracle.com/otndocs/jcp/servlet-4-final-spec/

「<a href="https://openhome.cc">OpenHome.cc</a>」這樣的訊息，在留言顯示中直接變成超鏈結，因為這有機會構成廣告或釣魚鏈結。

圖 5.8 留言版顯示了超鏈結

你希望將 HTML 過濾掉，最基本的方式是，將<、>角括號置換為 HTML 實體字元<與>。若不想直接修改留言版程式，可以使用過濾器的方式，將請求參數中的角括號字元進行替換。問題在於，雖然可以使用 HttpServletRequest 的 getParameter()取得請求參數值，然而沒有 setParameter()這種方法，可以將處理過後的請求參數重新設定給 HttpServletRequest。

容器產生的 HttpServletRequest 物件，無法直接修改某些資訊，請求參數值就是一個例子。你也許會想要親自實作 HttpServletRequest 介面，讓 getParameter()傳回過濾後的請求參數值，但是 HttpServletRequest 介面定義的方法都要實作，是非常麻煩的一件事。

HttpServletRequestWrapper 實作了 HttpServletRequest 介面，只要繼承 HttpServletRequestWrapper 類別，重新定義想要的方法即可。相對應於 ServletRequest 介面，也有個 **ServletRequestWrapper** 類別可以使用。

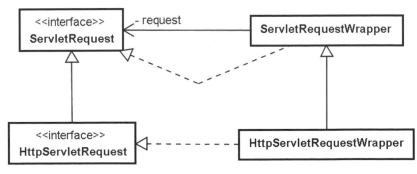

圖 5.9 ServletRequestWrapper 與 HttpServletWrapper

以下的範例透過繼承 `HttpServletRequestWrapper` 實作了請求包裹器，可以將請求參數中的 HTML 符號替換為 HTML 實體字元。

Filters EncoderWrapper.java

```java
package cc.openhome;

import java.util.*;
import javax.servlet.http.*;

import org.owasp.encoder.Encode;              ❶ 繼承 HttpServletRequestWrapper

public class EncoderWrapper extends HttpServletRequestWrapper {
    public EncoderWrapper(HttpServletRequest request) {
        super(request);        ◀── ❷ 必須呼叫父類別建構式，傳入 HttpServletRequest 實例
    }

    @Override
    public String getParameter(String name) {  ◀── ❸ 重新定義 getParameter() 方法
        return Optional.ofNullable(getRequest().getParameter(name))
                       .map(Encode::forHtml)   ◀── ❹ 將取得的請求參數值進行
                       .orElse(null);                   字元替換
    }
}
```

EncoderWrapper 類別繼承了 `HttpServletRequestWrapper`❶，並定義了接受 `HttpServletRequest` 的建構式，真正的 `HttpServletRequest` 會透過此建構式傳入，後使用 `super()` 呼叫 `HttpServletRequestWrapper` 接受 `HttpServletRequest` 的建構式❷，若要取得被包裹的 `HttpServletRequest`，可以呼叫 `getRequest()` 方法。

若有 Servlet 要取得請求參數值，會呼叫 `getParameter()`，因此重新定義了 `getParameter()` 方法❸，在此方法中，將真正從包裹的 `HttpServletRequest` 物件取得的請求參數值，進行字元替換的動作❹。

實際上的字元過濾，要考慮的情況很多，這邊直接使用了 OWASP Java Encoder 專案中的 `Encode.forHtml()` 方法，可以在〈Use the OWASP Java Encoder〉[3]中下載 JAR，以及查看更多的 API 使用方式。

可以使用這個請求包裹器類別搭配過濾器，以進行字元過濾的服務。例如：

---

[3] Use the OWASP Java Encoder：goo.gl/mYksM7

Filters Encoder.java

```java
package cc.openhome;

import java.io.IOException;
import javax.servlet.*;
import javax.servlet.annotation.WebFilter;
import javax.servlet.http.*;

@WebFilter("/*")
public class Encoder extends HttpFilter {
    public void doFilter(HttpServletRequest request,
            HttpServletResponse response, FilterChain chain)
                                throws IOException, ServletException {
                                          用 EncoderWrapper 包裹原請求物件
        chain.doFilter(new EncoderWrapper(request), response);
    }
}
```

在 Encoder 的 doFilter() 中建立了 EncoderWrapper 實例，包裹了原請求物件。然後將 EncoderWrapper 實例傳入 FilterChain 的 doFilter() 作為請求物件。之後的 Filter 或 Servlet 實例，不需要也不會知道請求物件已經被包裹，在必須取得請求參數時，一樣呼叫 getParameter() 即可。

將這個過濾器掛上去，若有使用者試圖輸入 HTML 標籤，由於角括號都被替換為實體字元，留言將會變成以下的畫面：

圖 5.10 掛上過濾器後並輸入 HTML 標籤後的留言訊息

輸入的「<a href="https://openhome.cc">OpenHome.cc</a>」會被替換為「<a href="https://openhome.cc">Openhome.cc</a>」，瀏覽器只會在視覺上呈現「<a href="https://openhome.cc">OpenHome.cc</a>」，而不是呈現超鏈結。

▶ 實作編碼設定過濾器

先前的範例若要設定請求字元編碼，都是在個別的 Servlet 處理，在 Servlet 4.0 之前，可以在過濾器中進行字元編碼設定，日後要改變編碼，就不用每個 Servlet 逐一修改。例如：

```
package cc.openhome;

...略

@WebFilter(
    urlPatterns = { "/*" },
    initParams = { @WebInitParam(name = "ENCODING", value = "UTF-8") }
)
public class Encoding extends HttpFilter {
    public void doFilter(HttpServletRequest request,
                         HttpServletResponse response, FilterChain chain)
                             throws IOException, ServletException {
        String encoding = getInitParameter("ENCODING");
        request.setCharacterEncoding(encoding);
        response.setCharacterEncoding(encoding);
    }
}
```

在 Servlet 4.0 以後，若是整個 Web 應用程式，都要採用預設編碼，可以在 web.xml 設定<request-character-encoding>、<response-character-encoding>，若有特定幾個頁面必須設定特定編碼，仍可以使用過濾器的方式來處理。

5.3.4 回應包裹器

在 Servlet 中，是透過 HttpServletResponse 物件來對瀏覽器進行回應，如果想對回應的內容進行壓縮處理，就要想辦法讓 HttpServletResponse 物件具有壓縮處理的功能。先前介紹過請求包裹器的實作，而在回應包裹器的部分，可以繼承 HttpServletResponseWrapper 類別（父類別 ServletResponseWrapper）來對 HttpServletResponse 物件進行包裹。

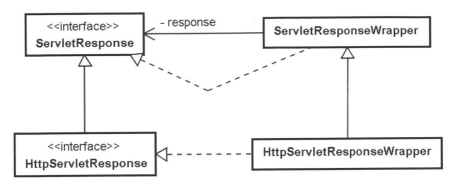

圖 5.11 ServletResponsWrapper 與 HttpServletResponseWrapper

　　若要對瀏覽器進行輸出回應，必須透過 getWriter()取得 PrintWriter，或是透過 getOutputStream()取得 ServletOutputStream，針對壓縮輸出的需求，主要就是繼承 HttpServletResponseWrapper，透過重新定義這兩個方法來達成。

　　在這邊壓縮的功能將採 GZIP 格式，這是瀏覽器可以接受的壓縮格式，可以使用 GZIPOutputStream 類別來實作。由於 getWriter()的 PrintWriter 在建立時，也是必須使用到 ServletOutputStream，在這邊先擴充 ServletOutputStream 類別，讓它具有壓縮的功能。

Filters　GZipServletOutputStream.java

```java
package cc.openhome;

import java.io.IOException;
import java.util.zip.GZIPOutputStream;
import javax.servlet.ServletOutputStream;
import javax.servlet.WriteListener;

public class GZipServletOutputStream extends ServletOutputStream {
    private ServletOutputStream servletOutputStream;
    private GZIPOutputStream gzipOutputStream;

    public GZipServletOutputStream(
            ServletOutputStream servletOutputStream) throws IOException {
        this.servletOutputStream = servletOutputStream;
        this.gzipOutputStream = new GZIPOutputStream(servletOutputStream);
    }

    public void write(int b) throws IOException {
        this.gzipOutputStream.write(b);
    }
```

❶ 繼承 ServletOutputStream 來進行擴充

❷ 使用 GZIPOutputStream 來增加壓縮功能

❸ 輸出時透過 GZIPOutputStream 的 write()來壓縮輸出

```java
    public GZIPOutputStream getGzipOutputStream() {
        return this.gzipOutputStream;
    }

    @Override
    public boolean isReady() {
        return this.servletOutputStream.isReady();
    }

    @Override
    public void setWriteListener(WriteListener writeListener) {
        this.servletOutputStream.setWriteListener(writeListener);
    }

    @Override
    public void close() throws IOException {
        this.gzipOutputStream.close();
    }

    @Override
    public void flush() throws IOException {
        this.gzipOutputStream.flush();
    }

    public void finish() throws IOException {
        this.gzipOutputStream.finish();
    }
}
```

GzipServletOutputStream 繼承 ServletOutputStream 類別❶，使用時必須傳入 ServletOutputStream 類別，由 GZIPOutputStream 來增加壓縮輸出串流的功能❷。範例中重新定義 write() 方法，並透過 GZIPOutputStream 的 write() 方法來作串流輸出❸，GZIPOutputStream 的 write() 方法實作了壓縮的功能。

在 HttpServletResponse 物件傳入 Servlet 的 service() 方法前，必須包裹它，使得呼叫 getOutputStream() 時，可以取得這邊實作的 GzipServletOutputStream 物件，而呼叫 getWriter() 時，也可以利用 GzipServletOutputStream 物件來建構 PrintWriter 物件。

Filters CompressionWrapper.java

```java
package cc.openhome;

import java.io.*;
import javax.servlet.*;
import javax.servlet.http.*;
```

```java
public class CompressionWrapper extends HttpServletResponseWrapper {
    private GZipServletOutputStream gzServletOutputStream;
    private PrintWriter printWriter;

    public CompressionWrapper(HttpServletResponse response) {
        super(response);
    }

    @Override
    public ServletOutputStream getOutputStream() throws IOException {
        if(printWriter != null) {                        ❶ 已呼叫過 getWriter()，再呼叫
            throw new IllegalStateException();              getOutputStream()就丟出例外
        }
        if (gzServletOutputStream == null) {
            gzServletOutputStream =
                new GZipServletOutputStream(getResponse().getOutputStream());
        }
        return gzServletOutputStream;                    ❷ 建立有壓縮功能的
    }                                                       GzipServletOutputStream 物件

    @Override
    public PrintWriter getWriter() throws IOException {
        if(gzServletOutputStream != null) {              ❸ 已呼叫過 getOutputStream()，
            throw new IllegalStateException();              再呼叫 getWriter()就丟出例外
        }
        if(printWriter == null) {
            gzServletOutputStream =
                new GZipServletOutputStream(
                    getResponse().getOutputStream());
            OutputStreamWriter osw =
                new OutputStreamWriter(gzServletOutputStream,
                    getResponse().getCharacterEncoding());
            printWriter = new PrintWriter(osw);
        }
        return printWriter;                              ❹ 建立 GzipServletOutputStream 物件，
    }                                                       供建構 PrintWriter 時使用

    @Override
    public void flushBuffer() throws IOException {
        if(this.printWriter != null) {
            this.printWriter.flush();
        }
        else if(this.gzServletOutputStream != null) {
            this.gzServletOutputStream.flush();
        }
        super.flushBuffer();
    }

    public void finish() throws IOException {
        if(this.printWriter != null) {
```

```
                this.printWriter.close();
            }
            else if(this.gzServletOutputStream != null) {
                this.gzServletOutputStream.finish();
            }
        }

        @Override
        public void setContentLength(int len) {}

        @Override
        public void setContentLengthLong(long length) {}
}
```

❹ 不實作方法內容，因為真
正的輸出會被壓縮

在上例中要注意，由於 **Servlet** 規格書中規定，在同一請求期間，**getWriter()** 與 **getOutputStream()** 只能擇一呼叫，若兩者都呼叫過，要丟出 **IllegalStateException**，建議在實作回應包裹器時，也遵循這個規範，在重新定義 getOutputStream() 與 getWriter() 方法時，分別要檢查是否已存在 PrintWriter❶ 與 ServletOutputStream 實例❷。

在 getOutputStream() 中，會建立 GZipServletOutputStream 實例並傳回。在 getWriter() 中呼叫 getOutputStream() 取得 GZipServletOutputStream 物件，作為建構 PrintWriter 實例時使用❸，如此建立的 PrintWriter 物件也就具有壓縮功能。由於真正的輸出會被壓縮，忽略原來的內容長度設定❹。

接下來可以實作一個壓縮過濾器，使用上面開發的 CompressionWrapper 包裹原 HttpServletResponse。

Filters CompressionFilter.java

```
package cc.openhome;

import java.io.*;
import javax.servlet.*;
import javax.servlet.http.*;
import javax.servlet.annotation.WebFilter;

@WebFilter("/*")
public class Compression extends HttpFilter {
    protected void doFilter(
      HttpServletRequest request, HttpServletResponse response,
          FilterChain chain) throws IOException, ServletException {

        String encodings = request.getHeader("Accept-Encoding");
        if (encodings != null && encodings.contains("gzip")) {
```

❶ 檢查是否接受
gzip 壓縮格式

```
        CompressionWrapper responseWrapper =
            new CompressionWrapper(response);  ❷ 建立回應包裹器
        responseWrapper.setHeader("Content-Encoding", "gzip");
                                                    ❸ 設定回應內容編碼
                                                       為 gzip 格式
        chain.doFilter(request, responseWrapper);
                                      ❹ 下一個過濾器

        responseWrapper.finish();  ❺ 呼叫 GZIPOutputStream 的
    }                                 finish()方法完成壓縮輸出
    else {
        chain.doFilter(request, response);  ❻ 不接受壓縮，直接進行
    }                                          下一個過濾器
    }
}
```

　　瀏覽器是否接受 GZIP 壓縮格式，可以透過檢查 Accept-Encoding 請求標頭中是否包括"gzip"字串來判斷❶。如果可以接受 GZIP 壓縮，建立 CompressionWrapper 包裹原回應物件❷，並設定 Content-Encoding 回應標頭為"gzip"，瀏覽器就會知道回應內容是 GZIP 壓縮格式❸。接著呼叫 FilterChain 的 doFilter()時，傳入的回應物件為 CompressionWrapper 物件❹。當 FilterChain 的 doFilter()結束時，必須呼叫 GZIPOutputStream 的 finish()方法，這才會將 GZIP 後的資料從緩衝區中全部移出並進行回應❺。

　　如果瀏覽器不接受 GZIP 壓縮格式，直接呼叫 FilterChain 的 doFilter()❻，不接受 GZIP 壓縮格式的瀏覽器，也可以收到回應內容。

5.4　非同步處理

　　Web 容器為每個請求分配一條執行緒，若有些請求需要長時間處理（例如長時間運算、等待某個資源），就會長時間佔用 Web 容器分配的執行緒，令這些執行緒無法服務其他請求，從而影響 Web 應用程式的承載能力。

　　Servlet 3.0 新增了非同步處理，可以先釋放容器分配給請求的執行緒，令其能服務其他請求，釋放了容器執行緒的請求，可交由應用程式本身分配的執行緒來處理。

提示 》》》　非同步請求本身就是個進階議題，常需搭配其他技術來完成，例如 JavaScript，初學者可先略過此節內容。

5.4.1 簡介 AsyncContext

為了支援非同步處理，在 Servlet 3.0 在 ServletRequest 定義了 **startAsync()** 方法：

```
AsyncContext startAsync() throws java.lang.IllegalStateException;
AsyncContext startAsync(ServletRequest servletRequest,
                        ServletResponse servletResponse)
                        throws java.lang.IllegalStateException
```

這兩個方法都會傳回 AsyncContext 介面的實作物件，前者會直接利用原有的請求與回應物件來建立 AsyncContext，後者可以傳入自行建立的請求、回應包裹物件。呼叫 startAsync() 方法取得 AsyncContext 物件之後，容器分配給該請求的執行緒就會被釋放。

可以透過 AsyncContext 的 **getRequest()**、**getResponse()** 方法取得請求、回應物件，呼叫 AsyncContext 的 **complete()** 方法或 **dispatch()**，才會對瀏覽器進行回應，前者表示回應完成，後者表示將調派指定的 URI 進行回應。

若要能呼叫 ServletRequest 的 startAsync() 以取得 AsyncContext，必須告知容器此 Servlet 支援非同步處理，如果使用 @WebServlet 來標註，可以設定其 **asyncSupported** 為 true。例如：

```
@WebServlet(urlPatterns = "/asyncXXX", asyncSupported = true)
public class AsyncServlet extends HttpServlet {
...
```

如果使用 web.xml 設定 Servlet，可以在 <servlet> 中設定 **<async-supported>** 標籤為 true：

```
...
<servlet>
    <servlet-name>AsyncXXX</servlet-name>
    <servlet-class>cc.openhome.AsyncXXX</servlet-class>
    <async-supported>true</async-supported>
</servlet>
...
```

如果 Servlet 會進行非同步處理，而在這之前有過濾器，過濾器亦需標示支援非同步處理，如果使用 @WebFilter，可以設定 **asyncSupported** 為 true。例如：

```
@WebFilter(urlPatterns = "/asyncXXX", asyncSupported = true)
public class AsyncFilter extends HttpFilter{
...
```

如果使用 web.xml 設定過濾器，可以設定**<async-supported>**標籤為 true：

```
...
<filter>
    <filter-name>AsyncFilter</filter-name>
    <filter-class>cc.openhome.AsyncFilter</filter-class>
    <async-supported>true</async-supported>
</filter>
...
```

底下示範一個非同步處理的簡單範例，對於來到的請求，Servlet 取得 AsyncContext，釋放容器分配的執行緒，回應被延後，對於這些被延後回應的請求，在 Java SE 8 中，可以建立一個 CompletableFuture 物件，使用預設的執行緒池進行非同步處理，使用 CompletableFuture 的另一好處是，撰寫程式時可以是同步的流程風格。

Async AsyncServlet.java

```java
package cc.openhome;

import java.io.*;
import java.util.concurrent.*;
import javax.servlet.*;
import javax.servlet.annotation.*;
import javax.servlet.http.*;

@WebServlet(
    urlPatterns={"/async"},
    asyncSupported = true         ◀━━❶ 標註 Servlet 支援非同步處理
)
public class AsyncServlet extends HttpServlet {
    protected void doGet(
      HttpServletRequest request, HttpServletResponse response)
                     throws ServletException, IOException {
        response.setContentType("text/html; charset=UTF8");
        AsyncContext ctx = request.startAsync();  ◀━━❷ 開始非同步處理，釋放執行緒


           ❸ 建立非同步處理任務的 CompletableFuture


        asyncResource(ctx).thenAcceptAsync(resource -> {   ❹ 輸出結果
            try {
                ctx.getResponse().getWriter().println(resource);
                ctx.complete();   ◀━━❺ 對瀏覽器完成回應
            } catch (IOException e) {
                throw new UncheckedIOException(e);
            }
        });
```

```
    }

    private CompletableFuture<String> asyncResource(AsyncContext ctx) {
        return CompletableFuture.supplyAsync(() -> {
            try {
                String resource = ctx.getRequest().getParameter("resource");
                Thread.sleep(10000);  ◀── ❻模擬冗長請求
                return String.format("%s back finally...XD",
                                     resource.toUpperCase());
            } catch (InterruptedException e) {
                throw new RuntimeException(e);
            }
        });
    }
}
```

　　首先告訴容器，這個 Servlet 支援非同步處理❶，對於每個請求，Servlet 會取得其 AsyncContext❷後釋放容器分配的執行緒，接著建立 CompletableFuture 來進行非同步處理❸，CompletableFuture 的任務中模擬了冗長請求❻，然後輸出結果❹，最後必須結束此非同步請求，才會對瀏覽器真正進行回應❺。

　　可以開啟瀏覽器，請求此 Servlet 時附上請求參數 resource=value，瀏覽器會持續處於等待狀態，在 10 秒之後才顯示結果。

> 提示 »» 這類冗長處理的任務，必須搭配前端 JavaScript 的非同步請求，這部分可參考
> 我撰寫的《JavaScript 技術手冊[4]》。

5.4.2　更多 AsyncContext 細節

　　Servlet 或過濾器的 asyncSupported 被標示為 true，才能支援非同步請求處理，在不支援非同步處理的 Servlet 或過濾器中呼叫 startAsync()，會丟出 IllegalStateException。

　　可以呼叫 AsyncContext 的 complete() 方法完成回應，或是呼叫 forward() 方法，將回應轉發給其他 Servlet/JSP 處理，AsyncContext 的 forward() 就如同 3.2.6 調派請求中介紹的功能，將請求的回應權轉發給別的頁面來處理，給定的路徑是相

---

[4] JavaScript 技術手冊：books.gotop.com.tw/v_AEL022800

對於 ServletContext 的路徑。不可以在同一個 AsyncContext 同時呼叫 complete() 與 forward()，這會引發 IllegalStateException。

不可以在兩個非同步處理的 Servlet 間轉發前，連續呼叫兩次 startAsync()，否則會引發 IllegalStateException。

將請求從支援非同步處理的 Servlet（asyncSupported 被標示為 true）轉發至一個同步處理的 Servlet 是可行的（asyncSupported 被標示為 false），此時，容器會負責呼叫 AsyncContext 的 complete()。

如果從一個同步處理的 Servlet 轉發至一個支援非同步處理的 Servlet，在非同步處理的 Servlet 中呼叫 AsyncContext 的 startAsync()，將會丟出 IllegalStateException。

如果對 AsyncContext 的啟始、完成、逾時或錯誤發生等事件有興趣，可以實作 AsyncListener，其定義如下：

```
package javax.servlet;
import java.io.IOException;
import java.util.EventListener;
public interface AsyncListener extends EventListener {
    void onComplete(AsyncEvent event) throws IOException;
    void onTimeout(AsyncEvent event) throws IOException;
    void onError(AsyncEvent event) throws IOException;
    void onStartAsync(AsyncEvent event) throws IOException;
}
```

AsyncContext 有個 addListener() 方法，可以加入 AsyncListener 的實作物件，在對應事件發生時，會呼叫 AsyncListener 實作物件的對應方法。

提示 >>> 在〈非同步 Server-Sent Event[5]〉有個搭配前端 JavaScript 使用 AsyncListener 的範例，有興趣可以參考一下。

如果呼叫 AsyncContext 的 dispatch()，將請求調派給別的 Servlet，可以透過請求物件的 getAttribute() 取得以下屬性：

---

[5] 非同步 Server-Sent Event：bit.ly/3aM5JoQ

- javax.servlet.async.request_uri
- javax.servlet.async.context_path
- javax.servlet.async.servlet_path
- javax.servlet.async.path_info
- javax.servlet.async.query_string
- javax.servlet.async.mapping（Servlet 4.0 新增）

類似 3.2.6 討論過的，會需要這些請求屬性的原因在於，在 AsyncContext 的 dispatch()時，AsyncContext 持有的 request、response 物件會是來自於最前端的 Servlet，後續的 Servlet 若使用 request、response 物件，也就會是一開始最前端 Servlet 收到的兩個物件，此時嘗試在後續的 Servlet 中使用 request 物件的 getRequestURI()等方法，得到的資訊跟第一個 Servlet 中執 getRequestURI()等方法是相同的。

然而，有時必須取得 dispatch()時傳入的路徑資訊，而不是第一個 Servlet 的路徑資訊，這時候就必須透過方才的幾個屬性名稱來取得。

不用記憶這些屬性名稱，可以透過 AsyncContext 定義的常數來取得：

- AsyncContext.ASYNC_REQUEST_URI
- AsyncContext.ASYNC_CONTEXT_PATH
- AsyncContext.ASYNC_SERVLET_PATH
- AsyncContext.ASYNC_PATH_INFO
- AsyncContext.ASYNC_QUERY_STRING
- AsyncContext.ASYNC_MAPPING（Servlet 4.0 新增）

5.4.3 使用 ReadListener

可以試著使用 AsyncContext 來改寫一下 3.2.5 的檔案上傳範例，在上傳的檔案容量較大時，可令容器分配的執行緒儘快地釋放，由 Web 應用程式建立的執行緒來處理檔案上傳：

```
package cc.openhome;

…略

@MultipartConfig
@WebServlet(
    urlPatterns={"/asyncUpload"},
    asyncSupported = true
)
public class AsyncUpload extends HttpServlet {
    @Override
    protected void doPost(
        HttpServletRequest request, HttpServletResponse response)
            throws ServletException, IOException {
        AsyncContext ctx = request.startAsync();
        asyncUpload(ctx).thenRun(() -> {
            try {
                ctx.getResponse().getWriter().println("Upload Successfully");
                ctx.complete();
            } catch (IOException e) {
                throw new UncheckedIOException(e);
            }
        });
    }

    private CompletableFuture<Void> asyncUpload(AsyncContext ctx)
                throws IOException, ServletException {
        Part photo = ((HttpServletRequest) ctx.getRequest()).getPart("photo");
        String filename = photo.getSubmittedFileName();

        return CompletableFuture.runAsync(() -> {
            // 讀取是阻斷式
            try(InputStream in = photo.getInputStream();
                OutputStream out =
                    new FileOutputStream("c:/workspace/" + filename)) {
                out.write(in.readAllBytes());
            } catch (IOException e) {
                throw new UncheckedIOException(e);
            }
        });
    }
}
```

　　然而，輸入的讀取是阻斷式，如果網路狀況不佳，時間會耗費在等待資料來到，這表示 CompletableFuture 處理時的執行緒必須等待，無法儘早回到執行緒池。

　　在 Servlet 3.1 中，ServletInputStream 可以實現非阻斷輸入，這可以透過對 ServletInputStream 註冊一個 ReadListener 實例來達到：

```
package javax.servlet;
import java.io.IOException;
public interface ReadListener extends java.util.EventListener{
    public abstract void onDataAvailable() throws IOException;
    public abstract void onAllDataRead() throws IOException;
    public abstract void onError(Throwable throwable);
}
```

在 ServletInputStream 有資料的時候，會呼叫 onDataAvailable() 方法，而全部資料讀取完畢後會呼叫 onAllDataRead()，若發生例外的話，會呼叫 onError()，要註冊 ReadListener 實例，必須在非同步 Servlet 中進行。

可以將 3.2.4 中檔案上傳的範例改寫，使用 ServletInputStream 的非阻斷功能：

Async AsyncUpload.java

```
package cc.openhome;

import java.io.*;
import java.util.regex.Matcher;
import java.util.regex.Pattern;

import javax.servlet.*;
import javax.servlet.annotation.*;
import javax.servlet.http.*;

@WebServlet(
    urlPatterns = { "/asyncUpload" },
    asyncSupported = true
)
public class AsyncUpload extends HttpServlet {
    private final Pattern fileNameRegex =
            Pattern.compile("filename=\"(.*)\"");

    private final Pattern fileRangeRegex =
            Pattern.compile("filename=\".*\"\\r\\n.*\\r\\n\\r\\n(.*+)");

    @Override
    protected void doPost(
        HttpServletRequest request, HttpServletResponse response)
          throws ServletException, IOException {
        AsyncContext ctx = request.startAsync();

        ServletInputStream in = request.getInputStream();

        in.setReadListener(new ReadListener() {
            ByteArrayOutputStream out = new ByteArrayOutputStream();
```

```
@Override
public void onDataAvailable() throws IOException {
    byte[] buffer = new byte[1024];
    int length = -1;
    while(in.isReady() && (length = in.read(buffer)) != -1) {
        out.write(buffer, 0, length);
    }
}

@Override
public void onAllDataRead() throws IOException {
    byte[] content = out.toByteArray();
    String contentAsTxt = new String(content, "ISO-8859-1");

    String filename = filename(contentAsTxt);
    Range fileRange =
            fileRange(contentAsTxt, request.getContentType());
    write(content,
        contentAsTxt.substring(0, fileRange.start)
                    .getBytes("ISO-8859-1")
                    .length,
        contentAsTxt.substring(0, fileRange.end)
                    .getBytes("ISO-8859-1")
                    .length,
        String.format("c:/workspace/%s", filename)
    );

    response.getWriter().println("Upload Successfully");
    ctx.complete();
}

@Override
public void onError(Throwable throwable) {
    ctx.complete();
    throw new RuntimeException(throwable);
}
});
}

...餘同 3.2.4 的範例，故略...
}
```

在這個例子當中，每次有資料可以讀取時，會呼叫 `onDataAvailable()`，在 `ServletInputStream` 準備好可讀取時，將讀取的資料放到 `ByteArrayOutputStream`，而全部資料都讀取完成之後，於 `onAllDataRead()` 進行檔案寫出的動作。

5.4.4 使用 **WriteListener**

可以使用 `AsyncContext` 來改寫 3.3.3 的電子書下載範例，好處在於，若檔案很大而需耗費很長的下載時間，容器分配的執行緒可以儘快釋放，由 Web 應用程式建立之執行緒來處理下載：

```java
package cc.openhome;

...略

@WebServlet(
    urlPatterns = { "/ebook" },
    initParams = {
    @WebInitParam(name = "PDF_FILE", value = "/WEB-INF/jdbc.pdf") },
    asyncSupported = true
)
public class Ebook extends HttpServlet {
    private String PDF_FILE;

    @Override
    public void init() throws ServletException {
        super.init();
        PDF_FILE = getInitParameter("PDF_FILE");
    }

    protected void doGet(
            HttpServletRequest request, HttpServletResponse response)
            throws ServletException, IOException {

        String coupon = request.getParameter("coupon");

        if ("123456".equals(coupon)) {
            AsyncContext ctx = request.startAsync();
            CompletableFuture.runAsync(() -> {
                response.setContentType("application/pdf");

                // 輸出是阻斷式
                try (InputStream in =
                        getServletContext().getResourceAsStream(PDF_FILE)) {
                    OutputStream out = response.getOutputStream();
                    out.write(in.readAllBytes());
                } catch (IOException ex) {
                    throw new UncheckedIOException(ex);
                } finally {
                    ctx.complete();
                }
            });
        }
    }
}
```

　　然而，回應時的 `ServletOutputStream` 是阻斷式，如果網路狀況不佳，時間會耗費在等待資料輸出，這表示 `CompletableFuture` 處理時的執行緒必須等待，無法儘早回到執行緒池。

　　在 Servlet 3.1 中，`ServletOutputStream` 可以實現非阻斷輸出，這可以透過對 `ServletOutputStream` 註冊一個 `WriteListener` 實例來達到：

```
package javax.servlet;
import java.io.IOException;
public interface WriteListener extends java.util.EventListener{
    public void onWritePossible() throws IOException;
    public void onError(Throwable throwable);
}
```

　　在 `ServletOutputStream` 可以寫出的時候，會呼叫 `onWritePossible()` 方法，若發生例外的話，會呼叫 `onError()`，要註冊 `WriteListener` 實例，必須在非同步 Servlet 中進行。

　　例如，可以將 3.3.3 裏的電子書下載範例改寫，使用 `ServletOutputStream` 的非阻斷功能：

Async Ebook.java

```
package cc.openhome;

import java.io.*;

import javax.servlet.*;
import javax.servlet.annotation.*;
import javax.servlet.http.*;

@WebServlet(
    urlPatterns = { "/ebook" },
    initParams = {
    @WebInitParam(name = "PDF_FILE", value = "/WEB-INF/jdbc.pdf") },
    asyncSupported = true
)
public class Ebook extends HttpServlet {
    private String PDF_FILE;

    @Override
    public void init() throws ServletException {
        super.init();
        PDF_FILE = getInitParameter("PDF_FILE");
    }

    protected void doGet(
```

```
        HttpServletRequest request, HttpServletResponse response)
            throws ServletException, IOException {

    String coupon = request.getParameter("coupon");

    if ("12345678".equals(coupon)) {
        AsyncContext ctx = request.startAsync();

        ServletOutputStream out = response.getOutputStream();

        out.setWriteListener(new WriteListener() {
            InputStream in =
                getServletContext().getResourceAsStream(PDF_FILE);

            @Override
            public void onError(Throwable t) {
                try {
                    in.close();
                }
                catch(IOException ex) {
                    throw new UncheckedIOException(ex);
                }
                throw new RuntimeException(t);
            }

            @Override
            public void onWritePossible() throws IOException {
                byte[] buffer = new byte[1024];
                int length = 0;
                while(out.isReady() && (length = in.read(buffer)) != -1) {
                    out.write(buffer, 0, length);
                }
                if(length == -1) {
                    in.close();
                    ctx.complete();
                }
            }
        });
    }
}
```

在這個例子當中，每次 ServletOutputStream 可以寫出資料時，會呼叫 onWritePossible()，在檔案讀不到資料時，length 會是-1，這時完成非同步請求。

5.5　綜合練習／微網誌

　　接下來要再進行綜合練習，不過這次，不會馬上在目前的微網誌應用程式中新增任何功能，而是先停下來檢討目前應用程式，有哪些維護上的問題，在不改變目前應用程式的功能下，程式碼必須做出哪些調整，讓程式碼職責變得清晰，增加未來的可維護性。

　　另一方面，本章談到了一些 Servlet、ServletContext 初始參數設定，可用來設定一些共用常數，過濾器可用來過濾特殊字元以提昇應用程式安全性等，這些都可以應用在目前的微網誌應用程式。

5.5.1　建立 UserService

　　本書以微網誌應用程式作為綜合練習，第 3 章先實作了基本的會員註冊與登入功能，其中會員註冊時，會透過檢查使用者資料夾是否存在，確定新註冊的使用者名稱可否存在，若尚未存在就可建立使用者資料夾與相關檔案，這些程式碼是位於 cc.openhome.controller.Register 這個 Servlet 中：

```
...
    private void tryCreateUser(
            String email, String username, String password) throws IOException {
        var userhome = Paths.get(USERS, username);
        if(Files.notExists(userhome)) {
            createUser(userhome, email, password);
        }
    }

    private void createUser(Path userhome, String email, String password)
                    throws IOException {
        Files.createDirectories(userhome);

        var salt = ThreadLocalRandom.current().nextInt();
        var encrypt = String.valueOf(salt + password.hashCode());

        var profile = userhome.resolve("profile");
        try(var writer = Files.newBufferedWriter(profile)) {
            writer.write(String.format("%s\t%s\t%d", email, encrypt, salt));
        }
    }
...
```

　　第 4 章使用 HttpSession 進行會話管理，在登入檢查時，透過檢查使用者資料夾是否存在，並讀取使用者資料以確認登入密碼是否正確，這是實作在 cc.openhome.controller.Login 這個 Servlet 中：

```
...
    private boolean login(String username, String password)
                             throws IOException {

        var userhome = Paths.get(USERS, username);
        return Files.exists(userhome) &&
                    isCorrectPassword(password, userhome);
    }

    private boolean isCorrectPassword(
            String password, Path userhome) throws IOException {
        var profile = userhome.resolve("profile");
        try(var reader = Files.newBufferedReader(profile)) {
            var data = reader.readLine().split("\t");
            var encrypt = Integer.parseInt(data[1]);
            var salt = Integer.parseInt(data[2]);
            return password.hashCode() + salt == encrypt;
        }
    }
...
```

訊息的新增，是在使用者資料夾中建立檔案以儲存訊息，這是實作在
cc.openhome.controller.NewMessage 這個 Servlet 中：

```
...
    private void addMessage(String username, String blabla)
                                                throws IOException {
        var txt = Paths.get(
            USERS,
            username,
            String.format("%s.txt", Instant.now().toEpochMilli())
        );
        try(var writer = Files.newBufferedWriter(txt)) {
            writer.write(blabla);
        }
    }
...
```

訊息的刪除，是以檔案 I/O 在使用者資料夾中建立檔案以儲存訊息，這是
實作在 cc.openhome.controller.DelMessage 這個 Servlet 中：

```
...
    private void deleteMessage(String username, String millis)
                                                throws IOException {
        var txt = Paths.get(
            USERS,
            username,
            String.format("%s.txt", millis)
        );
```

```
            Files.delete(txt);
        }
...
```

訊息的顯示，是以檔案 I/O 讀取使用者資料夾中的訊息檔案，這是實作在 `cc.openhome.view.Member` 這個 Servlet 中：

```
...
    private Map<Long, String> messages(String username) throws IOException {
        var userhome = Paths.get(USERS, username);
        var messages = new TreeMap<Long, String>(Comparator.reverseOrder());
        try(var txts = Files.newDirectoryStream(userhome, "*.txt")) {
            for(var txt : txts) {
                var millis = txt.getFileName().toString().replace(".txt", "");
                var blabla = Files.readAllLines(txt).stream()
                        .collect(
                            Collectors.joining(System.lineSeparator())
                        );
                messages.put(Long.parseLong(millis), blabla);
            }
        }

        return messages;
    }
...
```

發現了什麼？從會員註冊開始、會員登入、訊息新增、讀取、顯示等，相關程式碼都與檔案讀寫有關，這些程式碼散落在各個 Servlet，造成維護上的麻煩，何謂維護上的麻煩？如果將來會員相關資訊不再以檔案儲存，而要改為資料庫儲存，那要修改幾個 Servlet？會員訊息處理相關程式碼，繼續散落在各個物件，會造成職責分散的問題，將來會員訊息處理的相關程式碼，會越來越難以維護。

提示 ≫≫ 接下來的練習重點在重構（Refactor），主要是在不改變應用程式現有功能的情況下，調整應用程式架構與物件職責，請直接使用上一章的綜合練習成果來作為練習的開始。

為了解決以上問題，這邊將以上提到的相關程式碼，集中在一個 `cc.openhome.model.UserService` 類別中，會員註冊、會員登入、訊息新增、讀取、顯示等需求，都由 `UserService` 類別提供。`UserService` 類別如下所示：

gossip UserService.java

```java
package cc.openhome.model;

import java.io.BufferedReader;
...略

public class UserService {
    private final String USERS;

    public UserService(String USERS) {        // ❶ 設定使用者資料夾
        this.USERS = USERS;
    }

    public void tryCreateUser(                 // ❷ 嘗試建立使用者
            String email, String username, String password) throws IOException {
        var userhome = Paths.get(USERS, username);
        if(Files.notExists(userhome)) {
            createUser(userhome, email, password);
        }
    }


    private void createUser(Path userhome, String email, String password)
                        throws IOException {
        Files.createDirectories(userhome);

        var salt = ThreadLocalRandom.current().nextInt();
        var encrypt = String.valueOf(salt + password.hashCode());

        var profile = userhome.resolve("profile");
        try(var writer = Files.newBufferedWriter(profile)) {
            writer.write(String.format("%s\t%s\t%d", email, encrypt, salt));
        }
    }                        // ❸ 檢查登入使用者名稱與密碼

    public boolean login(String username, String password) throws IOException {
        var userhome = Paths.get(USERS, username);
        return Files.exists(userhome) &&
                    isCorrectPassword(password, userhome);
    }

    private boolean isCorrectPassword(
            String password, Path userhome) throws IOException {
        var profile = userhome.resolve("profile");
        try(var reader = Files.newBufferedReader(profile)) {
            var data = reader.readLine().split("\t");
            var encrypt = Integer.parseInt(data[1]);
            var salt = Integer.parseInt(data[2]);
            return password.hashCode() + salt == encrypt;
```

```
        }
    }                                    ❹ 讀取使用者的訊息

    public Map<Long, String> messages(String username) throws IOException {
        var userhome = Paths.get(USERS, username);
        var messages = new TreeMap<Long, String>(Comparator.reverseOrder());
        try (var txts = Files.newDirectoryStream(userhome, "*.txt")) {
            for (var txt : txts) {
                var millis = txt.getFileName().toString().replace(".txt", "");
                var blabla = Files.readAllLines(txt).stream()
                                  .collect(
                                    Collectors.joining(System.lineSeparator())
                                  );
                messages.put(Long.parseLong(millis), blabla);
            }
        }
        return messages;
    }                                    ❺ 新增訊息

    public void addMessage(String username, String blabla) throws IOException {
        var txt = Paths.get(USERS, username,
                    String.format("%s.txt", Instant.now().toEpochMilli()));
        try (var writer = Files.newBufferedWriter(txt)) {
            writer.write(blabla);
        }
    }

    public void deleteMessage(String username, String millis)  ❻ 刪除訊息
                                                throws IOException {
        var txt = Paths.get(USERS, username, String.format("%s.txt", millis));
        Files.delete(txt);
    }
}
```

　　由於使用者的資料，儲存在與使用者名稱相同的資料夾中，所有使用者資料夾則位於指定的資料夾，這個資料夾可以在建構 UserService 時指定❶。嘗試建立使用者資料夾與基本資料❷、檢查登入使用者名稱與密碼❸、讀取使用者的訊息❹、新增訊息❺、刪除訊息❻等功能，由 UserService 的公開方法提供，將來要改變這幾個功能的資料儲存來源，只需修改 UserService 原始碼，這就是集中相關職責於同一物件的好處。

提示 ≫≫　將分散各處的職責集中於單一或某幾個物件，是改善可維護性的一種設計方式，但並不是集中職責就一定具有可維護性，有時物件本身負擔的職責過於龐大，也有可能將某些職責切割，再分散於不同的專職物件，最主要的是記得，設計是一個不斷檢討改進的過程。

　　稍後會利用這個 UserService，來修改目前的微網誌應用程式，但首先，再來看看過濾器要如何應用在這個應用程式中。

5.5.2 　設定過濾器

　　在目前的微網誌應用程式，有些功能必須在使用者登入後才能使用，為了確認使用者是否登入，目前會在 Servlet 中看到類似以下的程式碼：

```
if(request.getSession().getAttribute("login") != null) {
    // 作一些登入使用者可以作的事
}
```

　　這樣的程式碼在數個 Servlet 重複出現，重複在設計上不是好事，這個檢查使用者是否登入的動作，可以在過濾器中進行，為此，可以設計以下的過濾器：

gossip AccessFilter.java

```
package cc.openhome.web;

...略

@WebFilter(
    urlPatterns = {
        "/member", "/member.view",
        "/new_message", "/del_message",
        "/logout"
    },
    initParams = {
        @WebInitParam(name = "LOGIN_PATH", value = "index.html")
    }
)
public class AccessFilter extends HttpFilter {
    private String LOGIN_PATH;

    public void init() throws ServletException {
        LOGIN_PATH = getInitParameter("LOGIN_PATH");     ←──❶登入頁面
    }

    public void doFilter(HttpServletRequest request,
                    HttpServletResponse response, FilterChain chain)
                        throws IOException, ServletException {

        if(request.getSession().getAttribute("login") == null) {
            response.sendRedirect(LOGIN_PATH);     ←──❷重新導向至登入頁面
        }
        else {
            chain.doFilter(request, response);     ←──❸只有在具備"login"屬性時，
                                                       才呼叫 doFilter()
```

```
        }
    }
}
```

如果使用者未登入，必須重新導向至登入頁面，登入頁面可透過初始參數來設置❶，登入成功的使用者，`HttpSession` 中會有"login"屬性，因此只有在具備"login"屬性時，才呼叫 `doFilter()`❸，讓請求可以往後由 Servlet 處理，沒有"login"屬性時，重新導向至登入頁面，讓使用者進行表單登入❷。

在 5.3.3 曾經示範過字元替換過濾器，將<、>角括號等置換為 HTML 實體字元，以避免使用者故意輸入 HTML 來做些惡意行為，如果這是你要的功能，可以將 5.3.3 中的過濾器範例，放到微網誌中使用，另一個處理方式則是，只允許使用者輸入特定的 HTML，像是粗體（`<b>`）、斜體（`<i>`）、刪除線（`<del>`）等，讓進階使用者擁有一些格式設定上的彈性。

如果想限制使用者可輸入的 HTML，除了自行撰寫，也可以利用 OWASP Java HTML Sanitizer[6]，自訂允許（或不允許）的 HTML 標籤策略，透過策略物件，可以濾除規則外的標籤（或字眼）。例如：

gossip　HtmlSanitizer.java

```java
package cc.openhome.web;

...略

import org.owasp.html.HtmlPolicyBuilder;
import org.owasp.html.PolicyFactory;

@WebFilter("/new_message")
public class HtmlSanitizer extends HttpFilter {
    private PolicyFactory policy;

    @Override
    public void init() throws ServletException {          ❶ 制訂策略
        policy = new HtmlPolicyBuilder()
                    .allowElements("a", "b", "i", "del", "pre", "code")
                    .allowUrlProtocols("http", "https")
                    .allowAttributes("href").onElements("a")
                    .requireRelNofollowOnLinks()
```

---

[6] OWASP Java HTML Sanitizer：github.com/OWASP/java-html-sanitizer

```
                    .toFactory();
    }

    private class SanitizerWrapper extends HttpServletRequestWrapper {
        public SanitizerWrapper(HttpServletRequest request) {
            super(request);
        }

        @Override
        public String getParameter(String name) {
            return Optional.ofNullable(getRequest().getParameter(name))
                        .map(policy::sanitize)
                        .orElse(null);
        }
    }

    @Override
    protected void doFilter(HttpServletRequest request,
            HttpServletResponse response, FilterChain chain)
                throws IOException, ServletException {


        chain.doFilter(new SanitizerWrapper(request), response);
    }
}
```

❷ 請求包裹器，會對請求
參數進行過濾

❸ 包裹原請求物件

　　在建立策略時，可以使用 HtmlPolicyBuilder 以流暢風格來逐一建構，只有指定的 HTML 標籤，才可以在發表微網誌訊息時使用，最後透過 toFactory() 傳回 PolicyFactory❶，為了使用 PolicyFactory 來過濾請求參數，範例中定義了請求包裹器❷，最後在過濾器的 doFilter() 方法中，建立請求包裹器來包裹原請求物件❸。

5.5.3　重構微網誌

　　由於先前將一些使用者訊息 I/O 的職責，集中在 UserService 物件，原先幾個自行負責使用者資訊 I/O 的 Servlet，將改用 UserService 物件的公開方法，但在這之前必須先想想，各個 Servlet 如何取得 UserService 物件？何時產生 UserService？

　　由於 UserService 是數個 Servlet 都會使用到的物件，而且本身不具備狀態，可考慮將 UserService 作為整個應用程式都能取用的服務物件，因此可將 UserService 物件存放在 ServletContext 屬性中，在應用程式初始時，建立

UserService 物件，存放在 ServletContext 中作為屬性，這個需求可透過實作 ServletContextListener 來實現：

gossip　GossipInitializer.java

```java
package cc.openhome.web;

import javax.servlet.ServletContextEvent;
import javax.servlet.ServletContextListener;
import javax.servlet.annotation.WebListener;
import cc.openhome.model.UserService;

@WebListener
public class GossipInitializer implements ServletContextListener {
    public void contextInitialized(ServletContextEvent sce) {
        var context = sce.getServletContext();
        var USERS = context.getInitParameter("USERS");
        context.setAttribute("userService", new UserService(USERS));
    }
}
```

使用者根資料夾可透過 ServletContext 初始參數設置，因此建立 web.xml 設定如下：

gossip　web.xml

```xml
<?xml version="1.0" encoding="UTF-8"?>
<web-app ...略>

    <context-param>
        <param-name>USERS</param-name>
        <param-value>c:/workspace/gossip/users</param-value>
    </context-param>

</web-app>
```

接下來就是調整各 Servlet 的原始碼，最主要的修改，就是刪除原本於各 Servlet 中負責使用者訊息處理的 I/O 程式碼，改從 ServletContext 取得 UserService，並呼叫所需的公開方法，以及拿掉檢查使用者是否登入的程式碼，因為這個部分已經由 5.5.2 設計的 AccessFilter 負責，另外，一些頁面路徑資訊，改從 Servlet 初始參數取得。

　　為了節省篇幅，以下僅列出修改後有差異的部分程式碼，詳細程式碼請參考範例檔案。首先是註冊時的 Servlet：

```
gossip  Register.java

package cc.openhome.controller;
...
@WebServlet(
    urlPatterns={"/register"},
    initParams={
        @WebInitParam(name = "SUCCESS_PATH", value = "register_success.view"),
        @WebInitParam(name = "ERROR_PATH", value = "register_error.view")
    }
)
public class Register extends HttpServlet {
    private String SUCCESS_PATH;
    private String ERROR_PATH;

    private UserService userService;

    @Override
    public void init() throws ServletException {
        SUCCESS_PATH = getInitParameter("SUCCESS_PATH");
        ERROR_PATH = getInitParameter("ERROR_PATH");
        userService =
                (UserService) getServletContext().getAttribute("userService");
    }
    ...

    protected void doPost(HttpServletRequest request,
                            HttpServletResponse response)
                    throws ServletException, IOException {
        ...
        String path;
        if(errors.isEmpty()) {
            path = SUCCESS_PATH;
            userService.tryCreateUser(email, username, password);
        } else {
            path = ERROR_PATH;
            request.setAttribute("errors", errors);
        }

        request.getRequestDispatcher(path).forward(request, response);
    }
    ...
}
```

以下是登入用的 Servlet：

```
gossip Login.java
```

```java
package cc.openhome.controller;
...
@WebServlet(
    urlPatterns={"/login"},
    initParams={
        @WebInitParam(name = "SUCCESS_PATH", value = "member"),
        @WebInitParam(name = "ERROR_PATH", value = "index.html")
    }
)
public class Login extends HttpServlet {
    private String SUCCESS_PATH;
    private String ERROR_PATH;

    private UserService userService;

    @Override
    public void init() throws ServletException {
        SUCCESS_PATH = getInitParameter("SUCCESS_PATH");
        ERROR_PATH = getInitParameter("ERROR_PATH");
        userService =
                (UserService) getServletContext().getAttribute("userService");
    }

    protected void doPost(HttpServletRequest request,
                          HttpServletResponse response)
                            throws ServletException, IOException {
        ...
        String page;
        if(isInputted(username, password) &&
              userService.login(username, password)) {
            if(request.getSession(false) != null) {
                request.changeSessionId();
            }
            request.getSession().setAttribute("login", username);
            page = SUCCESS_PATH;
        } else {
            page = ERROR_PATH;
        }

        response.sendRedirect(page);
    }

    ...略
}
```

　　進行登出的 Servlet 主要是改用 Servlet 初始參數設定登入表單的 URI，拿掉檢查 HttpSession 是否有 "login" 屬性的程式碼。

gossip Logout.java

```
package cc.openhome.controller;
...
@WebServlet(
    urlPatterns={"/logout"},
    initParams={
        @WebInitParam(name = "LOGIN_PATH", value = "index.html")
    }
)
public class Logout extends HttpServlet {
    private String LOGIN_PATH;

    @Override
    public void init() throws ServletException {
        LOGIN_PATH = getInitParameter("LOGIN_PATH");
    }

    protected void doGet(HttpServletRequest request,
                        HttpServletResponse response)
                            throws ServletException, IOException {
        request.getSession().invalidate();
        response.sendRedirect(LOGIN_PATH);
    }
}
```

　　新增訊息的 Servlet 修改後的重點部分如下：

gossip NewMessage.java

```
package cc.openhome.controller;
...
@WebServlet(
    urlPatterns={"/new_message"},
    initParams={
        @WebInitParam(name = "MEMBER_PATH", value = "member")
    }
)
public class NewMessage extends HttpServlet {
    private String MEMBER_PATH;

    private UserService userService;

    @Override
    public void init() throws ServletException {
        MEMBER_PATH = getInitParameter("MEMBER_PATH");
        userService =
```

```
            (UserService) getServletContext().getAttribute("userService");
    }

    protected void doPost(HttpServletRequest request,
                          HttpServletResponse response)
                           throws ServletException, IOException {
        ...
        if(blabla == null || blabla.length() == 0) {
            response.sendRedirect(MEMBER_PATH);
            return;
        }

        if(blabla.length() <= 140) {
            userService.addMessage(getUsername(request), blabla);
            response.sendRedirect(MEMBER_PATH);
        }
        else {
            request.getRequestDispatcher(MEMBER_PATH)
                    .forward(request, response);
        }
    }
    ...
}
```

刪除訊息的 Servlet 如下：

gossip DelMessage.java

```
package cc.openhome.controller;
...
@WebServlet(
    urlPatterns={"/del_message"},
    initParams={
        @WebInitParam(name = "MEMBER_PATH", value = "member")
    }
)
public class DelMessage extends HttpServlet {
    private String MEMBER_PATH;

    private UserService userService;

    @Override
    public void init() throws ServletException {
        MEMBER_PATH = getInitParameter("MEMBER_PATH");
        userService =
                (UserService) getServletContext().getAttribute("userService");
    }

    protected void doGet(HttpServletRequest request,
                         HttpServletResponse response)
                             throws ServletException, IOException {
```

```
        var millis = request.getParameter("millis");

        if(millis != null) {
            userService.deleteMessage(getUsername(request), millis);
        }

        response.sendRedirect(MEMBER_PATH);
    }
    ...
}
```

會員網頁的 Servlet 如下所示：

gossip Member.java

```
package cc.openhome.view;
...
@WebServlet(
    urlPatterns={"/member"},
    initParams={
        @WebInitParam(name = "MEMBER_PATH", value = "member.view")
    }
)
public class Member extends HttpServlet {
    private String MEMBER_PATH;

    private UserService userService;

    @Override
    public void init() throws ServletException {
        MEMBER_PATH = getInitParameter("MEMBER_PATH");
        userService =
                (UserService) getServletContext().getAttribute("userService");
    }

    protected void processRequest(HttpServletRequest request,
                                  HttpServletResponse response)
                                    throws ServletException, IOException {
        request.setAttribute("messages",
                    userService.messages(getUsername(request)));
        request.getRequestDispatcher(MEMBER_PATH)
            .forward(request, response);
    }
    ...
}
```

原本未修改前，只有控制器與視圖，在相關職責集中至 UserService 後，
UserService 就擔任模型的角色，而各 Servlet 專心負責取得請求參數、驗證請求

參數、轉發請求等職責，擔任視圖的 Member，亦從 UserService 中取得訊息資料並加以顯示。

　　經過這些修改後，可以略為看出 MVC/Model 2 的雛形與流程，目前視圖的部分，仍由 Servlet 來負責，之後學到 JSP、JSTL 後，會用 JSP 與 JSTL 等來改寫目前負責畫面顯示的部分，就可以更看到 MVC/Model 2 的樣貌與好處，之後改用支援 MVC/Model 2 的 Web 框架時，遷移上也會容易許多。

5.6　重點複習

　　Servlet 介面上，與生命週期及請求服務相關的三個方法是 init()、service() 與 destroy() 方法。當 Web 容器載入 Servlet 類別並實例化之後，會生成 ServletConfig 物件並呼叫 init() 方法，將 ServletConfig 物件當作參數傳入。ServletConfig 相當於 Servlet 在 web.xml 中的設定代表物件，可以利用它來取得 Servlet 初始參數。

　　GenericServlet 同時實作了 Servlet 及 ServletConfig。主要的目的，就是將初始 Servlet 呼叫 init() 方法傳入的 ServletConfig 封裝起來。

　　希望撰寫的程式碼在 Servlet 初始化時執行，要重新定義無參數的 init() 方法，而不是有 ServletConfig 參數的 init() 方法或建構式。

　　ServletConfig 上還定義了 getServletContext() 方法，這可以取得 ServletContext 實例，這個物件代表了整個 Web 應用程式，可以從這個物件取得 ServletContext 初始參數，或是設定、取得、移除 ServeltContext 屬性。

　　每個 Web 應用程式都會有一個相對應的 ServletContext，針對應用程式初始化時需用到的一些參數資料，可以在 web.xml 中設定應用程式初始參數，設定時使用 <context-param> 標籤來定義。每一對初始參數要使用一個 <context-param> 來定義。

　　在整個 Web 應用程式生命週期，Servlet 需共用的資料，可以設定為 ServletContext 屬性。由於 ServletContext 在 Web 應用程式存活期間都會一直存在，設定為 ServletContext 屬性的資料，除非主動移除，否則也是一直存活於 Web 應用程式之中。

傾聽器顧名思義，就是可聆聽某些事件的發生，然後進行些想作的事情。在 Servlet/JSP 中，如果想在 ServletRequest、HttpSession 與 ServletContext 物件建立、銷毀時收到通知，可以實作以下相對應的傾聽器：

- ServletRequestListener
- HttpSessionListener
- ServletContextListener

Servlet/JSP 中可以設定屬性的物件有 ServletRequest、HttpSession 與 ServletContext。如果想在這些物件被設定、移除、替換屬性時收到通知，可以實作以下相對應的傾聽器：

- ServletRequestAttributeListener
- HttpSessionAttributeListener
- ServletContextAttributeListener

Servlet/JSP 中如果某個物件即將加入 HttpSession 中成為屬性，而想要該物件在加入 HttpSession、從 HttpSession 移除、HttpSession 物件在 JVM 間遷移時收到通知，可以在將成為屬性的物件上，實作以下相對應的傾聽器：

- HttpSessionBindingListener
- HttpSessionActivationListener

在 Servlet/JSP 中要實作過濾器，必須實作 Filter 介面，並在 web.xml 中定義過濾器，讓容器知道載入哪個過濾器類別。Filter 介面有三個要實作的方法，init()、doFilter()與 destroy()，三個方法的作用與 Servlet 介面的 init()、service()與 destroy()類似。

Filter 介面的 init()方法上參數是 FilterConfig，FilterConfig 為過濾器定義的代表物件，可以透過 FilterConfig 的 getInitParameter()方法來取得初始參數。

當請求來到過濾器時，會呼叫 Filter 介面的 doFilter()方法，doFilter()上除了 ServletRequest 與 ServletResponse 之外，還有一個 FilterChain 參數。如果呼叫了 FilterChain 的 doFilter()方法，就會執行下一個過濾器，如果沒有下一個過濾器了，就呼叫請求目標 Servlet 的 service()方法。如果因為某個條件（例如使用者沒有通過驗證）而不呼叫 `FilterChain` 的 `doFilter()`，請求就不會繼續至目標 Servlet，這時就是所謂的攔截請求。

在實作 `Filter` 時，不用理會這個 `Filter` 前後是否有其他 `Filter`，完全作為一個獨立的元件進行設計。

在 Servlet 4.0 中，新增了 `GenericFilter` 類別，目的類似於 `GenericServlet`，`GenericFilter` 將 `FilterConfig` 的設定、`Filter` 初始參數的取得做了封裝，也新增了 `HttpFilter`，繼承自 `GenericFilter`，對於 HTTP 方法的處理，新增了另一個版本的 `doFilter()` 方法等。

對於容器產生的 `HttpServletRequest` 物件，無法直接修改某些資訊，像是請求參數值。可以繼承 `HttpServletRequestWrapper` 類別（父類別 `ServletRequestWrapper`），並撰寫想要重新定義的方法。對於 `HttpServletResponse` 物件，可以繼承 `HttpServletResponseWrapper` 類別（父類別 `ServletResponseWrapper`）來對 `HttpServletResponse` 物件進行包裹。

📖✎ 課後練習

實作題

1. 請擴充 5.2.2 節的範例，不僅統計線上人數，還可以在頁面上顯示目前登入使用者的名稱、瀏覽器資訊、最後活動時間。

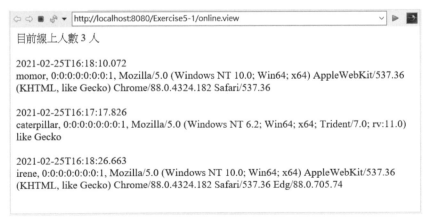

圖 5.12　線上使用者資訊

2. 在 5.2.2 中，使用 `HttpSessionBindingListener` 在使用者登入後，進行資料庫查詢功能，請改用 `HttpSessionAttributeListener` 來實作這個功能。

3. 你的應用程式不允許使用者輸入 HTML 標籤，但可以允許使用者輸入一些代碼做些簡單的樣式。例如：

   - `[b]`粗體`[/b]`
   - `[i]`斜體`[/i]`
   - `[big]`放大字體`[/big]`
   - `[small]`縮小字體`[/small]`

   HTML 的過濾功能，可以直接使用 5.3.3 開發的字元替換過濾器，並基於該字元過濾器進行擴充。

4. 在 5.3.3 開發的字元替換過濾器，繼承 `HttpServletRequestWrapper` 後僅重新定義了 `getParameter()` 方法，事實上為了完整性，`getParameterValues()`、`getParameterMap()`等方法也要重新定義，請加強 5.3.3 的字元替換過濾器，針對 `getParameterValues()`、`getParameterMap()`重新定義。

使用 JSP

6

CHAPTER

6.1 從 JSP 到 Servlet

在 Servlet 中撰寫 HTML 實在太麻煩了，實際上應該使用 JSP（JavaServer Pages）。儘管 JSP 中可以直接撰寫 HTML、使用了指示、宣告、指令稿（scriptlet）等元素來堆砌各種功能，但 JSP 最後還是成為 Servlet。只要了解 Servlet 特性，撰寫 JSP 就不會被這些元素迷惑。

這個小節將介紹 JSP 的生命週期，了解各種元素的使用方式，以及一些元素與 Servlet 中各物件的對應。

6.1.1 JSP 生命週期

JSP 與 Servlet 是一體兩面，Servlet 能做到的功能，JSP 基本上也能達成，因為 JSP 最後會被容器轉譯為 Servlet 原始碼、自動編譯為.class 檔案、載入.class 檔案然後生成 Servlet 物件。

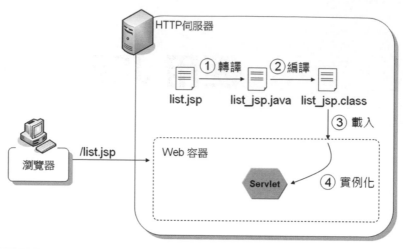

圖 6.1 從 JSP 到 Servlet

在 1.2.2 曾經稍微提過 JSP 與 Servlet 的關係，這邊再以下面這個簡單的 JSP 作為範例：

```
<%@page import="java.time.LocalDateTime"%>
<%@page contentType="text/html; charset=UTF-8" pageEncoding="UTF-8"%>
<!DOCTYPE html>
<html>
    <head>
        <meta charset="UTF-8">
        <title>JSP 範例文件</title>
    </head>
    <body>
        <!-- 這邊會依 Web 網站的時間而產生不同的回應 -->
        <%= LocalDateTime.now() %>
    </body>
</html>
```

在第一次請求 JSP 時，容器會進行轉譯、編譯與載入的動作。以上面這個 JSP 為例，若使用 Tomcat 9 作為 Web 容器，由容器轉譯後的 Servlet 類別如下所示：

```
package org.apache.jsp;

import javax.servlet.*;
import javax.servlet.http.*;
import javax.servlet.jsp.*;
import java.time.LocalDateTime;

public final class time_jsp extends org.apache.jasper.runtime.HttpJspBase
```

```java
    implements org.apache.jasper.runtime.JspSourceDependent,
            org.apache.jasper.runtime.JspSourceImports {

    // 略...

  public void _jspInit() {
  }

  public void _jspDestroy() {
  }

  public void _jspService(final javax.servlet.http.HttpServletRequest request,
final javax.servlet.http.HttpServletResponse response)
      throws java.io.IOException, javax.servlet.ServletException {

    final java.lang.String _jspx_method = request.getMethod();
    if (!"GET".equals(_jspx_method) && !"POST".equals(_jspx_method)
&& !"HEAD".equals(_jspx_method)
&& !javax.servlet.DispatcherType.ERROR.equals(request.getDispatcherType())) {
      response.sendError(HttpServletResponse.SC_METHOD_NOT_ALLOWED, "JSPs only
permit GET POST or HEAD");
      return;
    }
    // 略...
    try {
      response.setContentType("text/html; charset=UTF-8");
      pageContext = _jspxFactory.getPageContext(this, request, response,
                  null, true, 8192, true);
      // 略...
      out = pageContext.getOut();
      _jspx_out = out;

      out.write("\r\n");
      out.write("\r\n");
      out.write("<!Doctype html>\r\n");
      out.write("<html>\r\n");
      out.write("    <head>\r\n");
      out.write("        <meta charset=\"UTF-8\">\r\n");
      out.write("        <title>JSP 範例文件</title>\r\n");
      out.write("    </head>\r\n");
      out.write("    <body>\r\n");
      out.write("        ");
      out.print( LocalDateTime.now() );
      out.write("\r\n");
      out.write("    </body>\r\n");
      out.write("</html>");
    } catch (java.lang.Throwable t) {
        // 略...
    } finally {
```

```
        _jspxFactory.releasePageContext(_jspx_page_context);
    }
  }
}
```

基於篇幅限制，僅列出重要的程式碼，請將目光集中在 _jspInit() 、
_jspDestroy() 與 _jspService() 三個方法。

從 Java EE 7 的 JSP 2.3 開始，JSP 只接受 GET、POST、HEAD 請求，這可以在
_jspService() 一開頭就看到：

```
...
    if (!"GET".equals(_jspx_method) && !"POST".equals(_jspx_method)
&& !"HEAD".equals(_jspx_method)
&& !javax.servlet.DispatcherType.ERROR.equals(request.getDispatcherType())) {
        response.sendError(HttpServletResponse.SC_METHOD_NOT_ALLOWED, "JSPs only
permit GET POST or HEAD");
        return;
    }
...
```

在撰寫 Servlet 時，可以重新定義 init() 進行 Servlet 的初始化，重新定義
destroy() 進行 Servlet 銷毀前的收尾工作。JSP 在轉譯為 Servlet、載入容器生成
物件後，從上面的原始碼看來，容器會呼叫 _jspInit() 進行初始化，銷毀前會呼
叫 _jspDestroy() 方法進行善後工作。在 Servlet 中，每個請求到來時，容器會呼
叫 service() 方法，而 JSP 轉譯為 Servlet 後，是呼叫 _jspService() 方法。

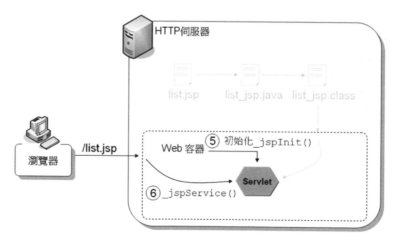

圖 6.2 JSP 的初始化與服務方法

　　為何是分別呼叫_jspInit()、_jspDestroy()與_jspService()？如果使用Tomcat，由於轉譯後的 Servlet 繼承 HttpJspBase 類別，開啟該類別的原始碼，就可以發現為什麼。

```
package org.apache.jasper.runtime;
...略
public abstract class HttpJspBase extends HttpServlet implements HttpJspPage {

    ...略

    @Override
    public final void init(ServletConfig config)
        throws ServletException
    {
        super.init(config);
        jspInit();
        _jspInit();
    }

    @Override
    public String getServletInfo() {
        return Localizer.getMessage("jsp.engine.info");
    }

    @Override
    public final void destroy() {
        jspDestroy();
        _jspDestroy();
    }

    @Override
    public final void service(HttpServletRequest request, HttpServletResponse response)
        throws ServletException, IOException
    {
        _jspService(request, response);
    }

    @Override
    public void jspInit() {}

    public void _jspInit() {}

    @Override
    public void jspDestroy() {}

    protected void _jspDestroy() {}

    @Override
    public abstract void _jspService(HttpServletRequest request,
```

```
                                        HttpServletResponse response)
            throws ServletException, IOException;
}
```

HttpJspPage 介 面 規 範 了 jspInit()、jspDestroy() 與 _jspService() 方法，
HttpJspBase 的 init() 呼叫了 **jspInit()** 與 _jspInit()，之後會學到如何在 JSP 中定
義方法，若想在 JSP 網頁載入時做些初始動作，應該重新定義的是 **jspInit()** 方
法。同樣地，Servlet 的 destroy() 呼叫了 **jspDestroy()** 與 _jspDestroy()，若想要作
做些收尾動作，應該重新定義 **jspDestroy()** 方法。

service() 方法中呼叫了 _jspService() 方法，在 JSP 轉譯後的 Servlet 原始碼
中，可看到定義的程式碼是轉譯在 _jspService()，因此會在請求來到時執行。

> **注意 》》** 之 後 會 學 到 如 何 JSP 定 義 方 法 。 注 意 到 _jspInit()、_jspDestroy() 與
> _jspService() 方法名稱上有個底線，表示這些方法是由容器轉譯時維護，不應
> 該重新定義這些方法。

在先前轉譯過後的 hello_jsp 中，可以看到 request、response、pageContext、
session、application、config、out、page 等變數，這些變數對應於 JSP 中的隱含
物件（Implicit object），之後還會加以說明。

6.1.2　Servlet 至 JSP 的簡單轉換

Servlet 與 JSP 是一體兩面，JSP 會轉換為 Servlet，然而 JSP 應用於實作畫
面呈現，接下來會將顯示畫面的 Servlet 轉換為 JSP，從中了解各元素的對照。
假設原本有個 Servlet 負責畫面顯示如下：

```
package cc.openhome.view;

import cc.openhome.model.Bookmark;
import cc.openhome.model.BookmarkService;
import java.io.*;
import java.util.*;
import javax.servlet.*;
import javax.servlet.http.*;

public class ListBookmark extends HttpServlet {
    @Override
    protected void doGet(HttpServletRequest request,
                         HttpServletResponse response)
                    throws ServletException, IOException {
```

```
        response.setContentType("text/html;charset=UTF-8");
        PrintWriter out = response.getWriter();
        out.println("<!DOCTYPE html>");
        out.println("<html>");
        out.println("<head>");
        out.println("<meta charset='UTF-8'>");
        out.println("<title>觀看線上書籤</title>");
        out.println("</head>");
        out.println("<body>");
        out.println(
            "<table style='text-align: left; width: 100%;' border='0' >");
        out.println("  <tbody>");
        out.println("  <tr>");
        out.println(
        "  <td style='background-color: rgb(51, 255, 255); '>網頁</td>");
        out.println(
        "  <td style='background-color: rgb(51, 255, 255); '>分類</td>");
        out.println("  </tr>");

        BookmarkService bookmarkService = (BookmarkService)
                getServletContext().getAttribute("bookmarkService");
        for(Bookmark bookmark : bookmarkService.getBookmarks()) {
            out.println("    <tr>");
            out.println("      <td><a href='https://" + bookmark.getUrl() +
            "'>" + bookmark.getTitle() + "</a></td>");
            out.println("      <td>" + bookmark.getCategory() + "</td>");
            out.println("    </tr>");
        }
        out.println("  </tbody>");
        out.println("</table>");
        out.println("</body>");
        out.println("</html>");
        out.close();
    }
}
```

你可以建立一個檔案，副檔名為.jsp，先把 doGet()中全部程式碼貼上，接著看到第一行：

```
response.setContentType("text/html;charset=UTF-8");
```

這可以使用**指示（Directive）**元素在 JSP 頁面的第一行寫下：

```
<%@page contentType="text/html" pageEncoding="UTF-8"%>
```

這告訴容器在將 JSP 轉換為 Servlet 時，使用 UTF-8 讀取.jsp 轉譯為.java，然後編譯時使用 UTF-8，並設定內容型態為 text/html。

接著以下這行可以直接刪除，JSP 有**隱含物件（Implicit object）**，out 就是其中一個隱含物件名稱。

```
PrintWriter out = response.getWriter();
```

接著原先 out.println() 的部分，只要保留字串值，也就是修改如下：

```
<!DOCTYPE html>
<html>
    <head>
        <meta charset='UTF-8'>
        <title>觀看線上書籤</title>
    </head>
    <body>
        <table style='text-align: left; width: 100%;' border='0'>
            <tbody>
                <tr>
                    <td style='background-color: rgb(51, 255, 255); '>網頁</td>
                    <td style='background-color: rgb(51, 255, 255); '>分類</td>
                </tr>
```

在轉譯為 java 後，每一行文字都會使用 out.write() 來輸出，這就是使用 JSP 處理畫面的好處，不必用 "" 包括字串來輸出 HTML。接下來的部分：

```
BookmarkService bookmarkService =
    (BookmarkService) getServletContext().getAttribute("bookmarkService");
for(Bookmark bookmark : bookmarkService.getBookmarks()) {
```

可以直接用 **Scriptlet 元素**，也就是用 <% 與 %> 包括起來，在 JSP 中要撰寫 Java 程式碼，就是這麼做的：

```
<%
    BookmarkService bookmarkService =
        (BookmarkService) application.getAttribute("bookmarkService");
    for(Bookmark bookmark : bookmarkService.getBookmarks()) {
%>
```

在上面可以看到，ServletContext 的取得，在 JSP 中是透過 application 隱含物件，而 BookmarkService 與 Bookmark，完整名稱其實必須包括 cc.openhome.model 套件名稱，在 JSP 中，若要做到與 Servlet 中 import 同樣的目的，可以使用指示元素，告訴容器轉譯時，必須包括的 import 語句，也就是在 JSP 的開頭寫下：

```
<%@page import="cc.openhome.model.*, java.util.*" %>
```

再來的這些程式碼：

```
out.println("      <tr>");
out.println("         <td><a href='https://" +
    bookmark.getUrl() + "'>" + bookmark.getTitle() + "</a></td>");
out.println("         <td>" + bookmark.getCategory() + "</td>");
out.println("      </tr>");
```

這當中夾雜了 HTML 與 Java 物件取值的動作，這可以轉換為以下：

```
<tr>
    <td><a href='https://<%= bookmark.getUrl() %>'>
          <%= bookmark.getTitle() %></a></td>
     <td><%= bookmark.getCategory() %></td>
</tr>
```

HTML 的部分直接撰寫即可，若要顯示 Java 程式碼運算後的值，雖然使用 `<% out.write(bookmark.getUrl()); %>` 也可以，不過透過**運算（Expression）元素**會更為方便，也就是 `<%=` 與 `%>` 來包括。

接著注意到，之前用 `<%` 與 `%>` 包括的部分，`for` 迴圈的區塊語法並沒有完成，因為還少了個 `}`，所以必須再補上：

```
<%
    }
%>
```

最後看到的程式碼：

```
out.println("   </tbody>");
out.println("</table>");
out.println("</body>");
out.println("</html>");
out.close();
```

可以在 JSP 中直接寫下：

```
        </tbody>
      </table>
    </body>
</html>
```

完成的 JSP 頁面完整結果如下：

```
<%@page contentType="text/html" pageEncoding="UTF-8"%>
<%@page import="cc.openhome.model.*, java.util.*" %>
<!DOCTYPE html>
<html>
    <head>
```

```
            <meta charset='UTF-8'>
            <title>觀看線上書籤</title>
        </head>
        <body>
            <table style='text-align: left; width: 100%;' border='0'>
                <tbody>
                    <tr>
                        <td style='background-color: rgb(51, 255, 255);'>網頁</td>
                        <td style='background-color: rgb(51, 255, 255);'>分類</td>
                    </tr>
<%
    BookmarkService bookmarkService =
        (BookmarkService) application.getAttribute("bookmarkService");
    for(Bookmark bookmark : bookmarkService.getBookmarks()) {
%>
                    <tr>
                        <td><a href='https://<%= bookmark.getUrl()%>'>
                            <%= bookmark.getTitle()%></a></td>
                        <td><%= bookmark.getCategory()%></td>
                    </tr>
<%
    }
%>
                </tbody>
            </table>
        </body>
</html>
```

　　雖然 HTML 與 Java 程式碼夾雜的情況仍在，但至少 HTML 撰寫的部分輕鬆多了，如果想進一步消除 Java 程式碼，可以嘗試使用 JSTL 之類的自訂標籤，這會第 7 章說明。

　　每個 JSP 中的元素，都可以對照至 Servlet 中某個元素或程式碼，像是指示元素、隱含元素、Scriptlet 元素、運算元素等，都與 Servlet 有實際的對應，因此要了解 JSP，必先了解 Servlet，有機會的話，嘗試觀看 JSP 轉譯後的 Servlet 程式碼，可以更進一步了解兩者的關係。

6.1.3　指示元素

　　JSP 指示（Directive）元素的作用，在於指示容器將 JSP 轉譯為 Servlet 原始碼時，一些必須遵守的資訊。指示元素的語法如下所示：

```
<%@ 指示類型 [屬性="值"]* %>
```

JSP 有三種常用的指示類型：**page**、**include** 與 **taglib**。page 指示如何轉譯 JSP 網頁。include 告知容器，包括指定的 JSP 頁面進行轉譯。taglib 指示如何轉譯這個頁面中的標籤庫（Tag Library）。在這邊先說明 page 與 include 指示類型，taglib 會在第 7 章時談到。

指示元素可以指定屬性/值，必要時，同一指示類型可以用數個指示元素來設定。直接以實際的例子來說明比較清楚。首先說明 page 指示類型：

JSP page.jsp

```jsp
<%@page import="java.time.LocalDateTime"%>
<%@page contentType="text/html" pageEncoding="UTF-8"%>
<!DOCTYPE html>
<html>
    <head>
        <meta charset="UTF-8">
        <title>Page 指示元素</title>
    </head>
    <body>
        <h1>現在時間: <%= LocalDateTime.now() %> </h1>
    </body>
</html>
```

上例使用了 page 指示類型的 **import**、**contentType** 與 **pageEncoding** 三個屬性。

page 指示類型的 import 屬性告知容器轉譯 JSP 時，必須在原始碼中包括的 import 陳述，範例中的 import 屬性在轉譯後會產生：

```
import java.time.LocalDateTime;
```

也可以在同一個 import 屬性中，使用逗號分隔數個 import 的內容：

```
<%@page import="java.time.LocalDateTime,cc.openhome.*" %>
```

page 指示類型的 contentType 屬性告知容器轉譯 JSP 時，必須使用 HttpServletResponse 的 setContentType()，呼叫方法時傳入的參數就是 contentType 的屬性值。pageEncoding 屬性告知這個 JSP 網頁的文字編碼，以及內容類型附加的 charset 設定。如果 JSP 包括非 ASCII 編碼範圍中的字元（如中文），要指定正確的編碼格式，才不會出現亂碼。根據範例中 contentType 與 pageEncoding 屬性的設定，轉譯後的 Servlet 原始碼必須包括這行程式碼：

```
response.setContentType("text/html;charset=UTF8");
```

在使用 page 類型時可以逐行撰寫，也可以撰寫在同一個元素之中，例如：

```
<%@page import="java.time.LocalDateTime"
    contentType="text/html" pageEncoding="UTF-8" %>
```

import、contentType 與 pageEncoding 是最常用到的三個屬性。page 指示類型還有一些可能用到的屬性。

- info 屬性

  設定 JSP 頁面基本資訊，這個資訊可以使用 Servlet 的 getServletInfo() 取得。

- autoFlush 屬性

  設定是否自動出清輸出串流，預設是 true。如果設為 false，而緩衝區滿了卻還沒呼叫 flush()，將會引發例外。

- buffer 屬性

  設定輸出串流緩衝區大小，設定時必須指定單位，例如 buffer="16kb"，預設是"8kb"。

- errorPage 屬性

  用於設定 JSP 執行錯誤而產生例外時，該轉發哪個頁面，這在稍後介紹「錯誤處理」時會加以說明。

- isErrorPage 屬性

  設定是否處理例外，要配合 errorPage 使用，稍後 6.1.7 節介紹「錯誤處理」時會說明。

- session 屬性

  設定轉譯後的 Servlet 原始碼中，是否具有建立 HttpSession 物件的陳述句。預設是 true，若某些頁面不需做會話管理，可以設成 false。

- isELIgnored

  設定是否忽略運算式語言（Expression Language），預設是 false，如果設定為 true，不轉譯運算式語言。這個設定會覆蓋 web.xml 中的 <el-ignored>設定，運算式語言將於 6.3 節介紹。

接著介紹 include 指示類型，它告知容器，包括指定的 JSP 頁面進行轉譯。直接來看個範例：

JSP main.jsp

```
<%@page contentType="text/html" pageEncoding="UTF-8"%>
<%@include file="/WEB-INF/jspf/header.jspf"%>
    <h1>include 示範本體</h1>
<%@include file="/WEB-INF/jspf/footer.jspf"%>
```

上面這個程式在第一次執行時，將會把 header.jspf 與 foot.jspf 的內容包括進來作轉譯。假設這兩個檔案的內容分別是：

JSP header.jspf

```
<%@page pageEncoding="UTF-8" %>
<!DOCTYPE html>
<html>
    <head>
        <meta charset="UTF-8">
        <title>include 示範開頭</title>
    </head>
    <body>
```

JSP foot.jspf

```
<%@page pageEncoding="UTF-8" %>
    </body>
</html>
```

實際執行時，容器會組合 main.jsp、header.jspf 與 footer.jspf 的內容後，再轉譯為 Servlet，也就是說，相當於轉譯這個 JSP：

```
<%@page contentType="text/html" pageEncoding="UTF-8"%>
<!DOCTYPE html>
<html>
    <head>
        <meta charset="UTF-8">
        <title>include 示範開頭</title>
    </head>
    <body>
    <h1>include 示範本體</h1>
    </body>
</html>
```

最後只會生成一個 Servlet（而不是三個），也就是說，使用指令元素 include 來包括其他網頁內容時，轉譯時期就決定轉譯後的 Servlet 內容，是一種靜態的含括方式。

之後會談到 `<jsp:include>` 標籤的使用，它是執行時期動態包括其他網頁執行流程的方式，使用 `<jsp:include>` 的網頁與被 `<jsp:include>` 包括的網頁，各自是獨立的 Servlet。

可以在 web.xml 中統一預設的網頁編碼、內容類型、緩衝區大小等，例如：

```
<web-app ...>
    ...
    <jsp-config>
        <jsp-property-group>
            <url-pattern>*.jsp</url-pattern>
            <page-encoding>UTF-8</page-encoding>
            <default-content-type>text/html</default-content-type>
            <buffer>16kb</buffer>
        </jsp-property-group>
    </jsp-config>
</web-app>
```

也可以宣告指定的 JSP 開頭與結尾要包括的網頁：

```
<web-app ...>
    ...
    <jsp-config>
        <jsp-property-group>
            <url-pattern>*.jsp</url-pattern>
            <include-prelude>/WEB-INF/jspf/pre.jspf</include-prelude>
            <include-coda>/WEB-INF/jspf/coda.jspf</include-coda>
        </jsp-property-group>
    </jsp-config>
</web-app>
```

另外，注意到指示元素如果如下撰寫：

```
<%@page import="java.time.LocalDateTime" %>
<%@page contentType="text/html" pageEncoding="UTF-8"%>
Hello!
```

在撰寫 JSP 指示元素時，換行了兩次，這兩次換行的字元也會輸出，最後產生的 HTML，會有兩個換行字元，接著才是「Hello!」這個字串輸出，一般來說這不會有什麼問題，如果想要忽略這樣的換行，可以在 web.xml 中設定：

```
<web-app ...>
    ...
    <jsp-config>
        <jsp-property-group>
            <url-pattern>*.jsp</url-pattern>
            <trim-directive-whitespaces>true</trim-directive-whitespaces>
        </jsp-property-group>
    </jsp-config>
</web-app>
```

6.1.4　宣告、Scriptlet 與運算式元素

　　JSP 會轉譯為 Servlet，轉譯後應該包括哪些類別成員、方法宣告或陳述句，在撰寫 JSP 時，可以使用**宣告（Declaration）元素**、**Scriptlet 元素**及**運算式（Expression）元素**來指定。

　　首先來看到宣告元素的語法：

```
<%! 類別成員宣告或方法宣告 %>
```

　　在<%!與%>之間宣告的程式碼，將轉譯為 Servlet 中的類別成員或方法，會稱為宣告元素，是指它用來宣告類別成員與方法。舉例來說，若在 JSP 撰寫以下片段：

```
<%!
    String name = "caterpillar";
    String password = "123456";

    boolean checkUser(String name, String password) {
        return this.name.equals(name) &&
                this.password.equals(password);
    }
%>
```

　　轉譯後的 Servlet，將會有以下的內容：

```
package org.apache.jsp;
...略
public final class index_jsp ...略 {
    String name = "caterpillar";
    String password = "123456";

    boolean checkUser(String name, String password) {
        return this.name.equals(name) &&
```

```
                this.password.equals(password);
    }
    ... 略
}
```

使用<%!與%>宣告變數時，必須小心資料共用與執行緒安全的問題。先前曾經談過，容器預設使用同一個 Servlet 實例來服務多個請求，每個請求分配一個執行緒，<%!與%>間宣告的變數對應至類別變數成員，因此會有執行緒共用問題。

若有一些初始動作，想在 JSP 載入時執行，可以重新定義 jspInit()方法，或是在 jspDestroy()定義結尾動作。定義 jspInit()與 jspDestroy()的方法，就是在<%!與%>間進行，轉譯後的 Servlet 會有對應的方法片段出現。例如：

```
<%!
    public void jspInit() {
        // 初始化動作
    }
    public void jspDestroy() {
        // 結尾動作
    }
%>
```

再來談到 Scriptlet 元素，先看看其語法：

```
<% Java 陳述句 %>
```

注意到<%後沒有驚嘆號（!）。宣告元素中可以撰寫 Java 陳述句，<%與%>包含的內容，將被轉譯為 Servlet 原始碼_jspService()方法的內容。舉例來說：

```
<%
    String name = request.getParameter("name");
    String password = request.getParameter("password");
    if(checkUser(name, password)) {
%>
    <h1>登入成功</h1>
<%
    }
    else {
%>
    <h1>登入失敗</h1>
<%
    }
%>
```

這段 JSP 中的 Scriptlet，在轉譯為 Servlet 後，會有以下對應的原始碼：

```
package org.apache.jsp;
...略
public final class login_jsp ...略 {
    // 略...
  public void _jspService(HttpServletRequest request,
                              HttpServletResponse response)
        throws java.io.IOException, ServletException {
    // 略…
    String name = request.getParameter("name");
    String password = request.getParameter("password");
    if(checkUser(name, password)) {
        out.write("\n");
        out.write("    <h1>登入成功</h1>\n");
    }
    else {
        out.write("\n");
        out.write("    <h1>登入失敗</h1>\n");
    }
    ...略
  }
}
```

JSP 中撰寫的 HTML，都會變成 out 物件輸出的內容。Scriptlet 出現的順序，就是轉譯為 Servlet 後，陳述句在_jspService()中的順序。

再來談到運算式元素，其語法如下：

```
<%= Java 運算式 %>
```

可以在運算式元素中撰寫 Java 運算式，運算式的運算結果會輸出為網頁的一部分。例如之前看過的範例中，有使用到一段運算式元素：

```
現在時間: <%= LocalDateTime.now() %>
```

注意！運算式元素中不用加上分號（;）。這個運算式元素在轉譯為 Servlet 後，會在_jspService()中產生以下陳述：

```
out.print(LocalDateTime.now());
```

運算式元素中的運算式，會轉譯為 out.print()的內容（這也是運算式元素中不用加上分號的原因）。

下面這個範例綜合以上的說明，實作了簡單的登入程式，當中使用了宣告元素、Scriptlet 元素與運算式元素。

JSP login.jsp

```jsp
<%@page contentType="text/html" pageEncoding="UTF-8"%>
<%!
    String name = "caterpillar";
    String password = "12345678";

    boolean checkUser(String name, String password) {        使用宣告元素宣
        return this.name.equals(name) &&                     告類別成員
                this.password.equals(password);
    }
%>
<!DOCTYPE html>
<html>
    <head>
        <meta charset="UTF-8">
        <title>登入頁面</title>
    </head>
    <body>
<%
    String name = request.getParameter("name");
    String password = request.getParameter("password");
    if(checkUser(name, password)) {
%>
    <h1><%= name %> 登入成功</h1>   ← 使用運算式元素
<%                                   輸出運算結果         使用 Scriptlet 撰寫
    } else {                                              Java 程式片段
%>
    <h1>登入失敗</h1>
<%
    }
%>
    </body>
</html>
```

如果請求參數驗證無誤就會顯示使用者名稱及登入成功的字樣，否則顯示登入失敗。一個執行時的參考畫面如下所示：

圖 6.3 JSP 範例執行畫面

如果要在 JSP 中輸出<%符號或%>符號，不能直接寫下<%或%>，以免轉譯時被誤為某元素的起始或結尾符號。例如若 JSP 包括下面這段，就會發生錯誤：

```
<%
    out.println("JSP 中 Java 語法結束符號%>");
%>
```

　　想在 JSP 輸出<%或%>符號，要將角括號置換為其他字元。例如想輸出<%時可
使用<%；而輸出%>時，可以使用%>或使用%\>。例如：

```
<%
    out.println("&lt;%與%\>被用來作為 JSP 中 Java 語法的部分");
%>
```

　　若想禁用 JSP 的 Scriptlet，可以在 web.xml 中設定：

```
<web-app …>
    ...
    <jsp-config>
        <jsp-property-group>
            <url-pattern>*.jsp</url-pattern>
            <scripting-invalid>true</scripting-invalid>
        </jsp-property-group>
    </jsp-config>
</web-app>
```

　　若不想讓 Java 程式碼與 HTML 標記混合，就可以禁用 Scriptlet，Web 應用
程式若經適當的規畫，切割商務邏輯與呈現邏輯，JSP 就可以藉由標準標籤、
EL 或 JSTL 自訂標籤等，消除網頁上的 Scriptlet。

6.1.5　註解元素

　　JSP 能在<%與%>之間使用 Java 語法撰寫程式，因此可在當中使用 Java 註解，
也就是可以使用//或是/*與*/來撰寫註解。例如：

```
<%
    // 單行註解
    out.println("隨便顯示一段文字");
    /* 多行註解 */
%>
```

　　在轉譯為 Servle 後，<%與%>間的註解，在 Servlet 對應位置也會有對應的註
解文字。若想觀察 JSP 轉譯為 Servlet 後的某段特定原始碼，可以使用這種註解
方式來當作一種標記，方便看到轉換後的程式碼位於哪一行。

另一個是 HTML 網頁使用的註解方式<!--與-->，這並不是 JSP 的註解。例如這段網頁中的註解：

```
<!-- 網頁註解 -->
```

在轉譯為 Servlet 後，只是產生這樣的一行陳述句：

```
out.write("<!-- 網頁註解 -->");
```

這個註解文字，也會輸出至瀏覽器成為 HTML 註解，在檢視 HTML 原始碼時，就可以看到註解文字。

JSP 的專用註解是<%--與--%>。例如：

```
<%-- JSP 註解 -->
```

在轉譯為 Servlet 時， <%--與--%>間包括的文字會被忽略，生成的 Servlet 中不會包括註解文字，也沒有輸出至瀏覽器的問題。

6.1.6 隱含物件

在之前的範例當中，曾在 Scriptlet 中使用 out 與 request 等字眼，然後直接操作一些方法。像 out、request 這樣的字眼，在轉譯為 Servlet 後，會對應於_jspService()中某個區域變數，例如 request 就參考至 HttpServletRequest 物件。像 out、request 這樣的字眼，稱為**隱含物件（Implicit Object）**或**隱含變數（Implicit Variable）**。

以下先列表對照 JSP 中的隱含物件與轉譯後的型態：

表 6.1　JSP 隱含物件

隱含物件	說明
out	轉譯後對應 JspWriter 物件，其內部關聯一個 PrintWriter 物件。
request	轉譯後對應 HttpServletRequest 物件。
response	轉譯後對應 HttpServletResponse 物件。
config	轉譯後對應 ServletConfig 物件。
application	轉譯後對應 ServletContext 物件。
session	轉譯後對應 HttpSession 物件。
pageContext	轉譯後對應 PageContext 物件，它提供了 JSP 頁面資源的封裝，並可設定頁面範圍屬性。

隱含物件	說明
exception	轉譯後對應 Throwable 物件，代表由其他 JSP 頁面丟出的例外物件，只能用於 JSP 錯誤頁面（isErrorPage 設定為 true 的 JSP 頁面）。
page	轉譯後對應 this。

注意 >>> 隱含物件只能在<%與%>，或<%=與%>間使用，因為隱含物件在轉譯為 Servlet 後，是_jspService()中的區域變數，無法在<%!與%>之間使用隱含物件。

　　大部分的隱含物件，在轉譯後對應的 Servlet 相關物件，先前講解 Servlet 的文件都有說明。page 隱含物件則是對應於轉譯後 Java 類別中的 this 物件，是讓不熟悉 Java 的網頁設計師，可以使用較直覺的 page 名稱。exception 隱含物件在之後談到 JSP 錯誤處理時再加以說明。

　　至於 out、pageContext、exception 這些隱含物件，轉譯後的型態是第一次看到，以下先針對這些隱含物件進行說明。

　　out 隱含物件在轉譯後，對應於 **javax.servlet.jsp.JspWriter** 類別的實例，JspWriter 直接繼承 java.io.Writer 類別，提供了緩衝區功能，內部使用 PrintWriter 來輸出。

　　在撰寫 JSP 頁面時，可以透過 page 指示元素的 **buffer** 屬性，設定緩衝區的大小，預設是"8kb"。緩衝區滿了後該採取哪種行為，是由 **autoFlush** 屬性決定，預設是 true，表示滿了就直接出清，若設為 false，要自行呼叫 JspWriter 的 flush() 方法來出清緩衝區，若緩衝區滿了卻還沒呼叫 flush() 送出資料，呼叫 println() 時會拋出 IOException 例外。

　　pageContext 隱含物件轉譯後的型態，對應於 **javax.servlet.jsp.PageContext**，封裝了 JSP 頁面的資訊，轉譯後的 Servlet 可透過 PageContext 來取得頁面資訊。例如在轉譯後的 Servlet 中，取得 ServletContext、ServletConfig、HttpSession 與 JspWriter 物件時，是透過以下的程式碼：

```
application = pageContext.getServletContext();
config = pageContext.getServletConfig();
session = pageContext.getSession();
out = pageContext.getOut();
```

pageContext 可以用來設定頁面範圍屬性。在先前的章節中，你知道 Servlet 中可以設定屬性的物件有 HttpServletRequest、HttpSession 與 ServletContext，分別用來設定請求範圍、會話範圍與應用程式範圍屬性。在學到 JSP 時，會多認識一個用 pageContext 設定的頁面範圍屬性，同樣是使用 setAttrubute()、getAttribute() 與 removeAttribute()。預設是可設定或取得頁面範圍屬性，頁面範圍屬性表示作用範圍僅限同一頁面之中。

例如，你想檢查頁面範圍屬性中，是否曾被設定過某個屬性，如果有就直接取用，若沒有就直接生成並設定為頁面屬性：

```
<%
    Some some = pageContext.getAttribute("some");
    if(some == null) {
        some = new Some();
        pageContext.setAttribute("some", some);
    }
%>
```

事實上，可以透過 pageContext 設定四種範圍屬性：

```
getAttribute(String name, int scope)
setAttribute(String name, Object value, int scope)
removeAttribute(String name, int scope)
```

scope 可以使用的常數有 **PageContext.PAGE_SCOPE**、**PageContext.REQUEST_SCOPE**、**PageContext.SESSION_SCOPE**、**PageContext.APPLICATION_SCOPE**。分別表示頁面、請求、會話與應用程式範圍。例如要設定會話範圍的屬性：

```
pageContext.setAttribute("login",
            "caterpillar", PageContext.SESSION_SCOPE);
```

要取得會話範圍的屬性時，可以使用以下的方式：

```
String attr = (String) pageContext.getAttribute("login",
                            PageContext.SESSION_SCOPE);
```

不知道屬性的範圍時，也可以使用 pageContext 的 findAttribute() 方法來尋找屬性，findAttribute() 會依序在頁面、請求、會話、應用程式範圍尋找對應的屬性，先找到就傳回。例如：

```
Object attr = pageContext.findAttribute("attr");
```

6.1.7 　錯誤處理

　　初學者撰寫 JSP 時，容易被 JSP 的除錯訊息困擾，只要瞭解 JSP 與 Servlet 間的關係，掌握 Java 編譯訊息與例外處理，在撰寫 JSP 網頁時，從錯誤頁面中辨識錯誤根源就不是難事。

　　JSP 會轉譯為 Servlet，因此錯誤可能發生在三個時期：

- 轉譯時期錯誤

　　若 JSP 中撰寫了錯誤語法，容器不知道該怎麼將那些語法轉譯為 Servlet 的.java 檔案，就會發生錯誤。例如，page 指令元素中指定了錯誤選項，像是 buffer 屬性指定錯誤：

```
<%@page contentType="text/html" buffer="16"%>
```

　　指定 buffer 屬性時必須指定單位，例如"16kb"。若直接將這個 JSP 檔案放到容器上，在請求 JSP 時容器無法轉譯，在 Tomcat 下就會出現類似以下的畫面錯誤：

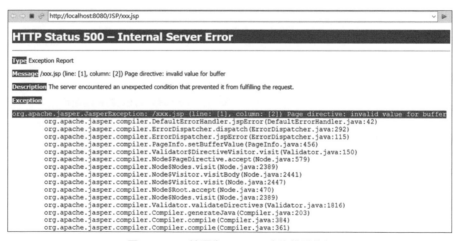

圖 6.4 JSP 轉譯為 Servlet 時的錯誤範例

　　畫面上會提示無法轉譯的原因，確定是否為這類錯誤的一個原則，就是查看圖中反白區段，例如上圖中的「Page directive: invalid value for buffer」。

提示 >>> 如果使用的整合開發工具（IDE）能檢查 JSP 語法，在編輯器上就可以直接看到錯誤提示。

■ 編譯時期錯誤

嘗試將.java 編譯為.class 檔案時，若因故無法完成編譯，會出現編譯錯誤。例如，JSP 中使用了某些類別，但部署至伺服器時，忘了將相關類別也部署上去，使得初次請求 JSP 時，雖然轉譯可以完成，但編譯時就會出錯，此時就會出現類似以下的畫面錯誤：

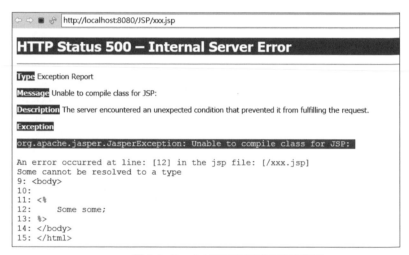

圖 6.5 Servlet 進行編譯時的錯誤範例

若出現「Unable to compile」之類的訊息，通常就是在編譯階段發生了錯誤。

提示 >>> 如果使用整合開發工具（IDE），編輯器上會看到編譯方面的錯誤提示，然而若部署環境上沒有對應類別，在部署環境請求 JSP 時就會出現這類的錯誤。

■ 執行時期錯誤

Servlet 編譯成功，載入容器執行，可能因程式邏輯上的問題，而發生執行時期錯誤。例如最常見的 NullPointerException。

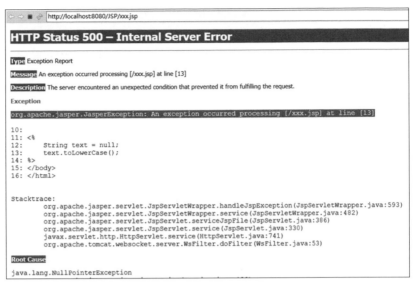

圖 6.6 Servlet 進行編譯時的錯誤範例

　　執行時期的錯誤原因很多，可在 IDE 的主控台（Console），查看是否有例外堆疊追蹤（Stacktrace）訊息：

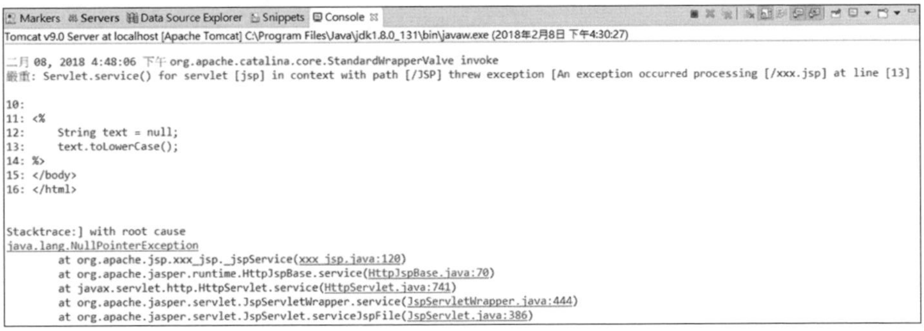

圖 6.7 執行時期例外的堆疊追蹤

提示 ❯❯❯　此時對例外繼承架構與處理方式是否了解，以及如何善用例外的堆疊追蹤（Stacktrace）來找出原因，就非常重要了（這是學習 Java SE 應建立的基礎）。

　　可以使用 page 指示元素的 errorPage 屬性，指定執行時期例外發生時的處理頁面。例如：

JSP add.jsp

```jsp
<%@page contentType="text/html"
        pageEncoding="UTF-8" errorPage="error.jsp"%>  ◀──── 設定 errorPage 屬性
<!DOCTYPE html>
<html>
<head>
    <meta charset="UTF-8">
    <title>加法網頁</title>
</head>
<body>
<%
    String a = request.getParameter("a");
    String b = request.getParameter("b");
    out.println("a + b = " +
                (Integer.parseInt(a) + Integer.parseInt(b))
            );
%>
</body>
</html>
```

這是一個簡單的加法網頁,從請求參數取得 a 與 b 的值相加。如果有錯誤時,想轉發至 error.jsp 顯示錯誤,該頁面 isErrorPage 屬性設為 true 即可。例如:

JSP error.jsp

```jsp
<%@page contentType="text/html" pageEncoding="UTF-8"
        isErrorPage="true"%>  ◀──── 設定 isErrorPage 屬性
<%@page import="java.io.PrintWriter"%>
<!DOCTYPE html>
<html>
<head>
    <meta charset="UTF-8">
    <title>錯誤</title>
</head>
<body>
  <h1>網頁發生錯誤:</h1><%= exception %>
  <h2>顯示例外堆疊追蹤:</h2>
<%
    exception.printStackTrace(new PrintWriter(out));
%>
</body>
</html>
```

exception 物件是 JSP 隱含物件,由 add.jsp 丟出的例外物件訊息就包括在 exception 中,isErrorPage 設為 true 的頁面,才可以使用 exception 隱含物件。

error.jsp 的標題上，簡單地顯示 exception 呼叫 toString()後的訊息，也就是<%=exception%>顯示的內容，網頁本體則將例外堆疊追蹤顯示出來。printStackTrace()接受 PrintWriter 物件，因此使用 out 隱含物件建構 PrintWriter 物件，再透過 exception 的 printStackTrace()顯示堆疊追蹤。

下圖為請求參數 b 無法剖析為整數，add.jsp 發生 NumberFormatException，將回應轉發 error.jsp 時的畫面：

圖 6.8　錯誤頁面的示範

若存取應用程式時發生執行時期例外，Servlet/JSP 中沒有處理，最後會由容器加以處理，容器就是直接顯示堆疊追蹤訊息。若希望容器處理例外時，轉發至某個 URI，可在 web.xml 使用**<error-page>**設定，例如：

```
<web-app …>
    <error-page>
        <exception-type>java.lang.NullPointerException</exception-type>
        <location>/report.view</location>
    </error-page>
</web-app>
```

若想基於 HTTP 錯誤狀態碼轉發，可搭配**<error-code>**設定。例如找不到檔案而發出 404 狀態碼時，希望交由某頁面處理：

```
<web-app …>
    <error-page>
        <error-code>404</error-code>
        <location>/404.jsp</location>
```

```
    </error-page>
</web-app>
```

這個設定，在使用 `HttpServletResponse` 的 `sendError()` 送出錯誤狀態碼時也有作用。

6.2 標準標籤

JSP 規範提供了一些**標準標籤（Standard Tag）**，容器都支援這些標籤，使用 **jsp:** 作為前置，是在早期規範中提出，用於減少 JSP 中 Scriptlet 的使用，雖然後續的 JSTL（JavaServer Pages Standard Tag Library）與運算式語言（Expression Language），在許多功能上可以取代標準標籤，但某些場合仍會見到標準標籤，因而必須知道這些標籤的存在。

6.2.1 `<jsp:include>`、`<jsp:forward>` 標籤

在 6.1.3 節介紹的 `include` 指示元素，被包括的 JSP 與原 JSP 合併，轉譯為一個 Servlet 類別，無法在執行時期，依條件動態調整包括的 JSP 頁面，這類需求可以使用 **`<jsp:include>`** 標籤。例如：

```
<jsp:include page="add.jsp">
    <jsp:param name="a" value="1" />
    <jsp:param name="b" value="2" />
</jsp:include>
```

`<jsp:param>` 標籤指定了動態包括 add.jsp 時，提供給該頁面的請求參數。如果在 JSP 頁面包括以上標籤，目前頁面會生成一個 Servlet 類別，被包括的 add.jsp 也會是獨立的 Servlet 類別，事實上，目前頁面轉譯而成的 Servlet 中，會取得 `RequestDispatcher` 物件，並執行 `include()` 方法。

如果想將請求轉發給其他 JSP 處理，可以使用 **`<jsp:forward>`**。例如：

```
<jsp:forward page="add.jsp">
    <jsp:param name="a" value="1" />
    <jsp:param name="b" value="2" />
</jsp:forward>
```

同樣地，目前頁面會生成一個 Servlet，而被轉發的 add.jsp 生成一個 Servlet。目前頁面轉譯而成的 Servlet 中，會取得 `RequestDispatcher` 物件，並執行 `forward()` 方法。

　　<jsp:include>或<jsp:forward>標籤，在底層都是取得 RequestDispatcher 物件，並執行對應的 forward() 或 include() 方法，因此使用時的作用及注意事項，可直接參考 3.2.6 調派請求的說明。

6.2.2 簡介 <jsp:useBean>、<jsp:setProperty> 與 <jsp:getProperty>

　　<jsp:useBean> 是用來搭配 JavaBean 元件的標準標籤，這邊指的 JavaBean 並非 EJB（Enterprise JavaBeans）的 JavaBean 元件，而是只要滿足以下條件的純綷 Java 物件：

- 實作 java.io.Serializable 介面
- 沒有公開（public）的成員變數
- 具有無參數的建構式
- 具有公開的設值方法（Setter）與取值方法（Getter）

　　以下的類別就是一個 JavaBean 元件：

JSP User.java

```java
package cc.openhome;

import java.io.Serializable;

public class User implements Serializable {
    private String name;
    private String password;

    public String getName() {
        return name;
    }
    public void setName(String name) {
        this.name = name;
    }
    public String getPassword() {
        return password;
    }
    public void setPassword(String password) {
        this.password = password;
    }

    public boolean isValid() {
```

```
            return "caterpillar".equals(name) && "12345678".equals(password);
    }
}
```

雖然可以在 JSP 頁面，撰寫 Scriptlet 使用這個 JavaBean，例如：

```
<%@page import="cc.openhome.*"
        contentType="text/html" pageEncoding="UTF-8"%>
<%
    User user = (User) request.getAttribute("user");
    if(user == null) {
        user = new User();
        request.setAttribute("user", user);
    }
    user.setName(request.getParameter("name"));
    user.setPassword(request.getParameter("password"));
%>
    // 略...
    <body>
<%
    if(user.isValid()) {
%>
    <h1><%= user.getName() %> 登入成功</h1>
<%
    }
    else {
%>
    <h1>登入失敗</h1>
<%
    }
%>
    </body>
</html>
```

然而，JavaBean 目的在減少 Scriptlet 的使用，應該搭配<jsp:useBean>，並使用**<jsp:setProperty>**與**<jsp:getProperty>**進行設值與取值的動作。例如：

JSP login2.jsp

```
<%@page contentType="text/html" pageEncoding="UTF-8"%>
<jsp:useBean id="user" class="cc.openhome.User" scope="request"/>
<jsp:setProperty name="user" property="*"/>
<!DOCTYPE html>
<html>
    <head>
        <meta charset="UTF-8">
        <title>登入頁面</title>
    </head>
```

❶ 使用<jsp:useBean>

❷ 使用<jsp:setProperty>

```
    <body>
<%
    if(user.isValid()) {  ←──❸user 對應<jsp:useBean>的 id 名稱
%>
    <h1><jsp:getProperty name="user" property="name"/> 登入成功</h1>
<%                   └──❹使用<jsp:getProperty>
    }
    else {
%>
    <h1>登入失敗</h1>
<%
    }
%>
    </body>
</html>
```

<jsp:useBean>是用來取得或建立 JavaBean。**id** 屬性指定了 JavaBean 實例的參考名稱，使用<jsp:setProperty>或<jsp:getProperty>標籤時，就可以根據這個名稱，取得對應的 JavaBean 實例。**class** 屬性指定了實例化哪個類別。**scope** 指定了在哪個屬性範圍，先尋找是否有 JavaBean 的屬性存在。

<jsp:setProperty>用於設定 JavaBean 的屬性值。**name** 屬性指定了要使用哪個名稱取得 JavaBean 實例。在 **property** 屬性設定"*"，表示自動尋找符合 JavaBean 中設值方法名稱的請求參數值。如果請求參數名稱為 xxx，就將請求參數值使用 setXxx()方法設定給 JavaBean 實例。

<jsp:getProperty>用來取得 JavaBean 的屬性值。**name** 屬性指定了使用哪個名稱取得 JavaBean 實例。**property** 屬性指定要取得哪個屬性值。如果指定為 xxx，就使用 getXxx()或 isXxx()取得值並顯示。

在上面這個 JSP 中，首先使用<jsp:useBean>建立 User 類別的實例❶，而後使用<jsp:setProperty>設定 JavaBean 的值❷，由於 property 屬性設定"*"，會自動尋找是否有 name 與 password 請求參數，如果有就將請求參數值透過 setName()及 setPassword()方法，設定給 JavaBean 實例。

使用<jsp:useBean>時，指定了 id 屬性為 user 名稱，在接下來的頁面若有 Scriptlet，可以使用 user 名稱來操作 JavaBean 實例。程式中呼叫了 isValid()方法❸，看看使用者的名稱及密碼是否正確。如果正確，<jsp:getProperty>指定 property 屬性為 name，取得 JavaBean 中儲存的使用者名稱❹，並顯示登入成功字樣。

6.2.3 深入 **<jsp:useBean>**、**<jsp:setProperty>** 與 **<jsp:getProperty>**

使用<jsp:useBean>，就是在轉譯後的 Servlet 中，宣告、建立、設定 JavaBean 例為屬性，id 指定了參考名稱與屬性名稱，而 class 是型態名稱。例如在 JSP 的頁面撰寫以下的內容：

```
<jsp:useBean id="user" class="cc.openhome.User" />
```

在轉譯為 Servlet 後，會產生以下的程式碼片段：

```
cc.openhome.User user = null; // id="user" 就是產生這邊的 user 參考名稱
synchronized (request) {
    user = (cc.openhome.User) _jspx_page_context.getAttribute(
        "user", PageContext.PAGE_SCOPE); // 以及屬性名稱
    if (user == null){
        user = new cc.openhome.User();
        _jspx_page_context.setAttribute(
                "user", user, PageContext.PAGE_SCOPE);
    }
}
```

其中_jspx_page_context 參考至 PageContext 物件，也就是說，使用<jsp:useBean> 標籤時，會在屬性範圍（預設是 page 範圍）尋找 id 名稱指定的屬性，找到就直接使用，沒找到就建立新物件。

<jsp:useBean>標籤可以使用 scope 屬性指定屬性範圍，可指定的值有 **page**（預設）、**request**、**session** 與 **application**。例如：

```
<jsp:useBean id="user" class="cc.openhome.User" scope="session"/>
```

轉譯後的 Servlet 會有對應的程式碼片段，也就是改從會話範圍中尋找指定的屬性：

```
cc.openhome.User user = null;
synchronized (request) {
    user = (cc.openhome.User) _jspx_page_context.getAttribute(
                "user", PageContext.SESSION_SCOPE);
    if (user == null){
        user = new cc.openhome.User();
        _jspx_page_context.setAttribute(
                "user", user, PageContext.SESSION_SCOPE);
    }
}
```

注意 »» 如果使用<jsp:useBean>標籤時沒有指定 scope，預設「只」在 page 範圍尋找 JavaBean，找不到就建立新的 JavaBean 物件（不會再到 request、session 與 application 中尋找）。

在轉譯後的 Servlet 中，若想指定宣告 JavaBean 時的型態，可以使用 **type** 屬性。例如：

```
<jsp:useBean id="user"
            type="cc.openhome.BaseUser"
            class="cc.openhome.User"
            scope="session"/>
```

如此產生的 Servlet 中，會有以下的片段：

```
cc.openhome.BaseUser user = null;
synchronized (request) {
    user = (cc.openhome.BaseUser) _jspx_page_context.getAttribute(
                "user", PageContext.SESSION_SCOPE);
    if (user == null){
        user = new cc.openhome.User();
        _jspx_page_context.setAttribute(
                "user", user, PageContext.SESSION_SCOPE);
    }
}
```

如果只設定 type 而沒有設定 class 屬性，必須確定屬性範圍已存在該屬性，否則會發生 InstantiationException 例外。

標籤是用來減少 JSP 中的 Scriptlet，反過來說，若發現 JSP 中的 Scriptlet，是從某個屬性範圍取得物件，可想想是否能用<jsp:useBean>來消除。

使用<jsp:useBean>標籤取得或建立JavaBean實例後，若要設值給JavaBean，可以使用<jsp:setProperty>標籤。例如：

```
<jsp:setProperty name="user" property="password" value="123456" />
```

這會在產生的 Servlet 中，使用 PageContext 的 findAttribute()，從 page、request、session、application 依序尋找 name 指定的屬性名稱，找到的話，再透過反射（Reflection）機制找出 JavaBean 的 setPassword()方法，使用 value 的指定值進行呼叫。

若想將請求參數值設定給 JavaBean，以下是個範例：

```
<jsp:setProperty name="user" param="password" property="password" />
```

若請求參數中包括 password，會透過 JavaBean 的 setPassword()方法設給 JavaBean 實例，也可以不指定請求參數名稱，由 JSP 的內省（Introspection）機制判斷，是否有相同的請求參數名稱，如果有就自動找出對應的設值方法並呼叫。例如以下會尋找有無 password 請求參數，有就設給 JavaBean：

```
<jsp:setProperty name="user" property="password" />
```

<jsp:setProperty>可以透過內省機制，自動匹配請求參數名稱與 JavaBean 屬性名稱。例如：

```
<jsp:setProperty name="user" property="*" />
```

如果 JavaBean 屬性是整數、浮點數之類的基本型態，內省機制可以自動轉換請求參數字串為對應的基本資料型態。

也可以在使用<jsp:useBean>時一併設定屬性值，例如：

```
<jsp:useBean id="user" class="cc.openhome.User" scope="session">
    <jsp:setProperty name="user" property="*" />
</jsp:useBean>
```

如此一來，如果屬性範圍找不到 user，會新建物件並設定屬性值；若可以找到物件就直接使用，轉譯後會產生以下的程式碼：

```
cc.openhome.User user = null;
synchronized (request) {
    user = (cc.openhome.User) _jspx_page_context.getAttribute(
                "user", PageContext.SESSION_SCOPE);
    if (user == null){
        user = new cc.openhome.User();
        _jspx_page_context.setAttribute(
                "user", user, PageContext.SESSION_SCOPE);
        org.apache.jasper.runtime.JspRuntimeLibrary.introspect(
            _jspx_page_context.findAttribute("user"), request);
    }
}
```

這與撰寫以下的內容是有點不同的：

```
<jsp:useBean id="user" class="cc.openhome.User" scope="session"/>
<jsp:setProperty name="user" property="*" />
```

如果使用以上的寫法，無論是找到或新建 JavaBean 物件，都一定會使用內省機制來設值，也就是轉譯的 Servlet 程式碼中會有以下片段：

```
cc.openhome.User user = null;
synchronized (request) {
    user = (cc.openhome.User) _jspx_page_context.getAttribute(
                "user", PageContext.SESSION_SCOPE);
    if (user == null){
        user = new cc.openhome.User();
        _jspx_page_context.setAttribute(
                "user", user, PageContext.SESSION_SCOPE);
    }
}
org.apache.jasper.runtime.JspRuntimeLibrary.introspect(
        _jspx_page_context.findAttribute("user"), request);
```

標籤是用來減少 JSP 中的 Scriptlet，反過來說，如果發現 JSP 中 Scriptlet，透過設值方法（Setter）對 JavaBean 設值，可試著使用<jsp:setProperty>來消除 Scriptlet。

<jsp:getProperty>的使用比較單純，在使用<jsp:useBean>標籤取得或建立 JavaBean 實例後，基本上就只有一種用法：

```
<jsp:getProperty name="user" property="name"/>
```

這會透過 PageContext 的 findAttribute()找出 user 屬性，並透過 getName()方法取得值顯示在網頁上，轉譯後的 Servlet 會有以下片段：

```
out.write(org.apache.jasper.runtime.JspRuntimeLibrary.toString(((
    (cc.openhome.User)_jspx_page_context.findAttribute("user"))
                                    .getName()
)));
```

在使用<jsp:useBean>標籤取得或建立 JavaBean 實例之後，由於<jsp:setProperty>與<jsp:getProperty>轉譯後，都是使用 PageContext 的 findAttribute()來尋找屬性，因此尋找的順序是頁面、請求、會話、應用程式範圍。

標籤是用來減少 JSP 中的 Scriptlet，反過來說，如果發現 JSP 中的 Scriptlet，透過取值方法（Getter）對 JavaBean 取值，可試著使用<jsp:getProperty>來消除。

6.2.4　談談 Model 1

在 1.2.3 節簡介過 MVC/Model 2 架構，而各章綜合練習中，也朝著 Model 2 架構的方向設計微網誌應用程式。為了比較 Model 2 與 Model 1，再將圖 1.17 放到這邊來。

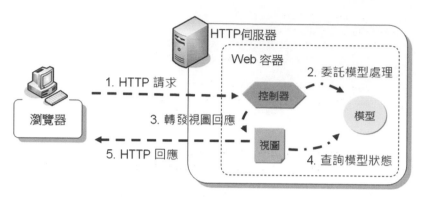

圖 6.9 Model 2 架構

　　在 Model 2 架構中，請求處理、商務邏輯以及畫面呈現被區分為三個不同的角色職責，在應用程式龐大而需要團隊分工合作時，使用 Model 2 架構可釐清職責，例如讓網頁設計人員專心設計網頁，而不用擔心如何撰寫 Java 程式碼或處理請求，讓 Java 程式設計人員專心設計商務模型，不用理會畫面如何呈現。

　　在前一章的微網誌應用程式綜合練習中，已經可以看出 Model 2 架構的流程與實作基本樣貌，先前為了練習 Servlet，視圖部分都由 Servlet 實現，在本章稍後的綜合練習中，會將視圖部分改用 JSP，也就是各角色將由以下的技術實現，其中 POJO 全名為 Plain Ordinary Java Object，也就是純綷的 Java 物件，相當於前一章微網誌應用程式中 UserService 擔負的角色。

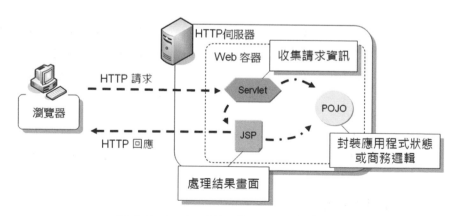

圖 6.10 Servlet／JSP 的 Model 2 架構實現

　　然而使用 Model 2 架構，代表更多的請求轉發流程控制、更多的元件設計與更多的程式碼，對於一些小型應用程式來說，成本上不見得比較划算。

　　在 6.2.2 節示範的登入程式，使用了 JSP 結合 JavaBean，其實就是俗稱 Model 1 架構的簡單範例。

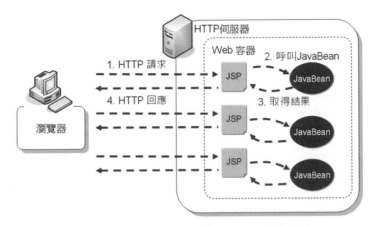

圖 6.11 JSP 與 JavaBean 的 Model 1 架構實現

　　在 Model 1 架構上，使用者直接請求 JSP 頁面（而非經由控制器轉發），JSP 收集請求參數並呼叫 JavaBean 處理請求。商務邏輯封裝在 JavaBean 中，JavaBean 也許還會呼叫一些後端的元件（例如操作資料庫）。JavaBean 處理完後，JSP 從 JavaBean 取得結果，進行畫面的呈現處理。

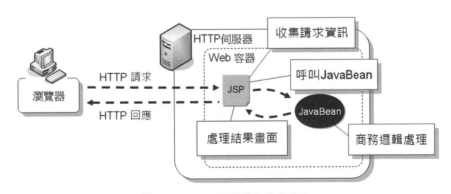

圖 6.12 Model 1 架構的職責分工

　　Model 1 架構簡單，可快速開發小型應用程式是其優點，然而，JSP 頁面負責了收集請求參數與呼叫 JavaBean，維護 JSP 的開發者工作加重，有些情況下也無法避免使用 Scriptlet，JSP 夾雜了 HTML 與 Java 程式，不利 Java 程式設計人員與網頁設計人員的分工合作。

若使用 Model 2 架構，請求參數處理、請求轉發、畫面呈現轉發等，可放在控制器中，因此在畫面的部分，可以做到只存在與畫面相關的邏輯，而這些畫面相關邏輯，可以使用 EL、JSTL 或其他自訂標籤來處理，能達到畫面設計時不出現 Scriptlet，因此對於嚴格界定職責與分工合作的應用程式來說，多半鼓勵使用 Model 2 架構。

6.3　運算式語言（EL）

對於 JSP 中一些簡單的屬性、請求參數、標頭與 Cookie 等訊息的取得，或者是簡單的運算或判斷，可以試著使用運算式語言（Expression Language, EL）處理，也可以將常用的公用函式撰寫為 EL 函式，或甚至使用 EL 3.0 呼叫靜態成員等進階功能，如此對於網頁上的 Scriptlet，能有一定份量的減少。

6.3.1　簡介 EL

直接來改寫 6.1.7 節中有使用到的 add.jsp 範例頁面，當時的 JSP 頁面中，撰寫了以下的 Scriptlet：

```
<%
    String a = request.getParameter("a");
    String b = request.getParameter("b");
    out.println("a + b = " +
                (Integer.parseInt(a) + Integer.parseInt(b))
        );
%>
```

如果使用 EL，可以優雅地用一行程式碼來改寫，甚至加強這段 Scriptlet。例如：

JSP add2.jsp

```
<%@page contentType="text/html"
        pageEncoding="UTF-8" errorPage="error.jsp"%>
<!DOCTYPE html>
<html>
<head>
    <meta charset="UTF-8">
    <title>加法網頁</title>
</head>
    <body>
```

```
        ${param.a} + ${param.b} = ${param.a + param.b}  ←── 使用 EL
    </body>
</html>
```

EL 使用`${`與`}`包括運算式，可使用點運算子（.）指定要存取的屬性，使用加號（+）運算子進行加法運算。`param`是 EL 隱含物件之一，表示使用者的請求參數，`param.a`表示取得請求參數 `a` 的值。試著執行網頁來看看結果。例如：

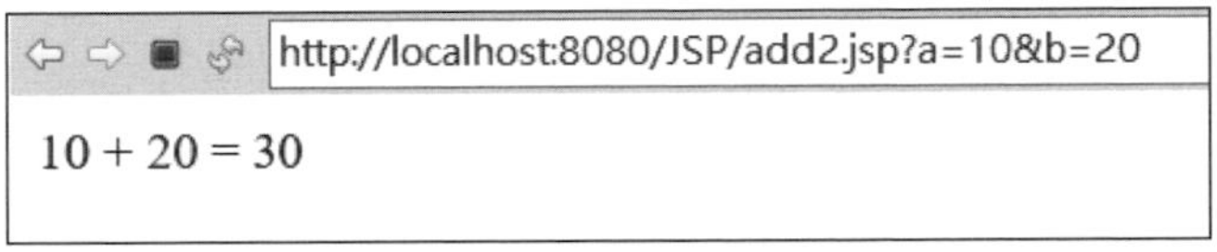
http://localhost:8080/JSP/add2.jsp?a=10&b=20
10 + 20 = 30

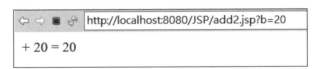

圖 6.13 範例執行結果之一

可以看到請求參數自動轉換為基本型態並進行運算，再來看另一個執行結果：

http://localhost:8080/JSP/add2.jsp?b=20
+ 20 = 20

圖 6.14 範例執行結果之二

EL 優雅地處理了 `null` 值，直接以空字串顯示，而不是顯示 `null`，在進行運算時，也不會因此發生錯誤而丟出例外。

EL 的點運算子可以連續存取物件，例如若原先需要這麼撰寫：

```
方法：<%= ((HttpServletRequest) pageContext.getRequest()).getMethod() %><br>
參數：<%= ((HttpServletRequest) pageContext.getRequest()).getQueryString() %><br>
IP：<%= ((HttpServletRequest) pageContext.getRequest()).getRemoteAddr() %><br>
```

使用 EL 的話可以這麼撰寫：

```
方法：${pageContext.request.method}<br>
參數：${pageContext.request.queryString}<br>
IP：${pageContext.request.remoteAddr}<br>
```

`pageContext` 是 EL 的隱含物件之一，點運算子後接上 `xxx` 名稱，表示呼叫 `getXxx()`或 `isXxx()`方法，如果必須轉換型態，EL 會自行處理，不用像撰寫 JSP 運算式元素時，必須自行轉換型態。

可以使用 page 指示元素的 **isELIgnored** 屬性（預設是 false），來設定 JSP 網頁是否使用 EL，這麼做的原因可能在於，網頁已有與 EL 類似的$ {}語法功能存在，例如使用了某個樣版（Template）框架之類。

也可以在 web.xml 設定**<el-ignored>**標籤為 true 來決定不使用 EL。例如：

```
<web-app …>
    ...
    <jsp-config>
        <jsp-property-group>
            <url-pattern>*.jsp</url-pattern>
            <el-ignored>true</el-ignored>
        </jsp-property-group>
    </jsp-config>
</web-app>
```

web.xml 的<el-ignored>用來設定符合<url-pattern>的 JSP 網頁是否使用 EL。

如果 web.xml 的<el-ignored>與 page 指令元素的 isELIgnored 設定都沒有設定，在 web.xml 是 2.3 以前的版本，不會執行 EL，2.4 以後的版本會執行 EL。

如果 JSP 網頁使用 page 指令元素的 isELIgnored 設定是否支援 EL，以 page 指令元素的設定為主，不管 web.xml 中的<el-ignored>的設定為何。

6.3.2 使用 EL 取得屬性

在 JSP 中要在 page、request、session 或 application 範圍存取屬性，基本上是透過 setAttribute()、getAttribute()，但這些方法必須在 Scriptlet 中呼叫。如果不想撰寫 Scriptlet，可以考慮使用<jsp:useBean>、<jsp:setProperty>與<jsp:getProperty>。

不過<jsp:getProperty>在使用上，語法較為冗長。若只是「取得」屬性，使用 EL 可以更為簡潔。例如：

```
<h1><jsp:getProperty name="user" property="name"/>登入成功</h1>
```

如果使用 EL 來撰寫，可以修改如下：

```
<h1>${user.name}登入成功</h1>
```

可以使用 EL 隱含物件指定範圍來存取屬性，若不指定屬性範圍，以 page、request、session、application 的順序來尋找指定的屬性。以上例而言，就是在 page 範圍找到 user 屬性，點運算子後跟隨著 name，表示利用物件的 getName() 方法取得值。

如果 EL 存取的對象是個陣列，可以使用 [] 運算子指定索引以存取陣列元素。例如，若網頁的某處在請求範圍中設定了陣列作為屬性：

```
<%
    String[] names = {"caterpillar", "momor", "hamimi"};
    request.setAttribute("array", names);
%>
```

現在打算取出屬性，並存取陣列中的每個元素，可以如下使用 EL：

```
名稱一: ${array[0]} <br>
名稱二: ${array[1]} <br>
名稱三: ${array[2]} <br>
```

不僅陣列可以在 [] 指定索引來存取元素，如果屬性是 List 實例，也可以使用 [] 指定索引來存取元素。

在某些情況下，可以使用點運算子（.）的場合，也可以使用 [] 運算子。以下先列點歸納：

- 如果使用點（.）運算子，左邊可以是 JavaBean 或 Map 物件。
- 如果使用 [] 運算子，左邊可以是 JavaBean、Map、陣列或 List 物件。

因此也可以使用 [] 運算子取得 JavaBean 屬性，例如，以下使用點（.）運算子取得 User 的 name 屬性：

```
${user.name}
```

也可以使用 [] 運算子來取得取得 User 的 name 屬性：

```
${user["name"]}
```

如果想取得 Map 物件中的值，點（.）運算子或 [] 運算子都可以使用。例如網頁中某個地方若有以下的程式碼：

```
<%
    Map<String, String> map = new HashMap<>();
    map.put("user", "caterpillar");
```

```
    map.put("role", "admin");
    request.setAttribute("login", map);
%>
```

可以使用點運算子取得 Map 中的值：

```
User: ${login.user}<br>
Role: ${login.role}<br>
```

也可以使用[]運算子取得 Map 中的值：

```
User: ${login["user"]}<br>
Role: ${login["role"]}<br>
```

如果設定 Map 時的鍵名稱有空白或點字元時，搭配[]可以正確取得值。
例如：

```
<%
    Map<String, String> map = new HashMap<>();
    map.put("user name", "caterpillar");
    map.put("local.role", "admin");
    request.setAttribute("login", map);
%>
...
User: ${login["user name"]}<br>
Role: ${login["local.role"]}<br>
```

[]運算子的左邊，除了可以是 JavaBean、Map，也可以是陣列或 List 實例。
之前示範過陣列的例子，以下是個 List 的例子：

```
<%
    List<String> names = new ArrayList<>();
    names.add("caterpillar");
    names.add("momor");
    request.setAttribute("names", names);
%>
...
User 1: ${names[0]}<br>
User 2: ${names[1]}<br>
```

[]運算子中的運算式會嘗試進行運算，運算後的結果再給[]使用。例如：

```
%
    List<String> names = new ArrayList<>();
    names.add("caterpillar");
    names.add("momor");
    request.setAttribute("names", names);
%>
...
User : ${names[param.index]}<br>
```

在這個範例中，使用了 `param.index`，`param` 是 EL 隱含物件，表示請求參數，這個範例會先取得請求參數 `index` 的值，再作為索引值給 `[]` 使用。如果請求時使用了 `index=0`，則顯示`"caterpillar"`，使用 `index=1`，則顯示`"momor"`。`[]` 可以進行巢狀。例如：

```
<%
    List<String> names = new ArrayList<>();
    names.add("caterpillar");
    names.add("momor");
    request.setAttribute("names", names);
    Map<String, String> datas = new HashMap<>();
    datas.put("caterpillar", "caterpillar's data");
    datas.put("momor", "momor's data");
    request.setAttribute("datas", datas);
%>
// ...
User data: ${datas[names[param.index]]}<br>
```

根據 EL，如果請求時使用了 `index=0`，會取得 `names` 中索引 0 的值`"caterpillar"`，然後用取得的值作為鍵，再從 `datas` 中取得對應的`"caterpillar's data"`。

6.3.3　EL 隱含物件

EL 提供 11 個隱含物件，其中除了 `pageContext` 隱含物件對應 `PageContext`，其他隱含物件都是對應 `Map` 型態。

- `pageContext` 隱含物件

  對應於 `PageContext` 型態，`getXxx()`方法的值，可以用`${pageContext.xxx}`來取得。

- 屬性範圍相關隱含物件

  `pageScope`、`requestScope`、`sessionScope` 與 `applicationScope`，分別可用來取得 JSP 隱含物件 `pageContext`、`request`、`session` 與 `application` 的 `setAttribute()`設定的屬性。如果不使用 EL 隱含物件指定範圍，從 `pageScope` 的屬性開始尋找。

注意 >>> EL 隱含物件 `pageScope`、`requestScope`、`sessionScope` 與 `applicationScope` 不等同於 JSP 隱含物件 `pageContext`、`request`、`session` 與 `application`。EL 隱含物件 `pageScope`、`requestScope`、`sessionScope` 與 `applicationScope` 僅代表範圍。

- 請求參數相關隱含物件

  包含 `param` 與 `paramValues`，例如，`<%= request.getParameter("user") %>`
  可以改用 `${param.user}`，`<%= request.getParameterValues() %>`可以改用
  `${paramValues}`，若是表單多選項的值，可以使用[]運算子來指定取得哪
  個元素，例如 `${paramValues.favorites[0]}`就相當於`<%= request.`
  `getParameterValues("favorites")[0] %>`。

- 標頭（Header）相關隱含物件

  想取得請求標頭資料，可以使用 `header` 或 `headerValues` 隱含物件。例如
  `${header["User-Agent"]}`相當於`<%= request.getHeader("User-Agent") %>`。
  `headerValues` 相當於 `request.getHeaders()`方法。

- `cookie`隱含物件

  可以取得 Cookie，例如 Cookie 中若設定了 `username` 屬性，可以使用
  `${cookie.username}`取得。

- 初始參數隱含物件

  `initParam` 可以取得 ServletContext 初始參數，也就是 web.xml 在
  `<context-param>`設定的初始參數。例如`${initParam.initCount}`的作用，相
  當於`<%= servletContext.getInitParameter("initCount") %>`。

6.3.4　EL 運算子

算術運算子有加法（+）、減法（-）、乘法（*）、除法（/或 div）與餘除
（%或 mod）。以下是算術運算的一些例子：

表 6.2　EL 算術運算子範例

運算式	結果
`${1}`	1
`${1 + 2}`	3
`${1.2 + 2.3}`	3.5
`${1.2E4 + 1.4}`	120001.4
`${-4 - 2}`	-6
`${21 * 2}`	42

運算式	結果
${3 / 4}或${3 div 4}	0.75
${3 / 0}　　　Infinity	
${10 % 4}或${10 mod 4}	2
${(1 == 2) ? 3 : 4}	4

?:是三元運算子，如上表最後一個例子，?前為 true 就傳回:前的值，為 false 就傳回:後的值。

邏輯運算子有 and、or、not：

表 6.3　EL 邏輯運算子範例

運算式	結果
${true and false}	false
${true or false}	true
${not true}　　false	

關係運算子有表示「小於」的<及 lt（Less-than），表示「大於」的>及 gt（Greater-than），表示「小於或等於」的<=及 le（Less-than-or-equal），表示「大於或等於」的>=及 ge（Greater-than-or-equal），表示「等於」的==及 eq（Equal），表示「不等於」的!=及 ne（Not-equal）。

關係運算子也可以比較字元或字串，而==、eq 與!=、ne 也可以判斷取得的值是否為 null。以下是一些實際的例子：

表 6.4　EL 關係運算子範例

運算式	結果
${1 < 2} 或 ${1 lt 2}	true
${1 > (4/2)} 或 ${1 gt (4/2)}	false
${4.0 >= 3} 或 ${4.0 ge 3}	true
${4 <= 3} 或 ${4 le 3}	false
${100.0 == 100} 或 ${100.0 eq 100}	true
${(10*10) != 100} 或 ${(10*10) ne 100}	false
${'a' < 'b'}　true	
${"hip" > "hit"}	false
${'4' > 3}　　true	

比較運算用於字元比較時，是根據字元編碼表的編碼數字進行比較，例如 ${'a' < 'b'}時，由於 ASCII 編碼表中'a'編碼為 97，'b'編碼為 98，結果會是 true。比較運算用於字串比較時，會逐字元依編碼表比較，直到某字元可確定 true 或 false 為止，例如${"hip" > "hit"}，由於前兩個字元相同，在比較第三個字元時，'p'編碼為 112，'t'編碼為 116，結果會是 false。

如果運算元是個代表數字的字串，會嘗試剖析為數值再進行運算，例如 ${'4' > 3}時，'4'會剖析為數值 4，再與 3 進行比較運算，結果就是 true。

EL 還有個 empty 運算子，可用來檢查值是否為 null 或長度為 0（像是字串、List 等）。

EL 運算子的優先順序與 Java 運算子對應，也可以使用括號()定義順序。

6.3.5 自訂 EL 函式

如果有個 Util 類別定義了 length()靜態方法，可以傳回 Collection 長度，原先可能這麼使用它：

```
<%= Util.length(reqeust.getAttribute("someList")) %>
```

但是這樣要撰寫 Scriptlet，如果可以使用 EL 來呼叫：

```
${ util:length(requestScope.someList)  }
```

這樣的寫法就簡潔許多，可以自訂 EL 函式來滿足這項需求。自訂 EL 函式的第一步是定義公開（public）類別，以及公開的靜態方法。例如：

JSP Util.java

```
package cc.openhome;

import java.util.Collection;

public class Util {
    public static int length(Collection collection) {
        return collection.size();
    }
}
```

Web 容器要知道哪些方法要作為 EL 函式，因此定義**標籤程式庫描述檔（Tag Library Descriptor, TLD）**檔案，副檔名為*.tld。例如：

JSP openhome.tld

```xml
<?xml version="1.0" encoding="UTF-8"?>
<taglib version="2.1" xmlns="http://java.sun.com/xml/ns/javaee"
    xmlns:xsi="http://www.w3.org/2001/XMLSchema-instance"
    xsi:schemaLocation="http://java.sun.com/xml/ns/javaee
    http://java.sun.com/xml/ns/javaee/web-jsptaglibrary_2_1.xsd">
  <tlib-version>1.0</tlib-version>
  <short-name>openhome</short-name>
  <uri>https://openhome.cc/util</uri>     ◀── 設定 uri 對應名稱
  <function>
    <description>Collection Length</description>
    <name>length</name>     ◀── 自訂的 EL 函式名稱
    <function-class>
        cc.openhome.Util     ◀── 對應的類別
    </function-class>
    <function-signature>
        int length(java.util.Collection)     ◀── 對應的方法
    </function-signature>
  </function>
</taglib>
```

　　在 TLD 檔案中，重要的部分已在程式碼中直接標示。`${util.length(...)}` 的例子中，length 名稱就對應於**<name>**標籤的設定，而實際上 length 名稱對應的類別與靜態方法，分別由**<function-class>**與**<function-signature>**設定。**<uri>**標籤設定的名稱，在 JSP 網頁中會使用到，稍後就會了解其作用。

　　這個 TLD 檔案可放在 WEB-INF 資料夾，若要放在 JAR 檔案中，第 8 章討論自訂標籤庫時會說明，這邊先將 TLD 檔案放在 WEB-INF 資料夾。接著可以撰寫 JSP 來使用這個自訂 EL 函式。例如：

JSP elf.jsp

```jsp
<%@page contentType="text/html" pageEncoding="UTF-8"%>
<%@taglib prefix="util" uri="https://openhome.cc/util"%>     ◀── 使用 taglib 指示元素
<!DOCTYPE html>
<html>
    <head>
        <meta charset="UTF-8">
        <title>自訂 EL 函式</title>
    </head>
    <body>
        ${ util:length([100, 95, 88, 75]) }     ◀── 使用自訂 EL
```

```
    </body>
</html>
```

taglib 指示元素告訴容器，轉譯 JSP 時，會用到對應 uri 屬性的自訂 EL 函式，容器會尋找 TLD 檔案中，有相同名稱設定的<uri>標籤，這就是剛才在 openhome.tld 定義<uri>標籤之目的。prefix 屬性是設定前置名稱，若 JSP 中有多個來自不同設計者的 EL 自訂函式時，就可以避免名稱衝突的問題，因此使用這個自訂 EL 函式時，就可以用 ${util:length(...)}的方式。

在這個範例中，還使用了 EL 3.0 建立 List 的語法，頁面上最後會顯示 4。

6.3.6 EL 3.0

Java EE 7 以後，Expression Language 3.0 成為獨立的規格（JSR 341）。在 EL 3.0 中，允許指定變數，例如，想將 a 指定為"10"，b 指定為"20"，可以如下：

```
${a = "10"}
${b = "20"}
```

被指定值之後，a、b 的值會輸出至頁面，實際上，這是在設定頁面範圍屬性，上面的例子中相當於：

```
<% pageContext.setAttribute("a", "10") %><%= pageContext.getAttribute("a") %>
<% pageContext.setAttribute("b", "10") %><%= pageContext.getAttribute("b") %>
```

如果加上分號，可以執行多個 EL 指定，最後一個運算式的結果會顯示在頁面，例如底下會顯示 20：

```
${a = "10"; b = "20"}
```

而底下會顯示 0：

```
${a = "10"; b = "20"; 0}
```

如果想建立 List、Set 或 Map，可以如下：

```
${scores = [100, 95, 88, 75]}
${names = {"Justin", "Monica", "Irene"}}
${passwords = {"Admin" : "123456", "Manager" : "654321"}}
```

如果想串接字串，可以使用+=，例如：

```
${firstName = "Justin"}
${lastName = "Lin"}
${firstName += lastName}
```

　　這跟一般程式語言中，a += b 相當於 a = a + b 不同，在 ${firstName += lastName} 時，只是用 += 來區別 +，以便表示字串串接，執行過後顯示出串接結果為 "JustinLin"，然而 firstName 仍然是 "Justin"，如果想要 firstName 被指定為串接後的結果，必須撰寫 ${firstName = firstName += lastName}。

　　+ 仍然是用在數字運算，例如底下 ${a + b} 運算的結果會是 30：

```
${a = "10"}
${b = "20"}
${a + b}
```

　　如果 a、b 無法剖析為數值，就會引發 NumberFormatException；然而，以下運算的結果會是 "1020"，因為 += 會串接字串：

```
${a = "10"}
${b = "20"}
${a += b}
```

　　可以直接呼叫物件的方法，例如將字串轉大寫：

```
${name = "Justin"}
${name.toUpperCase()}
```

　　如果呼叫的方法沒有傳回值，就不會顯示結果，例如：

```
${pageContext.setAttribute("token", "123")}
```

　　甚至可以直接呼叫靜態方法或取用靜態成員，預設 java.lang 的類別，可以直接呼叫其靜態方法或取用靜態成員：

```
${Integer.parseInt("123")}
${Math.round(1.6)}
${Math.PI}
```

　　可以透過 pageContext.getELContext().getImportHandler().importClass(".....") 來追加其他套件的類別，例如：

```
${pageContext.ELContext.importHandler.importClass("java.time.LocalTime")}
${LocalTime.now()}
```

　　除了 importClass()，也可以使用 importPackage()、importStatic() 等方法，如果要呼叫建構式，類別名稱接上 () 就可以了。例如：

```
${String("Justin")}
```

EL 也支援 Lambda 運算式，例如：

```
${plus = (x, y) ->  x + y}
${plus(10, 20)}
${() -> plus(10, 20) + plus(30, 40)}
```

既然 EL 3.0 可以呼叫方法，也可以使用 Lambda 運算式，那麼就可以形成 Java SE 8 流暢的 Stream 風格：

```
${names = ["Justin", "Monica", "Irene"]}
${names.stream().filter(name -> name.length() == 5).toList()}
```

6.4 綜合練習／微網誌

在這一節中，將使用 JSP 改寫先前綜合練習中 Servlet 實現的視圖網頁，這節綜合練習完成後，JSP 中仍有 HTML 夾雜 Java 程式碼的情況，在第 7 章的綜合練習中，會套用 JSTL 來解決這個問題。

6.4.1 改用 JSP 實現視圖

在先前的綜合練習中，負責畫面輸出的三個 Servlet 分別是 cc.openhome.view 套件中的 RegisterSuccess、RegisterError 與 Member，這邊不急著新增或修改功能，而是先將這些 Servlet 改為 JSP 實現。

> 提示 >>> 接下來的練習重點是將 Servlet 改寫為 JSP，請直接使用上一章的綜合練習成果作為以下練習的開始。

◉ 設定內容類型

在實現各個 JSP 前，先注意原先三個 Servlet，都有這麼一行程式碼指定內容類型資訊：

```
response.setContentType("text/html;charset=UTF-8");
```

這原本可在每個 JSP 頁面使用 page 指示元素：

```
<%@page contentType="text/html" pageEncoding="UTF-8"%>
```

然而每個 JSP 都撰寫相同設定，也有點麻煩，因此在 web.xml 指定內容類型資訊：

```
gossip web.xml
```
```xml
<?xml version="1.0" encoding="UTF-8"?>
<web-app ...>
    ...
   <jsp-config>
        <jsp-property-group>
            <url-pattern>*.jsp</url-pattern>
            <page-encoding>UTF-8</page-encoding>
            <default-content-type>text/html</default-content-type>
        </jsp-property-group>
   </jsp-config>
 </web-app>
```

▶ 用 JSP 實現註冊成功網頁

接下來將 `cc.openhome.view.Success` 改用 JSP 實現，這是最容易改寫為 JSP 的 Servlet，可以根據 6.1.2 的說明進行修改，結果如下所示：

```
gossip register_success.jsp
```
```jsp
<!DOCTYPE html>
<html>
<head>
<meta charset='UTF-8'>
<title>成功送出表單</title>
</head>
<body>
        <h1>${param.username} 成功送出表單</h1>
        <a href='index.html'>回首頁</a>
</body>
</html>
```

在練習時，可以先根據 6.1.2 的說明改寫為 JSP，再看看哪些元素可以用 EL 更簡潔地表示，例如上例中，取得請求參數的部分本來會寫為`<%= request.getParameter("username") %>`，然而透過 EL 進一步改為`${param.username}`。

▶ 用 JSP 實現註冊失敗網頁

接下來將 `cc.openhome.view.RegisterError` 改用 JSP 實現，如下所示：

```
gossip register_error.jsp
```
```jsp
<%@page import="java.util.List" %>
<!DOCTYPE html>
<html>
```

```
<head>
<meta charset='UTF-8'>
<title>表單填寫錯誤</title>
</head>
<body>
    <h1>表單填寫錯誤</h1>
    <ul style='color: rgb(255, 0, 0);'>
        <%
            List<String> errors =
                    (List<String>) request.getAttribute("errors");
            for(String error : errors) {
        %>
            <li><%= error %></li>
        <%
            }
        %>
    </ul>
    <a href='register.html'>返回註冊表單</a>
</body>
</html>
```

相較於 register_success.jsp，這邊的 register_error.jsp 呈現 HTML 與 Java 程式碼夾雜的情況，雖然不是複雜的頁面，然極可以略為看出維護上的麻煩。

▶ 用 JSP 實現會員網頁

接下來將 cc.openhome.view.Member 改用 JSP 實現，如下所示：

gossip member.jsp

```
<%@page import="java.util.*,java.time.*"%>
<!DOCTYPE html>
<html>
<head>
<meta charset='UTF-8'>
<title>Gossip 微網誌</title>
<link rel='stylesheet' href='css/member.css' type='text/css'>
</head>
<body>

    <div class='leftPanel'>
        <img src='images/caterpillar.jpg' alt='Gossip 微網誌' /><br>
        <br> <a href='logout'>登出 ${sessionScope.login}</a>
    </div>
    <form method='post' action='new_message'>
        分享新鮮事...<br>
        <%
            String preBlabla = request.getParameter("blabla");
            if(preBlabla != null) {
```

```
        %>
        訊息要 140 字以內<br>
        <%
            }
        %>

        <textarea cols='60' rows='4' name='blabla'>${param.blabla}</textarea>
        <br>
        <button type='submit'>送出</button>
    </form>

    <%
        Map<Long, String> messages = (Map<Long, String>)
request.getAttribute("messages");
        if(messages.isEmpty()) {
    %>
            <p>寫點什麼吧！</p>
    <%
        }
        else {
    %>
            <table border='0' cellpadding='2' cellspacing='2'>
            <thead>
            <tr><th><hr></th></tr>
            </thead>
            <tbody>
    <%
            for(Map.Entry<Long, String> message : messages.entrySet()) {
                Long millis = message.getKey();
                String blabla = message.getValue();

                LocalDateTime dateTime =
                        Instant.ofEpochMilli(millis)
                                .atZone(ZoneId.of("Asia/Taipei"))
                                .toLocalDateTime();
    %>
            <tr><td style='vertical-align: top;'>
            ${sessionScope.login}<br>
            <%= blabla %><br>
            <%= dateTime %>
            <form method='post' action='del_message'>
            <input type='hidden' name='millis' value='<%= millis %>'>
            <button type='submit'>刪除</button>
            </form>
            <hr></td></tr>
    <%
            }
    %>
            </tbody>
            </table>
    <%
```

```
        }
    %>
</body>
</html>
```

這是目前綜合練習程式中，最複雜的 JSP 頁面，呈現出 HTML 與 Java 程式碼夾雜時不易維護的狀況，在第 7 章學習 JSTL 後，會嘗試將 Java 程式碼的部分，使用 JSTL 來實作，屆時整個頁面就會只剩下標籤，維護上就會清楚許多。

這三個 JSP 頁面，不打算被瀏覽器直接請求，必須透過控制器轉發，為此，可以將 JSP 頁面放到/WEB-INF/jsp 資料夾中，接著，可以將 cc.openhome.view 這個套件及其下的三個 Servlet 刪除，並將 cc.openhome.controller 中有設定.view 的 URI 模式，改設定為/WEB-INF/jsp 中對應的.jsp 路徑，修改完成後，試著運行應用程式，看看結果呈現是否正確。

6.4.2 重構 UserService 與 member.jsp

現在已經將 cc.openhome.view 的 Servlet 改用 JSP 實現，在繼續之前，先注意到 member.jsp 有以下的片段：

```jsp
<%
    for(Map.Entry<Long, String> message : messages.entrySet()) {
        Long millis = message.getKey();
        String blabla = message.getValue();

        LocalDateTime dateTime =
                Instant.ofEpochMilli(millis)
                        .atZone(ZoneId.of("Asia/Taipei"))
                        .toLocalDateTime();
%>
        <tr><td style='vertical-align: top;'>
        ${sessionScope.login}<br>
        <%= blabla %><br>
        <%= dateTime %>
        <form method='post' action='del_message'>
        <input type='hidden' name='millis' value='<%= millis %>'>
        <button type='submit'>刪除</button>
        </form>
        <hr></td></tr>
<%
    }
%>
```

　　messages 的形態是 Map<Long, String>，在傳遞使用者的訊息，使用這形態會是好主意嗎？你得自行記憶 Long 與 String 代表了什麼，若要令程式碼意圖明確，使用一個 Message 物件來封裝這些訊息，會是比較好的做法。

　　另一方面，處理毫秒數轉本地時間是 JSP 的職責嗎？這類程式碼顯然可以封裝到某處，而不是在 JSP 中撰寫。

　　為了封裝訊息，也為了處理毫秒數轉本地時間，來定義一個 Message 類別：

gossip　Message.java

```java
package cc.openhome.model;

import java.time.*;

public class Message {
    private String username;
    private Long millis;
    private String blabla;

    public Message(String username, Long millis, String blabla) {
        this.username = username;
        this.millis = millis;
        this.blabla = blabla;
    }

    public String getUsername() {
        return username;
    }

    public Long getMillis() {
        return millis;
    }

    public String getBlabla() {
        return blabla;
    }

    public LocalDateTime getLocalDateTime() {
        return Instant.ofEpochMilli(millis)
                    .atZone(ZoneId.of("Asia/Taipei"))
                    .toLocalDateTime();
    }
}
```

　　Message 封裝了使用者名稱、訊息建立時的毫秒數與文字內容，並提供對應的取值方法，以及可取得本地時間的 getLocalDateTime() 方法。接著重構 UserService 的 messages() 方法：

```
gossip  UserService.java

package cc.openhome.model;
...
public class UserService {
    ...

                     ┌─❶ 改傳回 List
                     │
    public List<Message> messages(String username) throws IOException {
        Path userhome = Paths.get(USERS, username);

        var messages = new ArrayList<Message>();

        try(var txts = Files.newDirectoryStream(userhome, "*.txt")) {
            for(var txt : txts) {
                var millis = txt.getFileName().toString().replace(".txt", "");
                var blabla = Files.readAllLines(txt).stream()
                        .collect(
                            Collectors.joining(System.lineSeparator())
                        );

                messages.add( ◄──── ❷ 使用 List 收集訊息
                    new Message(username, Long.parseLong(millis), blabla));
            }
        }

        messages.sort(Comparator.comparing(Message::getMillis).reversed());

        return messages;
    }

    ...
}
```

　　messages() 方法現在傳回 List<Message>❶，在方法實作中，會將訊息封裝為 Message 實例並收集在 List<Message>中❷。

接著來重構 member.jsp：

gossip member.jsp

```
<%@page import="java.util.List,cc.openhome.model.Message"%>
...略
    <%                    ❶改為 List<Message>
        List<Message> messages =
                (List<Message>) request.getAttribute("messages");
        if(messages.isEmpty()) {
    %>
            <p>寫點什麼吧！</p>
    <%
        }
        else {
    %>
            <table border='0' cellpadding='2' cellspacing='2'>
            <thead>
            <tr><th><hr></th></tr>
            </thead>
            <tbody>
    <%
            for(Message message : messages) {
    %>
                <tr><td style='vertical-align: top;'>
                <%= message.getUsername() %><br>
                <%= message.getBlabla() %><br>
                <%= message.getLocalDateTime() %>              ❷使用取值方法
                <form method='post' action='del_message'>
                <input type='hidden' name='millis'
                        value='<%= message.getMillis() %>'>
                <button type='submit'>刪除</button>
                </form>
                <hr></td></tr>
    <%
            }
    %>
            </tbody>
            </table>
    <%
        }
    %>
</body>
</html>
```

　　member.jsp 最主要的修改，是從請求範圍中取得訊息清單❶，透過 for 迴圈逐一取得 Message 實例，呼叫取值方法來取得資料並顯示❷，在程式碼上，比先前使用 Map<Long, String>時更能顯現意圖。

6.4.3 建立 register.jsp、index.jsp、user.jsp

先前註冊失敗時，會發送至 register_error.jsp 顯示錯誤訊息，使用者必須按下超鏈結回到註冊表單網頁，重新填寫註冊資訊，這是因為先前註冊網頁是靜態 HTML，可以將註冊網頁改用 JSP，在註冊失敗返回註冊網頁時，直接呈現錯誤訊息：

gossip register.jsp

```jsp
<%@page import="java.util.List" %>
<!DOCTYPE html>
<html>
    <head>
        <meta charset="UTF-8">
        <link rel="stylesheet" href="css/gossip.css" type="text/css">
        <title>會員申請</title>
    </head>
    <body>
        <h1>會員申請</h1>
                                        ❶ 如果有錯誤訊息
                                           清單則顯示
        <%
        List<String> errors = (List<String>) request.getAttribute("errors");
        if(errors != null) {
        %>
        <ul style='color: rgb(255, 0, 0);'>
        <%
            for(String error : errors) {
        %>
                <li><%= error %></li>
        <%
            }
        %>
        </ul>
        <%
        }
        %>

<form method='post' action='register'>
    <table>
        <tr>
            <td>郵件位址：</td>
            <td><input type='text' name='email'
                    value='${param.email}' size='25' maxlength='100'></td>
        </tr>                           ┗━ ❷ 回填欄位值
        <tr>
            <td>名稱（最大 16 字元）：</td>
            <td><input type='text' name='username'
```

```
                    value='${param.username}' size='25' maxlength='16'></td>
        </tr>
        ...略
    </table>
</form>

        </body>
</html>
```

　　❸回填欄位值

　　若因表單填寫錯誤而回到 register.jsp，請求範圍會有 errors 屬性，此時將訊息逐一取出顯示❶，並在郵件與使用者名稱欄位回填欄位值❷❸。

　　原先負責註冊的 Register，註冊失敗的頁面改設為 register.jsp，原先 register_error.jsp 與 register.html 兩個檔案已沒有作用，可以刪除，首頁鏈結註冊網頁的 register.html 要改為 register，因為按下鏈結，瀏覽器會發出 GET 請求，因此，要在 Register 加上 doGet() 的定義：

gossip　Register.java

```
package cc.openhome.controller;

...略

@WebServlet(
    urlPatterns={"/register"},
    initParams={
        @WebInitParam(name = "SUCCESS_PATH",
                      value = "/WEB-INF/jsp/register_success.jsp"),
        @WebInitParam(name = "FORM_PATH",
                      value = "/WEB-INF/jsp/register.jsp") ❶註冊網頁路徑
    }
)
public class Register extends HttpServlet {
    private String SUCCESS_PATH;
    private String FORM_PATH;
    private UserService userService;

    @Override
    public void init() throws ServletException {
        SUCCESS_PATH = getInitParameter("SUCCESS_PATH");
        FORM_PATH = getInitParameter("FORM_PATH");
        userService =
            (UserService) getServletContext().getAttribute("userService");
    }

    ...略
    protected void doGet(
            HttpServletRequest request, HttpServletResponse response)
```

```
                    throws ServletException, IOException {
        request.getRequestDispatcher(FORM_PATH)
            .forward(request, response);
    }
                              ↑
                            ❷直接轉發註冊網頁

    protected void doPost(
            HttpServletRequest request, HttpServletResponse response)
                throws ServletException, IOException {

        ...略
        String path;
        if(errors.isEmpty()) {
            path = SUCCESS_PATH;
            userService.tryCreateUser(email, username, password);

        } else {
            path = FORM_PATH; ←————❸設定註冊失敗時的轉發網頁
            request.setAttribute("errors", errors);
        }

        request.getRequestDispatcher(path).forward(request, response);
    }
    ...略
}
```

註冊網頁路徑與註冊失敗的網頁路徑是相同的，因此初始參數等相關部分改為 FORM_PATH 比較能符合程式碼意圖❶，如果是 GET 請求的話，直接轉發註冊網頁❷，在申請失敗時，也會轉發至註冊網頁❸。

下圖為註冊失敗的畫面示範：

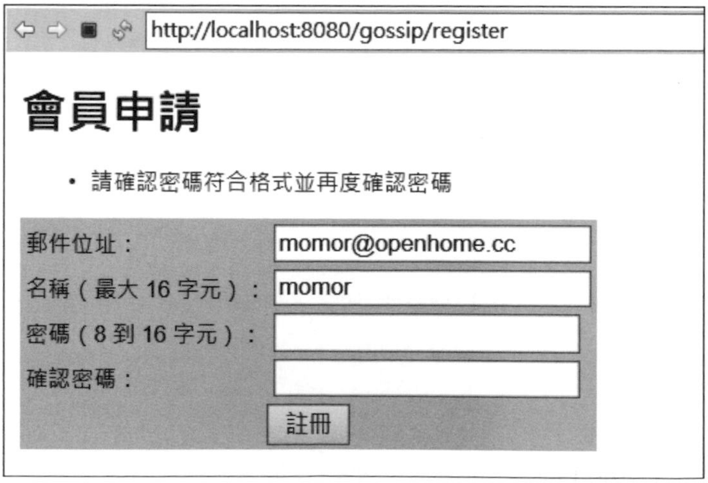

圖 6.15 註冊申請失敗的畫面參考

　　類似地，首頁目前是 index.html，如果登入失敗回到首頁，無法顯示登入失敗的原因，也無法回填欄位值，因此也將首頁改為 index.jsp：

gossip index.jsp

```jsp
<%@page import="java.util.List" %>
<!DOCTYPE html>
<html>
    <head>
        <meta charset="UTF-8">
        <title>Gossip 微網誌</title>
        <link rel="stylesheet" href="css/gossip.css" type="text/css">
    </head>
    <body>
        <div id="login">
            <div>
                <img src='images/caterpillar.jpg' alt='Gossip 微網誌'/>
            </div>
            <a href='register'>還不是會員？</a>          ❶ 註冊鏈結修改為 register
            <p></p>

        <%
            List<String> errors = (List<String>) request.getAttribute("errors");
            if(errors != null) {          ❷ 如果有錯誤訊息清單則顯示
        %>
            <ul style='color: rgb(255, 0, 0);'>
        <%
                for(String error : errors) {
        %>
                    <li><%= error %></li>
        <%
                }
        %>
            </ul>
        <%
            }
        %>

    <form method='post' action='login'>
        <table>
            <tr>
                <td colspan='2'>會員登入</td>
            <tr>
                <td>名稱：</td>
                <td><input type='text' name='username'          ❸ 回填欄位值
                                    value='${param.username}'></td>
            </tr>
            <tr>
                <td>密碼：</td>
                <td><input type='password' name='password'></td>
```

```
            </tr>
            <tr>
                <td colspan='2' align='center'>
                    <input type='submit' value='登入'>
                </td>
            </tr>
            <tr>
                <td colspan='2'><a href='forgot.html'>忘記密碼？</a></td>
            </tr>
        </table>
    </form>
        </div>
        <div>
            <h1>Gossip ... XD</h1>
            <ul>
                <li>談天說地不奇怪
                <li>分享訊息也可以
                <li>隨意寫寫表心情
            </ul>
        </div>
    </body>
</html>
```

　　註冊鏈結修改為 register❶，如果登入失敗，請求範圍會有 error 屬性，此時將之顯示❷，若請求參數中有使用者名稱，回填至使用者欄位❸。註冊成功時的 register_success.jsp 頁面中，回首頁的鏈結記得修改為"/gossip"，這樣就可以回到首頁。

　　在嚴謹的 MVC/Model 2 模式中，任何頁面呈現前，都必須經過控制器的處理轉發，是否嚴格遵守是視需求而定，由於 index.jsp 後續還會增加新功能（可以顯示最新的使用者訊息），為此，建立一個 Index 作為控制器，目前只是單純地轉發請求至 index.jsp：

gossip Index.java

```
package cc.openhome.controller;

`...略

@WebServlet(
    urlPatterns={""}, ◀──── ❶ URI 模式為 ""
    initParams={
        @WebInitParam(name = "INDEX_PATH", value = "/WEB-INF/jsp/index.jsp")
    }
)
public class Index extends HttpServlet {
    private String INDEX_PATH;
```

```
@Override
public void init() throws ServletException {
    INDEX_PATH = getInitParameter("INDEX_PATH");
}

protected void doGet(
        HttpServletRequest request, HttpServletResponse response)
                throws ServletException, IOException {
    request.getRequestDispatcher(INDEX_PATH)
            .forward(request, response);
}
}
```

由於 URI 模式設定為 ""❶，因此請求 http://localhost:8080/gossip/時，就會轉發至 index.jsp。

原先處理登入的 Login，在登入失敗時，設定請求範圍的 errors 屬性，並轉發至 index.jsp，修改的程式碼如下：

gossip Login.java

```
package cc.openhome.controller;

...略

@WebServlet(
    urlPatterns={"/login"},
    initParams={
        @WebInitParam(name = "SUCCESS_PATH", value = "member"),
        @WebInitParam(name = "LOGIN_PATH", value = "/WEB-INF/jsp/index.jsp")
    }
)
                                        ❶ 修改路徑至 index.jsp
public class Login extends HttpServlet {
    private String SUCCESS_PATH;
    private String LOGIN_PATH;
    private UserService userService;

    @Override
    public void init() throws ServletException {
        SUCCESS_PATH = getInitParameter("SUCCESS_PATH");
        LOGIN_PATH = getInitParameter("LOGIN_PATH");
        userService =
            (UserService) getServletContext().getAttribute("userService");
    }

    protected void doPost(
            HttpServletRequest request, HttpServletResponse response)
                        throws ServletException, IOException {
```

```
...略
if(isInputted(username, password) &&
        userService.login(username, password)) {
    if(request.getSession(false) != null) {
        request.changeSessionId();
    }
    request.getSession().setAttribute("login", username);
    response.sendRedirect(SUCCESS_PATH);
} else {                           ❷ 設定失敗訊息

    request.setAttribute("errors", Arrays.asList("登入失敗"));
    request.getRequestDispatcher(LOGIN_PATH)
        .forward(request, response);
}                         ❸ 登入失敗轉發至 index.jsp

}

...略
}
```

　　登入失敗的頁面現在是 index.jsp 了，為了更符合程式碼意圖，初始參數名稱也修改為 LOGIN_PATH ❶，為了能取得設定在請求範圍的錯誤訊息❷，登入失敗時改為轉發而不是重新導向❸。一個登入錯誤畫面參考如下：

圖 6.16 登入失敗的畫面參考

　　在登出之後，也必須回到首頁，為了配合 Index 的 URI 模式設定，修改一下 Logout 的 LOGIN_PATH，從 ServletContext 取得應用程式環境路徑：

gossip Logout.java

```
package cc.openhome.controller;

...略

@WebServlet("/logout")
public class Logout extends HttpServlet {
    private String LOGIN_PATH;

    @Override
    public void init() throws ServletException {
        LOGIN_PATH = getServletContext().getContextPath();
    }
    ...略
}
```

　　寫微網誌當然不能只是孤芳自賞，接下來要增加新功能，可以指定觀看哪個使用者的微網誌，例如若鏈結以下網址：

- http://localhost:8080/gossip/user/caterpillar

　　就可以觀看使用者 caterpillar 的微網誌，為此，可以撰寫以下的 Servlet：

gossip User.java

```
package cc.openhome.controller;

...略

@WebServlet(
    urlPatterns={"/user/*"},  ←──❶ 處理/user/開頭的請求
    initParams={
        @WebInitParam(name = "USER_PATH", value = "/WEB-INF/jsp/user.jsp")
    }
)
public class User extends HttpServlet {
    private String USER_PATH;
    private UserService userService;

    @Override
    public void init() throws ServletException {
        USER_PATH = getInitParameter("USER_PATH");
        userService =
            (UserService) getServletContext().getAttribute("userService");
    }

    protected void doGet(
                HttpServletRequest request, HttpServletResponse response)
                    throws ServletException, IOException {
```

```
        var username = getUsername(request);
        var messages = userService.messages(username);  ←❷取得訊息

        request.setAttribute("messages", messages);    ⎤
        request.setAttribute("username", username);    ⎦←❸設為請求範圍屬性

        request.getRequestDispatcher(USER_PATH)
                .forward(request, response);
    }

    private String getUsername(HttpServletRequest request) {
        return request.getPathInfo().substring(1);  ←❹從路徑資訊取得使用者名稱
    }
}
```

這個 Servlet 處理 URI 為 /user/ 開頭的請求❶，使用者名稱可藉由 URI 上的
路徑資訊得知❸，取得的使用者名稱用來取得對應訊息❷並設為請求範圍屬性
❹，最後轉發至顯示使用者的頁面：

gossip user.jsp

```
<%@page import="java.util.List,cc.openhome.model.Message"%>
<!DOCTYPE html>
<html>
<head>
<meta charset='UTF-8'>
<title>Gossip 微網誌</title>
<link rel='stylesheet' href='../css/member.css' type='text/css'>
</head>
<body>

    <div class='leftPanel'>
        <img src='../images/caterpillar.jpg' alt='Gossip 微網誌' /><br>
        <br>${requestScope.username} 的微網誌
    </div>

    <%
    List<Message> messages =
            (List<Message>) request.getAttribute("messages");
    if(messages.isEmpty()) {
    %>
        <p>尚未發表訊息</p>
    <%
    }
    else {
    %>
<table border='0' cellpadding='2' cellspacing='2'>
    <thead>
        <tr>
```

```
                <th><hr></th>
            </tr>
        </thead>
        <tbody>              逐一從訊息清單取得訊息並顯示
            <%
                                  ↓
                for(Message message : messages) {
            %>
            <tr>
                <td style='vertical-align: top;'><%= message.getUsername() %><br>
                    <%= message.getBlabla() %><br> <%= message.getLocalDateTime() %>
                    <hr>
                </td>
            </tr>

            <%
                }
            %>
        </tbody>
    </table>
    <%
        }
    %>
</body>
</html>
```

在使用者頁面取得訊息清單之後，使用 for 迴圈逐一取出訊息並顯示，一個執行時的參考畫面如下所示：

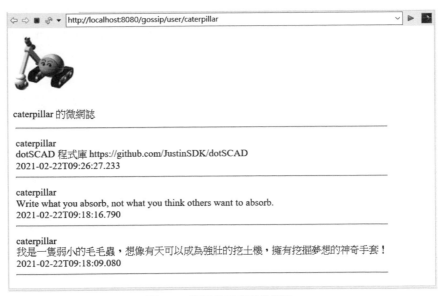

圖 6.17 觀看使用者的微網誌

6.5 重點複習

JSP 最後會被容器轉譯為 Servlet 原始碼、自動編譯為.class 檔案、載入.class 檔案然後生成 Servlet 物件。JSP 在轉譯為 Servlet 並載入容器生成物件之後,會呼叫_jspInit()方法進行初始化工作,銷毀前呼叫_jspDestroy()方法進行善後工作 在 Servlet 中,每個請求到來時,容器會呼叫 service()方法,而在 JSP 轉譯為 Servlet 後,請求的到來則是呼叫_jspService()方法。

如果想在JSP網頁載入執行時作些初始動作,可以重新定義jspInit()方法。如果在 JSP 實例從容器移除前想要作一些收尾動作,可以重新定義 jspDestroy()方法。

JSP 指示(Directive)元素的主要目的,在於指示容器將 JSP 轉譯為 Servlet 原始碼時,一些必須遵守的資訊。page 指示類型的 import 屬性告知容器轉譯 JSP 時,必須在原始碼中包括的 import 陳述。contentType 屬性告知容器轉譯 JSP 時,必須使用 HttpServletRequest 的 setContentType(),呼叫方法時傳入的參數就是 contentType 的屬性值。pageEncoding 屬性告知容器轉譯及編譯如何處理這個 JSP 網頁中的文字編碼,以及內容類型附加的 charset 設定。include 指示類型,它用來告知容器包括另一個網頁的內容進行轉譯。

JSP 轉譯後的 Servlet 類別應該包括哪些類別成員、方法宣告或是哪些陳述句,在撰寫 JSP 時,可以使用宣告(Declaration)元素、Scriptlet 元素及運算式(Expression)元素來指定。在<%!與%>之間宣告的程式碼,都將轉譯為 Servlet 中的類別成員或方法。<%與%>之間包括的內容,將被轉譯為 Servlet 原始碼 _jspService()方法中的內容。<%=與%>運算式元素中撰寫 Java 運算式,運算式的運算結果將直接輸出為網頁的一部分。

JSP 中像 out、request 這樣的字眼,在轉譯為 Servlet 之後,對應於 Servlet 中的某個物件,例如 request 就對應 HttpServletRequest 物件。像 out、request 這樣的字眼,稱為隱含物件或隱含變數。

out 隱含物件在轉譯之後,對應於 javax.servlet.jsp.JspWriter 類別的實例。JspWriter 在內部也是使用 PrintWriter 來進行輸出,但 JspWriter 具有緩衝區功能。當使用 JspWriter 的 print()或 println()進行回應輸出時,如果 JSP 頁面沒有緩衝，直接建立 `PrintWriter` 來輸出回應，如果 JSP 頁面有作緩衝，只有在出清緩衝區時，才會真正建立 `PrintWriter` 物件進行輸出。

JSP 終究會轉譯為 Servlet，錯誤可能發生在三個時候：JSP 轉換為 Servlet 原始碼時、Servlet 原始碼進行編譯時，以及 Servlet 載入容器進行服務但發生執行時期錯誤時。只有 `isErrorPage` 設定為 `true` 的頁面，才可以使用 `exception` 隱含物件。

`<jsp:include>`或`<jsp:forward>`標籤，在轉譯為 Servlet 原始碼之後，底層也是取得 `RequestDispatcher` 物件，並執行對應的 `forward()`或 `include()`方法。

JSP 中的 JavaBean 元件，指的是只要滿足以下條件的純綷 Java 物件：

- 必須實作 `java.io.Serializable` 介面
- 沒有公開（`public`）的類別變數
- 具有無參數的建構式
- 具有公開的設值方法（Setter）與取值方法（Getter）

使用 JavaBean 的目的，基本上是在於減少 JSP 頁面上 Scriptlet 的使用。可以搭配 `<jsp:useBean>` 來使用 JavaBean，並使用 `<jsp:setProperty>` 與 `<jsp:getProperty>`存取 JavaBean 的屬性。

對於 JSP 中一些簡單的屬性、請求參數、標頭與 Cookie 等訊息的取得，一些簡單的運算或判斷，可以試著使用運算式語言來處理，甚至可以將一些常用的公用函式撰寫為 EL 函式，如此對於網頁上的 Scriptlet，又可以有一定份量的減少。

EL 在某些情況下，可以使用點運算子（.）的場合，也可以使用〔〕運算子：

- 如果使用點（.）運算子，則左邊可以是 JavaBean 或 `Map` 物件。
- 如果使用〔〕運算子，則左邊可以是 JavaBean、`Map`、陣列或 `List` 物件。

在 Java EE 7 以後，釋出了 Expression Language 3.0，成為一個獨立的規格（JSR 341），具有直接呼叫靜態成員等進階功能。

📖 課後練習

實作題

1. JSP 終究會轉譯為 Servlet，Servlet 作得到的事，JSP 都作得到，試著將本章
   微網誌綜合練習中，`cc.openhome.controller` 套件所有 Servlet，全使用 JSP 來
   改寫，你會需要在 web.xml 設定初始參數、URI 模式等。

使用 JSTL

7

CHAPTER

學習目標

- 了解何謂 JSTL
- 使用 JSTL 核心標籤庫
- 使用 JSTL 格式標籤庫
- 使用 JSTL XML 標籤庫
- 使用 JSTL 函式標籤庫

7.1　簡介 JSTL

需要依某條來決定顯示網頁片段，或是需要使用迴圈顯示表格內容，然而，HTML 或 JSP 本身並沒有什麼 `<if>` 標籤，更沒什麼 `<for>` 標籤達到這個目的。

這些跟頁面呈現相關的邏輯判斷標籤，可由 JSTL（JavaServer Pages Standard Tag Library）提供。JSTL 提供的標籤庫分作五個大類：

- 核心標籤庫

  提供條件判斷、屬性存取、URI 處理及錯誤處理等標籤。

- I18N 相容格式標籤庫

  提供數字、日期等的格式化功能，以及區域（Locale）、訊息、編碼處理等國際化功能。

- SQL 標籤庫

  提供基本的資料庫查詢、更新、設定資料來源（DataSource）等功能，這會在第 9 章說明 JDBC 時再介紹。

- XML 標籤庫

  提供 XML 剖析、流程控制、轉換等功能。

■ 函式標籤庫

提供常用字串處理的函式標籤庫。

JSTL 是另一標準規範,並非在 JSP 的規範當中,可以透過〈JavaServer Pages Standard Tag Library[1]〉找到 JSTL 的原始碼。如果想取得 JSTL 的 JAR 檔案,可以在〈Apache Taglibs Downloads[2]〉下載,撰寫本書的這個時間點,可以找到 JSTL 1.2.5,需要下載 taglibs-standard-spec-1.2.5.jar 與 taglibs-standard-impl-1.2.5.jar,前者是 JSTL 標準介面與類別,後者是實作。

可以將 JSTL 的兩個 JAR 檔案,放置到 Web 應用程式的 WEB-INF/lib 資料夾。如果需要 API 文件說明,可以在〈Apache Standard Taglib 1.2 API[3]〉找到。

在 Eclipse 中,雖然可以直接將 JAR 檔案複製至專案的 /WEB-INF/lib 資料夾,不過專案各自擁有 JAR 檔案,管理上會很麻煩。可以將 JAR 檔案統一放置在某個資料夾中,再透過 Eclipse 的「Deployment Assembly」設定使用 JAR 檔案,在建立新專案後,可以按照以下步驟進行操作:

1. 在專案上按右鍵,執行「Properties」,在出現的專案屬性對話方塊上,選擇「Deployment Assembly」。

2. 按下「Web Deployment Assembly」右邊的「Add」按鈕,在出現的「New Assembly Directive」對話方塊中,選擇「Archives from File System」後按下「Next」。

3. 按下「Add」按鈕,選擇檔案系統中的 JAR 檔案,按下「Finish」按鈕。

4. 按下「Web Deployment Assembly」的「OK」按鈕。

5. 在專案的「Java Resources/Libraries」節點,可以發現「Web App Libraries」已設定 JAR 檔案。

---

[1] JSTL:www.oracle.com/technetwork/java/index-jsp-135995.html

[2] Apache Taglibs Downloads:tomcat.apache.org/download-taglibs.cgi

[3] Apache Standard Taglib 1.2 API:tomcat.apache.org/taglibs/standard/apidocs/

　　JSTL 從 Java EE 5 開始就沒有什麼顯著的特性變更，從今日眼光來說，只能說是提供了基本功能，部分標籤也顯得過時，有許多開放原始碼自訂標籤庫可以取代 JSTL；然而在某些場合，還是會遇到 JSTL，而在學習自訂標籤庫時，JSTL 也是個可模仿的對象，因此在本書中仍保留對 JSTL 的介紹。

　　JSTL 標籤種類也蠻多的，本章將先說明 JSTL 核心標籤庫、格式標籤庫 XML標籤庫與函式標籤庫，第 9 章說明 JDBC 後再說明 SQL 標籤庫。

　　如果你真的不需要 JSTL，就銜接本書後續內容而言，只需要認識 7.2 核心標籤庫的內容就可以了。

　　要使用 JSTL 標籤庫，必須在 JSP 中使用 `taglib` 指示元素，定義前置名稱與uri 參考，例如使用核心標籤庫的話，可以如下定義：

```
<%@taglib prefix="c" uri="http://java.sun.com/jsp/jstl/core"%>
```

　　前置名稱設定了標籤庫在 JSP 中的名稱空間，以避免與其他標籤庫發生衝突，慣例上使用 JSTL 核心標籤庫時，會使用 c 作為前置名稱。uri 參考告知容器，如何參考 JSTL 標籤庫實作（如 6.3.5 節定義 TLD 時的作用，可先參考該節內容，第 8 章說明自訂標籤時還會看到相關說明）。

7.2　核心標籤庫

　　JSTL 核心標籤庫主要包括流程處理標籤，像是`<c:if>`、`<c:forEach>`等，可處理頁面呈現邏輯，錯誤處理標籤可捕捉例外，網頁匯入、重新導向標籤提供比原有`<jsp:include>`、`<jsp:forward>`更進一步的功能，屬性處理標籤可提供比原有`<jsp:setProperty>`更多的設定，其他還有輸出處理標籤、URI 處理標籤等，可用於處理頁面邏輯。

7.2.1　流程處理標籤

　　當 JSP 必須根據某條件安排內容輸出時，可以使用流程標籤。例如想依使用者名稱、密碼請求參數，來決定是否顯示某畫面，或想用表格輸出多筆資料等。

首先介紹<c:if>標籤的使用（假設標籤前置使用"c"），這個標籤可根據運算式的結果，決定是否顯示本體內容。直接來看個範例：

JSTL login.jsp

```
<%@page contentType="text/html" pageEncoding="UTF-8"%>
<%@taglib prefix="c" uri="http://java.sun.com/jsp/jstl/core"%>
<!DOCTYPE html">
<html>
    <head>
        <meta charset="UTF-8">
        <title>登入頁面</title>
    </head>
    <body>
        <c:if test="${param.name == 'momor' && param.password == '12345678'}">
            <h1>${param.name} 登入成功</h1>
        </c:if>
    </body>
</html>
```

　　<c:if>標籤 **test** 屬性可以放置 EL 運算式，如果運算式結果是 true，會將<c:if>本體輸出。就上例來說，若發送的請求參數中，名稱與密碼正確，就會顯示名稱與登入成功的訊息。

提示 >>> 為了避免流於語法說明的瑣碎細節，本章不會試圖說明 JSTL 標籤所有屬性，在需要的時候，可參考 JSTL 的線上文件說明或 JSTL 規格書 JSR52。

　　<c:if>標籤僅在 test 結果為 true 時顯示本體內容，不過沒有對應的<c:else>標籤。想在某條件式成立時顯示某內容，不成立顯示另一內容，可使用<c:choose>、<c:when>及<c:otherwise>標籤。

JSTL login2.jsp

```
<%@page contentType="text/html" pageEncoding="UTF-8"%>
<%@taglib prefix="c" uri="http://java.sun.com/jsp/jstl/core"%>
<jsp:useBean id="user" class="cc.openhome.User"  />
<jsp:setProperty name="user" property="*" />
<!DOCTYPE html>
<html>
    <head>
        <meta charset="UTF-8">
        <title>登入頁面</title>
    </head>
    <body>
        <c:choose>
```

```
        <c:when test="${user.valid}">
            <h1>
                <jsp:getProperty name="user" property="name"/>登入成功
            </h1>
        </c:when>
        <c:otherwise>
            <h1>登入失敗</h1>
        </c:otherwise>
    </c:choose>
    </body>
</html>
```

　　這個範例改寫自 6.2.2 節的使用者登入範例。在 6.2.2 節時，使用了 Scriptlet 撰寫 Java 程式碼，判斷使用者是否發送正確名稱密碼，分別顯示登入成功或失敗畫面，使用<c:choose>、<c:when>及<c:otherwise>標籤，就可以不使用 Scriptlet 來實現需求。

　　<c:when> 及<c:otherwise>必須放在<c:choose>中。當<c:when>的 **test** 運算為 true 時，輸出<c:when>本體內容，而不理會<c:otherwise>的內容。<c:choose>中可以有多個<c:when>標籤，此時會從上往下測試，如果有個<c:when>標籤 test 運算為 true 就輸出本體內容，忽略後續的<c:when>與<c:otherwise>。若<c:when>測試都不成立，會輸出<c:otherwise>的內容。

　　如果打算產生一連串的資料輸出。例如有個留言版程式，使用 JavaBean 從資料庫中取得留言，留言可能有數十則，以陣列方式傳回：

JSTL MessageService.java

```java
package cc.openhome;

public class MessageService {
    // 放些假資料，假裝這些資料是來自資料庫
    private Message[] fakeMessages = {
        new Message("caterpillar", "caterpillar's message!"),
        new Message("momor", "momor's message!"),
        new Message("hamimi", "hamimi's message!")
    }

    public Message[] getMessages() {
        return fakeMessages;
    }
}
```

Message 物件 name 與 text 屬性，各代表留言者名稱與留言文字，你打算使用表格來顯示每則留言，若不想使用 Scriptlet，可以使用 JSTL 的<c:forEach>標籤實現需求。例如：

JSTL message.jsp

```jsp
<%@page contentType="text/html" pageEncoding="UTF-8"%>
<%@taglib prefix="c" uri="http://java.sun.com/jsp/jstl/core"%>
<!DOCTYPE html>
<jsp:useBean id="messageService" class="cc.openhome.MessageService"/>
<html>
    <head>
        <meta charset="UTF-8">
        <title>留言版</title>
    </head>
    <body>
        <table style="text-align: left; width: 100%;" border="1">
            <tr>
                <td>名稱</td><td>訊息</td>
            </tr>
            <c:forEach var="message" items="${messageService.messages}">
                <tr>
                    <td>${message.name}</td><td>${message.text}</td>
                </tr>
            </c:forEach>
        </table>
    </body>
</html>
```

<c:forEach>標籤 **items** 屬性可以是陣列、Collection、Iterator、Enumeration、Map 與字串，每次循序從 items 指定的物件取出一個元素，指定給 **var** 屬性設定之名稱，接著就可以在<c:forEach>標籤中，使用該名稱取得元素。這個範例的執行畫面如下所示：

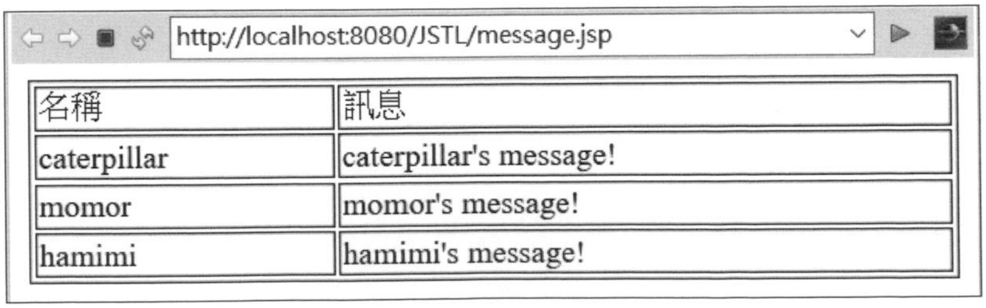

http://localhost:8080/JSTL/message.jsp	
名稱	訊息
caterpillar	caterpillar's message!
momor	momor's message!
hamimi	hamimi's message!

圖 7.1 <c:forEach>範例網頁執行結果

如果 items 指定了 Map，設給 var 的物件會是 Map.Entry，具有 getKey()與 getValue()方法，可以取得鍵與值。例如：

```
<c:forEach var="item" items="${someMap}">
    Key: ${item.key}<br>
    Value: ${item.value}<br>
</c:forEach>
```

若 items 指定字串，<c:forEach>會以逗號切割字串，逐一將切出的子字串指定給 var。例如：

```
<c:forEach  var="token" items="Java,C++,C,JavaScript">
    ${token} <br>
</c:forEach>
```

以上會顯示"Java"、"C++"、"C"與"JavaScript"四個字串，如果要指定切割依據，可以使用**<c:forTokens>**。例如：

```
<c:forTokens  var="token" delims=":" items="Java:C++:C:JavaScript">
    ${token} <br>
</c:forTokens>
```

這個簡單的片段，會將"Java:C++:C:JavaScript"這個字串，依指定的 **delims** 切割，因子字串分別是"Java"、"C++"、"C"與"JavaScript"。

7.2.2 錯誤處理標籤

在 6.3.1 介紹 EL 時，曾使用簡單的加法網頁來示範，其中使用了 errorPage="error.jsp"設定，若使用者輸入非數字時，EL 無法進行剖析就會發生錯誤，而轉發 error.jsp；然而，若想在錯誤發生時，在目前網頁捕捉例外，並顯示相關訊息，又該如何進行呢？

這個問題的答案似乎很簡單，撰寫 Scriptlet，在當中使用 Java 的 try-catch 語法捕捉例外就可以解決這個需求。不過本書到了這一章，實在不希望再出現 Scriptlet，那該怎麼辦？

可以使用 JSTL 的<c:catch>標籤，來看看如何改寫 6.3.1 節的加法網頁，再進行說明：

JSTL add.jsp

```
<%@page contentType="text/html" pageEncoding="UTF-8"%>
<%@taglib prefix="c" uri="http://java.sun.com/jsp/jstl/core"%>
```

```
<!DOCTYPE html>
<html>
    <head>
        <meta charset="UTF-8">
        <title>加法網頁</title>
    </head>
    <body>
        <c:catch var="error">
            ${param.a} + ${param.b} = ${param.a + param.b}
        </c:catch>
        <c:if test="${error != null}">
            <br><span style="color: red;">${error.message}</span>
            <br>${error}
        </c:if>
    </body>
</html>
```

想在發生例外的網頁直接捕捉例外物件，可以使用**<c:catch>**包含可能產生例外的片段。若例外真的發生，例外物件會設定給 **var** 屬性指定的名稱。在以上例中，使用<c:if>標籤測試 error 是否參考了例外物件，如果是的話，由於例外物件都是 Throwable 的子類實例，都擁有 getMessage() 方法，可以透過 ${error.message}取得例外訊息。一個顯示例外的畫面如下所示：

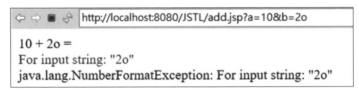

圖 7.2 <c:catch>範例網頁執行結果

7.2.3 網頁匯入、重新導向、URI 處理標籤

到目前為止學過兩種包括其他 JSP 網頁的方式。一個是透過 include 指示元素，將指定的 JSP 合併至目前頁面轉譯，例如：

```
<%@include file="/WEB-INF/jspf/header.jspf"%>
```

另一方式是透過<jsp:include>標籤，可於執行時期依條件，動態決定是否包括另一 JSP，也可以帶有參數，例如：

```
<jsp:include page="add.jsp">
    <jsp:param name="a" value="1" />
    <jsp:param name="b" value="2" />
</jsp:include>
```

　　JSTL 有個**<c:import>**標籤，可以於執行時期動態匯入指定的 URI 頁面，也可以搭配**<c:param>**指定請求參數。例如上面的<jsp:include>範例片段，可以改寫為以下的版本：

```
<c:import url="add.jsp">
    <c:param name="a" value="1" />
    <c:param name="b" value="2" />
</c:import>
```

　　<c:import>標籤底層會對指定的 URI 發出請求，因此也可以匯入外部網站內容，可以使用 **charEncoding** 屬性指定目標網頁編碼，：

```
<c:import url="https://openhome.cc" charEncoding="UTF-8"/>
```

　　<c:redirect>標籤如同 HttpServletResponse 的 sendRedirect()方法，因此不用撰寫 Scriptlet，也可以實現重新導向。如果重新導向時需要參數，可以透過<c:param>設定。

```
<c:redirect url="add.jsp">
    <c:param name="a" value="1"/>
    <c:param name="b" value="2"/>
</c:redirect>
```

　　如果不想使用 Scriptlet 撰寫 response 的 encodeURL()方法重寫 URL（參考4.2.3），可以使用 JSTL 的**<c:url>**，在使用者關閉 Cookie 功能時，可自動用 Session ID 重寫 URI。以下範例改寫 4.2.3 的計數程式，將 Servlet 改為 JSP 實作，並使用 JSTL：

JSTL　count.jsp

```
<%@page contentType="text/html" pageEncoding="UTF-8"%>
<%@taglib prefix="c" uri="http://java.sun.com/jsp/jstl/core"%>
<!DOCTYPE html>
<c:set var="count" value="${sessionScope.count + 1}" scope="session"/>
<html>
    <head>
        <meta charset="UTF-8">
        <title>JSP Count</title>
    </head>
    <body>
        <h1>JSP Count ${sessionScope.count} </h1>
        <a href="<c:url value='count.jsp'/>">遞增</a>
    </body>
</html>
```

在上面的範例中，使用到<c:set>標籤，這是屬性設置標籤，稍後就會說明，先注意到<c:url>的使用即可。在關閉瀏覽器 Cookie 功能時，這個 JSP 網頁仍有計數功能。

如果要在 URI 攜帶參數，可以搭配<c:param>標籤，參數會被編碼附加在 URI 上，例如以下的片段，最後的 URI 會是 some.jsp?name=Justin+Lin：

```
<c:url value="some.jsp">
    <c:param name="name" value="Justin Lin"/>
</c:url>
```

7.2.4 屬性處理與輸出標籤

JSP 的<jsp:setProperty>只用來設定 JavaBean 屬性。如果想在 page、request、session、application 等範圍設定屬性，或想設定 Map 物件的鍵與值，可以使用<c:set>標籤。例如使用者登入後，想在 session 範圍設定"login"屬性，可以如下撰寫：

```
<c:set var="login" value="caterpillar" scope="session"/>
```

var 用來設定屬性名稱，而 **value** 設定屬性值。這段標籤相當於：

```
<% session.setAttribute("login", "caterpillar"); %>
```

也可以結合 EL 來進行設定，例如：

```
<c:set var="login" value="${param.user}" scope="session"/>
```

這相當於以下程式碼：

```
<%
    session.setAttribute("login", request.getParameter("user"));
%>
```

<c:set>標籤可以將 value 的設定改至本體，例如：

```
<c:set var="details" scope="session">
    caterpillar,openhome.cc,caterpillar.onlyfun.net
</c:set>
```

<c:set> 不設定 scope 時，會以 page、request、session、application 的範圍尋找屬性名稱，若在某範圍找到屬性名稱，就在該範圍設定屬性。如果所有範圍都沒找到屬性名稱，會在 page 範圍新增屬性。如果要移除某屬性，可以使用**<c:remove>**標籤。例如：

```
<c:remove var="login" scope="session"/>
```

　　<c:set>也可設定 JavaBean 的屬性或是 Map 物件的鍵/值，要設定 JavaBean 或 Map 物件，必須使用 **target** 屬性進行設定。例如：

```
<c:set target="${user}" property="name" value="${param.name}"/>
```

　　如果${user}運算結果是個 JavaBean，上例就如同呼叫 setName()並將請求參數 name 值傳入。如果${user}運算結果是個 Map，上例就是以 property 屬性作為鍵，而 value 屬性作為值，呼叫 Map 物件的 put()方法。

　　下面這個範例改寫 4.2.1 的問卷網頁，把 Servlet 改為 JSP 實作，並且使用 JSTL 設置屬性。

JSTL question.jsp

```
<%@page contentType="text/html" pageEncoding="UTF-8"%>
<%@taglib prefix="c" uri="http://java.sun.com/jsp/jstl/core"%>
<!DOCTYPE html>
<c:set target="${pageContext.request}"
       property="characterEncoding" value="UTF-8"/> ←──❶ 設定 request 的字元編碼
<html>
    <head>
        <meta charset="UTF-8">
        <title>Questionnaire</title>
    </head>
    <body>
        <form action="question.jsp" method="post">
            <c:choose>
                <c:when test="${param.page == 'page1'}">
                    問題一：<input type="text" name="p1q1"><br>
                    問題二：<input type="text" name="p1q2"><br>
                    <input type="submit" name="page" value="page2">
                </c:when>
                <c:when test="${param.page == 'page2'}">
                    <c:set var="p1q1"
                        value="${param.p1q1}" scope="session"/>      ❷ 設定
                    <c:set var="p1q2"                                session
                        value="${param.p1q2}" scope="session"/>      範圍屬性
                    問題三：<input type="text" name="p2q1"><br>
                    <input type="submit" name="page" value="finish">
                </c:when>
                <c:when test="${param.page == 'finish'}">
                    ${sessionScope.p1q1}<br>
                    ${sessionScope.p1q2}<br>
                    ${param.p2q1}<br>
                </c:when>
            </c:choose>
```

```
        </form>
    </body>
</html>
```

問卷的答案可能是用中文填寫，為了順利取得中文，必須設定 request 的字元編碼處理方式，也就是呼叫 setCharacterEncoding() 方法設定編碼。在這邊使用 ${pageContext.request} 取得 request 物件，並透過<c:set>來進行設定❶。需要判斷顯示哪些問題時，使用之前談過的<c:choose>與<c:when>標籤。問卷過程需儲存至 session 的答案，使用<c:set>來進行設定❷。

再來介紹<c:out>物件，它可以輸出指定的文字。例如：

```
<c:out value="${param.message}"/>
```

<c:out>會自動將角括號、單引號、雙引號等改為替代字元。這個功能是由<c:out>的 **escapeXml** 屬性來控制，預設是 true，如果設為 false，就不會做字元替代。

EL 運算結果為 null 時不會顯示任何值，如果希望在 EL 運算結果為 null 時，可以顯示一個預設值，可以使用<c:out>的 **default** 屬性，設置 EL 運算結果為 null 時的預設值：

```
<c:out value="${param.a}" defalut="0"/>
```

7.3　I18N 相容格式標籤庫

本地化（Localization）是指針對特定地區的使用者，修改應用程式為特定語言、數字格式、日期格式等資訊的過程；若應用程式設計為可自動採用特定地區資訊，後續轉換特定地區資訊無需修改應用程式，這樣的設計稱為**國際化（internationalization）**，簡稱 i18n（因為 internationalization 有 18 個字母）。

JSTL 的 I18N 相容格式標籤庫，用來協助 JSP 頁面的國際化，提供了數字、日期等格式功能，以及區域（Locale）、訊息、編碼處理等國際化功能的標籤。

7.3.1　I18N 基礎

在正式介紹 JSTL 對 i18n 的支援前，先來談談應該知道的基礎。

▶ 關於 ResourceBundle

在程式中有很多字串訊息會寫死在程式，若想改變字串訊息，必須修改程式碼然後重新編譯，例如簡單顯示"Hello!World!"的程式就是如此：

```
public class Hello {
    public static void main(String[] args) {
        System.out.println("Hello!World!");
    }
}
```

就這個程式來說，如果日後想改變"Hello!World!"為"Hello!Java!"，就要修改程式碼並重新編譯。

對於日後可能變動的文字訊息，可以考慮將訊息移出程式碼，方式是使用 java.util.ResourceBundle 來做訊息綁定，首先要準備.properties 檔案，例如 messages.properties：

```
cc.openhome.welcome=Hello
cc.openhome.name=World
```

.properties 檔案放置在類別路徑（Classpath），檔案中撰寫鍵（Key）、值（Value）配對，之後在程式中使用鍵來取得對應值，例如：

```
import java.util.ResourceBundle;
public class Hello {
    public static void main(String[] args) {
        ResourceBundle res = ResourceBundle.getBundle("messages");
        System.out.printf("%s!", res.getString("cc.openhome.welcome"));
        System.out.printf("%s!%n", res.getString("cc.openhome.name"));
    }
}
```

ResourceBundle 的 getBundle()方法會取得 ResourceBundle 的實例，引數指定了訊息檔案的主檔名，getBundle() 會尋找對應的 .properties 檔案，取得 ResourceBundle 實例後，可以使用 getString()指定鍵來取得對應值，如果日後想改變訊息，只要改變.properties 檔案的內容。

◎ 關於國際化

國際化的三個重要觀念是**地區（Locale）資訊**、**資源包（Resource bundle）**與**基礎名稱（Base name）**。

地區資訊代表了特定的地理、政治或文化，地區資訊可由一個語言編碼（Language code）與可選的地區編碼（Country code）來指定，其中語言編碼是 ISO 639[4]定義，由兩個小寫字母代表，例如"fr"表示法文（French），"zh"表示中文（Chinese）。地區編碼由兩個大寫字母表示，定義在 ISO 3166[5]，例如"IT"表示義大利（Italy）、"TW"表示臺灣（Taiwan）。

在 3.3.2 略提過地區（Locale）資訊的對應類別 Locale，在建立 Locale 時，可以指定語言編碼與地區編碼，例如建立代表臺灣正體中文的 Locale：

```
Locale locale = new Locale("zh", "TW");
```

資源包中包括了特定地區的資訊，先前介紹的 ResourceBundle 物件，就是 JVM 中資源包的代表物件，同一組訊息但不同地區的各個資源包，會共用相同的基礎名稱，使用 ResourceBundle 的 getBundle()時指定的名稱，就是在指定基礎名稱。

ResourceBundle 的 getBundle()若指定"messages"，會嘗試以預設 Locale（由 Locale.getDefault()取得的值）取得.properties 檔案。例如，若預設的 Locale 代表 zh_TW，會嘗試取得 messages_zh_TW.properties，若找不到，再嘗試尋找 messages.properties。

如果希望建立 messages_zh_TW.properties，在當中建立臺灣正體中文的訊息，Java SE 8 以前必須使用 Unicode 碼點表示，這可以透過 JDK 工具程式 native2ascii 來協助轉換。例如，可以在 messages_zh_TW.txt 中撰寫以下內容：

```
cc.openhome.welcome=哈囉
cc.openhome.name=世界
```

如果編輯器使用 MS950 編碼，那麼可以如下執行 native2ascii 程式：

```
> native2ascii -encoding MS950 messages_zh_TW.txt messages_zh_TW.properties
```

---

[4]　ISO 639：zh.wikipedia.org/wiki/ISO_639

[5]　ISO 3166：zh.wikipedia.org/wiki/ISO_3166

如此就會產生 messages_zh_TW.properties 檔案，內容如下：

```
cc.openhome.welcome=\u54c8\u56c9
cc.openhome.name=\u4e16\u754c
```

提示 >>> 在 Eclipse 中編輯.properties 時，若撰寫了中文，編輯器會自動轉為碼點表示。

如果想將 Unicode 碼點表示的.properties 轉回中文，可以使用-reverse 引數，例如將上面的程式轉回中文，並使用 UTF-8 編碼檔案儲存：

```
> native2ascii -reverse -encoding UTF-8 messages_zh_TW.properties
messages_zh_TW.txt
```

如果執行先前的 Hello 類別，而系統預設 Locale 為 zh_TW，會顯示"哈囉!世界!"的結果。如果提供 messages_en_US.properties：

```
cc.openhome.welcome=Hello
cc.openhome.name=World
```

ResourceBundle 的 getBundle() 可以指定 Locale 物件，若如下撰寫程式：

```
Locale locale = new Locale("en", "US");
ResourceBundle res = ResourceBundle.getBundle("messages", locale);
System.out.print(res.getString("cc.openhome.welcome") + "!");
System.out.println(res.getString("cc.openhome.name") + "!");
```

ResourceBundle 會嘗試取得 messages_en_US.properties 中的訊息，結果就是顯示"Hello!World!"。

提示 >>> Java SE 9 以後支援 UTF-8 編碼的 .properties 檔案，如果希望建立 messages_zh_TW.properties，並在直接撰寫臺灣正體中文的訊息，只要使用 UTF-8 編碼就可以了，因而 native2ascii 工具程式也就從 JDK9 移除了。

7.3.2 訊息標籤

要使用 JSTL 的 i18n 相容格式標籤庫，慣例上會使用 fmt 作為前置名稱，JSTL 格式標籤庫的 uri 參考為 http://java.sun.com/jsp/jstl/fmt。例如：

```
<%@taglib prefix="fmt" uri="http://java.sun.com/jsp/jstl/fmt"%>
```

來看最基本的**`<fmt:bundle>`**、**`<fmt:message>`**如何使用，假設準備了一個 messages1.properties 檔案如下：

JSTL messages1.properties

```
cc.openhome.title=Welcome
cc.openhome.forGuest=Hello! Guest!
```

 這個.properties 檔案必須放在/WEB-INF/classes，在 Eclipse 中，可以在專案的「Java Resources/src」新增檔案。接著建立 JSP 檔案：

JSTL fmt1.jsp

```
<%@page contentType="text/html; charset=UTF-8" pageEncoding="UTF-8"%>
<%@taglib prefix="fmt" uri="http://java.sun.com/jsp/jstl/fmt"%>  ←❶定義前置名稱
                                                                    與 uri
<!DOCTYPE html>
<fmt:bundle basename="messages1">  ←❷使用<fmt:bundle>
<html>
    <head>
        <meta charset="UTF-8">
        <title><fmt:message key="cc.openhome.title" /></title>  ←❸使用
    </head>                                                        <fmt:message>
    <body>
        <h1><fmt:message key="cc.openhome.forGuest" /></h1>
    </body>
</html>
</fmt:bundle>
```

首先，使用 `taglib` 指示元素定義前置名稱與 uri❶，然後使用`<fmt:bundle>`指定 `basename` 屬性為`"messages1"`❷，這表示預設的訊息檔案為 messages1. properties，使用`<fmt:message>`的 `key` 屬性則指定訊息檔案中的哪條訊息❸。下圖為執行時的一個參考畫面：

圖 7.3 範例網頁執行結果

如果將`<fmt:bundle>`的 `basename` 改設定為`"messages2"`，並且另外準備一個 messages2.properties：

JSTL messages2.properties

```
cc.openhome.title=Aloha
cc.openhome.forGuest=Hi! New Guest!
```

那麼顯示出來的畫面中，訊息內容就是來自 messages2.properties，如下圖：

圖 7.4　範例網頁執行結果

也可以使用**<fmt:setBundle>**標籤設置 **basename** 屬性，設置的效力預設是整個頁面都有作用，若額外有<fmt:bundle>設置，會以<fmt:bundle>的設置為主，例如：

JSTL fmt2.jsp

```
<%@page contentType="text/html; charset=UTF-8" pageEncoding="UTF-8"%>
<%@taglib prefix="fmt" uri="http://java.sun.com/jsp/jstl/fmt"%>
<!DOCTYPE html>
<fmt:setBundle basename="messages1"/> ←———❶使用<fmt:setBundle>
<html>
    <head>
        <meta charset="UTF-8">
        <title><fmt:message key="cc.openhome.title" /></title>
    </head>
    <body>
        <h1><fmt:message key="cc.openhome.forGuest" /></h1>
        <fmt:bundle basename="messages2"> ←———❷使用<fmt:bundle>
            <h1><fmt:message key="cc.openhome.forGuest" /></h1>
        </fmt:bundle>
    </body>
</html>
```

這個 JSP 一開始使用<fmt:setBundle>設置 basename 為"messages1"❶，第一個<fmt:message>取得的訊息來自 messages1.properties，另一個被<fmt:bundle>包括的<fmt:message>，取得的訊息來自 messages2.properties❷。

如果訊息中有些部分必須動態決定，可以使用佔位字符先代替，例如：

JSTL messages3.properties

```
cc.openhome.title=Hello
cc.openhome.forUser=Hi! {0}! It is {1, date, long} and {2, time ,full}.
```

在上面的訊息檔案中，粗體字部分就是佔位字符，號碼從 0 開始，分別代表第幾個佔位字符，在指定時可以指定型態與格式，使用的格式是由 java.text.MessageFormat 定義，可參考 java.text.MessageFormat 的 API 文件說明。

如果想設置佔位字符的真正內容，是使用**<fmt:param>**標籤，例如：

```
JSTL  fmt3.jsp
<%@page contentType="text/html; charset=UTF-8" pageEncoding="UTF-8"%>
<%@taglib prefix="fmt" uri="http://java.sun.com/jsp/jstl/fmt"%>
<jsp:useBean id="now" class="java.util.Date"/>  ←─── ❶ 建立 Date 取得目前時間
<!DOCTYPE html>
<fmt:setBundle basename="messages3"/>  ←─── ❷ 指定訊息檔案
<html>
    <head>
        <meta charset="UTF-8">
        <title><fmt:message key="cc.openhome.title" /></title>
    </head>
    <body>
        <fmt:message key="cc.openhome.forUser">
            <fmt:param value="${param.username}"/>
            <fmt:param value="${now}"/>          ❸ 逐一設置佔位字符
            <fmt:param value="${now}"/>
        </fmt:message>
    </body>
</html>
```

在這個 JSP 中，使用<jsp:useBean>建立 Date 物件以取得目前系統時間，並設置為屬性，訊息檔案的基礎名稱設定為"messages3"，而訊息檔案中每個佔位字元，使用<fmt:param>逐一設置，執行的結果畫面如下所示：

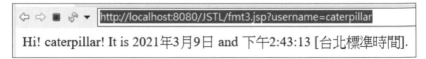

圖 7.5 範例網頁執行結果

7.3.3 地區標籤

在正式介紹地區標籤之前，先看看 Java SE 中，使用 ResourceBundle 時，如何根據基礎名稱取得對應的訊息檔案：

1. 使用指定的 Locale 物件取得訊息檔案。

2. 使用 Locale.getDefault() 取得的物件取得訊息檔案。

3. 使用基礎名稱取得訊息檔案。

JSTL 略有不同，簡單地說，JSTL 的 i18n 相容性標籤，會嘗試從屬性範圍取得 **javax.servlet.jsp.jstl.fmt.LocalizationContext** 物件，藉以決定資源包與地區資訊，具體來說，決定訊息檔案的順序如下：

1. 使用指定的 Locale 物件取得訊息檔案。

2. 根據瀏覽器 Accept-Language 標頭指定的偏好地區（Prefered locale）順序，這可以使用 HttpServletRequest 的 getLocales() 取得。

3. 根據後備地區（fallback locale）資訊取得訊息檔案。

4. 使用基礎名稱取得訊息檔案

例如，先前的範例並沒有指定 Locale，而瀏覽器指定的偏好地區為 "zh_TW"，因而嘗試尋找 messages3_zh_TW.properties 檔案，結果沒有找到，而範例並沒有設置偏好地區，最後尋找 messages.properties 檔案。

<fmt:message> 標籤有個 **bundle** 屬性，可用以指定 LocalizationContext 物件，可以在建立 LocalizationContext 物件時，指定 ResourceBundle 與 Locale 物件，例如以下程式會嘗試從四個訊息檔案取得訊息：

```
JSTL  fmt4.jsp

<%@page contentType="text/html; charset=UTF-8" pageEncoding="UTF-8"%>
<%@page import="java.util.*, javax.servlet.jsp.jstl.fmt.*"%>
<%@taglib prefix="fmt" uri="http://java.sun.com/jsp/jstl/fmt"%>
<!DOCTYPE html>
<%
    // 假設這邊的 Java 程式碼是在另一個控制器中完成的
    ResourceBundle zh_TW =
        ResourceBundle.getBundle("hello", new Locale("zh", "TW"));
    ResourceBundle zh_CN =
        ResourceBundle.getBundle("hello", new Locale("zh", "CN"));
    ResourceBundle ja_JP =
        ResourceBundle.getBundle("hello", new Locale("ja", "JP"));
    ResourceBundle en_US =
        ResourceBundle.getBundle("hello", new Locale("en", "US"));
    pageContext.setAttribute("zh_TW", new LocalizationContext(zh_TW));
    pageContext.setAttribute("zh_CN", new LocalizationContext(zh_CN));
    pageContext.setAttribute("ja_JP", new LocalizationContext(ja_JP));
    pageContext.setAttribute("en_US", new LocalizationContext(en_US));
%>                                              ❶ 建立 LocalizationContext
<html>
```

```
    <head>
        <meta charset="UTF-8">
    </head>
    <body>
                        ❷ 指定 LocalizationContext
            <fmt:message bundle="${zh_TW}" key="cc.openhome.hello"/><br>
            <fmt:message bundle="${zh_CN}" key="cc.openhome.hello"/><br>
            <fmt:message bundle="${ja_JP}" key="cc.openhome.hello"/><br>
            <fmt:message bundle="${en_US}"  key="cc.openhome.hello"/>
    </body>
</html>
```

範例中使用四個 ResourceBundle 建立四個 LocalizationContext，並指定為 page 屬性範圍 ❶，在使用 <fmt:message> 時，指定 bundle 屬性為不同的 LocalizationContext ❷，範例還準備了四個不同的.properties，分別代表繁體中文的 hello_zh_TW.properties、簡體中文的 hello_zh_CN.properties、日文的 hello_ja_JP.properties 與美式英文的 hello_en_US.properties，內容已透過工具轉換為 Unicode 碼點表示。結果如下所示：

圖 7.6 顯示不同訊息檔案的訊息

如果要共用 Locale 資訊，可以使用 <fmt:setLocale> 標籤，在 value 屬性指定地區資訊。例如：

JSTL fmt5.jsp

```
<%@page contentType="text/html; charset=UTF-8" pageEncoding="UTF-8"%>
<%@taglib prefix="fmt" uri="http://java.sun.com/jsp/jstl/fmt"%>
<fmt:setLocale value="zh_TW"/>
<fmt:setBundle basename="hello"/>
<!DOCTYPE html>
<html>
    <head>
        <meta charset="UTF-8">
    </head>
    <body>
            <fmt:message key="cc.openhome.hello"/>
    </body>
</html>
```

　　這個 JSP 會使用 hello_zh_TW.properties 網頁，結果就是顯示「哈囉」的文字。

　　`<fmt:setLocale>`會呼叫 `HttpServletResponse` 的 `setLocale()`設定回應編碼，事實上，`<fmt:bundle>`、`<fmt:setBundle>`或`<fmt:message>`也會呼叫 `HttpServletResponse` 的 `setLocale()`設定回應編碼，不過要注意，正如 3.3.2 提到，如果使用 `setCharacterEncoding()`或 `setContentType()`時指定 `charset`，就會忽略 `setLocale()`。

　　`<fmt:requestEncoding>` 用來設定請求物件的編碼，它會呼叫 `HttpServletRequest` 的 `setCharacterEncoding()`，必須在取得請求參數前使用。

> **提示 ⋙** 對於初學者，使用`<fmt:setLocale>`與`<fmt:setBundle>`來設定地區與訊息檔案基礎名稱就足夠了，不過 JSTL i18n 的功能與彈性蠻大的，接下來要說明的內容比較進階，初學可以暫時忽略。

　　`<fmt::message>`等標籤會使用 `LocalizationContext` 取得地區與資源包資訊，`<fmt:setLocale>`會在屬性範圍設定 `LocalizationContext`，如果想使用程式碼設定 `LocalizationContext` 物件，可以透過 `javax.servlet.jsp.jstl.core.Config` 的 `set()`方法設定。例如：

JSTL fmt6.jsp

```jsp
<%@page contentType="text/html; charset=UTF-8" pageEncoding="UTF-8"%>
<%@page import="java.util.*,javax.servlet.jsp.jstl.core.*"%>
<%@page import="javax.servlet.jsp.jstl.fmt.*"%>
<%@taglib prefix="fmt" uri="http://java.sun.com/jsp/jstl/fmt"%>
<%
    Locale locale = new Locale("ja", "JP");
    ResourceBundle res = ResourceBundle.getBundle("hello", locale);
    Config.set(pageContext, Config.FMT_LOCALIZATION_CONTEXT,
        new LocalizationContext(res), PageContext.PAGE_SCOPE);
%>
<!DOCTYPE html>
<html>
    <head>
        <meta charset="UTF-8">
    </head>
    <body>
        <fmt:message key="cc.openhome.hello"/>
    </body>
</html>
```

　　這個 JSP 沒有使用<fmt:setLocale>也沒有指定<fmt:message>的 bundle 屬性，因此使用預設的 LocalizationContext，如粗體字的程式所示，在設定 LocalizationContext 時可以指定屬性範圍，<fmt:message>會自動在四個屬性範圍依次搜尋 LocalizationContext，找到就使用，如果後續有使用<fmt:setLocale>或指定<fmt:message>的 bundle 屬性，以後續指定為主。

　　另一個指定預設 LocalizationContext 的方式，就是直接指定屬性名稱，例如在 ServletContextListener 如下指定：

```
...
    public void contextInitialized(ServletContextEvent sce) {
        Locale locale = new Locale("ja", "JP");
        ResourceBundle res = ResourceBundle.getBundle("hello", locale);
        ServletContext context = sce.getServletContext();
        context.setAttribute(
         "javax.servlet.jsp.jstl.fmt.LocalizationContext.application",
         new LocalizationContext(res));
    }
...
```

　　屬性名稱開頭是"javax.servlet.jsp.jstl.fmt.localizationContext"並加上一個範圍後綴字，四個範圍的後綴字是".page"、".request"、".session"與".application"。事實上，若使用<fmt:setBundle>時，就會設置這個屬性，範圍可由 scope 屬性來決定，預設值是"page"。

　　<fmt:setLocale>可以設置地區資訊，如果想使用程式碼來設置地區資訊，可以使用 Config 的 set()如下設定：

```
<%
    ...
    Config.set(pageContext, Config.FMT_LOCALE,
        new Locale("ja", "JP"), PageContext.PAGE_SCOPE);
%>
```

　　或者是直接指定屬性名稱，例如在 ServletContextListener 如下指定：

```
...
    public void contextInitialized(ServletContextEvent sce) {
        ServletContext context = sce.getServletContext();
        context.setAttribute(
         " javax.servlet.jsp.jstl.fmt.locale.application",
         new Locale("ja", "JP"));
    }
...
```

　　屬性名稱開頭是"javax.servlet.jsp.jstl.fmt.locale"加上一個範圍後綴字，四個範圍的後綴字是".page"、".request"、".session"與".application"。若使用<fmt:setLocale>時，就會設置這個屬性，範圍可由 scope 屬性來決定，預設值是"page"。

　　如果想設置後備地區資訊，可以使用 Config 的 set()設定：

```
<%
    ...
    Config.set(pageContext, Config.FMT_FALLBACK_LOCALE,
        new Locale("ja", "JP"), PageContext.PAGE_SCOPE);
%>
```

　　或者是直接指定屬性名稱，例如在 ServletContextListener 如下指定：

```
...
    public void contextInitialized(ServletContextEvent sce) {
        ServletContext context = sce.getServletContext();
        context.setAttribute(
        " javax.servlet.jsp.jstl.fmt.fallbackLocale.application",
        new LocalizationContext(new Locale("ja", "JP")));
    }
...
```

　　屬性名稱開頭是"javax.servlet.jsp.jstl.fmt.fallbackLocale"加上一個範圍後綴字，四個範圍的後綴字是".page"、".request"、".session"與".application"。

　　Locale、LocalizationContext 或後備地區資訊會分別被哪個標籤使用或設置，在 JSTL 的規格書 JSR52 的表格 8.11 做了不錯的整理，以下摘錄表格內容：

表 7.1　Locale 的設定與使用

隱含物件	說明
屬性名稱前置	javax.servlet.jsp.jstl.fmt.locale
Java 常數	Config.FMT_LOCALE
設置型態	Locale 或 String
由哪個標籤設置	<fmt:setLocale>
被哪些標籤使用	<fmt:bundle>、<fmt:setBundle>、<fmt:message>、<fmt:formatNumber>、<fmt:parseNumber>、<fmt:formatDate>、<fmt:parseDate>

表 7.2　後備地區的設定與使用

隱含物件	說明
屬性名稱前置	javax.servlet.jsp.jstl.fmt.fallbackLocale
Java 常數	Config.FMT_FALLBACK_LOCALE
設置型態	Locale 或 String
由哪個標籤設置	無
被哪些標籤使用	<fmt:bundle>、<fmt:setBundle>、<fmt:message>、<fmt:formatNumber>、<fmt:parseNumber>、<fmt:formatDate>、<fmt:parseDate

表 7.3　LocalizationContext 的設定與使用

隱含物件	說明
屬性名稱前置	javax.servlet.jsp.jstl.fmt.localizationContext
Java 常數	Config.FMT_LOCALIZATION_CONTEXT
設置型態	LocalizationContext 或 String
由哪個標籤設置	<fmt:setBundle>
被哪些標籤使用	<fmt:message>、<fmt:formatNumber>、<fmt:parseNumber>、<fmt:formatDate>、 <fmt:parseDate>

> 提示 >>> i18n 是個複雜的議題，JSR 52 第 8 單元是不錯的參考文件，建議閱讀，其中對
> 於各標籤的屬性使用也有相關說明。

7.3.4　格式標籤

　　JSTL 的格式標籤可以針對數字、日期與時間，搭配地區設定或指定的格式
進行格式化，也可以進行數字、日期與時間的剖析，以日期、時間格式化為例：

```
JSTL  fmt7.jsp

<%@page contentType="text/html; charset=UTF-8" pageEncoding="UTF-8"%>
<%@taglib prefix="fmt" uri="http://java.sun.com/jsp/jstl/fmt"%>
<jsp:useBean id="now" class="java.util.Date"/>
<!DOCTYPE html>
<html>
    <head>
        <meta charset="UTF-8">
    </head>
    <body>
```

```
        <fmt:formatDate value="${now}"/><br>
        <fmt:formatDate value="${now}" dateStyle="full"/><br>
        <fmt:formatDate value="${now}"
                        type="time" timeStyle="full"/><br>
        <fmt:formatDate value="${now}" pattern="dd.MM.yy"/><br>
        <fmt:timeZone value="GMT+1:00">
            <fmt:formatDate value="${now}" type="both"
                            dateStyle="full" timeStyle="full"/><br>
        </fmt:timeZone>
    </body>
</html>
```

<fmt:formatDate>用來格式化日期，可根據不同地區設定呈現不同格式，這個範例沒有指定地區設定，會根據瀏覽器的 Accept-Language 標頭來決定地區。

dateStyle 屬性指定日期的詳細程度，可設定的值有"default"、"short"、"medium"、"long"、"full"，如果想顯示時間，要在 type 屬性指定"time"或"both"，預設是"date"，**timeStyle** 屬性指定時間的詳細程度，可設定的值有"default"、"short"、"medium"、"long"。

pattern 屬性可自訂格式，格式的指定方式與 java.text.SimpleDateFormat 的指定方式相同，可參考 SimpleDateFormat 的 API 文件說明。

<fmt:timeZone>可指定時區，可使用字串或 java.util.TimeZone 物件指定，字串指定的方式，可參考 TimeZone 的 API 文件說明，如果需要全域的時區指定，可以使用**<fmt:setTimeZone>**標籤，<fmt:formateDate>本身亦有個 **timeZone** 屬性可以設定時區，也可以透過屬性範圍或 Config 物件設定，屬性名稱、常數名稱與會套用時區設定的標籤如下表所示：

表 7.4　時區設定與使用

隱含物件	說明
屬性名稱前置	javax.servlet.jsp.jstl.fmt.timeZone
Java 常數	Config.FMT_TIMEZONE
設置型態	java.util.TimeZone 或 String
由哪個標籤設置	<fmt:setTimeZone>
被哪些標籤使用	<fmt:formatDate>、<fmt:parseDate>

下圖為範例的執行結果：

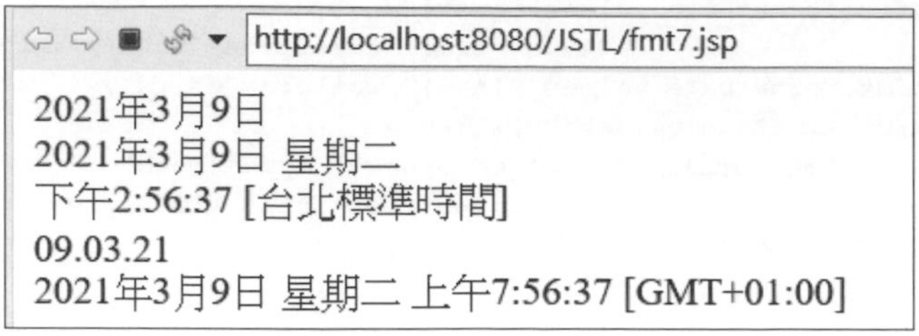

```
⇦ ⇨ ■ ⟲ ▼   http://localhost:8080/JSTL/fmt7.jsp
2021年3月9日
2021年3月9日 星期二
下午2:56:37 [台北標準時間]
09.03.21
2021年3月9日 星期二 上午7:56:37 [GMT+01:00]
```

圖 7.7 不同的日期、時間格式設定範例

接著來看一些數字格式化的例子：

JSTL fmt8.jsp

```jsp
<%@page contentType="text/html; charset=UTF-8" pageEncoding="UTF-8"%>
<%@taglib prefix="fmt" uri="http://java.sun.com/jsp/jstl/fmt"%>
<jsp:useBean id="now" class="java.util.Date"/>
<!DOCTYPE html>
<html>
    <head>
        <meta charset="UTF-8">
    </head>
    <body>
        <fmt:formatNumber value="12345.678"/><br>
        <fmt:formatNumber value="12345.678" type="currency"/><br>
        <fmt:formatNumber value="12345.678"
                          type="currency" currencySymbol="新台幣"/><br>
        <fmt:formatNumber value="12345.678" type="percent"/><br>
        <fmt:formatNumber value="12345.678" pattern="#,#00.0#"/>
    </body>
</html>
```

<fmt:formatNumber>用來格式化數定，可根據不同地區設定呈現不同格式，這個範例沒有指定地區設定，會根據瀏覽器的 Accept-Language 標頭決定地區。

type 屬性可設定的值有"number"（預設）、"currency"、"percent"，指定"currency"時，會將數字依貨幣格式進行格式化，**currencySymbol** 屬性可指定貨幣符號，type 指定為"percent"時，會以百分比格式進行格式化，也可以指定 pattern 屬性，指定格式的方式與 java.text.DecimalFormat 的說明相同，可參考 DecimalFormat 的 API 文件說明。

下圖為範例的執行結果：

圖 7.8 不同的數字格式設定範例

<fmt:parseDate>與**<fmt:parseNumber>**用來剖析日期，可在 **value** 屬性指定要剖析的數值，依指定的格式將數值剖析為原有的日期、時間或數字型態。

格式化標籤會使用<fmt:bundle>標籤指定的地區資訊，格式化標籤也會設法在可取得的 LocalizationContext 中尋找地區資訊（例如使用<fmt:setLocale>設定），如果格式化標籤無法從 LocalizationContext 取得地區資訊，會自行建立地區資訊，具體來說，格式化標籤尋找地區資訊的順序是：

1. 使用<fmt:bundle>指定的地區資訊。

2. 尋找 LocalizationContext 中的地區資訊，也就是屬性範圍有無 "javax.servlet.jsp.jstl.fmt.localizationContext"屬性（參考先前 7.3.2 與表 7.3 的相關說明）。

3. 使用瀏覽器 Accept-Language 標頭指定的偏好地區。

4. 使用後備地區資訊（參考先前 7.3.2 與表 7.2 及相關說明）。

接著來看一些搭配地區設定的例子：

JSTL fmt9.jsp

```
<%@page contentType="text/html; charset=UTF-8" pageEncoding="UTF-8"%>
<%@taglib prefix="fmt" uri="http://java.sun.com/jsp/jstl/fmt"%>
<jsp:useBean id="now" class="java.util.Date"/>
<!DOCTYPE html>
<html>
    <head>
        <meta charset="UTF-8">
    </head>
    <body>
        <fmt:setLocale value="zh_TW"/>
```

```
        <fmt:formatDate value="${now}" type="both"/><br>
        <fmt:formatNumber value="12345.678" type="currency"/><br>
        <fmt:setLocale value="en_US"/>
        <fmt:formatDate value="${now}" type="both"/><br>
        <fmt:formatNumber value="12345.678" type="currency"/><br>
        <fmt:setLocale value="ja_JP"/>
        <fmt:formatDate value="${now}" type="both"/><br>
        <fmt:formatNumber value="12345.678" type="currency"/><br>
    </body>
</html>
```

下圖為範例的執行結果：

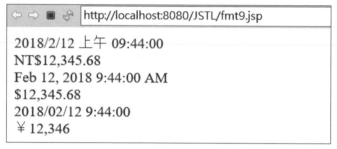

圖 7.9 不同地區設定下的格式範例

7.4 XML 標籤庫

若要直接使用 Java 處理 XML，會有一定的複雜度，JSTL 提供 XML 標籤庫，讓你無需了解 DOM 或 SAX 等 XML 相關 API，也能進行簡單的 XML 文件剖析、輸出等動作。

7.4.1 XPath、XSLT 基礎

XML 格式標籤庫主要搭配 XPath 及 XSTL，這邊簡單介紹 XPath 與 XSLT，作為後續了解 XML 格式標籤庫的基礎。

◉ XPath 路徑表示

簡單來說，XPath 是用來尋找 XML 中特定資訊的語言，它使用路徑表示來定義 XML 中的特定位置，XPath 常用的幾個路徑表示如下：

表 7.5　XPath 常用路徑表示

路徑表示	說明
節點名稱	選取指定名稱節點的所有子節點
/	從根節點開始選取
//	從符合選取的目前節點開始選取節點，無論其出現位置
.	選取目前節點
..	選取目前節點的父節點
@	選取屬性

以上的路徑表示符號可以彼此搭配使用，例如有份 XML 文件如下：

```xml
<?xml version="1.0" encoding="UTF-8"?>
<bookmarks>
    <bookmark id="1">
        <title encoding="UTF-8">良葛格網站</title>
        <url>https://openhome.cc</url>
        <category>程式設計</category>
    </bookmark>
    <bookmark id="2">
        <title encoding="UTF-8">JWorld@TW</title>
        <url>https://www.javaworld.com.tw</url>
        <category>技術論壇</category>
    </bookmark>
</bookmarks>
```

以下是一些路徑選取的範例：

表 7.6　XPath 常用路徑表示範例

路徑表示	說明
bookmarks	選取`<bookmarks>`所有子節點
/bookmarks	選取`<bookmarks>`根節點
//bookmark	選取所有`<bookmark>`節點
/bookmarks/bookmark/title	選取第一個`<bookmark>`下的`<title>`節點
//@id	選取屬性名稱為 id 的所有屬性值

可以在路徑表示加上謂語（Predicate），指定尋找特定位置、屬性、值的節點，謂語是用[]來表示，以下是一些謂語的範例：

表 7.7 XPath 謂詞表示範例

路徑表示	說明
//bookmark[2]	選取第二個 <bookmark> 節點
//bookmark[last()]	選取最後一個 <bookmark> 節點
//bookmark[last() - 1]	選取倒數第二個 <bookmark> 節點
//title[position() < 3]	選取倒數第三個節點前的所有 <title> 節點
//title[@encoding]	選取具有 encoding 屬性的 <title> 節點
//title[@encoding='UTF-8']	選取 encoding 屬性值為 UTF-8 的 <title> 節點
//bookmark[category]	選取具 <category> 子元素的 <bookmark> 元素

若不指定節點名稱或屬性名稱，也可以使用 * 萬用字元（Wildcard）。例如 title[@*] 表示有任意屬性的 <title> 元素，/bookmarks/* 表示選取 <bookmarks> 節點的全部子元素，若要同時使用兩個表示式，可以使用 | 符號，例如 //bookmark/title | //bookmark/url，表示選取 <bookmark> 中 <title> 元素與 <url> 元素。

提示 》》 這邊的介紹，應該足夠了解 XPath 的作用，更多 XPath 的語法說明，可以參考〈XPath Tutorial[6]〉。

◉ XSTL 基礎

XSLT 是指 XSL 轉換（T 是指 Transformation），是將 XML 文件轉換為另一份 XML 文件、HTML 或 XHTML 的語言。舉例來說，若要將方才看到的 XML 文件，依某樣版轉換為 HTML，可以定義以下的 XSLT 檔案：

JSTL bookmarks.xsl

```
<?xml version="1.0" encoding="UTF-8"?>
<xsl:stylesheet version="1.0"
    xmlns:xsl="http://www.w3.org/1999/XSL/Transform">
    <xsl:template match="/">
      <html>
          <head>
              <meta charset="UTF-8"/>
          </head>
          <body>
            <h2>線上書籤</h2>
            <table border="1">
                <tr bgcolor="#00ff00">
```

---

[6] XPath Tutorial：www.w3schools.com/xml/xpath_intro.asp

```
            <th align="left">名稱</th>
            <th align="left">網址</th>
            <th align="left">分類</th>
        </tr>
        <xsl:for-each select="bookmarks/bookmark">
        <tr>
            <td><xsl:value-of select="title"/></td>
            <td><xsl:value-of select="url"/></td>
            <td><xsl:value-of select="category"/></td>
        </tr>
        </xsl:for-each>
    </table>
  </body>
 </html>
 </xsl:template>
</xsl:stylesheet>
```

XSLT 在選取元素時，使用 XPath 表示式，上面這個 XSLT 文件，使用
<xsl:template>定義範本，使用**<xsl:for-each>**逐一選取 XML 文件的<bookmark>節
點，使用**<xsl:value-of>**取出其中的<title>、<url>與<category>節點。

先前的 XML 文件，可以鏈結至 XSLT 文件，例如：

JSTL bookmarks.xml

```
<?xml version="1.0" encoding="UTF-8"?>
<?xml-stylesheet type="text/xsl" href="bookmarks.xsl"?>
<bookmarks>
    <bookmark id="1">
        <title encoding="UTF-8">良葛格網站</title>
        <url>https://openhome.cc</url>
        <category>程式設計</category>
    </bookmark>
    <bookmark id="2">
        <title encoding="UTF-8">JWorld@TW</title>
        <url>https://www.javaworld.com.tw</url>
        <category>技術論壇</category>
    </bookmark>
</bookmarks>
```

如果使用瀏覽器觀看這份
XML 文件，會依 bookmarks.xsl
定義的範本，顯示如右圖的
畫面：

圖 7.10 利用 XSLT 轉換 XML

> 提示 >>> 完整說明 XSLT 語法，已超出本書範圍，可以參考〈XSLT Introduction[7]〉。

7.4.2 剖析、設定與輸出標籤

若要使用 JSTL 的 XML 標籤庫，必須使用 `taglib` 指示元素如下定義：

```
<%@taglib prefix="x" uri="http://java.sun.com/jsp/jstl/xml"%>
```

> 提示 >>> 在 Tomcat 中，若要使用 XML 標籤庫，還必須使用〈Xalan-Java[8]〉。

要使用 XML 標籤庫處理 XML 文件，必須先剖析 XML 文件，這是透過 **<x:parse>**標籤完成，剖析的來源可以是字串或 `Reader` 物件。例如：

```
<c:import var="xml" url="bookmarks.xml" charEncoding="UTF-8"/>
<x:parse var="bookmarks" doc="${xml}"/>
```

若要指定 `String` 或 `Reader` 為來源，必須使用<x:parse>的 **doc** 屬性，**var** 屬性指定了剖析結果要儲存的屬性名稱，預設儲存在 `page` 屬性範圍，可以使用 **scope** 來指定範圍。你也可以在<x:parse>的本體放置 XML 進行剖析，例如：

```
<x:parse var="bookmarks" >
    <bookmarks>
        <bookmark id="1">
            <title encoding="UTF-8">良葛格網站</title>
            <url>https://openhome.cc</url>
            <category>程式設計</category>
        </bookmark>
    </bookmarks>
</x:parse>
```

或者是：

```
<x:parse var="bookmarks" >
    <c:import url="bookmarks.xml" charEncoding="UTF-8"/>
</x:parse>
```

完成 XML 文件的剖析後，若要取得 XML 文件中的某些資訊並輸出，可以使用**<x:out>**標籤。例如：

```
<x:out select="$bookmarks//bookmark[2]/title"/>
```

---

7   XSLT Introduction：www.w3schools.com/xml/xsl_intro.asp
8   Xalan-Java：xml.apache.org/xalan-j/index.html

select 屬性必須指定 XPath 表示式，以$作為開頭，後面接著<x:parse>剖析
結果儲存時的屬性名稱，預設會從 page 範圍取得剖析結果。以上例而言，會取
得第二個<bookmark>節點的<title>節點並顯示其值。如果想指定從某個屬性範圍
取得剖析結果，可以使用 XPath 隱含變數綁定語法。例如：

```
<x:out select="$pageScope:bookmarks//bookmark[2]/title"/>
```

XPath 隱含變數綁定語法中的隱含變數名稱，不僅可使用 pageScope、
requestScope、sessionScope 與 applicationScope，還可以使用其他 EL 隱含變數名
稱。例如，也許希望藉由請求參數來指定選取哪個<bookmark>節點，可以如下：

```
<x:out select="$bookmarks//bookmark[@id=$param:id]/title"/>
```

如果只要取得值並儲存至某個屬性範圍，可以使用<x:set>標籤，使用方式
與<x:out>是類似的。例如：

```
<x:out var="title" select="$bookmarks//bookmark[2]/title"/>
<x:out var="title" select="$bookmarks//bookmark[@id=$param:n]/title"
       scope="session"/>
```

<x:set>預設將取得的結果儲存至 page 屬性範圍，可以使用 scope 指定為其
他屬性範圍。

7.4.3　流程處理標籤

JSTL 核心標籤庫為了協助處理頁面邏輯，提供了<c:if>、<c:forEach>、
<c:choose>、<c:when>、<c:otherwise>等標籤，類似地，XML 標籤庫為了方便直
接根據 XML 來處理頁面邏輯，提供了<x:if>、<x:forEach>、<x:choose>、<x:when>、
<x:otherwise>等標籤。

<x:if>標籤類似<c:if>在條件成立時會執行，只不過<x:if>是在 select 屬性
指定選取的元素存在時執行。例如，若根據請求參數 id 來選取想顯示的書籤名
稱，只在指定的書籤存在時予以顯示，才不會發生錯誤，那就可以這麼撰寫：

```
<x:if select="$bookmarks//bookmark[@id=$param:id]/title">
    <x:out select="$bookmarks//bookmark[@id=$param:id]/title"/>
</x:if>
```

如果想要有 if...else 的類似作用，可以使用<x:choose>、<x:when>、
<x:otherwise>，使用上與<c:choose>、<c:when>、<c:otherwise>類似。例如：

```
<x:choose>
    <x:when select="$bookmarks//bookmark[@id=$param:id]/title">
        <x:out select="$bookmarks//bookmark[@id=$param:id]/title"/>
    </x:when>
    <x:otherwise>
        指定的書籤 id = ${param.id} 不存在
    </x:otherwise>
</x:choose>
```

如果選取的元素不只一個，想逐一取出元素處理，可以使用`<x:forEach>`標籤。例如，下面這個 JSP 使用`<x:forEach>`與`<x:out>`，顯示出圖 7.10 的結果：

JSTL bookmarks.jsp

```
<%@page contentType="text/html; charset=UTF-8" pageEncoding="UTF-8"%>
<%@taglib prefix="c" uri="http://java.sun.com/jsp/jstl/core"%>
<%@taglib prefix="x" uri="http://java.sun.com/jsp/jstl/xml"%>
<!DOCTYPE html>
<html>
    <head>
        <meta charset="UTF-8">
        <title>線上書籤</title>
    </head>
    <body>
        <c:import var="xml" url="bookmarks.xml" charEncoding="UTF-8" />
        <x:parse var="bookmarks" doc="${xml}" />
        <h2>線上書籤</h2>
        <table border="1">
            <tr bgcolor="#00ff00">
                <th align="left">名稱</th>
                <th align="left">網址</th>
                <th align="left">分類</th>
            </tr>
        <x:forEach var="bookmark" select="$bookmarks//bookmark">
          <tr>
              <td><x:out select="$bookmark/title"/></td>
              <td><x:out select="$bookmark/url"/></td>
              <td><x:out select="$bookmark/category"/></td>
          </tr>
        </x:forEach>
        </table>
    </body>
</html>
```

7.4.4 文件轉換標籤

如果已經定義好 XSLT 文件，可以使用`<x:transform>`、`<x:param>`直接進行 XML 文件轉換。例如有兩份 XSLT 分別定義如下：

JSTL bookmarksTable.xsl

```xml
<?xml version="1.0" encoding="UTF-8"?>
<xsl:stylesheet version="1.0"
   xmlns:xsl="http://www.w3.org/1999/XSL/Transform">
    <xsl:param name="headline"/>
    <xsl:template match="/">
        <h2><xsl:value-of select="$headline"/></h2>
        <table border="1">
            <tr bgcolor="#00ff00">
                <th align="left">名稱</th>
                <th align="left">網址</th>
                <th align="left">分類</th>
            </tr>
            <xsl:for-each select="bookmarks/bookmark">
            <tr>
                <td><xsl:value-of select="title"/></td>
                <td><xsl:value-of select="url"/></td>
                <td><xsl:value-of select="category"/></td>
            </tr>
            </xsl:for-each>
        </table>
    </xsl:template>
</xsl:stylesheet>
```

JSTL bookmarksBulletin.xsl

```xml
<?xml version="1.0" encoding="UTF-8"?>
<xsl:stylesheet version="1.0"
     xmlns:xsl="http://www.w3.org/1999/XSL/Transform">
    <xsl:param name="headline"/>
    <xsl:template match="/">
        <h2><xsl:value-of select="$headline"/></h2>
        <ul>
            <xsl:for-each select="bookmarks/bookmark">
            <li><xsl:value-of select="title"/></li>
            <ul>
                <li><xsl:value-of select="url"/></li>
                <li><xsl:value-of select="category"/></li>
            </ul>
            </xsl:for-each>
        </ul>
    </xsl:template>
</xsl:stylesheet>
```

　　這兩份 XSLT 文件可用來轉換先前定義過的 bookmarks.xml，若 JSP 打算透過請求參數，決定使用哪份 XSLT 文件，可以如下撰寫：

```
JSTL bookmarks2.jsp
<%@page contentType="text/html; charset=UTF-8" pageEncoding="UTF-8"%>
<%@taglib prefix="c" uri="http://java.sun.com/jsp/jstl/core"%>
<%@taglib prefix="x" uri="http://java.sun.com/jsp/jstl/xml"%>
<html>
    <head>
        <meta charset="UTF-8"/>
    </head>
    <body>
        <c:import var="xml" url="bookmarks.xml" charEncoding="UTF-8"/>
        <c:import var="xslt" url="${param.xslt}" charEncoding="UTF-8"/>
        <x:transform doc="${xml}" xslt="${xslt}">
            <x:param name="headline" value="線上書籤"/>
        </x:transform>
    </body>
</html>
```

　　<x:transform>的 **doc** 屬性是 XML 文件，**xslt** 屬性是 XSLT 文件，在這個例子中，XSLT 文件來源是透過請求參數 xslt 決定。**<x:param>**可以將指定值傳入 XSLT 以設定<xsl:param>的值。例如，若請求參數指定 bookmarksTable.xsl，畫面如圖 7.10，若指定使用 bookmarksBulletin.xsl，畫面如下：

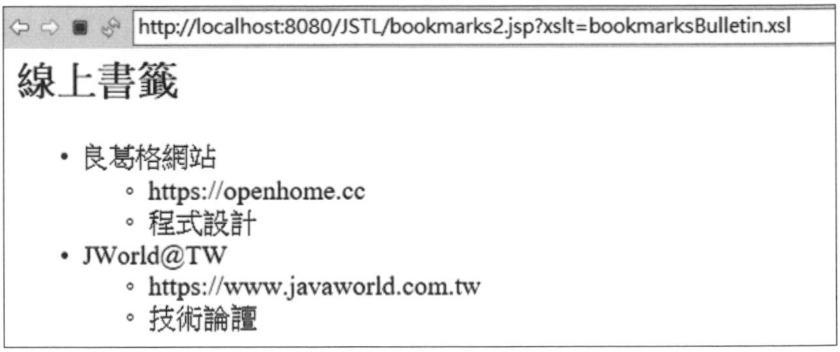

http://localhost:8080/JSTL/bookmarks2.jsp?xslt=bookmarksBulletin.xsl

線上書籤

- 良葛格網站
    - https://openhome.cc
    - 程式設計
- JWorld@TW
    - https://www.javaworld.com.tw
    - 技術論譚

圖 7.11 藉由請求參數改變排版

7.5 函式標籤庫

　　在 6.3.5 介紹過如何自訂 EL 函式，實際上，JSTL 就有 EL 公用函式，舉例來說，6.3.5 定義的 length()函式，JSTL 就有提供，可以用來取得陣列、Collection 或字串的長度。例如：

```
JSTL fun1.jsp
```
```
<%@page contentType="text/html; charset=UTF-8" pageEncoding="UTF-8"%>
<%@taglib prefix="fn" uri="http://java.sun.com/jsp/jstl/functions"%>
<!DOCTYPE html>
<html>
    <head>
        <meta charset="UTF-8">
    </head>
    <body>
        參數：${param.text}<br>
        長度：${fn:length(param.text)}
    </body>
</html>
```

要使用 EL 函式庫，必須使用 taglib 指示元素如下定義：

```
<%@taglib prefix="fn" uri="http://java.sun.com/jsp/jstl/functions"%>
```

接著使用 EL 語法（而不是標籤語法）指定 EL 函式。上面這個範例可顯示請求參數 text 的值與長度，例如：

圖 7.12 不同地區設定下的格式範例

除了 length() 函式之外，其他函式都以字串處理為主。例如，下面這個函式檢查請求參數值，是否以 "caterpillar" 字串開頭，如果是就用指定的字串取代：

```
JSTL fun2.jsp
```
```
<%@page contentType="text/html; charset=UTF-8" pageEncoding="UTF-8"%>
<%@taglib prefix="c" uri="http://java.sun.com/jsp/jstl/core"%>
<%@taglib prefix="fn" uri="http://java.sun.com/jsp/jstl/functions"%>
<!DOCTYPE html>
<html>
    <head>
        <meta charset="UTF-8">
    </head>
    <body>
      <c:choose>
          <c:when test="${fn:startsWith(param.text, 'caterpillar')}">
              ${fn:replace(param.text, 'caterpillar', '良葛格')}
          </c:when>
          <c:otherwise>
              ${param.text}
```

```
            </c:otherwise>
        </c:choose>
    </body>
</html>
```

執行的範例如下所示：

> ⇦ ⇨ ■ ℰ | http://localhost:8080/JSTL/fun2.jsp?text=caterpillar-xxx-yyyy
>
> 良葛格-xxx-yyyy

圖 7.13 範例執行結果

字串處理相關函式，簡單地整理如下：

- 改變字串大小寫：toLowerCase、toUpperCase

- 取得子字串：substring、substringAfter、substringBefore

- 裁剪字串前後空白：trim

- 字串取代：replace

- 檢查是否包括子字串：startsWith、endsWith、contains、containsIgnoreCase

- 檢查子字串位置：indexOf

- 切割字串為字串陣列：split

- 連接字串陣列為字串：join

- 替換 XML 字元：escapeXML

這些函式可用的參數相關說明，可參考 JSTL 的線上文件說明或 JSTL 規格書 JSR52。

7.6　綜合練習／微網誌

在第 6 章的綜合練習中，已經將畫面改用 JSP 實作，不過 index.jsp、register.jsp、member.jsp 與 user.jsp 頁面中的呈現邏輯，使用 Scriptlet 實作。這一節的綜合練習，會使用 JSTL 來取代 Scriptlet。

7.6.1　修改 index.jsp、register.jsp

　　在 index.jsp 頁面中，原先必須使用 Scriptlet 來判斷是否有錯誤訊息，如果有就用 for 迴圈逐一顯示錯誤訊息，可以使用 JSTL 的<c:if>與<c:forEach>標籤消除 Sciptlet。

gossip index.jsp

```jsp
<%@taglib prefix="c" uri="http://java.sun.com/jsp/jstl/core"%>
<!DOCTYPE html>
<html>
    <head>
        <meta charset="UTF-8">
        <title>Gossip 微網誌</title>
        <link rel="stylesheet" href="css/gossip.css" type="text/css">
    </head>
    <body>
        <div id="login">
            <div>
                <img src='images/caterpillar.jpg' alt='Gossip 微網誌'/>
            </div>
            <a href='register'>還不是會員？</a>
            <p></p>

        <c:if test="${requestScope.errors != null}">
        <ul style='color: rgb(255, 0, 0);'>
        <c:forEach var="error" items="${requestScope.errors}">
            <li>${error}</li>
        </c:forEach>
        </ul>
        </c:if>

            <form method='post' action='login'>
                ...略
            </form>
        </div>
        <div>
            <h1>Gossip ... XD</h1>
            <ul>
                <li>談天說地不奇怪</li>
                <li>分享訊息也可以</li>
                <li>隨意寫寫表心情</li>
            </ul>
        </div>
    </body>
</html>
```

　　同樣地，register.jsp 原先使用 Scriptlet 來判斷是否有錯誤訊息，如果有就用 for 迴圈逐一顯示錯誤訊息，可以使用 JSTL 的<c:if>與<c:forEach>標籤來消彌 Sciptlet。

gossip register.jsp

```jsp
<%@taglib prefix="c" uri="http://java.sun.com/jsp/jstl/core"%>
<!DOCTYPE html>
<html>
    <head>
        <meta charset="UTF-8">
        <link rel="stylesheet" href="css/gossip.css" type="text/css">
        <title>會員申請</title>
    </head>
    <body>
        <h1>會員申請</h1>

        <c:if test="${requestScope.errors != null}">
            <ul style='color: rgb(255, 0, 0);'>
            <c:forEach var="error" items="${requestScope.errors}">
                <li>${error}</li>
            </c:forEach>
            </ul>
        </c:if>

        <form method='post' action='register'>
            ...略
        </form>
    </body>
</html>
```

7.6.2 修改 member.jsp

　　member.jsp 有判斷是否顯示錯誤訊息的 Scriptlet 之外，還有為了顯示訊息而撰寫的 Java 程式碼，可以使用 JSTL 的 `<c:if>`、`<c:choose>`、`<c:when>`、`<c:otherwise>`、`<c:forEach>` 消除。

gossip member.jsp

```jsp
<%@taglib prefix="c" uri="http://java.sun.com/jsp/jstl/core"%>
<!DOCTYPE html>
<html>
...略
<body>
    ...略
    <form method='post' action='new_message'>
        分享新鮮事...<br>

        <c:if test="${param.blabla!=null}">
            訊息要 140 字以內<br>
        </c:if>
```

```
        <textarea cols='60' rows='4' name='blabla'>${param.blabla}</textarea>
        <br>
        <button type='submit'>送出</button>
    </form>

    <c:choose>
        <c:when test="${empty requestScope.messages}">
            <p>寫點什麼吧！</p>
        </c:when>
        <c:otherwise>
            <table border='0' cellpadding='2' cellspacing='2'>
            <thead>
            <tr><th><hr></th></tr>
            </thead>
            <tbody>

            <c:forEach var="message" items="${requestScope.messages}">
                <tr>
                <td style='vertical-align: top;'>${message.username}<br>
                    ${message.blabla}<br> ${message.localDateTime}
                    <form method='post' action='del_message'>
                        <input type='hidden' name='millis'
                                            value='${message.millis}'>
                        <button type='submit'>刪除</button>
                    </form>
                    <hr>
                </td>
                </tr>
            </c:forEach>

            </tbody>
            </table>
        </c:otherwise>
    </c:choose>
</body>
</html>
```

7.6.3 修改 user.jsp

user.jsp 與 member.jsp 類似，使用 `<c:if>`、`<c:choose>`、`<c:when>`、`<c:otherwise>`、`<c:forEach>` 消除 Scriptlet。

gossip user.jsp

```
<%@taglib prefix="c" uri="http://java.sun.com/jsp/jstl/core"%>
<!DOCTYPE html>
<html>
...略
<body>
```

```
    ...略

    <c:choose>
        <c:when test="${empty requestScope.messages}">
            <p>尚未發表訊息</p>
        </c:when>
        <c:otherwise>
            <table border='0' cellpadding='2' cellspacing='2'>
            <thead>
            <tr><th><hr></th></tr>
            </thead>
            <tbody>

            <c:forEach var="message" items="${requestScope.messages}">
                <tr>
                <td style='vertical-align: top;'>${message.username}<br>
                    ${message.blabla}<br> ${message.localDateTime}
                        <hr>
                </td>
                </tr>
            </c:forEach>

            </tbody>
            </table>
        </c:otherwise>
    </c:choose>

</body>
</html>
```

7.7　重點複習

　　可以使用 JSTL（JavaServer Pages Standard Tag Library）取代 JSP 中用來實現頁面邏輯的 Scriptlet，這會使得設計網頁簡單多了，可以隨時調整畫面而不用費心地修改 Scriptlet。JSTL 提供的標籤庫分作五個大類：核心標籤庫、格式標籤庫、SQL 標籤庫、XML 標籤庫與函式標籤庫。

　　<c:if>標籤的 test 屬性中可以放置 EL 運算式，如果運算式的結果是 true，會將<c:if>本體輸出。<c:if>標籤沒有相對應的<c:else>標籤。如果想在某條件式成立時顯示某些內容，否則就顯示另一個內容，可以使用<c:choose>、<c:when>及<c:otherwise>標籤。

　　若不想使用 Scriptlet 撰寫 Java 程式碼的 for 迴圈，可以使用 JSTL 的<c:forEach>標籤來實現這項需求。<c:forEach>標籤的 items 屬性可以是陣列或 Collection 物件，每次會循序取出陣列或 Collection 物件中的一個元素，並指定

給 var 屬性設定的變數，之後就可以在<c:forEach>標籤本體中，使用 var 屬性設定的變數來取得該元素。如果想在 JSP 網頁上，將某個字串切割為數個字符（Token），就可以使用<c:forTokens>。

　　如果要在發生例外的網頁直接捕捉例外物件，就可以使用<c:catch>將可能產生例外的網頁段落包起來。如果例外真的發生，例外物件會設定給 var 屬性指定的名稱，這樣才有機會使用這個例外物件。

　　在 JSTL 中，有個<c:import>標籤，可以視作是<jsp:include>的加強版，也是可以於執行時期動態匯入另一個網頁，並可搭配<c:param>在匯入另一網頁時帶有參數。除了可以匯入目前 Web 應用程式中的網頁之外，<c:import>標籤還可以匯入非目前 Web 應用程式中的網頁。

　　<c:redirect>標籤的作用，就如同 sendRedirect() 方法，如此就不用撰寫 Scriptlet 來使用 HttpServletResponse 的 sendRedirect() 方法，也可以達到重新導向的作用。

　　如果只是要在 page、request、session、application 等範圍設定屬性，或者還想要設定 Map 物件的鍵與值，可以使用<c:set>標籤。var 用來設定屬性名稱，value 用來設定屬性值。若要設定 JavaBean 或 Map 物件，可使用 target 屬性進行設定。

　　<c:out>會自動將角括號、單引號、雙引號等字元用替代字元取代。這個功能是由<c:out>的 escapeXml 屬性來控制，預設是 true，如果設定為 false，就不會作字元的取代。

　　可以使用 JSTL 的<c:url>，它會在使用者關閉 Cookie 功能時，自動用 Session ID 作 URI 重寫。

　　JSTL 提供許多 EL 公用函式，像是 length() 函式，以及字串處理相關函式：

- 改變字串大小寫：toLowerCase、toUpperCase
- 取得子字串：substring、substringAfter、substringBefore
- 裁剪字串前後空白：trim
- 字串取代：replace
- 檢查是否包括子字串：startsWith、endsWith、contains、containsIgnoreCase
- 檢查子字串位置：indexOf

- 切割字串為字串陣列：split
- 連接字串陣列為字串：join
- 替換 XML 字元：escapeXML

📖 課後練習

實作題

1. 請建立一個首頁，預設用英文顯示訊息，但可以讓使用者選擇使用英文、正體中文或簡體中文。

圖 7.14 預設是英文首頁

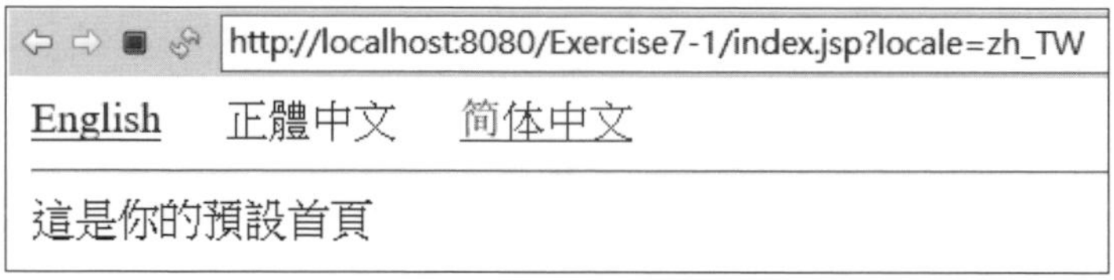

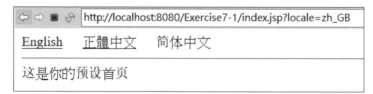

圖 7.15 切換至正體中文首頁

圖 7.16 切換至簡體中文首頁

自訂標籤

學習目標

- 使用 Tag File 自訂標籤
- 使用 Simple Tag 自訂標籤
- 使用 Tag 自訂標籤

8.1 Tag File 自訂標籤

有些需求無法單靠 JSTL 標籤完成，例如有些 Web 應用程式框架（Framework），為了讓使用者更簡便地取得框架相關資源，通常會提供自訂標籤庫。自訂標籤有一定的複雜度，可以的話，先尋找現成且通用的自訂標籤實作，查看是否滿足需求。

若到了非得自行實作標籤庫的情況，本章提供了自訂標籤庫的說明，會從最簡單的 Tag File 開始介紹，接著介紹 Simple Tag，最後是複雜的 Tag 自訂標籤。

8.1.1 簡介 Tag File

如果要自訂標籤，Tag File 是最簡單的方式，即使是不會 Java 的網頁設計人員，也有能力自訂 Tag File，因為它是為了不會 Java 的網頁設計人員而存在。

在第 6 章綜合練習中，已經用 JSP 實現畫面的呈現，其中會員註冊的 JSP 網頁中（register.jsp），有以下的片段：

```
<%
    List<String> errors = (List<String>) request.getAttribute("errors");
    if(errors != null) {
%>
        <h1>新增會員失敗</h1>
        <ul style='color: rgb(255, 0, 0);'>
<%
        for (String error : errors) {
%>
        <li><%= error %></li>
<%
        }
%>
        </ul>
<%
    }
%>
```

由於第 7 章學過 JSTL 了，可以將這個 Scriptlet 與 HTML 夾雜的片段改為：

```
<c:if test="${requestScope.errors != null}">
    <h1>新增會員失敗</h1>
    <ul style='color: rgb(255, 0, 0);'>
        <c:forEach var="error" items="${requestScope.errors}">
            <li>${error}</li>
        </c:forEach>
    </ul><br>
</c:if>
```

現在即使是網頁設計人員，也可以看懂並依需求修改這個片段了。然而，其他網頁也需要同樣的片段，例如 index.jsp 中，也可以發現相同的片段。若單純複製貼上同樣的片段，將來要修改外觀樣式時會是一大麻煩。

如果網頁設計人員知道可以使用 Tag File，那這個需求就解決了。他們可以在 **WEB-INF/tags** 撰寫副檔名為**.tag** 的檔案，內容如下：

TagFile Errors.tag

```
<%@tag description="顯示錯誤訊息的標籤" pageEncoding="UTF-8"%>
<%@taglib uri="http://java.sun.com/jsp/jstl/core" prefix="c"%>
<c:if test="${requestScope.errors != null}">
    <h1>新增會員失敗</h1>
    <ul style='color: rgb(255, 0, 0);'>
        <c:forEach var="error" items="${requestScope.errors}">
            <li>${error}</li>
        </c:forEach>
    </ul><br>
</c:if>
```

　　tag 指示元素用來告知容器如何轉譯 Tag File，description 只是文字描述，說明 Tag File 的作用。**pageEncoding** 屬性告知容器轉譯 Tag File 時使用的編碼。Tag File 中可以使用 taglib 指示元素引用其他自訂標籤庫，可以在 Tag File 中使用 JSTL。基本上，JSP 檔案能用的 EL 或 Scriptlet，Tag File 也可以使用。

提示 >>> Tag File 基本上是給不會 Java 的網頁設計人員使用，這邊的範例在 Tag File 中不會出現 Scriptlet。

　　在需要這個 Tag File 的 JSP，可以使用 **taglib** 指示元素的 **prefix** 定義前置名稱，並使用 **tagdir** 屬性定義 Tag File 位置：

```
<%@taglib prefix="html" tagdir="/WEB-INF/tags" %>
```

 　　接著就可以在 JSP 中需要呈現錯誤訊息的地方，使用 `<html:Errors/>` 標籤代替呈現錯誤訊息的片段。例如：

```
TagFile register.jsp

<%@taglib prefix="html" tagdir="/WEB-INF/tags" %>  ◀━━ 定義前置與 Tag File 位置
<!DOCTYPE html>
<html>
    <head>
        <meta charset="UTF-8">
        <title>Gossip 微網誌</title>
    </head>
    <body>
        <html:Errors/>  ◀━━ 使用自訂的 Tag File 標籤
        <h1>會員註冊</h1>
        <form method='post' action='register'>
            ...
        </form>
    </body>
</html>
```

　　當然！使用這個 `<html:Errors/>` 標籤有個前題。錯誤訊息是收集在一個 List<String> 物件，在 request 設定 errors 屬性後傳遞過來。自訂標籤必然與應用程式有某種程度的相依性，在自訂標籤前，方便性及相依性間必須做權衡。

注意 >>> 雖然 tagdir 指定的 Tag File 位置，必須是 /WEB-INF/tags 或其子資料夾。

Tag File 會被容器轉譯為 `javax.servlet.jsp.tagext.SimpleTagSupport` 的子類別。以 Tomcat 為例，Errors.tag 轉譯後是 Errors_tag.java，Tag File 中的 Scriptlet，可以使用 `out`、`config`、`request`、`response`、`session`、`application`、`jspContext` 等隱含物件，它們其實是轉譯後 `doTag()` 方法的區域變數：

```
public void doTag()
        throws JspException, IOException {
    PageContext _jspx_page_context = (PageContext)jspContext;
    HttpServletRequest request =
        (HttpServletRequest) _jspx_page_context.getRequest();
    HttpServletResponse response =
        (HttpServletResponse) _jspx_page_context.getResponse();
    HttpSession session = _jspx_page_context.getSession();
    ServletContext application =
        _jspx_page_context.getServletContext();
    ServletConfig config = _jspx_page_context.getServletConfig();
    JspWriter out = jspContext.getOut();
    ...
}
```

在 Tag File 的 Scriptlet 定義的區域變數，會是 `doTag()` 的區域變數，也就不可能與 JSP 的 Scriptlet 直接溝通。

提示 >>> `JspContext` 是 `PageContext` 的父類別，`JspContext` 定義的 API 不像 `PageContext` 有使用到 Servlet API，原本在設計上希望 JSP 的相關實現，可以不依賴特定技術（例如 Servlet），才會有 `JspContext` 這個父類別的存在。

8.1.2 處理標籤屬性與本體

來考慮一個需求。網頁設計人員經常需要在`<header>`與`</header>`之間加些`<title>`、`<meta>`資訊，如果網頁設計人員希望將`<header>`與`</header>`間的東西製作為 Tag File，之後要修改時，只需要修改 Tag File，就可以套用至有引用該 Tag File 的 JSP 網頁。問題在於，如何設定 Tag File 中的特定資訊？

可以透過 Tag File 屬性設定。就如同 HTML 元素可以設定屬性，建立 Tag File 時，也可以指定使用某些屬性，方式是透過 **attribute** 指示元素。直接來看範例：

TagFile Header.tag

```
<%@tag description="header 內容" pageEncoding="UTF-8"%>
<%@attribute name="title"%>
<head>
    <meta charset="UTF-8">
    <link rel="stylesheet" href="css/gossip.css" type="text/css">
    <title>${title}</title>
</head>
```

　　attribute 指示元素定義了屬性名稱，如果有多個屬性名稱，可以使用多個 attribute 指示元素。若有人使用 Tag File 時指定屬性值，在*.tag 檔案中，可以使用如以上範例中的${title}方式來取得。下面這個網頁是個使用範例。

TagFile index.jsp

```
<%@taglib prefix="c" uri="http://java.sun.com/jsp/jstl/core"%>
<%@taglib prefix="html" tagdir="/WEB-INF/tags" %>  ◀── 定義前置與 Tag File 位置
<!DOCTYPE html>
<html>

    <html:Header title="Gossip 微網誌"/>  ◀── 使用自訂的 Tag File 標籤

    <body>
        ...略
    </body>
</html>
```

　　先前定義的 Errors.tag 中，<h1>與</h1>標籤間的文字也不應寫死，而可以如下定義：

```
<%@tag description="顯示錯誤訊息的標籤" pageEncoding="UTF-8"%>
<%@attribute name="headline"%>
<%@taglib uri="http://java.sun.com/jsp/jstl/core" prefix="c"%>
<c:if test="${requestScope.errors != null}">
    <h1>${headline}</h1>
    <ul style='color: rgb(255, 0, 0);'>
        <c:forEach var="error" items="${requestScope.errors}">
            <li>${error}</li>
        </c:forEach>
    </ul><br>
</c:if>
```

　　如此在使用<html:Errors>標籤時，才可以藉由 headline 屬性自訂標題文字：

```
<html:Errors headline="新增會員失敗"/>
```

Tag File 標籤可以有本體內容。例如，如果 JSP 中除了 `<body>` 與 `</body>` 間的內容不同，其他都是相同，就可以像下面的範例撰寫 Tag File：

TagFile Html.tag

```
<%@tag description="HTML 懶人標籤" pageEncoding="UTF-8"%>
<%@attribute name="title"%>
<!DOCTYPE html>
<html>
    <head>
        <meta charset="UTF-8">
        <link rel="stylesheet" href="css/member.css" type="text/css">
        <title>${title}</title>
    </head>
    <body>
        <jsp:doBody/>
    </body>
</html>
```

這個 Tag File 使用 `attribute` 指示元素宣告了 `title` 屬性，撰寫了基本的 HTML 樣版，`<jsp:doBody/>` 標籤可以取得使用 Tag File 標籤時的本體內容。可以這麼使用這個 Tag File：

TagFile member.jsp

```
<%@taglib prefix="c" uri="http://java.sun.com/jsp/jstl/core"%>
<%@taglib prefix="html" tagdir="/WEB-INF/tags" %>

<html:Html title="Gossip 微網誌">
    <div class='leftPanel'>
        <img src='images/caterpillar.jpg' alt='Gossip 微網誌' /><br>
        <br> <a href='logout'>登出 ${sessionScope.login}</a>
    </div>

    ...略

    <hr>
</html:Html>
```

你使用 `<html:Html>` 的 `title` 屬性設定網頁標題，在 `<html:Html>` 與 `</html:Html>` 的本體中，可以撰寫 HTML、EL 或自訂標籤。本體內容會在 Html.tag 的 `<jsp:doBody/>` 位置呈現。

Tag File 使用時的標籤本體不能使用 Scriptlet，因為定義 Tag File 時，tag 指示元素的 **body-content** 屬性預設為 scriptless，也就是不可以出現<% %>、<%= %> 或<%! %>元素。

```
<%@tag body-content="scriptless" pageEncoding="UTF-8"%>
```

body-content 屬性還可以設定 empty 或 tagdependent。empty 表示沒有本體內容，也就是只能以<html:Header/>這樣的方式來使用標籤（非 emtpty 的設定時，可以用<html:Headers/>或<html:Header>本體</html:Header>的方式）。tagdependent 表示將本體內容當作純文字處理，不會做任何的運算或轉譯。

提示 >>> 結論就是，Tag File 的標籤在使用時若有本體，試圖撰寫 Scriptlet 是沒有意義的，要不就不允許出現，要不就當作純文字輸出。

8.1.3 TLD 檔案

將 Tag File 放在/WEB-INF/tags 資料夾或子資料夾，並在 JSP 使用 taglib 指示元素的 tagdir 屬性指定位置，就可以使用 Tag File。其他人若覺得你的 Tag File 不錯用，只要將*.tag 複製到他們的/WEB-INF/tags 資料夾或子資料夾，並使用 taglib 的 tagdir 屬性指定位置。

然而一堆*.tag 畢竟不好管理，可以使用 JAR 檔案來封裝。若要將 Tag File 封裝為 JAR，有幾個地方要注意：

- *.tag 檔案必須放在 JAR 檔的 META-INF/tags 資料夾或子資料夾。
- 定義 TLD（Tag Library Description）檔案。
- TLD 檔案必須放在 JAR 檔的 META-INF/TLDS 資料夾。

例如想將先前開發的 Errors.tag、Header.tag、Html.tag 封裝在 JAR 檔案，要將.tag 檔案放到某個資料夾的 META-INF/tags，並在 META-INF/TLDS 定義 html.tld 檔案：

```
<?xml version="1.0" encoding="UTF-8"?>
<taglib
        xsi:schemaLocation="
            http://java.sun.com/xml/ns/javaee
            http://java.sun.com/xml/ns/javaee/web-jsptaglibrary_2_1.xsd"
```

```
        xmlns="http://java.sun.com/xml/ns/javaee"
        xmlns:xsi="http://www.w3.org/2001/XMLSchema-instance"
        version="2.1">
    <tlib-version>1.0</tlib-version>
    <short-name>html</short-name>
    <uri>https://openhome.cc/html</uri>
    <tag-file>
        <name>Header</name>
        <path>/META-INF/tags/Header.tag</path>
    </tag-file>
    <tag-file>
        <name>Html</name>
        <path>/META-INF/tags/Html.tag</path>
    </tag-file>
    <tag-file>
        <name>Errors</name>
        <path>/META-INF/tags/Errors.tag</path>
    </tag-file>
</taglib>
```

其中**\<uri\>**設定用來與 JSP 中 taglib 指示元素的 url 屬性對應。每個**\<tag-file\>**使用**\<name\>**定義標籤名稱，使用**\<path\>**定義*.tag 在 JAR 檔案中的位置。接下來使用文字模式進入放置 META-INF 的資料夾，執行以下指令產生 html.jar：

```
jar cvf ../html.jar *
```

在 Eclipse 中，可以建立「Java Project」，在「src」中建立「META-INF/TLDS」資料夾以放置.tld 檔案，在「src」建立「META-INF/tags」資料夾以放置.tag 檔案，然後如下使用「Export」匯出.jar 檔案：

1. 選擇專案後按右鍵，執行「Export」指令，在出現的「Export」對話方塊中，選擇「General」中的「Archive File」後按「Next」。

2. 在下方的「Options」選擇「Create only selected directories」，展開上面的專案，取消專案旁的核取方塊，展開「bin」節點，選取「META-INF」旁的核取方塊。

3. 在「To Archive file」輸入 JAR 檔案名稱與目的資料夾，按下「Finish」完成匯出。

若要使用產生的 html.jar，將之放到 Web 應用程式 WEB-INF/lib 資料夾，使用自訂標籤的 JSP 頁面，就可以如下撰寫：

```
<%@page pageEncoding="UTF-8" %>
<!DOCTYPE html>
<%@taglib prefix="html" uri="https://openhome.cc/html" %>
<html:Html title="Gossip 微網誌">
    <html:Errors/>
    <h1>會員註冊</h1>
    <form method='post' action='register'>
          ...
    </form>
</html:Html>
```

> 注意 »» 要使用 taglib 指示元素的 uri 屬性，名稱對應至 TLD 檔案的 `<uri>` 設定名稱。

8.2　Simple Tag 自訂標籤

有些人會在 Tag File 撰寫 Scriptlet，不建議這麼做，這只會走回 HTML 夾雜 Scriptlet 的路。如果在 Tag File 還是免不了操作 Java 物件，可以考慮 Simple Tag 自訂標籤，將 Java 程式碼撰寫在其中。

8.2.1　簡介 Simple Tag

相較於 Tag File 的使用，實作 Simple Tag 必須了解更多細節。先來使用 Simple Tag 模仿 JSTL 的 `<c:if>` 標籤功能，了解如何開發簡單的 Simple Tag，由於是「偽」JSTL 標籤，姑且叫它 `<f:if>` 標籤。

首先繼承 `javax.servlet.jsp.tagext.SimpleTagSupport` 實作標籤處理器（Tag Handler），必須重新定義 `doTag()` 方法來進行標籤處理。

SimpleTag　IfTag.java

```
package cc.openhome.tag;

import java.io.IOException;
import javax.servlet.jsp.JspException;
import javax.servlet.jsp.tagext.SimpleTagSupport;

public class IfTag extends SimpleTagSupport {  ◀━━━❶ 繼承 SimpleTagSupport
    private boolean test;

    public void setTest(boolean test) {  ◀━━━❷ 建立設值方法
        this.test = test;
    }
```

```
@Override
public void doTag() throws JspException {  ◄─── ❸ 重新定義 doTag()
    if (test) {
        try {
            getJspBody().invoke(null);  ◄─── ❹ 取得 JspFragment 呼叫 invoke()
        } catch (IOException ex) {
            throw new JspException("IfTag 執行錯誤", ex);
        }
    }
}
}
```

除了繼承 `SimpleTagSupport` 之外❶，因為`<f:if>`標籤有 `test` 屬性，標籤處理器必須有個接受 `test` 屬性的設值方法（Setter）❷。在重新定義的 `doTag()` 中❸，如果 `test` 屬性為 `true`，呼叫 `SimpleTagSupport` 的 **getJspBody()**方法，這會傳回一個 **JspFragment** 物件，代表`<f:if>`與`</f:if>`間的本體內容，如果呼叫 `JspFragment` 的 **invoke()**並傳入一個 `null`❹，表示執行`<f:if>`與`</f:if>`間的本體內容，如果沒有呼叫 `invoke()`，`<f:if>`與`</f:if>`間的本體內容不會執行，也就不會有結果輸出。

為了讓 Web 容器了解`<f:if>`標籤與 `IfTag` 標籤處理器間的關係，要定義標籤程式庫描述檔（Tag Library Descriptor），也就是一個副檔名為*.tld 的檔案。

SimpleTag f.tld

```xml
<?xml version="1.0" encoding="UTF-8"?>
<taglib
    xsi:schemaLocation="
        http://java.sun.com/xml/ns/javaee
        http://java.sun.com/xml/ns/javaee/web-jsptaglibrary_2_1.xsd"
    xmlns="http://java.sun.com/xml/ns/javaee"
    xmlns:xsi="http://www.w3.org/2001/XMLSchema-instance"
    version="2.1">
    <tlib-version>1.0</tlib-version>
    <short-name>f</short-name>
    <uri>https://openhome.cc/jstl/fake</uri>  ◄─── ❶ 定義<uri>
    <tag>  ◄─── ❷ 定義<tag>相關資訊
        <name>if</name>
        <tag-class>cc.openhome.tag.IfTag</tag-class>
        <body-content>scriptless</body-content>
        <attribute>
            <name>test</name>
            <required>true</required>
            <rtexprvalue>true</rtexprvalue>
            <type>boolean</type>
```

```
        </attribute>
    </tag>
</taglib>
```

<uri>設定是 JSP 中 taglib 指示元素的 uri 屬性對應用的❶。每個<tag>標籤
❷使用<name>定義自訂標籤的名稱，使用<tag-class>定義標籤處理器類別，而
<body-content>設定為 scriptless，表示標籤本體不允許使用 Scriptlet 等元素。

如果標籤上有屬性，使用<attribute>來設定，<name>設定屬性名稱，<required>
表示是否一定要設定這個屬性，<rtexprvalue>（也就是 runtime expression value）
表示屬性是否接受執行時期運算的結果（例如 EL 運算式的結果），如果設為
false，JSP 設定屬性時就僅接受字串，<type>則是設定屬性型態。

 可以將 TLD 檔案放在 WEB-INF 資料夾，要使用這個標籤，必須在 JSP 使
用 taglib 指示元素。例如：

SimpleTag ifTag.jsp

```jsp
<%@page contentType="text/html" pageEncoding="UTF-8"%>
<%@taglib prefix="f" uri="https://openhome.cc/jstl/fake" %>
<!DOCTYPE html>
<html>
    <head>
        <meta charset="UTF-8">
        <title>自訂 if 標籤</title>
    </head>
    <body>
        <f:if test="${param.password == '12345678'}">
            你的秘密資料在此！
        </f:if>
    </body>
</html>
```

在這個示範的 JSP 中，使用了自訂的<f:if>標籤，檢查 password 請求參數符
合，如果正確才會顯示<f:if>本體的內容。

提示 >>> JSTL 不是用 Simple Tag 實作，而是使用 8.3 節要介紹的 Tag 自訂標籤實作。
　　　　這一節只是用 Simple Tag 模仿 JSTL。

8.2.2 了解 API 架構與生命週期

SimpleTagSupport 實作 **javax.servlet.jsp.tagext.SimpleTag** 介面,而 SimpleTag 繼承了 **javax.servlet.jsp.tagext.JspTag** 介面。

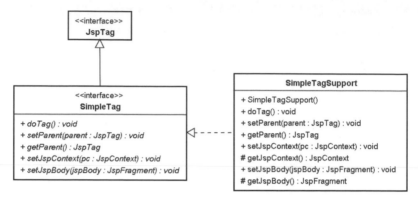

圖 8.1 Simple Tag API 架構圖

JspTag 介面只是個標示介面,沒有定義任何的方法。SimpleTag 繼承 JspTag,定義了 Simple Tag 的基本行為,Simple Tag 標籤處理器必須實作 SimpleTag 介面,不過通常繼承 SimpleTagSupport 類別,因為該類別提供 SimpleTag 基本實作,只要在繼承 SimpleTagSupport 後,重新定義感興趣的方法即可,通常就是重新定義 doTag() 方法。

若 JSP 包括 Simple Tag 自訂標籤,請求會按照以下的流程處理:

1. **建立自訂標籤處理器實例。**

2. 呼叫標籤處理器的 setJspContext() 方法設定 PageContext 實例。

3. 如果是巢狀標籤中的內層標籤,會呼叫標籤處理器的 setParent() 方法,並傳入外層標籤處理器的實例。

4. 設定標籤處理器屬性(例如這邊是呼叫 IfTag 的 setTest() 方法)。

5. 呼叫標籤處理器的 setJspBody() 方法設定 JspFragment 實例。

6. 呼叫標籤處理器的 doTag() 方法。

7. **銷毀標籤處理器實例。**

　　每一次請求都會建立新的標籤處理器實例，執行 `doTag()`後就銷毀實例，**Simple Tag 的實作中，建議不要有耗資源的動作**，像是龐大的物件、連線的取得等，Simple Tag 名稱並不僅代表實作比較簡單（相較於 Tag 的實作方式），也代表最好用於一些簡單任務。

提示 ≫≫　由於 Tag File 轉譯後會成為繼承 `SimpleTagSupport` 的類別，在 Tag File 中，也建議不要有耗資源的動作。

　　由於標籤處理器中設定了 `PageContext`，可以用它來取得 JSP 的所有物件，將原本 Scriptlet 可以執行的動作，封裝至標籤處理器。

　　`JspFragment` 代表 JSP 中的片段內容。在 JSP 中使用自訂標籤時若包括本體，會轉譯為一個 `JspFragment` 實作類別，而本體內容將會在 `invoke()`方法進行處理。以 Tomcat 為例，`<f:if>`本體內容將轉譯為以下的 `JspFragment` 實作類別（一個內部類別）：

```
private class Helper
    extends org.apache.jasper.runtime.JspFragmentHelper {
    // 略...
    public boolean invoke0( JspWriter out )
      throws Throwable {
      out.write("\n");
      out.write("          你的秘密資料在此！\n");
      out.write("        ");
      return false;
    }
    public void invoke( java.io.Writer writer )
        throws JspException {
        JspWriter out = null;
        if( writer != null ) {
            out = this.jspContext.pushBody(writer);
        } else {
            out = this.jspContext.getOut();
        }
        try {
            // 略...
              invoke0( out );
            // 略...
        }
        catch( Throwable e ) {
            if (e instanceof SkipPageException)
                throw (SkipPageException) e;
```

```
            throw new JspException( e );
        }
        finally {
            if( writer != null ) {
                this.jspContext.popBody();
            }
        }
    }
}
```

在 doTag()方法中使用 getJspBody()取得 JspFragment 實例，呼叫其 invoke()
方法時傳入 null，表示使用 PageContext 取得預設的 JspWriter 物件來輸出回應（不
是沒回應）。接著進行本體內容的輸出，如果本體內容包括 EL 或內層標籤，
會先做處理（在<body-content>設定為 scriptless 的情況下）。在上面的簡單範
例中，只是將<f:if>本體的 JSP 片段直接輸出（也就是 invoke0()的執行內容）。

如果呼叫 JspFragment 的 invoke()時傳入了 Writer 實例，表示將本體內容的
執行結果，以指定的 Writer 實例做輸出，這個之後會再討論。

如果執行 doTag()的過程，必須中斷接下來頁面的處理或輸出，可以丟出
javax.servlet.jsp.SkipPageException，這個例外物件會在 JSP 轉譯後的_jspService()
中如下處理：

```
...
try {
    // 丟出 SkipPageException 例外的地方
    // 其他 JSP 頁面片段
    // 略...
} catch (Throwable t) {
    if (!(t instanceof SkipPageException)){
        out = _jspx_out;
        if (out != null && out.getBufferSize() != 0)
            try { out.clearBuffer(); } catch (java.io.IOException e) {}
            if (_jspx_page_context != null)
                _jspx_page_context.handlePageException(t);
        }
    }
}
...
```

簡單地說，若是 SkipPageException 實例，什麼事都不做！在 **doTag()中若只
想中斷後續頁面處理，可以丟出 SkipPageException**。

提示 >>>　若是丟出其他類型例外，在 PageContext 的 handlePageException() 會看看有無設置錯誤處理相關機制，並嘗試進行頁面轉發或包含的動作，否則就包裝為 ServletException 並丟給容器做預設處理，這時就會看到 HTTP Status 500 頁面出現了。

8.2.3　處理標籤屬性與本體

如果自訂標籤時，需要多次執行本體內容呢？例如 JSTL 的 `<c:forEach>` 標籤功能，會依設定的陣列、`Collection` 等實際包括物件，決定是否取出下一個物件並執行本體。

以下就使用 Simple Tag 模彷 `<c:forEach>` 的功能，為了簡化範例，`items` 屬性只考慮 `Collection` 物件，標籤會提供 `var` 屬性，只接受字串方式設定名稱，來看看如何實作標籤處理器。

SimpleTag ForEachTag.java

```java
package cc.openhome.tag;

import java.io.IOException;
import java.util.Collection;
import javax.servlet.jsp.JspException;
import javax.servlet.jsp.tagext.SimpleTagSupport;

public class ForEachTag extends SimpleTagSupport {
    private String var;
    private Collection<Object> items;

    public void setVar(String var) {
        this.var = var;
    }

    public void setItems(Collection<Object> items) {
        this.items = items;
    }

    @Override
    public void doTag() throws JspException {
        items.forEach(o -> {
            this.getJspContext().setAttribute(var, o);  // ◀──── 設定標籤本體可用的名稱

            try {
                this.getJspBody().invoke(null);  // ◀──── 逐一呼叫 invoke() 方法
            } catch (JspException | IOException e) {
```

```
            throw new RuntimeException(e);
        }

        this.getJspContext().removeAttribute(var); ◄──── 移除屬性
    });
    }
}
```

var 屬性是以字串方式設定，因此宣告為 String 型態。items 運算的結果可接受 Collection 物件，型態宣告為 Collection<Object>。標籤本體可接受的名稱，是取得 PageContext 後，使用其 setAttribute() 設定 page 範圍屬性。標籤本體內容必須執行多次，則是多次呼叫 invoke() 來達成，在 doTag() 中每呼叫一次 invoke()，就會執行一次本體內容。

在 doTag() 中透過 PageContext 設定的 page 範圍屬性，最後使用 removeAttribute() 移除。因此標籤後續的頁面，就無法透過 var 屬性設定的名稱取值。

 接著同樣地，在 TLD 檔案定義自訂標籤相關資訊：

SimpleTag f.tld

```xml
<?xml version="1.0" encoding="UTF-8"?>
<taglib
    xsi:schemaLocation="
        http://java.sun.com/xml/ns/javaee
        http://java.sun.com/xml/ns/javaee/web-jsptaglibrary_2_1.xsd"
    xmlns="http://java.sun.com/xml/ns/javaee"
    xmlns:xsi="http://www.w3.org/2001/XMLSchema-instance"
    version="2.1">
    <tlib-version>1.0</tlib-version>
    <short-name>f</short-name>
    <uri>https://openhome.cc/jstl/fake</uri>
    // 略...
    <tag>
        <name>forEach</name>
        <tag-class>cc.openhome.tag.ForEachTag</tag-class>
        <body-content>scriptless</body-content>
        <attribute>
            <name>var</name>
            <required>true</required>
            <rtexprvalue>true</rtexprvalue>
            <type>java.lang.String</type>
        </attribute>
        <attribute>
            <name>items</name>
            <required>true</required>
            <rtexprvalue>true</rtexprvalue>
            <type>java.util.Collection</type>
```

```
        </attribute>
    </tag>
</taglib>
```

<body-content>屬性的值設定，與 Tag File 相同，除了 scriptless，還可以設定 empty 或 tagdependent。

empty 表示不能有本體內容。tagdependent 表示本體內容只做純文字處理，也就是 Scriptlet、EL 或自訂標籤，只當成純文字輸出，不做任何運算或轉譯。由於 var 屬性只接受字串設定，**<rtexprvalue>**設定為 false。

 如果呼叫 invoke()時傳入自訂的 Writer 物件，標籤本體內容的處理結果，就會以指定的 Writer 物件輸出，若需要進一步處理本體內容，就會採取這樣的作法。例如，來開發將本體執行結果轉大寫的簡單標籤：

SimpleTag　ToUpperCaseTag.java

```java
package cc.openhome.tag;

import java.io.IOException;
import java.io.StringWriter;
import javax.servlet.jsp.JspException;
import javax.servlet.jsp.tagext.SimpleTagSupport;

public class ToUpperCaseTag extends SimpleTagSupport {
    @Override
    public void doTag() throws JspException {
        StringWriter writer = new StringWriter();
        writeTo(writer);
        String upper = writer.toString().toUpperCase();
        print(upper);
    }

    private void writeTo(StringWriter writer) throws JspException {
        try {
            this.getJspBody().invoke(writer); ◀── 本體執行結果以 StringWriter 輸出
        } catch (IOException e) {
            throw new JspException("ToUpperCaseTag 執行錯誤", e);
        }
    }

    private void print(String upper) throws JspException {
        try {
            this.getJspContext().getOut().print(upper);
        } catch (IOException e) {
```

```
            throw new JspException("ToUpperCaseTag 執行錯誤", e);
        }
    }
}
```

這個範例執行 `invoke()` 後，標籤本體執行結果將使用 `StringWriter` 輸出，接著呼叫 `StringWriter` 的 `toString()` 取得輸出的字串，並呼叫 `toUpperCase()` 轉為大寫。為了將轉大寫後的字串輸出至瀏覽器，透過 `PageContext` 的 `getOut()` 取得 `JspWriter` 物件，呼叫 `print()` 方法輸出結果。

 記得在 TLD 檔案中加入這個自訂標籤的定義：

SimpleTag f.tld

```xml
<?xml version="1.0" encoding="UTF-8"?>
<taglib
    xsi:schemaLocation="
        http://java.sun.com/xml/ns/javaee
        http://java.sun.com/xml/ns/javaee/web-jsptaglibrary_2_1.xsd"
    xmlns="http://java.sun.com/xml/ns/javaee"
    xmlns:xsi="http://www.w3.org/2001/XMLSchema-instance"
    version="2.1">
    <tlib-version>1.0</tlib-version>
    <short-name>f</short-name>
    <uri>https://openhome.cc/jstl/fake</uri>
    // 略...
    <tag>
        <name>toUpperCase</name>
        <tag-class>cc.openhome.tag.ToUpperCaseTag</tag-class>
        <body-content>scriptless</body-content>
    </tag>
</taglib>
```

可以如下使用這個標籤，`items` 設定的字串都會被轉為大寫：

```
<f:toUpperCase>
    <f:forEach var="name" items="${names}">
        ${name} <br>
    </f:forEach>
</f:toUpperCase>
```

8.2.4　與父標籤溝通

有些需求下，自訂標籤必須與其他標籤溝通，例如 JSTL 中的<c:when>、<c:otherwise>必須放在<c:choose>中，且<c:when>或<c:otherwise>必須得知先前的<c:when>是否已經測試通過，如果是的話就不再執行測試。

8.2.2 節談過，JSP 中包括自訂標籤時，若是巢狀標籤中的內層標籤，會呼叫標籤處理器的 setParent() 方法，並傳入外層標籤處理器的實例，因此內層標籤就可以跟外層標籤溝通。

接下來以模仿 JSTL 的< c:choose>、<c:when>、<c:otherwise>標籤為例，製作自訂的<f:choose>、<f:when>、<f:otherwise>標籤，了解內層標籤如何與外層標籤溝通。首先來看<f:choose>的標籤處理器的實作：

SimpleTag ChooseTag.java

```java
package cc.openhome.tag;

import javax.servlet.jsp.JspException;
import javax.servlet.jsp.tagext.SimpleTagSupport;

public class ChooseTag extends SimpleTagSupport {
    private boolean matched;

    public boolean isMatched() {
        return matched;
    }

    public void setMatched(boolean matched) {
        this.matched = matched;
    }

    @Override
    public void doTag() throws JspException {
        try {
            this.getJspBody().invoke(null);
        } catch (java.io.IOException ex) {
            throw new JspException("ChooseTag 執行錯誤", ex);
        }
    }
}
```

ChooseTag 內含 boolean 型態的成員 matched，預設是 false，若內部的<f:when>有測試成功的情況，會將 matched 設為 true。ChooseTag 的 doTag() 要取得 JspFragment 並呼叫 invoke(null) 執行標籤本體內容。

再來看看<f:when>的標籤處理器實作：

SimpleTag WhenTag.java

```java
package cc.openhome.tag;

import javax.servlet.jsp.JspException;
import javax.servlet.jsp.JspTagException;
import javax.servlet.jsp.tagext.JspTag;
import javax.servlet.jsp.tagext.SimpleTagSupport;

public class WhenTag extends SimpleTagSupport {
    private boolean test;

    public void setTest(boolean test) {
        this.test = test;
    }

    @Override
    public void doTag() throws JspException {          // ❶ 無法取得 parent 或不為 ChooseTag
        JspTag parent = null;                          //    類型，表示不在 choose 標籤中
        if(!((parent = getParent()) instanceof ChooseTag)) {
            throw new JspTagException("必須置於 choose 標籤中");
        }

        if(((ChooseTag) parent).isMatched()) {   // ❷ 若為 true，表示先前有 when 通過測試
            return;
        }

        if(test) {
            ((ChooseTag) parent).setMatched(true);   // ❸ 設定 parent 的 matched
            try {
                this.getJspBody().invoke(null);      // ❹ 執行標籤本體
            } catch (java.io.IOException ex) {
                throw new JspException("WhenTag 執行錯誤", ex);
            }
        }
    }
}
```

在測試開始前，必須先嘗試取得 parent，如果無法取得（也就是為 null 的情況），表示不在任何標籤之中，或是 parent 不為 ChooseTag 型態時，表示不是置於<f:choose>之中，這時必須丟出例外❶。

如果置於<f:choose>標籤之中，嘗試取得 parent 的 matched 狀態，如果已被設為 true，表示先前有<f:when>通過測試，目前這個<f:when>就不用再測試❷。

如果先前沒有<f:when>通過測試，進行目前<f:when>的測試，若測試成功，設定 parent 的 matched 為 true❸，並執行標籤本體❹。

接著來看<f:otherwise>的標籤處理器如何撰寫：

SimpleTag OtherwiseTag.java

```
package cc.openhome.tag;

import javax.servlet.jsp.JspException;
import javax.servlet.jsp.JspTagException;
import javax.servlet.jsp.tagext.JspTag;
import javax.servlet.jsp.tagext.SimpleTagSupport;

public class OtherwiseTag extends SimpleTagSupport {
    @Override
    public void doTag() throws JspException {
        JspTag parent = null;
        if (!((parent = getParent()) instanceof ChooseTag)) {
            throw new JspTagException("必須置於 choose 標籤中");
        }

        if (((ChooseTag) parent).isMatched()) {
            return;
        }

        try {
            this.getJspBody().invoke(null);    ◄── 這邊就直接執行標籤本體內容
        } catch (java.io.IOException ex) {
            throw new JspException("OtherwiseTag 執行錯誤", ex);
        }
    }
}
```

<f:otherwise>標籤的處理與<c:when>類似，必須確認是否置於<f:choose>標籤中，然後確認先前是否有<c:when>測試成功，若否，就直接執行標籤本體內容。

接著記得定義 TLD 檔，在當中加入自訂標籤定義：

SimpleTag f.tld

```
<?xml version="1.0" encoding="UTF-8"?>
<taglib
    xsi:schemaLocation="
        http://java.sun.com/xml/ns/javaee
        http://java.sun.com/xml/ns/javaee/web-jsptaglibrary_2_1.xsd"
    xmlns="http://java.sun.com/xml/ns/javaee"
    xmlns:xsi="http://www.w3.org/2001/XMLSchema-instance"
    version="2.1">
```

```
    <tlib-version>1.0</tlib-version>
    <short-name>f</short-name>
    <uri>https://openhome.cc/jstl/fake</uri>
    // 略...
    <tag>
        <name>choose</name>
        <tag-class>cc.openhome.tag.ChooseTag</tag-class>
        <body-content>scriptless</body-content>
    </tag>

    <tag>
        <name>when</name>
        <tag-class>cc.openhome.tag.WhenTag</tag-class>
        <body-content>scriptless</body-content>
        <attribute>
            <name>test</name>
            <required>true</required>
            <rtexprvalue>true</rtexprvalue>
            <type>boolean</type>
        </attribute>
    </tag>

    <tag>
        <name>otherwise</name>
        <tag-class>cc.openhome.tag.OtherwiseTag</tag-class>
        <body-content>scriptless</body-content>
    </tag>
</taglib>
```

接下來使用自訂的<f:choose>、<f:when>、<f:otherwise>標籤改寫 6.2.2 節的 login2.jsp：

SimpleTag login.jsp

```jsp
<%@page contentType="text/html" pageEncoding="UTF-8"%>
<%@taglib prefix="f" uri="https://openhome.cc/jstl/fake"%>
<jsp:useBean id="user" class="cc.openhome.User"  />
<jsp:setProperty name="user" property="*" />
<!DOCTYPE html>
<html>
    <head>
        <meta charset="UTF-8">
        <title>登入頁面</title>
    </head>
    <body>
        <f:choose>
            <f:when test="${user.valid}">
                <h1>${user.name}登入成功</h1>
            </f:when>
            <f:otherwise>
```

```
        <h1>登入失敗</h1>
        </f:otherwise>
    </f:choose>
</body>
</html>
```

執行方式與結果與 6.2.2 相同，只不過這次使用自訂的「偽」JSTL 標籤。

可以使用 `getParent()`取得 `parent` 標籤，也就是目前標籤的上一層標籤。如果是數個層次的巢狀標籤，想直接取得某個類型的外層標籤，可以透過 `SimpleTagSupport` 的 `findAncestorWithClass()`靜態方法。例如：

```
SomeTag ancestor = (SomeTag) findAncestorWithClass(
                            this, SomeTag.class);
```

8.2.5　TLD 檔案

可以將 TLD 檔案放在 Web 應用程式的 WEB-INF 資料夾或其子資料夾中，如果要用 JAR 檔案封裝自訂標籤處理器與 TLD 檔案，與 8.1.3 節說明的方式類似，不過這次 TLD 檔案不一定要放在 JAR 檔案的 META-INF/TLDS 資料夾，只要是 JAR 檔案的 META-INF 資料夾或子資料夾即可。也就是：

- JAR 檔案根目錄放置編譯好的類別（包含對應套件的資料夾）。

- JAR 檔案 META-INF 資料夾或子資料夾中放置 TLD 檔案。

例如，可以將這一節開發的 Simple Tag 如下放在 fake 資料夾：

圖 8.2　準備製作 JAR 檔的資料夾

接著在文字模式中進入 fake 資料夾，執行以下指令：

```
jar cvf ../fake.jar *
```

如此在 fake 資料夾上一層目錄，就會產生 fake.jar 檔案，將之置入 WEB-INF/lib，就可以開始使用自訂的標籤庫。

> **提示 >>>** 使用 Eclipse 的話，也可以參考 8.1.3 的操作來匯出 JAR 檔案，並利用「Deployment Assembly」來參考 JAR 檔案。

8.3 Tag 自訂標籤

Simple Tag 是 JSP 2.0 加入至標準，在 JSP 2.0 之前實作自訂標籤，是透過 Tag 介面的實作類別來完成，這一節將使用這些類別，實作出 8.2 使用 Simple Tag 自訂的標籤，以了解兩者在自訂標籤上的不同。

8.3.1 簡介 Tag

8.2.1 曾使用 Simple Tag 開發了`<f:if>`自訂標籤，這邊改用 Tag 介面的相關類別來實作`<f:if>`標籤。定義，可以繼承 **javax.servlet.jsp.tagext.TagSupport** 來實作標籤處理器。例如：

Tag IfTag.java
```java
package cc.openhome.tag;

import javax.servlet.jsp.JspException;
import javax.servlet.jsp.tagext.TagSupport;

public class IfTag extends TagSupport {
    private boolean test;

    public void setTest(boolean test) {
        this.test = test;
    }

    @Override
    public int doStartTag() throws JspException {
        if(test) {
            return EVAL_BODY_INCLUDE;   ← 執行標籤本體內容
        }
```

```
            return SKIP_BODY; ◄── 忽略本體內容
        }
}
```

JSP 中開始處理標籤時，會呼叫 **doStartTag()** 方法，後續是否執行本體是根據 doStartTag() 的傳回值決定。如果 doStartTag() 傳回 EVAL_BODY_INCLUDE 常數（定義在 Tag 介面），會執行本體內容，傳回 SKIP_BODY 常數（定義在 Tag 介面），不執行本體內容。

接著定義 TLD 檔案的內容：

Tag f.tld

```
<?xml version="1.0" encoding="UTF-8"?>
<taglib
    xsi:schemaLocation="
        http://java.sun.com/xml/ns/javaee
        http://java.sun.com/xml/ns/javaee/web-jsptaglibrary_2_1.xsd"
    xmlns="http://java.sun.com/xml/ns/javaee"
    xmlns:xsi="http://www.w3.org/2001/XMLSchema-instance"
    version="2.1">
    <tlib-version>1.0</tlib-version>
    <short-name>f</short-name>
    <uri>https://openhome.cc/jstl/fake</uri>
    <tag>
        <name>if</name>
        <tag-class>cc.openhome.tag.IfTag</tag-class>
        <body-content>JSP</body-content>
        <attribute>
            <name>test</name>
            <required>true</required>
            <rtexprvalue>true</rtexprvalue>
            <type>boolean</type>
        </attribute>
    </tag>
</taglib>
```

定義 TLD 檔案時與 Simple Tag 類似，除了 `<body-content>` 的設定值可以設定的是 empty、**JSP** 與 tagdependent（Simple Tag 可以設定的是 empty、scriptless 與 tagdependent）。JSP 的設定值表示本體若包括動態內容，如 Scriptlet 等元素、EL 或自訂標籤都會執行。

再來可以如 8.2.1 的範例來使用這個標籤，基於簡介時範例的完整性，再將測試用的 JSP 放過來：

Tag ifTag.jsp

```
<%@page contentType="text/html" pageEncoding="UTF-8"%>
<%@taglib prefix="f" uri="https://openhome.cc/jstl/fake" %>
<!DOCTYPE html>
<html>
    <head>
        <meta charset="UTF-8">
        <title>自訂 if 標籤</title>
    </head>
    <body>
        <f:if test="${param.password == '12345678'}">
            你的秘密資料在此！
        </f:if>
    </body>
</html>
```

同樣地，如果請求中包括請求參數 password 且值為"12345678"，會顯示本體內容，否則只會看到一片空白。

8.3.2 了解架構與生命週期

實作 Tag 介面相關類別時，依不同的時機，要定義不同的 doXxxTag()方法，依需求傳回不同的值，這些方法分別定義在 **Tag** 與 **IterationTag** 介面，它們的繼承與實作架構如下所示：

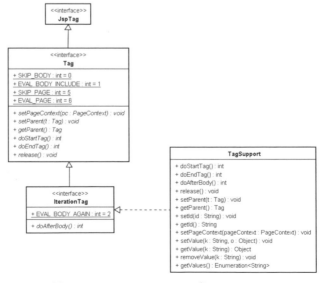

圖 8.3 Tag、IterationTag 與 TagSupport

Tag 介面繼承 JspTag 介面，定義了基本的 **Tag** 行為，像是設定 PageContext 實例的 setPageContext()、設定外層父標籤物件的 setParent()方法、標籤物件銷毀前呼叫的 release()方法等。

單是使用 Tag 介面的話，無法重複執行本體內容，必須使用子介面 IterationTag 介面的 doAfterBody()（之後會看到如何重複執行本體內容）。TagSupport 類別提供 IteratorTag 介面的基本實作，只要在繼承 TagSupport 後，重新定義必要的方法。

JSP 中遇到 TagSupport 自訂標籤時，會進行以下動作：

1.	嘗試從**標籤池（Tag Pool）**找到可用的標籤物件，找到就直接使用，如果沒找到就新建標籤物件。

2.	呼叫標籤處理器的 setPageContext()方法設定 PageContext 實例。

3.	若是巢狀標籤中的內層標籤，會呼叫標籤處理器的 setParent()方法，並傳入外層標籤處理器的實例。

4.	設定標籤處理器屬性（例如這邊呼叫 IfTag 的 setTest()方法）。

5.	呼叫標籤處理器的 doStartTag()方法，依傳回值決定是否執行本體或呼叫 doAfterBody()、doEndTag()方法（稍後詳述）。

6.	將標籤處理器實例置入**標籤池**中以便重用。

首先注意到第 1 點與第 6 點，Tag 實例可以重複使用，自訂 Tag 類別時要留意狀態，必要的時候，在 doStartTag()方法中，可以進行狀態重置。不要使用 release()方法重置狀態，release()方法是在標籤實例被銷毀回收前呼叫。

接著說明第 5 點。JSP 頁面會根據標籤處理器各方法的傳回值，決定呼叫哪個方法或進行哪個動作，使用流程圖來說明會比較清楚：

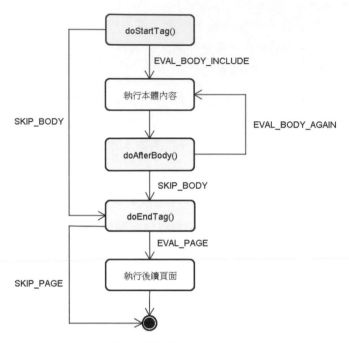

圖 8.4 標籤處理器流程圖

doStartTag()可以回傳 EVAL_BODY_INCLUDE 或 SKIP_BODY。傳回 EVAL_BODY_INCLUDE 會執行本體內容,而後呼叫 doAfterBody()(就相當於 SimpleTag 的 doTag()中呼叫了 JspFragment 的 invoke()方法)。若不想執行本體內容,可傳回 SKIP_BODY,此時會呼叫 doEndTag()方法。

doAfterBody()方法的傳回值與是否重複執行本體有關,稍後再來討論。無論有無執行本體,流程最後都會來到 doEndTag(),可傳回 EVAL_PAGE 或 SKIP_PAGE,若傳回 EVAL_PAGE,自訂標籤後續的 JSP 頁面才會執行,如果傳回 SKIP_PAGE 就不執行後續的 JSP 頁面。

由於 TagSupport 類別提供 IterationTag 介面的基本實作,doStartTag()、doAfterBody()與 doEndTag()都有預設傳回值,分別是 SKIP_BODY、SKIP_BODY 及 EVAL_PAGE,也就是預設不處理本體,標籤處理結束後會執行後續的 JSP 頁面。

8.3.3 重複執行標籤本體

如果想繼承 `TagSupport` 實作 8.2.3 的`<f:forEach>`標籤，可以根據給定的 `Collection` 物件個數來決定重複執行標籤本體的次數，那麼該在哪個方法中實作？`doStartTag()`？根據圖 8.4，`doStartTag()`只會執行一次！`doEndTag()`？這時本體內容處理已經結束了！

根據圖 8.4，在 `doAfterBody()`方法執行後，如果傳回 `EVAL_BODY_AGAIN`，會再重複執行一次本體內容，而後再度呼叫 `doAfterBody()`方法，若傳回 `SKIP_BODY` 才會呼叫 `doEndTag()`。顯然地，`doAfterBody()`是可以實作`<f:forEach>`標籤重複處理特性的地方。

不過這邊有點小陷阱！`doStartTag()`傳回 `EVAL_BODY_INCLUDE` 後，會先執行本體內容再呼叫 `doAfterBody()`方法，也就是說，實際上本體執行過一遍了！正確的作法應該是，`doStartTag()`與 `doAfterBody()`都要實作，`doStartTag()`實作首次的處理，`doAfterBody()`實作後續的重複處理。例如：

Tag ForEachTag.java

```java
package cc.openhome.tag;

import java.util.Collection;
import java.util.Iterator;
import javax.servlet.jsp.JspException;
import javax.servlet.jsp.tagext.TagSupport;

public class ForEachTag extends TagSupport {
    private String var;
    private Iterator<Object> iterator;

    public void setVar(String var) {
        this.var = var;
    }

    public void setItems(Collection<Object> items) {
        this.iterator = items.iterator();
    }

    private int evalBodyIfHasItem() {        ❶取出並處理項目
        if(iterator.hasNext()) {
            this.pageContext.setAttribute(var, iterator.next());
            return EVAL_BODY_INCLUDE;    ◀─❷執行本體後呼叫 doAfterBody()
        }
        return SKIP_BODY;
    }
```

```
@Override
public int doStartTag() throws JspException {
    return evalBodyIfHasItem();
}

@Override
public int doAfterBody() throws JspException {
    return evalBodyIfHasItem();
}

@Override
public int doEndTag() throws JspException {
    this.pageContext.removeAttribute(var);      ←──❹移除屬性
    return EVAL_PAGE;
}
```
❸有項目就執行本體

在<f:forEach>的標籤處理器實作中，doStartTag()與 doAfterBody()的任務相同，如果有項目就要取出處理❸，範例中是將項目設定為屬性❶，並傳回 EVAL_BODY_INCLUDE 執行本體內容❷，如果不執行本體了，流程會來到 doEndTag()，這時移除屬性❹，也就是屬性只能在標籤內取用。

接著同樣在定義 TLD 檔案中定義標籤：

Tag f.tld

```xml
<?xml version="1.0" encoding="UTF-8"?>
<taglib
    xsi:schemaLocation="
        http://java.sun.com/xml/ns/javaee
        http://java.sun.com/xml/ns/javaee/web-jsptaglibrary_2_1.xsd"
    xmlns="http://java.sun.com/xml/ns/javaee"
    xmlns:xsi="http://www.w3.org/2001/XMLSchema-instance"
    version="2.1">
    <tlib-version>1.0</tlib-version>
    <short-name>f</short-name>
    <uri>https://openhome.cc/jstl/fake</uri>
    // 略...
    <tag>
        <name>forEach</name>
        <tag-class>cc.openhome.tag.ForEachTag</tag-class>
        <body-content>JSP</body-content>
        <attribute>
            <name>var</name>
            <required>true</required>
            <rtexprvalue>true</rtexprvalue>
            <type>java.lang.String</type>
        </attribute>
```

```
    <attribute>
        <name>items</name>
        <required>true</required>
        <rtexprvalue>true</rtexprvalue>
        <type>java.util.Collection</type>
    </attribute>
    </tag>
</taglib>
```

可以使用 8.2.3 的 JSP 片段來測試這個`<f:forEach>`標籤，基於篇幅限制，這邊就不再列出。

8.3.4　處理本體執行結果

如果想取得本體執行的結果該如何進行？例如實作 8.2.3 的`<f:toUpperCase>`標籤？這個需求必須繼承 `javax.servlet.jsp.tagext.BodyTagSupport` 類別，先來看看類別架構：

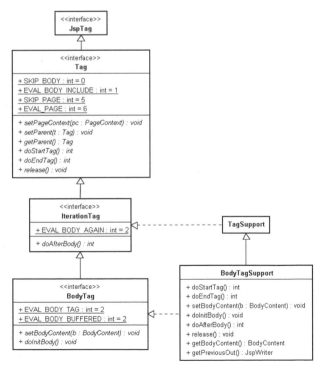

圖 8.5　加上 BodyTag 與 BodyTagSupport 後的架構圖

圖 8.5 多了 **BodyTag** 介面，繼承自 IterationTag 介面，新增 setBodyContent() 與 doInitBody() 兩個方法，而 BodyTagSupport 繼承 TagSupport 類別，將 doStartTag() 預設傳回值改為 EVAL_BODY_BUFFERED，並針對 BodyTag 介面提供簡單的實作。

繼承 BodyTagSupport 類別後，若 doStartTag() 傳回 EVAL_BODY_BUFFERED，會依序呼叫 setBodyContent()、doInitBody() 方法，接著再執行標籤本體，也就是圖 8.4 的流程將變成以下：

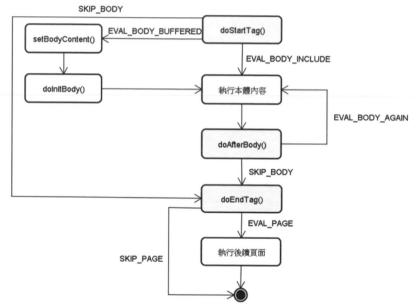

圖 8.6 加上 SKIP_BODY 後的流程圖

setBodyContent() 與 doInitBody() 方法執行過後，透過 **getBodyContent()** 就能取得 **BodyContent** 物件（Writer 的子物件），它包括本體執行後的結果，例如透過 BodyContent 的 **getString()** 方法，會以字串傳回執行後的本體內容，若要將本體內容輸出至瀏覽器，記得要在 doEndTag() 使用 pageContext 的 getOut() 取得 JspWriter 物件進行輸出。

提示 >>> 在 doAfterBody() 使用 pageContext 的 getOut() 方法，與 getBodyContent() 取得的物件相同，若一定要在 doAfterBody() 取得 JspWriter 物件，必須透過 BodyContent 的 getEnclosingWriter() 方法，因為 doStartTag() 傳回 EVAL_BODY_BUFFERED，會將目前的 JspWriter 置入堆疊，在呼叫 doEndTag() 方法前，才將原本的 JspWriter 從堆疊取出。

以下使用 `BodyTagSupport` 類別，實作出 8.2.3 的`<f:toUpperCase>`標籤處理器
作為示範：

Tag ToUpperCaseTag.java

```java
package cc.openhome.tag;

import java.io.IOException;
import javax.servlet.jsp.JspException;
import javax.servlet.jsp.tagext.BodyTagSupport;

public class ToUpperCaseTag extends BodyTagSupport {
    @Override
    public int doEndTag() throws JspException {
        String upper = this.getBodyContent().getString().toUpperCase();
        try {
            pageContext.getOut().write(upper);
        } catch (IOException ex) {
            throw new JspException(ex);
        }
        return EVAL_PAGE;
    }
}
```

　這邊為了簡化範例，透過 `doEndTag()`同時處理本體與輸出，其中透過
`getBodyContent()`取得 `BodyContent`物件，並呼叫 `getString()`取得本體內容轉大寫，
之後透過 `pageContext`的 `getOut()`取得 `JspWriter` 輸出。

　記得在 TLD 檔案中定義標籤：

Tag f.tld

```xml
<taglib
    xsi:schemaLocation="
        http://java.sun.com/xml/ns/javaee
        http://java.sun.com/xml/ns/javaee/web-jsptaglibrary_2_1.xsd"
    xmlns="http://java.sun.com/xml/ns/javaee"
    xmlns:xsi="http://www.w3.org/2001/XMLSchema-instance"
    version="2.1">
    <tlib-version>1.0</tlib-version>
    <short-name>f</short-name>
    <uri>https://openhome.cc/jstl/fake</uri>
    // 略...
    <tag>
        <name>toUpperCase</name>
        <tag-class>cc.openhome.tag.ToUpperCaseTag</tag-class>
        <body-content>JSP</body-content>
    </tag>
</taglib>
```

接著就如同 8.2.3 的示範，可以如下使用這個標籤：

```
<f:toUpperCase>
    <f:forEach var="name" items="${names}">
        ${name} <br>
    </f:forEach>
</f:toUpperCase>
```

8.3.5　與父標籤溝通

8.3.2 提過，如果是巢狀標籤的內層標籤，會呼叫標籤處理器的 setParent() 方法，並傳入外層標籤處理器的實例，如果標籤必須與其他標籤溝通，可以透過 getParent() 取得外層標籤實例。

同樣地，在這邊以開發<f:choose>、<f:when>與<f:otherwise>作為示範。首先是<f:choose>標籤處理器的開發：

Tag ChooseTag.java

```java
package cc.openhome.tag;

import javax.servlet.jsp.JspException;
import javax.servlet.jsp.tagext.TagSupport;

public class ChooseTag extends TagSupport {
    private boolean matched;

    public boolean isMatched() {
        return matched;
    }

    public void setMatched(boolean matched) {
        this.matched = matched;
    }

    @Override
    public int doStartTag() throws JspException {
        matched = false;
        return EVAL_BODY_INCLUDE;
    }
}
```

ChooseTag 要重新定義 doStartTag()，因為 TagSupport 的 doStartTag()方法預設傳回 SKIP_BODY，然而<f:choose>會包括內層標籤，不能忽略本體內容，必須傳回 EVAL_BODY_INCLUDE。

　　另一方面，記得 Tag 實例不使用時會放回標籤池，若標籤上次執行過後有狀態存留，必須考慮狀態重置，這邊為了簡化範例，這個動作放在 doStartTag() 中完成。

　　接著是<f:when>標籤的處理器：

Tag WhenTag.java

```java
package cc.openhome.tag;

import javax.servlet.jsp.JspException;
import javax.servlet.jsp.tagext.JspTag;
import javax.servlet.jsp.tagext.TagSupport;

public class WhenTag extends TagSupport {
    private boolean test;

    public void setTest(boolean test) {
        this.test = test;
    }

    @Override
    public int doStartTag() throws JspException {
        JspTag parent = getParent();
        if (!(parent instanceof ChooseTag)) {
            throw new JspException("必須置於 choose 標籤中");
        }

        ChooseTag choose = (ChooseTag) parent;
        if (choose.isMatched() || !test) {
            return SKIP_BODY;
        }

        choose.setMatched(true);
        return EVAL_BODY_INCLUDE;
    }
}
```

　　doStartTag()檢查流程與 8.2.4 節類似，判斷是否包括在<f:choose>標籤、先前的<f:when>是否曾經通過測試，以決定是否執行或忽略本身的本體內容。

Tag OtherwiseTag.java

```java
package cc.openhome.tag;

import javax.servlet.jsp.JspException;
import javax.servlet.jsp.tagext.JspTag;
import javax.servlet.jsp.tagext.TagSupport;
```

```
public class OtherwiseTag extends TagSupport {
    @Override
    public int doStartTag() throws JspException {
        JspTag parent = getParent();
        if (!(parent instanceof ChooseTag)) {
            throw new JspException("必須置於 choose 標籤中");
        }

        ChooseTag choose = (ChooseTag) parent;
        if (choose.isMatched()) {
            return SKIP_BODY;
        }

        return EVAL_BODY_INCLUDE;
    }
}
```

OtherwiseTag 的 doStartTag() 與 WhenTag 類似，然而不用檢查 test 屬性。記得在 TLD 檔案加入標籤定義：

Tag f.tld

```
<?xml version="1.0" encoding="UTF-8"?>
<taglib
    xsi:schemaLocation="
        http://java.sun.com/xml/ns/javaee
        http://java.sun.com/xml/ns/javaee/web-jsptaglibrary_2_1.xsd"
    xmlns="http://java.sun.com/xml/ns/javaee"
    xmlns:xsi="http://www.w3.org/2001/XMLSchema-instance"
    version="2.1">
    <tlib-version>1.0</tlib-version>
    <short-name>f</short-name>
    <uri>https://openhome.cc/jstl/fake</uri>
    // 略...
    <tag>
        <name>choose</name>
        <tag-class>cc.openhome.tag.ChooseTag</tag-class>
        <body-content>JSP</body-content>
    </tag>
    <tag>
        <name>when</name>
        <tag-class>cc.openhome.tag.WhenTag</tag-class>
        <body-content>JSP</body-content>
        <attribute>
            <name>test</name>
            <required>true</required>
            <rtexprvalue>true</rtexprvalue>
            <type>boolean</type>
        </attribute>
    </tag>
```

```
        </tag>
        <tag>
            <name>otherwise</name>
            <tag-class>cc.openhome.tag.OtherwiseTag</tag-class>
            <body-content>JSP</body-content>
        </tag>
    </taglib>
```

同樣地，可以使用 8.2.4 的 JSP 網頁來測試這邊自訂的`<f:choose>`、`<f:when>`與`<f:otherwise>`標籤。

8.4 綜合練習／微網誌

若你願意，8.3 的成果，可以用來替換綜合練習中 JSP 裏的 JSTL。這一章的綜合練習，任務是將 UserService 重構，將存取的相關邏輯從 UserService 中分離，下一章改用 JDBC 存取資料庫時，才便於修改。

8.4.1 重構／使用 DAO

觀察目前微網誌應用程式的 UserService 類別，它有哪些職責呢？檢查使用者是否存在、產生鹽值、計算密碼雜湊、驗證使用者登入、排序訊息等，以及大量的檔案存取邏輯，而方才提及的各種職責，混雜在檔案存取邏輯中，難以看出程式碼各自的意圖。

未來可能還會在 UserService 加入更多職責，令程式碼更為混亂，例如下一章會談到 JDBC 存取資料庫，若不先整頓 UserService，屆時要將檔案存取邏輯改為 JDBC 存取資料庫的邏輯，就會是件麻煩的任務。

大量的檔案存取邏輯，應該將之分離，由專門物件負責，然而，不是單純地分離職責就可以了，由於後續可能會改用其他存取方案，為了減少到時對 UserService 的影響，應該有個方式，可以隔離存取邏輯變化時的影響。

可以使用介面定義出存取時的協定，UserService 依賴在協定而不是實作，藉此隔離變化。

UserService 有一部分是處理使用者的註冊，因此定義 AccountDAO 的職責：

gossip AccountDAO.java

```java
package cc.openhome.model;

import java.util.Optional;

public interface AccountDAO {
    void createAccount(Account acct);
    Optional<Account> accountBy(String name);
}
```

AccountDAO 有兩個職責，根據指定的 Account 實例建立使用者帳戶，以及根據名稱看看是否可取得 Account 實例，由於可能找不到指定的使用者名稱，傳回值可以使用 Optional<Account>，至於 Account 的定義如下：

gossip Account.java

```java
package cc.openhome.model;

public class Account {
    private String name;
    private String email;
    private String encrypt;  // 密碼雜湊後的結果
    private String salt;     // 鹽值

    public Account(String name, String email, String encrypt, String salt) {
        this.name = name;
        this.email = email;
        this.encrypt = encrypt;
        this.salt = salt;
    }

    public String getName() {
        return name;
    }

    public String getEmail() {
        return email;
    }

    public String getEncrypt() {
        return encrypt;
    }

    public String getSalt() {
        return salt;
    }
}
```

訊息的新增、刪除與查找，是定義在 MessageDAO：

gossip MessageDAO.java

```java
package cc.openhome.model;

import java.util.List;

public interface MessageDAO {
    List<Message> messagesBy(String username);
    void createMessage(Message message);
    void deleteMessageBy(String username, String millis);
}
```

有了 AccountDAO 與 MessageDAO，就可以基於它們的職責來重構 UserService，首先將相關的檔案存取邏輯，各自重構至 AccountDAPFileImpl 與 MessageDAOFileImpl，由於 UserService 中混雜了存取邏輯與服務邏輯，抽取職責會稍微困難一些，**重點在於，DAO 實現物件中單純實現存取邏輯，不是存取邏輯的部分一律剔除。**

由於重構之後，AccountDAOFileImpl 與 MessageDAOFileImpl 的程式碼，大都是在 UserService 看過的存取邏輯，基於篇幅限制，這邊就不列出了，請直接看書附範例檔案，現在重點可以放在 UserService 基於 AccountDAO 與 MessageDAO 重構後的樣貌：

gossip UserService.java

```java
package cc.openhome.model;

import java.time.Instant;
import java.util.Comparator;
import java.util.List;
import java.util.Optional;
import java.util.concurrent.ThreadLocalRandom;

public class UserService {
    private final AccountDAO acctDAO;           ┐←─❶ 依賴在 DAO
    private final MessageDAO messageDAO;        ┘

    public UserService(AccountDAO acctDAO, MessageDAO messageDAO) {
        this.acctDAO = acctDAO;
                                        ❷ 注入 DAO
        this.messageDAO = messageDAO;
    }

    public void tryCreateUser(String email,
                    String username, String password)   {
```

```java
        if(accountDAO.accountBy(username).isEmpty()) {    ◀────❸ 檢查使用者是否存在
            createUser(username, email, password);
        }
    }

    private void createUser(String username, String email, String password) {
                                                          ❹ 產生鹽值與密碼雜湊

        var salt = ThreadLocalRandom.current().nextInt();
        var encrypt = String.valueOf(salt + password.hashCode());
        acctDAO.createAccount(
            new Account(username, email, encrypt, String.valueOf(salt)));
    }

    public boolean login(String username, String password) {
        var optionalAcct = acctDAO.accountBy(username);
        return optionalAcct.isPresent() &&
                isCorrectPassword(password, optionalAcct.get());
    }

    private boolean isCorrectPassword(String password, Account acct) {
        var encrypt = Integer.parseInt(acct.getEncrypt());
        var salt = Integer.parseInt(acct.getSalt());        ❺名稱、密碼比對
        return password.hashCode() + salt == encrypt;
    }



    public List<Message> messages(String username) {            ❻訊息排序
        var messages = messageDAO.messagesBy(username);
        messages.sort(Comparator.comparing(Message::getMillis).reversed());
        return messages;
    }

    public void addMessage(String username, String blabla) {
        messageDAO.createMessage(
                new Message(
                        username, Instant.now().toEpochMilli(), blabla));
    }

    public void deleteMessage(String username, String millis) {
        messageDAO.deleteMessageBy(username, millis);
    }
}
```

現在的 UserService 依賴在 AccountDAO 與 MessageDAO❶，至於 AccountDAO 與 MessageDAO 實例，是透過建構式注入❷，現在可以清楚地看到 UserService 中檢查使用者是否存在（使用了 Optional 於 Java SE 11 新增的 isEmpty()）❸、產生鹽

值與密碼雜湊❹、名稱密碼比對❺、訊息排序❻等職責了，至於存取相關邏輯，各自委託給 AccountDAO 與 MessageDAO 處理。

由於 UserService 的建構方式有了變動，而且必須建立 AccountDAO 與 MessageDAO 實例注入 UserService，GossipInitializer 要做出對應的修改：

gossip GossipInitializer.java

```java
package cc.openhome.web;

...略

@WebListener
public class GossipInitializer implements ServletContextListener {
    public void contextInitialized(ServletContextEvent sce) {
        var context = sce.getServletContext();
        var USERS = sce.getServletContext().getInitParameter("USERS");
        var acctDAO = new AccountDAOFileImpl(USERS);
        var messageDAO = new MessageDAOFileImpl(USERS);
        context.setAttribute("userService",
                        new UserService(acctDAO, messageDAO));
    }
}
```

8.4.2　加強 UserService、User 與 user.jsp

目前的 UserService 可以取得使用者的訊息，不過，若是輸入了不存在的使用者會引發錯誤，因為 User 中沒有檢查使用者是否存在，就直接進行訊息查找，為了避免發生錯誤，可以在 UserService 建立新方法：

gossip UserService.java

```java
package cc.openhome.model;

...略

public class UserService {
    ...略

    public boolean exist(String username) {
        return acctDAO.accountBy(username).isPresent();
    }
}
```

exist()方法用來確認使用者是否存在，現在可以修改 User 的流程，只在使用者存在時提取訊息，而在使用者不存在時，提供一個空的 List：

```
gossip User.java
```

```java
package cc.openhome.controller;

...略

public class User extends HttpServlet {
    ...略
    protected void doGet(
                HttpServletRequest request, HttpServletResponse response)
                        throws ServletException, IOException {
        var username = getUsername(request);

        var userExisted = userService.exist(username) ;
        var messages = userExisted ?
                            userService.messages(username) :
                            Collections.emptyList();

        request.setAttribute("userExisted", userExisted);
        request.setAttribute("messages", messages);
        request.setAttribute("username", username);

        request.getRequestDispatcher(USER_PATH)
                .forward(request, response);
    }
    ...略
}
```

接下來修改 user.jsp，處理使用者不存在的狀況：

```
gossip user.jsp
```

```jsp
<%@taglib prefix="c" uri="http://java.sun.com/jsp/jstl/core"%>
<!DOCTYPE html>
<html>
...略

<body>
    <div class='leftPanel'>
        <img src='../images/caterpillar.jpg' alt='Gossip 微網誌' />
    </div>

    <c:choose>
        <c:when test="${!requestScope.userExisted}">
            <p>${requestScope.username} 不存在</p>
        </c:when>
        <c:when test="${empty requestScope.messages}">
```

```
            <p>${requestScope.username} 尚未發表訊息</p>
        </c:when>
        <c:otherwise>
            ${requestScope.username} 的微網誌
            <table border='0' cellpadding='2' cellspacing='2'>
            <thead>
            <tr><th><hr></th></tr>
            </thead>
            <tbody>

            <c:forEach var="message" items="${requestScope.messages}">
                <tr>
                <td style='vertical-align: top;'>${message.username}<br>
                    ${message.blabla}<br> ${message.localDateTime}
                        <hr>
                </td>
                </tr>
            </c:forEach>

            </tbody>
            </table>
        </c:otherwise>
    </c:choose>


</body>
</html>
```

當指定的使用者不存在時，會顯示底下的畫面：

圖 8.7 使用者不存在時的頁面顯示

8.5　重點複習

Tag File 是為了不會 Java 的網頁設計人員而存在，它是一個副檔名為 .tag 的檔案，放在 WEB-INF/tags 底下。Tag File 中可使用 tag 指示元素，它就像是 JSP 的 page 指示元素，用來告知容器如何轉譯 Tag File。在需要 Tag File 的 JSP

頁面中，要使用 taglib 指示元素的 prefix 定義前置名稱，以及使用 tagdir 屬性定義 Tag File 的位置。Tag File 會被容器轉譯，實際上是轉譯為 javax.servlet.jsp.tagext.SimpleTagSupport 的子類別。

可以繼承 javax.servlet.jsp.tagext.SimpleTagSupport 來實作 Simple Tag 標籤處理器（Tag Handler），並重新定義 doTag() 方法來進行標籤處理。為了讓 Web 容器了解 Simple Tag 標籤與標籤處理器之間的關係，要定義一個標籤程式庫描述檔（Tag Library Descriptor），也就是一個副檔名為*.tld 的檔案。其中<uri>設定是在 JSP 中與 taglib 指示元素的 uri 屬性對應用的。每個<tag>標籤中使用<name>定義了自訂標籤的名稱，使用<tag-class>定義標籤處理器類別，而<body-content>設定為 scriptless，表示標籤本體中不允許使用 Scriptlet 等元素。

要定義 Tag 標籤處理器，可以透過繼承 javax.servlet.jsp.tagext.TagSupport 來實作。Tag 介面繼承自 JspTag 介面，定義了基本的 Tag 行為。單是使用 Tag 介面的話，無法重複執行本體內容，這是用子介面 IterationTag 介面的 doAfterBody() 定義。TagSupport 類別實作了 IteratorTag 介面，對介面上所有方法作了基本實作，只需要在繼承 TagSupport 之後，針對必要的方法重新定義即可。

📖✏ 課後練習

實作題

1. 請使用 Simple Tag 開發自訂標籤，可以如下使用：

```
<g:eachImage var="image" dir="/avatars">
    <img src="${image}"/><br>
</g:eachImage>
```

可以指定某個目錄，這個自訂標籤會取得該目錄下所有圖片的路徑，並設定給 var 指定的變數名稱，之後在標籤本體中可以使用該名稱（像上面使用 ${image} 搭配<img>標籤將圖片顯示在瀏覽器上）。

2. 請使用 Tag 開發自訂標籤，模擬 JSTL 的<c:set>與<c:remove>標籤功能，其中<c:set>的模擬至少具備 var、value 與 scope 屬性，<c:remove>的模擬至少具備 var、scope 屬性。

整合資料庫

學習目標

- 了解 JDBC 架構
- 使用基本的 JDBC
- 透過 JNDI 取得 `DataSource`
- 在 Web 應用程式整合資料庫

9.1　JDBC 入門

JDBC 是用於執行 SQL 的解決方案，開發人員使用 JDBC 標準介面，資料庫廠商對介面進行實作，開發人員無需接觸底層資料庫驅動程式的差異性。

在這個章節中，會說明一些 JDBC 基本 API 的使用與觀念，以便對 Java 存取資料庫有所認識，並了解如何在 Servlet/JSP 整合 JDBC。

9.1.1　簡介 JDBC

在正式介紹 JDBC 前，先來認識應用程式如何與資料庫進行溝通。不少資料庫是個獨立運行的伺服器程式，應用程式利用網路通訊協定與資料庫伺服器溝通，以進行資料的增刪查找。

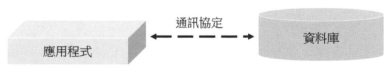

圖 9.1　應用程式與資料庫利用通訊協定溝通

應用程式會利用程式庫與資料庫進行通訊協定，以簡化與資料庫溝通時的程式撰寫：

圖 9.2 應用程式呼叫程式庫以簡化程式撰寫

問題的重點在於，應用程式如何呼叫程式庫？不同資料庫通常有不同的通訊協定，連線不同資料庫的程式庫，在 API 上也會不同，如果應用程式直接使用這些程式庫。例如：

```
XySqlConnection conn = new XySqlConnection("localhost", "root", "1234");
conn.selectDB("gossip");
XySqlQuery query = conn.query("SELECT * FROM T_USER");
```

假設這段程式碼中的 API，是某 Xy 資料庫廠商程式庫提供，應用程式要連線資料庫時，直接呼叫了這些 API，若哪天應用程式打算改用 Ab 廠商資料庫及其提供的連線 API，就得修改相關的程式碼。

另一個考量是，若 Xy 資料庫廠商的程式庫，底層實際使用了與作業系統相依的功能，在打算換作業系統前，就還得考量一下，是否有該平台的資料庫連線程式庫。

更換資料庫的需求並不是沒有，應用程式跨平台也是常見的需求，JDBC 就是用來解決這些問題。JDBC 全名 **Java DataBase Connectivity**，是 Java 連線資料庫的標準規範，它定義一組標準類別與介面，應用程式需要連線資料庫時呼叫這組標準 API，資料庫廠商會實作標準 API 中的介面，實作品常稱為 JDBC **驅動程式（Driver）**：

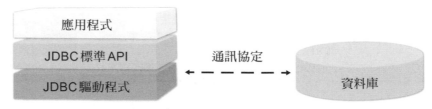

圖 9.3 應用程式呼叫 JDBC 標準 API

　　JDBC 標準主要分為兩個部分：JDBC 應用程式開發者介面（Application Developer Interface）以及 JDBC 驅動程式開發者介面（Driver Developer Interface）。如果應用程式需要連線資料庫，就是呼叫 JDBC 應用程式開發者介面，相關 API 主要是座落於 `java.sql` 與 `javax.sql` 兩個套件中，也是本章節要介紹的內容，JDBC 驅動程式開發者介面是資料庫廠商要實作驅動程式時的規範，一般開發者並不用瞭解，本章不予說明。

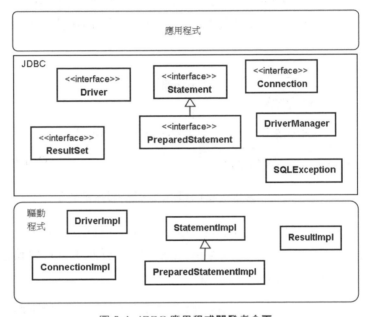

圖 9.4 JDBC 應用程式開發者介面

　　舉個例子來說，應用程式會使用 JDBC 連線資料庫：

```
Connection conn = DriverManager.getConnection(…);
Statement st = conn.createStatement();
ResultSet rs = st.executeQuery("SELECT * FROM T_USER");
```

　　其中粗體字的部分是標準類別(像是 `DriverManager`)與介面(像是 `Connection`、`Statement`、`ResultSet`)等標準 API，要連線資料庫，需要在類別路徑（Classpath）設定 JDBC 驅動程式，具體來說就是在類別路徑中設定 JAR 檔案，若是 MySQL 提供的驅動程式，此時應用程式、JDBC 與資料庫的關係如下：

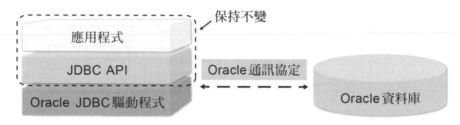

圖 9.5 應用程式、JDBC 與資料庫的關係

若將來要換為 Oracle 資料庫,理想狀況下只要置換 Oracle 驅動程式,具體來說,就是在類別路徑改設為 Oracle 驅動程式的 JAR 檔案,然而應用程式本身不用修改:

圖 9.6 置換驅動程式不用修改應用程式

如果應用程式操作資料庫時,透過 JDBC 提供的介面來設計程式,理想上在更換資料庫時,應用程式無需修改,只需要更換資料庫驅動程式實作,就可對另一資料庫進行操作。

JDBC 的目的,是希望 Java 程式設計人員在撰寫資料庫操作程式時,有個標準介面,無需依賴於特定的資料庫 API,希望達到「寫一個 Java 程式,操作所有的資料庫」。

> **提示 ⋙** 實際上若使用了資料庫或驅動程式特定的功能,在轉移資料庫時仍得修改程式。例如使用了特定於某資料庫的 SQL 語法、資料型態或內建函式呼叫等。

廠商在實作 JDBC 驅動程式時，依方式可將驅動程式分作四種類型：

- Type 1：JDBC-ODBC Bridge Driver

  ODBC（Open DataBase Connectivity）是由 Microsoft 主導的資料庫連接標準，（基本上 JDBC 是參考 ODBC 制訂出來），ODBC 在 Microsoft 的系統上也最為成熟，例如 Microsoft Access 資料庫存取就是使用 ODBC。

  Type 1 驅動程式會將 JDBC 的呼叫，轉換為對 ODBC 驅動程式的呼叫，由 ODBC 驅動程式來操作資料庫。

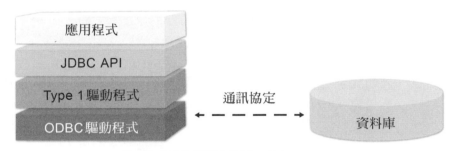

圖 9.7 JDBC-ODBC Bridge Driver

由於利用現成的 ODBC 架構，只需要將 JDBC 呼叫轉換為 ODBC 呼叫，要實作這種驅動程式非常簡單，不過由於 JDBC 與 ODBC 並非一對一的對應，部分呼叫無法直接轉換，有些功能是受限的，而轉換呼叫的結果，存取速度也會受限，ODBC 本身需在平台上先設定，ODBC 驅動程式本身也有跨平台的限制。

- Type 2：Native API Dirver

  這個類型的驅動程式會以原生（Native）方式，呼叫資料庫提供的原生程式庫（通常由 C/C++ 實作），JDBC 的方法呼叫都會轉換為原生程式庫中的相關 API 呼叫。由於使用了原生程式庫，驅動程式本身與平台相依，沒有達到 JDBC 驅動程式的目標之一：跨平台。不過由於是直接呼叫資料庫原生 API，因此在速度上，有機會成為四種類型中最快的驅動程式。

圖 9.8 Native API Driver

速度的優勢是在於獲得資料庫回應資料後，建構相關 JDBC API 實作物件之時，然而驅動程式本身無法跨平台，使用前必須先在各平台安裝設定驅動程式（像是安裝資料庫專屬的原生程式庫）。

- Type 3：JDBC-Net Driver

  這類型的 JDBC 驅動程式，會將 JDBC 的方法呼叫，轉換為特定的網路協定（Protocol）呼叫，目的是與遠端與資料庫特定的中介伺服器或元件進行協定操作，而中介伺服器或元件再與資料庫進行操作。

圖 9.9 JDBC-Net Driver

由於實際與中介伺服器或元件進行溝通時，是利用網路協定的方式，客戶端這邊安裝的驅動程式，可以使用純綷的 Java 技術來實現（基本上就是將 JDBC 呼叫對應至網路協定），因此這類型的驅動程式可以跨平台。

使用這類型驅動程式的彈性高，例如可以設計一個中介元件，JDBC 驅動程式與中介元件間的協定是固定的，如果需要更換資料庫系統，只需要更換中介元件，但客戶端不受影響，驅動程式也無需更換，但由於經由中介伺服器轉換，速度較慢，獲得架構上的彈性，是使用這類型驅動程式的目的。

- Type 4：Native Protocol Driver

這類型的驅動程式實作會將 JDBC 的呼叫，轉換為與資料庫特定的網路協定，以與資料庫進行溝通操作。

圖 9.10　JDBC-Net Driver

由於這類型驅動程式主要的作用，是將 JDBC 的呼叫轉換為特定的網路協定，驅動程式可以使用純綷 Java 技術實現，可以跨平台，在效能上也能有不錯的表現。

　　許多資料庫都是採伺服器獨立運行的方式，然而，有時因為裝置本身資源限制，或者是為了測試時的方便性，應用程式會搭配執行於記憶體的資料庫，或者是資料庫本身只是個檔案，應用程式直接讀寫該檔案，進行資料的增刪查找，像是 HSQLDB（Hyper SQL Database）就提供有 Memory-Only 與 In-Process 模式，而 Android 支援的 SQLite 是採直接讀寫檔案的方式，這類資料庫的好處是無需安裝、設定或啟動，也可以透過 JDBC 來進行資料庫操作。

　　為了將重點放在 JDBC，免去設定資料庫時不必要的麻煩，在接下來的內容中，將使用 H2 資料庫系統進行操作，這是純 Java 實現的資料庫，提供了伺服器、嵌入式或 InMemory 等模式，這類資料庫的好處是安裝、設定或啟動簡單。

　　可以在 H2 官方網站[1]下載 All Platforms 的版本，這會是個 zip 檔案，將其中的 h2 資料夾解壓縮至 C:\workspace，在文字模式中進入 h2 的 bin 資料夾，執行 h2 指令，就可以啟動 H2 Console：

---

[1]　H2 Database Engine：www.h2database.com/html/main.html

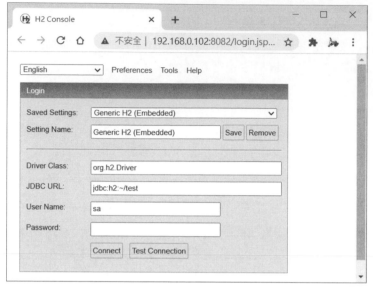

圖 9.11　H2 Console

　　H2 Console 是用來管理 H2 資料庫的簡單介面，在操作之前，請先建立資料庫，在桌面右下角的 H2 圖示 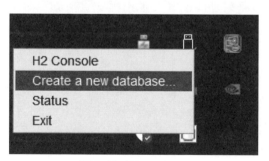 按右鍵，執行「Create a new databbase...」：

圖 9.12　H2 Console

　　接著如下建立資料庫，「Username:」與「Password:」可以自行設定，這會是登入資料庫時使用，本書範例會分別使用「caterpillar」與「12345678」：

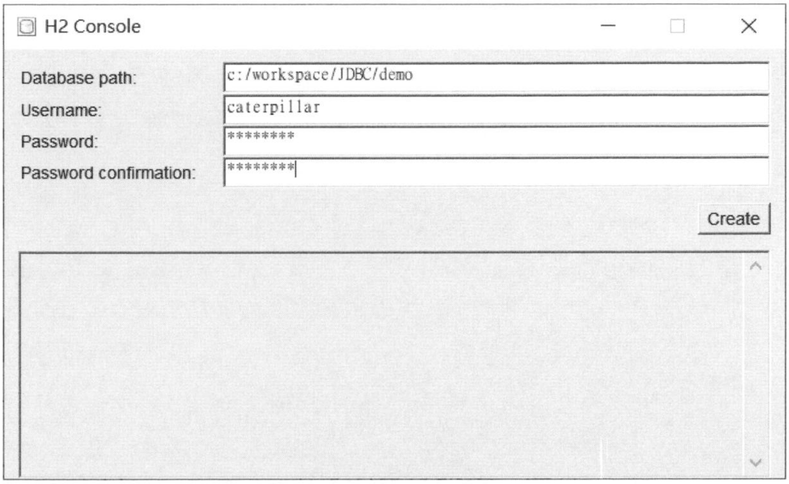

圖 9.13 建立資料庫

按下「Create」後會建立 c:\workspace\JDBC\demo.mv.db，這是資料庫儲存時使用的檔案；接著回到 H2 Console 網頁，左上角可選擇中文介面，轉為中文介面後，在「儲存的設定值：」選擇「Generic H2 (Server)」，如下設置相關資料：

圖 9.14 連接資料庫

「JDBC URL:」表示使用 c:\workspace\JDBC\demo.mv.db 檔案,「使用者名稱:」與「密碼:」要根據圖 9.13 的設定,接著按下「連接」,就可以進入 H2 控制台,在其中進行 SQL 指令的執行與結果檢視等:

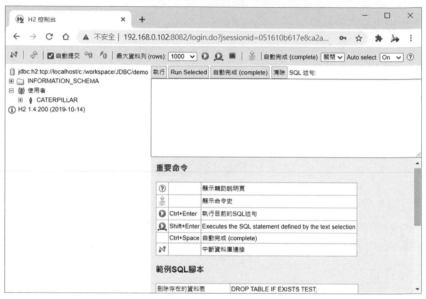

圖 9.15 右方欄位可執行 SQL 語句

提示 》》 資料庫系統的使用與操作是個很大的主題,本書中並不針對這方面詳加探討,請尋找相關的資料庫系統相關文件或書籍自行學習,如果對 H2 的使用有興趣,可以參考 H2 官方教學[2]。

9.1.2 連接資料庫

為了連接資料庫系統,必須要有廠商實作的 JDBC 驅動程式,可以將驅動程式 JAR 檔案,放在 Web 應用程式的/WEB-INF/lib 資料夾中。基本資料庫操作相關的 JDBC 介面或類別是位於 java.sql 套件。要取得資料庫連線,必須有幾個動作:

---

[2] H2 官方教學:www.h2database.com/html/tutorial.html

- 註冊 Driver 實作物件

- 取得 Connection 實作物件

- 關閉 Connectiion 實作物件

▶ 註冊 Driver 實作物件

實作 Driver 介面的物件是 JDBC 進行資料庫存取的起點，以 H2 實作的驅動程式為例，org.h2.Driver 類別實作了 **java.sql.Driver** 介面，管理 Driver 實作物件的類別是 **java.sql.DriverManager**，基本上，必須呼叫其靜態方法 registerDriver() 進行註冊：

```
DriverManager.registerDriver(new org.h2.Driver());
```

不過實際上很少自行撰寫程式碼進行這個動作，只要想辦法載入 Driver 介面的實作類別.class 檔案，就會完成註冊。例如，可以透過 java.lang.Class 類別的 forName()，動態載入驅動程式類別：

```
try {
    Class.forName("org.h2.Driver");
}
catch(ClassNotFoundException e) {
    throw new RuntimeException("找不到指定的類別");
}
```

如果查看 H2 的 Driver 類別實作原始碼：

```
package org.h2;
...略
public class Driver implements java.sql.Driver, JdbcDriverBackwardsCompat {
    private static final Driver INSTANCE = new Driver();
    ...略

    static {
        load();
    }

    public static synchronized Driver load() {
        try {
            if (!registered) {
                registered = true;
                DriverManager.registerDriver(INSTANCE);
            }
        } catch (SQLException e) {
            DbException.traceThrowable(e);
```

```
        }
        return INSTANCE;
    }
}
```

可以發現，在 static 區塊中進行了註冊 Driver 實例的動作（呼叫 static 的 load()方法），而 static 區塊會在載入.class 檔時執行。使用 JDBC 時，要求載入.class 檔案的方式有四種：

1. 使用 Class.forName()

2. 自行建立 Driver 介面實作類別的實例

3. 啟動 JVM 時指定 jdbc.drivers 屬性

4. 設定 JAR 中 /services/java.sql.Driver 檔案

第一種方式方才已經說明。第二種方式就是直接撰寫程式碼：

```
java.sql.Driver driver = new org.h2.Driver();
```

由於要建立物件，基本上就要載入.class 檔案，自然也就會執行類別的靜態區塊，完成驅動程式註冊。第三種方式的話，就是執行 java 指令時如下：

```
> java -Djdbc.drivers=org.h2.Driver;ooo.XXXDriver YourProgram
```

應用程式可能同時連線多個廠商的資料庫，DriverManager 也可以註冊多個驅動程式實例，以上方式如果需要指定多個驅動程式類別時，就是用分號區隔。第四種方式是 Java SE 6 以後 JDBC 4.0 特性，只要在驅動程式實作的 JAR 檔案 /services 資料夾中，放置一個 java.sql.Driver 檔案，當中撰寫 Driver 介面的實作類別名稱全名，DriverManager 會自動讀取這個檔案，找到指定類別進行註冊，就現今而言，絕大多數的 JDBC 驅動程式 JAR 都有實現。

不過在 Web 容器中，不能依賴這個功能[3]，必須明確註冊驅動程式，建議可以透過 ServletContextLister 來實現。例如透過 java.lang.Class 類別的 forName()：

JDBC JDBCH2Driver.java

```
package cc.openhome;

import javax.servlet.ServletContextEvent;
import javax.servlet.ServletContextListener;
```

---

[3] DriverManager, the service provider mechanism and memory leaks：bit.ly/3qNn8lF

```
import javax.servlet.annotation.WebListener;

@WebListener
public class JDBCH2Driver implements ServletContextListener {
    public void contextInitialized(ServletContextEvent sce)  {
        try {
            Class.forName("org.h2.Driver");
        } catch (ClassNotFoundException ex) {
            throw new RuntimeException(ex);
        }
    }
}
```

▶ 取得 Connection 實作物件

　　Connection 介面的實作物件，是資料庫連線代表物件，要取得 Connection 實作物件，可以透過 DriverManager 的 **getConnection()**：

```
Connection conn = DriverManager.getConnection(jdbcUri, username, password);
```

　　除了基本的使用者名稱、密碼之外，還必須提供 JDBC URI，其定義了連接資料庫時的協定、子協定、資料來源職別：

協定:子協定:資料來源識別

　　實際上除了「協定」在 JDBC URI 中總是 jdbc 開始之外，JDBC URI 格式各家資料庫都不相同，必須查詢資料庫產品使用手冊。

　　如果要直接透過 DriverManager 的 getConnection() 連接資料庫，一個比較完整的程式碼片段如下：

```
Connection conn = null;
SQLException ex = null;
try {
    String uri =  "jdbc:h2:tcp://localhost/c:/workspace/JDBC/demo";
    String user = "caterpillar";
    String password = "12345678";
    conn = DriverManager.getConnection(uri, user, password);
    ....
}
catch(SQLException e) {
    ex = e;
}
finally {
    if(conn != null) {
        try {
            conn.close();
        }
```

```
        catch(SQLException e) {
            if(ex == null) {
                ex = e;
            }
        }
    }
    if(ex != null) {
        throw new RuntimeException(ex);
    }
}
```

SQLException 是處理 JDBC 時常遇到的例外物件，為資料庫操作過程發生錯誤時的代表物件。SQLException 是受檢例外（Checked Exception），必須使用 try...catch 明確處理，在例外發生時嘗試關閉相關資源。

▶ 關閉 Connection 實作物件

取得 Connection 物件之後，可以使用 **isClosed()** 方法，測試與資料庫的連接是否關閉，在操作完資料庫後，若確定不再需要連接，必須使用 close() 關閉與資料庫的連接，以釋放相關資源，像是連線物件等。

除了像前一個範例程式碼片段，自行撰寫 try...catch...finally 嘗試關閉 Connection 之外，從 JDK7 以後，JDBC 的 Connection、Statement、ResultSet 等介面，都是 java.lang.AutoCloseable 子介面，可以使用嘗試自動關閉資源語來簡化程式撰寫。例如前一個程式片段，可以簡化如下：

```
String jdbcUri = "jdbc:h2:tcp://localhost/c:/workspace/JDBC/demo";
String user = "caterpillar";
String password = "12345678";
try(Connection conn = DriverManager.getConnection(jdbcUri, user, password)) {
    ....
}
catch(SQLException e) {
    throw new RuntimeException(e);
}
```

以上是撰寫程式上的一些簡介，在底層部分，DriverManager 會逐一嘗試 Driver 實例連線，連線成功就傳回 Connection 物件，若全部 Driver 都試過了也無法取得連線，嘗試過程中有記錄的例外就丟出，沒有的話，也是丟出例外告知沒有適合的驅動程式。

以下撰寫簡單的 JavaBean，測試可否連線資料庫並取得 Connection 實例：

JDBC DbBean.java

```java
package cc.openhome;

import java.sql.*;
import java.io.*;

public class DbBean implements Serializable {
    private String jdbcUri;
    private String username;
    private String password;

    public boolean isConnectedOK() {
        try(Connection conn = DriverManager.getConnection(
                jdbcUri, username, password)) {
            return !conn.isClosed();
        } catch (SQLException e) {
            throw new RuntimeException(e);
        }
    }

    public void setPassword(String password) {
        this.password = password;
    }

    public void setJdbcUri(String jdbcUri) {
        this.jdbcUri = jdbcUri;
    }

    public void setUsername(String username) {
        this.username = username;
    }
}
```

取得 Connection 物件

可以透過呼叫 isConnectedOK() 方法，看看是否可以連線成功。例如，寫個簡單的 JSP 網頁如下：

JDBC conn.jsp

```jsp
<%@page contentType="text/html" pageEncoding="UTF-8"%>
<%@taglib prefix="c" uri="http://java.sun.com/jsp/jstl/core"%>
<jsp:useBean id="db" class="cc.openhome.DbBean"/>
<c:set target="${db}" property="jdbcUri"
        value="jdbc:h2:tcp://localhost/c:/workspace/JDBC/demo"/>
<c:set target="${db}" property="username" value="caterpillar"/>
<c:set target="${db}" property="password" value="12345678"/>
<!DOCTYPE html>
<html>
    <head>
        <meta charset="UTF-8">
```

```
        <title>測試資料庫連線</title>
    </head>
    <body>
        <c:choose>
            <c:when test="${db.connectedOK}">連線成功！</c:when>
            <c:otherwise>連線失敗！</c:otherwise>
        </c:choose>
    </body>
</html>
```

這個 JSP 頁面透過<jsp:useBean>建立 JavaBean 實例，並透過 JSTL 的<c:set>標籤設定 JavaBean 的屬性，而後透過<c:when>與 EL 測試 isConnectedOK()的傳回值，若為 true 顯示「連線成功！」，否則顯示「連線失敗！」。

執行範例之前，別忘了將 H2 的 JDBC 驅動程式 JAR 檔案，放到/WEB-INF/lib之中，可以在 h2 資料夾的 bin 資料夾找到 JAR 檔案。

提示 >>> 實際上 Web 應用程式很少直接從 DriverManager 中取得 Connection，而是會透過 JNDI，從伺服器上取得設定好的 DataSource，再從 DataSource 取得 Connection，這稍後就會介紹。

9.1.3 使用 Statement、ResultSet

Connection 是資料庫連接的代表物件，接下來要執行 SQL 的話，必須取得 **java.sql.Statement** 物件，它是 SQL 陳述的代表物件，可以使用 Connection 的 **createStatement()**來建立 Statement 物件：

```
Statement stmt = conn.createStatement();
```

取得 Statement 物件之後，可以使用 **executeUpdate()**、**executeQuery()**等方法執行 SQL。executeUpdate()主要用來執行 CREATE TABLE、INSERT、DROP TABLE、ALTER TABLE 等會改變資料庫內容的 SQL。例如可以在 H2 主控台連線 demo 資料庫建立一個 t_message 表格：

```
CREATE TABLE t_message (
    id INT NOT NULL AUTO_INCREMENT PRIMARY KEY,
    name CHAR(20) NOT NULL,
    email CHAR(40),
    msg VARCHAR(256) NOT NULL
);
```

　　如果要在這個表格插入一筆資料，可以如下使用 Statement 的 executeUpdate() 方法：

```
stmt.executeUpdate("INSERT INTO t_message VALUES(1, 'justin', " +
        "'caterpillar@openhome.cc', 'mesage...')");
```

　　Statement 的 executeQuery() 方法用於執行 SELECT 等查詢 SQL，executeUpdate() 會傳回 int 結果，表示資料變動的筆數，executeQuery() 會傳回 java.sql.ResultSet 物件，代表查詢的結果，查詢的結果會是一筆一筆的資料。可以使用 ResultSet 的 next() 移動至下一筆資料，它會傳回 true 或 false 表示是否有下一筆資料，接著可以使用 getXXX() 取得資料，例如 getString()、getInt()、getFloat()、getDouble() 等方法，分別取得相對應的欄位型態資料，getXXX() 方法都提供有依欄位名稱取得資料，或是依欄位順序取得資料的方法。一個例子如下，指定欄位名稱來取得資料：

```
ResultSet result = stmt.executeQuery("SELECT * FROM t_message");
while(result.next()) {
    int id = result.getInt("id");
    String name = result.getString("name");
    String email = result.getString("email");
    String msg = result.getString("msg");
    // ...
}
```

　　使用查詢結果的欄位順序來顯示結果的方式如下（注意索引是從 1 開始）：

```
ResultSet result = stmt.executeQuery("SELECT * FROM t_message");
while(result.next()) {
    int id = result.getInt(1);
    String name = result.getString(2);
    String email = result.getString(3);
    String msg = result.getString(4);
    // ...
}
```

　　Statement 的 **execute()** 可以用來執行 SQL，並可以測試 SQL 是執行查詢或是更新，傳回 true 表示 SQL 執行將傳回 ResultSet 表示查詢結果，此時可以使用 **getResultSet()** 取得 ResultSet 物件。如果 execute() 傳回 false，表示 SQL 執行會傳回更新筆數或沒有結果，此時可以使用 **getUpdateCount()** 取得更新筆數。如果事先無法得知是進行查詢或是更新，就可以使用 execute()。例如：

```
if(stmt.execute(sql)) {
    ResultSet rs = stmt.getResultSet();  // 取得查詢結果 ResultSet
    ...
```

```
}
else { // 這是個更新操作
    int updated = stmt.getUpdateCount(); // 取得更新筆數
    ...
}
```

視需求而定，Statement 或 ResultSet 在不使用時，可以使用 close()關閉，以釋放相關資源，Statement 關閉時，關聯的 ResultSet 也會自動關閉。

接下來實作一個簡單的留言版，採用 Model 1 架構，使用 JSP 結合 JavaBean 來完成。首先是 JavaBean 的實作：

JDBC GuestBookBean.java

```java
package cc.openhome;

import java.sql.*;
import java.util.*;
import java.io.*;

public class GuestBookBean implements Serializable {
    private String jdbcUri = "jdbc:h2:tcp://localhost/c:/workspace/JDBC/demo";
    private String username = "caterpillar";
    private String password = "12345678";

    public void setMessage(Message message) {     ←──❶ 在資料庫新增留言
        try(Connection conn = DriverManager.getConnection(     ←──❷ 取得 Connection
                jdbcUri, username, password);
            Statement statement = conn.createStatement()) {     ←──❸ 建立 Statement

            statement.executeUpdate(     ←──❹ 執行 SQL 陳述句
                    "INSERT INTO t_message(name, email, msg) VALUES ('"
                    + message.getName() + "', '"
                    + message.getEmail() +"', '"
                    + message.getMsg() + "')");
        } catch (SQLException e) {
            throw new RuntimeException(e);
        }
    }

    public List<Message> getMessages() {     ←──❺ 這個方法會從資料庫中查詢所有留言
        try(Connection conn = DriverManager.getConnection(
                            jdbcUri, username, password);
            Statement statement = conn.createStatement()) {
            ResultSet result = statement.executeQuery(
                            "SELECT * FROM t_message");
            List<Message> messages = new ArrayList<>();
            while (result.next()) {
                Message message = new Message();
                message.setId(result.getLong(1));
```

```
                message.setName(result.getString(2));
                message.setEmail(result.getString(3));
                message.setMsg(result.getString(4));
                messages.add(message);
            }
            return messages;
        } catch (SQLException e) {
            throw new RuntimeException(e);
        }
    }
}
```

　　這個物件會從 `DriverManager` 取得 `Connection`❷物件。`setMessage()`會接受 `Message` 物件❶，在資料庫中利用 `Statement` 物件❸執行 SQL 陳述新增留言❹。`getMessages()`會取得全部留言，並放在 `List<Message>`物件中傳回❺。

提示 >>> JDBC 規範提到關閉 `Connection` 時，會關閉相關資源，但沒有明確說明是哪些相關資源，通常驅動程式實作時，會在關閉 `Connection` 時，一併關閉關聯的 `Statement`，但最好留意是否真的關閉了資源，自行關閉 `Statement` 是比較保險的做法。

　　你可以透過書附範例的 guestbook.html 來新增留言，可以撰寫簡單的 JSP 頁面來使用這個 JavaBean。例如：

JDBC guestbook.jsp

```
<%@page contentType="text/html" pageEncoding="UTF-8"%>
<%@taglib prefix="c" uri="http://java.sun.com/jsp/jstl/core"%>
<c:set target="${pageContext.request}"
        property="characterEncoding" value="UTF-8"/> ◀─── 設定請求編碼為 UTF-8
<jsp:useBean id="guestbook" ◀─── 使用 GuestBookBean
            class="cc.openhome.GuestBookBean" scope="application"/>
<c:if test="${param.msg != null}"> ◀─── 如果是要新增留言的話
    <jsp:useBean id="newMessage" class="cc.openhome.Message"/>
    <jsp:setProperty name="newMessage" property="*"/>
    <c:set target="${guestbook}" ◀─── 呼叫 setMessage()方法新增留言
            property="message" value="${newMessage}"/>
</c:if>
<!DOCTYPE html>
<html>
    <head>
        <meta charset="UTF-8">
        <title>訪客留言版</title>
    </head>
    <body>
        <table style="text-align: left; width: 100%;" border="0"
```

```
                    cellpadding="2" cellspacing="2">
             <tbody>
                <c:forEach var="message" items="${guestbook.messages}">
                   <tr>
                      <td>${message.name}</td>
                      <td>${message.email}</td>
                      <td>${message.msg}</td>
                   </tr>
                </c:forEach>
             </tbody>
          </table>
       </body>
    </html>
```

呼叫 getMessages()

這個 JSP 頁面基本上就是利用 GuestBookBean，新增留言或取得留言並顯示之。載入驅動程式的動作只需要一次，而且這個 JavaBean 沒有狀態，所以將 GuestBookBean 設定為 application 範圍，如此只有在第一次請求時會建立 GuestBookBean，之後 GuestBookBean 實例就存在應用程式範圍之中。下圖為執行時的一個參考畫面：

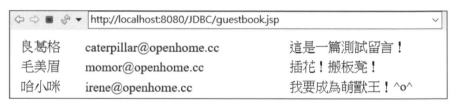

圖 9.16 結合資料庫存取的簡單留言版

提示 >>> 第 7 章已經介紹過 JSTL 了！之後的範例若需要使用到 JSP，都會充分利用 JSTL 來呈現頁面邏輯。如果有些 JSTL 不熟的話，記得回去複習一下第 7 章。

9.1.4　使用 **PreparedStatement**、**CallableStatement**

Statement 執行 executeQuery()、executeUpdate()等方法時，如果有些部分是動態的資料，使用+運算子串接字串以組成完整 SQL 語句，十分地不方便。例如先前範例新增留言時，必須如下串接 SQL 語句：

```
statement.executeUpdate(
    "INSERT INTO t_message(name, email, msg) VALUES ('"
    + message.getName() + "', '"
    + message.getEmail() +"', '"
    + message.getMsg() + "')");
```

如果只是 SQL 語句中某些參數不同，可以使用 `java.sql.PreparedStatement`。以 `Connection` 的 `preparedStatement()` 方法預先編譯（precompile）SQL 語句時，參數的部分，先指定'?'佔位字元。例如：

```
PreparedStatement stmt = conn.prepareStatement(
                    "INSERT INTO t_message VALUES(?, ?, ?, ?)");
```

真正指定參數時，可使用對應的 `setInt()`、`setString()` 等方法。例如：

```
stmt.setInt(1, 2);
stmt.setString(2, "momor");
stmt.setString(3, "momor@mail.com");
stmt.setString(4, "message2...");
stmt.executeUpdate();
stmt.clearParameters();
```

執行 `executeUpdate()` 或 `executeQuery()` 方法後，可以呼叫 `clearParameters()` 清除設置的參數，之後就可以重用 `PreparedStatement` 實例。

可以使用 `ParparedStatement`，改寫先前 `GuestBookBean` 中 `setMessage()` 執行 SQL 的部分。例如：

```
public void setMessage(Message message) {
    try(Connection conn = DriverManager.getConnection(
                              jdbcUri, username, password);
        PreparedStatement statement = conn.prepareStatement(
                "INSERT INTO t_message(name, email, msg) VALUES (?,?,?)")) {
        statement.setString(1, message.getName());
        statement.setString(2, message.getEmail());
        statement.setString(3, message.getMsg());
        statement.executeUpdate();
    } catch (SQLException e) {
        throw new RuntimeException(e);
    }
}
```

這樣的寫法顯然比串接 SQL 好多了！好處不僅如此，必要的話，可以考慮製作陳述句池（Statement Pool），將頻繁使用的 `PreparedStatement` 重複使用，減少生成物件的負擔。

在驅動程式支援的情況下，使用 `PreparedStatement`，可以將 SQL 陳述預編譯為資料庫的執行指令，執行速度可以快許多（例如若使用Java 實作之資料庫，驅動程式有機會將 SQL 預編譯為位元碼格式），而不像 `Statement` 物件，是在執行時將 SQL 送到資料庫，由資料庫剖析、直譯再執行。

使用 PreparedStatement 在安全上也有點貢獻。例如，若原先以串接字串建立 SQL：

```
Statement statement = connection.createStatement();
String queryString = "SELECT * FROM user_table WHERE username='" +
        username + "' AND password='" + password + "'";
ResultSet resultSet = statement.executeQuery(queryString);
```

其中 username 與 password 若來自使用者的請求參數，原本是希望使用者安份地輸入名稱密碼，組合後的 SQL 應該像是這樣：

```
SELECT * FROM user_table
    WHERE username='caterpillar' AND password='12345678'
```

也就是名稱密碼正確，才會查找出指定使用者的相關資料，若在名稱輸入了「caterpillar'--」，密碼空白，而你又沒有針對輸入進行字元檢查過濾動作的話，這個奇怪的字串組合出來的 SQL 會如下：

```
SELECT * FROM user_table
    WHERE username='caterpillar' --' AND password=''
```

方框是密碼請求參數的部分，將方框拿掉，會更清楚地看出這個 SQL 有什麼問題！

```
SELECT * FROM user_table
    WHERE username='caterpillar' --' AND password=''
```

有些資料庫（例如 H2）解讀 SQL 時，-- 會當成註解符號，被執行的 SQL 語句最後會是 SELECT * FROM user_table WHERE username='caterpillar'，也就是說，不用輸入正確的密碼，想查誰的資料都沒問題了，這就是 **SQL Injection** 的簡單例子。

以串接的方式組合 SQL 陳述，就會有 SQL Injection 的隱憂，如果如下改用 PreparedStatement 的話：

```
PreparedStatement stmt = conn.prepareStatement(
    "SELECT * FROM user_table WHERE username=? AND password=?");
stmt.setString(1, username);
stmt.setString(2, password);
```

在這邊 username 與 password 會被視為 SQL 的字串，而不會當作 SQL 語法來解釋，就可避免方才的 SQL Injection 問題。

提示 >>> 先前介紹過濾器時，也曾提過使用者在欄位中直接輸入 HTML 字元的問題，這
類安全問題的防治基本在於，不允許使用者輸入的特殊字元，一開始就應該適
當地過濾或取代掉。

問題不僅是在串接字串本身麻煩，以及 SQL Injection 發生的可能性。由於
+串接字串會產生新的 `String` 物件，如果串接字串動作頻繁進行（例如在迴圈中
進行 SQL 串接），也會是效能負擔上的隱憂。

如果撰寫資料庫的預存程序（Stored Procedure），並想使用 JDBC 來呼叫，
可使用 `java.sql.CallableStatement`，呼叫的基本語法如下：

```
{?= call <程序名稱>[<引數1>,<引數2>, ...]}
{call <程序名稱>[<引數1>,<引數2>, ...]}
```

`CallableStatement` 的 API 使用，基本上與 `PreparedStatement` 差別不大，除了
必須呼叫 **`prepareCall()`** 建立 `CallableStatement` 實例外，一樣是使用 `setXXX()` 設定
參數，如果是查詢操作，使用 `executeQuery()`，如果是更新操作，使用
`executeUpdate()`，另外，可以使用 `registerOutParameter()` 註冊輸出參數等。

提示 >>> 使用 JDBC 的 `CallableStatement` 呼叫預存程序，重點是在於了解各資料庫的
預存程序如何撰寫及相關事宜，用 JDBC 呼叫預存程序，也表示應用程式將與
資料庫產生直接的相依性。

在使用 `PreparedStatement` 或 `CallableStatement` 時，必須注意 SQL 型態與 Java
資料型態的對應，因為兩者本身並非一對一對應，`java.sql.Types` 定義了常數代
表 SQL 型態，下表為 JDBC 規範建議的 SQL 型態與 Java 型態對應：

表 9.1　Java 型態與 SQL 型態對應

Java 型態	SQL 型態
boolean	BIT
byte	TINYINT
short	SMALLINT
int	INTEGER
long	BIGINT
float	FLOAT
double	DOUBLE

Java 型態	SQL 型態
byte[]	BINARY、VARBINARY、LONGBINARY
java.lang.String	CHAR、VARCHAR、LONGVARCHAR
java.math.BigDecimal	NUMERIC、DECIMAL
java.sql.Date	DATE
java.sql.Time	TIME
java.sql.Timestamp	TIMESTAMP

其中要注意的是，日期時間在 JDBC 中，不是使用 java.util.Date，而是使用 **java.sql.Date**，日期格式是「年、月、日」，要表示時間的話是使用 **java.sql.Time**，時間格式為「時、分、秒」，如果要表示「時、分、秒、微秒」的格式，是使用 **java.sql.Timestamp**。

9.2 JDBC 進階

上一節介紹了 JDBC 入門觀念與相關 API，在這一節，將說明更多進階 API 的使用，像是使用 DataSource 取得 Connection、使用 PreparedStatement、使用 ResultSet 進行更新操作等。

9.2.1 使用 DataSource 取得連線

先前的 DbBean、GuestBookBean 範例自行載入 JDBC 驅動程式、告知 DriverManager 有關 JDBC URI、使用者名稱、密碼等資訊，以取得 Connection 物件。假設日後需要更換驅動程式、修改資料庫伺服器主機位置，或是打算重複利用 Connection 物件，而想加入連線池（Connection Pool）機制等情況，就要針對相對應的程式碼進行修改。

提示 >>> 要取得資料庫連線，必須開啟網路連線（中間經過實體網路），連接至資料庫伺服器後，進行協定交換（當然也就是數次的網路資料往來）以進行驗證名稱、密碼等確認動作。也就是取得資料庫連線是件耗時間及資源的動作。儘量利用已開啟的連線，也就是重複利用取得的 Connection 實例，是改善資料庫連線效能的一個方式，採用連線池是基本作法。

由於取得 Connection 的方式，依使用的環境及程式需求而不同，在程式碼中寫死取得 Connection 的方式並不是明智之舉。在 Java EE 的環境中，將取得連線等與資料庫來源相關的行為，規範在 **javax.sql.DataSource** 介面，實際如何取得 Connection，由實作介面的物件來負責。

因而問題簡化到如何取得 DataSource 實例，為了讓應用程式在需要取得某些與系統相關的資源物件時，能與實際的系統資源配置、實體機器位置、環境架構等無關，在 Java 應用程式中可以透過 JNDI（Java Naming Directory Interface）來取得資源物件。舉例來說，如果在 Web 應用程式想獲得 DataSource 實例，可以如下進行：

```
try {
    Context initContext = new InitialContext();
    Context envContext = (Context) initContext.lookup("java:/comp/env");
    dataSource = (DataSource) envContext.lookup("jdbc/demo");
} catch (NamingException ex) {
    throw new RuntimeException(ex);
}
```

在建立 Context 物件的過程會收集環境相關資料，之後根據 JNDI 名稱 jdbc/demo 向 JNDI 伺服器查找 DataSource 實例。在這個程式片段中，不會知道實際的資源配置、實體機器位置、環境架構等資訊，應用程式不會與這些資訊發生相依。

> **提示 >>>** 如果只是利用 JNDI 來查找某些資源物件，上面這個程式片段就是對 JNDI 需要知道的東西了，其他細節就交給伺服器管理人員作好相關設定，讓 jdbc/demo 可以對應取得 DataSource 實例即可（如果你的職責不在於管理機器的話）。

舉個實際的例子來說，如果你只負責撰寫 Web 應用程式，或更具體一點，如果只是要撰寫如先前範例的 DbBean 類別，且已經有伺服器管理人員設定好 jdbc/demo 這個 JNDI 名稱的對應資源了，那麼可以這麼撰寫程式：

JDBC DatabaseBean.java

```
package cc.openhome;

import java.io.Serializable;
import java.sql.*;
import javax.naming.*;
import javax.sql.DataSource;
```

```java
public class DatabaseBean implements Serializable {
    private DataSource dataSource;

    public DatabaseBean() {
        try {
            Context initContext = new InitialContext();
            Context envContext = (Context)
                        initContext.lookup("java:/comp/env");
            dataSource = (DataSource) envContext.lookup("jdbc/demo");
        } catch (NamingException ex) {
            throw new RuntimeException(ex);
        }

    }

    public boolean isConnectedOK() {
        try(Connection conn = dataSource.getConnection()) {
            return !conn.isClosed();
        } catch (SQLException e) {
            throw new RuntimeException(e);
        }
    }
}
```

查找 jdbc/demo 對應的 DataSource 物件

透過 DataSource 物件取得連線

只看這邊的程式碼的話，不會知道使用哪個驅動程式、資料庫使用者名稱、密碼是什麼（或許資料庫管理人員本來就不想讓你知道）、資料庫實體位址、連接埠、名稱、是否有使用連線池等！這些都該由資料庫管理人員或伺服器管理人員負責設定，你唯一要知道的就是 jdbc/demo 這個 JNDI 名稱。

接著可以撰寫一個簡單的 JSP 來使用 DatabaseBean：

JDBC conn2.jsp

```jsp
<%@page contentType="text/html" pageEncoding="UTF-8"%>
<%@taglib prefix="c" uri="http://java.sun.com/jsp/jstl/core"%>
<jsp:useBean id="db" class="cc.openhome.DatabaseBean"/>
<!DOCTYPE html>
<html>
    <head>
        <meta charset="UTF-8">
        <title>測試資料庫連線</title>
    </head>
    <body>
        <c:choose>
            <c:when test="${db.connectedOK}">連線成功！</c:when>
            <c:otherwise>連線失敗！</c:otherwise>
        </c:choose>
    </body>
</html>
```

就一個 Java 開發人員來說，工作已經完成了。`Context` 實例執行 `lookup()` 時，是向 Web 容器查找資源，如果你是 Web 應用程式管理者，要在 web.xml 定義 jdbc/demo：

JDBC web.xml

```xml
</web-app ...>
    // 略...
    <resource-ref>
        <res-ref-name>jdbc/demo</res-ref-name>
        <res-type>javax.sql.DataSource</res-type>
        <res-auth>Container</res-auth>
        <res-sharing-scope>Shareable</res-sharing-scope>
    </resource-ref>
</web-app>
```

　　Web 容器要負責向應用程式伺服器查找資源，現在假設你是伺服器管理人員，就要設定 JNDI 對應的資源，設定方式並非標準的一部分，依應用程式伺服器而不同。假設應用程式將部署在 Tomcat 9，可以要求 Web 應用程式在封裝為 WAR 檔案時，必須在 META-INF 資料夾中包括一個 context.xml：

JDBC context.xml

```xml
<?xml version="1.0" encoding="UTF-8"?>
<Context antiJARLocking="true" path="/JDBC">
    <Resource name="jdbc/demo"
      auth="Container" type="javax.sql.DataSource"
      maxActive="100" maxIdle="30" maxWait="10000"
      username="caterpillar"
      password="12345678"
      driverClassName="org.h2.Driver"
      url="jdbc:h2:tcp://localhost/c:/workspace/JDBC/demo"/>
</Context>
```

　　可以看到 `name` 屬性是設定 JNDI 名稱為 jdbc/demo，`username` 與 `password` 是資料庫使用者名稱與密碼，`driverClassName` 為驅動程式類別名稱，`url` 為 JDBC URI。至於其他的屬性設定，是與 DBCP（Database Connection Pool）[4]有關，這是內建在 Tomcat 中的連線池機制。

---

[4]　DBCP：commons.apache.org/proper/commons-dbcp/

當應用程式部署之後，Tomcat 根據 META-INF 中 context.xml 的設定，尋找指定的驅動程式，可以將驅動程式的 JAR 檔案放在 Tomcat 的 lib 資料夾，接著 Tomcat 就會為 JNDI 名稱 jdbc/demo 設定相關資源。

9.2.2　使用 ResultSet 捲動、更新資料

在 ResultSet 時，預設可以使用 next() 移動資料游標至下一筆資料，而後使用 getXXX() 方法取得資料，從 JDBC 2.0 開始，ResultSet 可以使用 **previous()**、**first()**、**last()** 等方法前後移動資料游標，呼叫 updateXXX()、updateRow() 等方法修改資料。

在使用 Connection 的 createStatement() 或 prepareStatement() 方法建立 Statement 或 PreparedStatement 實例時，可以指定結果集類型與並行方式：

```
createStatement(int resultSetType, int resultSetConcurrency)
prepareStatement(String sql,
                 int resultSetType, int resultSetConcurrency)
```

結果集類型可以指定三種設定：

- ResultSet.TYPE_FORWARD_ONLY（預設）

- ResultSet.TYPE_SCROLL_INSENSITIVE

- ResultSet.TYPE_SCROLL_SENSITIVE

指定為 TYPE_FORWARD_ONLY，ResultSet 就只能前進資料游標，指定 TYPE_SCROLL_INSENSITIVE 或 TYPE_SCROLL_SENSITIVE，ResultSet 可以前後移動資料游標，兩者差別在於 TYPE_SCROLL_INSENSITIVE 設定下，取得的 ResultSet 不會反應資料庫中的資料修改，而 TYPE_SCROLL_SENSITIVE 會反應資料庫中的資料修改。

更新設定可以有兩種指定：

- ResultSet.CONCUR_READ_ONLY（預設）

- ResultSet.CONCUR_UPDATABLE

指定為 CONCUR_READ_ONLY，只能用 ResultSet 進行資料讀取，無法進行更新，指定為 CONCUR_UPDATABLE，就可以使用 ResultSet 進行資料更新。

在使用 Connection 的 createStatement() 或 prepareStatement() 方法建立 Statement 或 PreparedStatement 實例時，若沒有指定結果集類型與並行方式，預設就是 TYPE_FORWARD_ONLY 與 CONCUR_READ_ONLY。如果想前後移動資料游標並想使用 ResultSet 進行更新，以下是個 Statement 指定的例子：

```
Statement stmt = conn.createStatement(
                    ResultSet.TYPE_SCROLL_INSENSITIVE,
                    ResultSet.CONCUR_UPDATEABLE);
```

以下是個 PreparedStatement 指定的例子：

```
PreparedStatement stmt = conn.prepareStatement(
                    "SELECT * FROM t_message",
                    ResultSet.TYPE_SCROLL_INSENSITIVE,
                    ResultSet.CONCUR_UPDATEABLE);
```

在資料游標移動的 API 上，可以使用 **absolute()**、**afterLast()**、**beforeFirst()**、**first()**、**last()** 進行絕對位置移動，使用 **relative()**、**previous()**、**next()** 進行相對位置移動，這些方法如果成功移動就會傳回 true，也可以使用 **isAfterLast()**、**isBeforeFirst()**、**isFirst()**、**isLast()** 判斷目前位置。以下是個簡單的程式範例片段：

```
Statement stmt = conn.createStatement("SELECT * FROM t_message",
                    ResultSet.TYPE_SCROLL_INSENSITIVE,
                    ResultSet.CONCUR_READ_ONLY);
ResultSet rs = stmt.executeQuery();
rs.absolute(2);            // 移至第 2 列
rs.next();                 // 移至第 3 列
rs.first();                // 移至第 1 列
boolean b1 = rs.isFirst(); // b1 是 true
```

如果要使用 ResultSet 進行資料修改，有些條件限制：

- 必須選取單一表格
- 必須選取主鍵
- 必須選取所有 NOT NULL 的值

在取得 ResultSet 之後要進行資料更新，必須移動至要更新的列（Row），呼叫 updateXxx() 方法（Xxx 是型態），而後呼叫 **updateRow()** 方法完成更新，如果呼叫 **cancelRowUpdates()** 可取消更新，但必須在呼叫 updateRow() 前進行更新的取消。一個使用 ResultSet 更新資料的例子如下：

```
Statement stmt = conn.prepareStatement("SELECT * FROM t_message",
                   ResultSet.TYPE_SCROLL_INSENSITIVE,
                   ResultSet.CONCUR_UPDATABLE);
ResultSet rs = stmt.executeQuery();
rs.next();
rs.updateString(3, "caterpillar@openhome.cc");
rs.updateRow();
```

如果取得 ResultSet 後想進行資料的新增，要先呼叫 **moveToInsertRow()**，之後呼叫 updateXxx() 設定要新增的資料欄位，然後呼叫 **insertRow()** 新增資料。一個使用 ResultSet 新增資料的例子如下：

```
Statement stmt = conn.prepareStatement("SELECT * FROM t_message",
                   ResultSet.TYPE_SCROLL_INSENSITIVE,
                   ResultSet.CONCUR_UPDATABLE);
ResultSet rs = stmt.executeQuery();
rs.moveToInsertRow();
rs.updateString(2, "momor");
rs.updateString(3, "momor@openhome.cc");
rs.updateString(4, "blah..blah");
rs.insertRow();
rs.moveToCurrentRow();
```

若取得 ResultSet 後想進行資料的刪除，要移動資料游標至想刪除的列，呼叫 **deleteRow()** 刪除資料列。一個使用 ResultSet 刪除資料的例子如下：

```
Statement stmt = conn.prepareStatement("SELECT * FROM t_message",
                   ResultSet.TYPE_SCROLL_INSENSITIVE,
                   ResultSet.CONCUR_UPDATABLE);
ResultSet rs = stmt.executeQuery();
rs.absolute(3);
rs.deleteRow();
```

9.2.3 批次更新

如果必須進行大量資料更新，單純使用類似以下的程式片段並不適當：

```
Statement stmt = conn.createStatement();
while(someCondition) {
    stmt.executeUpdate(
      "INSERT INTO t_message(name,email,msg) VALUES('…','…','…')");
}
```

每一次執行 executeUpdate()，都會向資料庫發送一次 SQL，若大量更新的 SQL 有一萬筆，就等於透過網路進行一萬次的訊息傳送，如此進行大量更新，效能上不會有好的表現。

可以使用 **addBatch()** 方法收集 SQL，並使用 **executeBatch()** 方法將收集的 SQL 傳送出去。例如：

```
Statement stmt = conn.createStatement();
while(someCondition) {
    stmt.addBatch(
      "INSERT INTO t_message(name,email,msg) VALUES('…','…','…')");
}
stmt.executeBatch();
```

提示 >>> 若是 H2 驅動程式，其 Statement 實作的 addBatch() 使用了 ArrayList 來收集 SQL，然而 executeBatch() 是使用 for 迴圈逐一取得 SQL 語句後執行。

若是 MySQL 驅動程式的 Statement 實作，其 addBatch() 使用了 ArrayList 來收集 SQL，所有收集的 SQL，最後會串為一句 SQL，然後傳送給資料庫，也就是說假設大量更新的 SQL 有一萬筆，這一萬筆 SQL 會連結為一句 SQL，再透過一次網路傳送給資料庫，節省了 I/O、網路路由等動作耗費的時間。

批次更新顧名思義，就是僅用在更新操作，批次更新的限制是，SQL 不能是 SELECT，否則會丟出例外。

使用 executeBatch() 時，SQL 的執行順序，就是 addBatch() 時的順序，executeBatch() 會傳回 int[]，代表每筆 SQL 造成的資料異動列數，執行 executeBatch() 時，先前已開啟的 ResultSet 會被關閉，執行過後收集 SQL 用的 List 會被清空，任何的 SQL 錯誤，會丟出 **BatchUpdateException**，可以使用這個物件的 **getUpdateCounts()** 取得 int[]，代表先前執行成功的 SQL 造成的異動筆數。

先前是 Statement 的例子，如果是 PreparedStatement 要使用批次更新，以下是個範例：

```
PreparedStatement stmt = conn.prepareStatement(
      "INSERT INTO t_message(name,email,msg) VALUES(?, ?, ?)");
while(someCondition) {
    stmt.setString(1, "..");
    stmt.setString(2, "..");
    stmt.setString(3, "..");
    stmt.addBatch();   // 收集參數
}
stmt.executeBatch(); // 送出所有參數
```

提示 >>> 除了 API 上使用 addBatch()、executeBatch()等方法以進行批次更新之外，通常也會搭配關閉自動提交（auto commit），在效能上也會有所影響，這稍後說明交易時就會提到。

也要注意驅動程式本身是否支援批次更新。以 MySQL 為例，要支援批次更新，必須在 JDBC URI 上附加 rewriteBatchedStatements=true 參數才有實際作用。

9.2.4 Blob 與 Clob

如果要將檔案寫入資料庫，資料庫表格欄位可以使用 BLOB 或 CLOB 資料型態，BLOB 全名 **Binary Large Object**，用於儲存大量的二進位資料，像是圖檔、影音檔等，CLOB 全名 **Character Large Object**，用於儲存大量的文字資料。

JDBC 提供了 **java.sql.Blob** 與 **java.sql.Clob** 分別代表 BLOB 與 CLOB 資料。以 Blob 為例，寫入資料時，可以透過 PreparedStatement 的 **setBlob()** 設定 Blob 物件，讀取資料時，可以透過 ResultSet 的 **getBlob()** 取得 Blob 物件。

Blob 擁有 getBinaryStream()、getBytes()等方法，可以取得代表欄位來源的 InputStream 或欄位的 byte[]資料。Clob 擁有 getCharacterStream()、getAsciiStream()等方法，可以取得 Reader 或 InputStream 等資料，可以查看 API 文件來獲得更詳細的訊息。

也可以把 BLOB 欄位對應 byte[]或輸入/輸出串流。在寫入資料時，可以使用 PreparedStatement 的 **setBytes()** 設定 byte[]資料，使用 **setBinaryStream()** 設定代表輸入來源的 InputStream。在讀取資料時，可以使用 ResultSet 的 **getBytes()** 以 byte[]取得欄位資料，以 **getBinaryStream()** 取得代表欄位來源的 InputStream。

以下是取得代表檔案來源的 InputStream 後，進行資料庫儲存的片段：

```
InputStream in = readFileAsInputStream(".....");
PreparedStatement stmt = conn.prepareStatement(
    "INSERT INTO IMAGES(src, img) VALUE(?, ?)");
stmt.setString(1, "…");
stmt.setBinaryStream(2, in);
stmt.executeUpdate();
```

以下是取得代表欄位資料來源的 InputStream 之片段：

```
PreparedStatement stmt = conn.prepareStatement(
    "SELECT img FROM IMAGES");
ResultSet rs = stmt.executeQuery();
while(rs.next()) {
    InputStream in = rs.getBinaryStream(1);
    //..使用 InputStream 作資料讀取
}
```

　　底下來舉個實際例子，製作一個簡單的 Web 應用程式，可以讓使用者上傳檔案儲存至資料庫、下載或刪除資料庫中的檔案，首先要在資料庫建立表格：

```
CREATE TABLE t_files (
    id INT NOT NULL AUTO_INCREMENT PRIMARY KEY,
    filename VARCHAR(255) NOT NULL,
    savedTime TIMESTAMP NOT NULL,
    bytes LONGBLOB NOT NULL
);
```

　　接著撰寫一個 FileService 類別，使用 JDBC 負責資料庫操作相關細節：

JDBC FileService.java

```
package cc.openhome;

import java.sql.*;
import java.util.*;
import javax.sql.DataSource;
import javax.naming.*;

public class FileService {
    private DataSource dataSource;

    public FileService() {
        try {
            Context initContext = new InitialContext();
            Context envContext = (Context)
                        initContext.lookup("java:/comp/env");
            dataSource = (DataSource) envContext.lookup("jdbc/demo");
        } catch (NamingException ex) {
            throw new RuntimeException(ex);
        }
    }

    public File getFile(File file) {
        try(Connection conn = dataSource.getConnection();
            PreparedStatement statement = conn.prepareStatement(
```

❶ 查找 jdbc/demo 對應的 DataSource 物件

```
                         "SELECT filename, bytes FROM t_files WHERE id=?")) {

        statement.setLong(1, file.getId());
        ResultSet result = statement.executeQuery();          ❷ 根據 id 查詢取得檔案
        while(result.next()) {                                   名稱與位元組資料
            file = new File();
            file.setFilename(result.getString(1));
            file.setBytes(result.getBytes(2));   ◀━❸ 取得位元組資料
        }
        return file;
    } catch (SQLException e) {
        throw new RuntimeException(e);
    }
}

public List<File> getFileList() {                        ❹ 取得檔案清單，包括
    try(Connection conn = dataSource.getConnection();        id、檔名與儲存時間
        PreparedStatement statement = conn.prepareStatement(
                "SELECT id, filename, savedTime FROM t_files")) {

        ResultSet result = statement.executeQuery();
        List<File> fileList = new ArrayList<>();
        while (result.next()) {
            File file = new File();
            file.setId(result.getLong(1));
            file.setFilename(result.getString(2));
            file.setSavedTime(result.getTimestamp(3).getTime());
            fileList.add(file);
        }
        return fileList;
    } catch (SQLException e) {
        throw new RuntimeException(e);
    }
}

public void save(File file) {
    try(Connection conn = dataSource.getConnection();           ❺ 新增檔案至資料庫
        PreparedStatement statement = conn.prepareStatement(
        "INSERT INTO t_files(filename, savedTime, bytes) VALUES(?, ?, ?)")) {

        statement.setString(1, file.getFilename());
        statement.setTimestamp(2, new Timestamp(file.getSavedTime()));
        statement.setBytes(3, file.getBytes());   ◀━❻ 設定儲存的位元組資料
        statement.executeUpdate();
    } catch (SQLException e) {
        throw new RuntimeException(e);
    }
}

public void delete(File file) {
    try(Connection conn = dataSource.getConnection();
```

```
        PreparedStatement statement = conn.prepareStatement(
                "DELETE FROM t_files WHERE id=?")) { ❼根據 id 刪除檔案

        statement.setLong(1, file.getId());
        statement.executeUpdate();
    } catch (SQLException e) {
        throw new RuntimeException(e);
    }
    }
}
```

　　FileService 在建構時，會透過 JNDI 查找 DataSource❶，之後透過 DataSource 來取得 Connection，在 getFile() 方法中，主要是透過 id 查找對應的檔名與位元組資料❷，在取得位元組資料時，是透過 ResultSet 的 getBytes() 來取得❸，如果要取得檔案清單，可以透過 FileService 的 getFileList() 方法取得❹，在 save() 方法中，是使用 INSERT 將資料新增至資料庫中❺，其中位元組的部分，是透過 PreparedStatement 的 setBytes() 來新增❻，如果要刪除檔案，是根據 id 來刪除❼。

　　檔案的上傳、下載與刪除，都是在 JSP 進行操作：

JDBC file.jsp

```
<%@page contentType="text/html; charset=UTF-8" pageEncoding="UTF-8"%>
<%@taglib prefix="c" uri="http://java.sun.com/jsp/jstl/core"%>
<jsp:useBean id="fileService"
            class="cc.openhome.FileService"        ❶建立 JavaBean
                scope="application" />
<!DOCTYPE html>
<html>
    <head>
        <meta charset="UTF-8">
        <title>檔案管理</title>
    </head>
    <body>
        <form method="post" enctype="multipart/form-data"  ←──❷上傳表單
                            action="upload"><br>
            選取檔案：<input type="file" name="file"><br><br>
            <input type="submit" value="上傳">
        </form>
        <hr>
        <table style="text-align: left;" border="1"
                    cellpadding="2" cellspacing="2">
            <tbody>
                <tr>
                    <td>檔案名稱</td>
                    <td>上傳時間</td>
```

```
                    <td>操作</td>                          ❸ 顯示檔案清單
                </tr>
                <c:forEach var="file" items="${fileService.fileList}">
                    <tr>
                        <td>${file.filename}</td>           ❹ 根據 id 下載檔案
                        <td>${file.localDateTime}</td>
                        <td><a href="download?id=${file.id}">下載</a> /
                            <a href="delete?id=${file.id}">刪除</a>
                        </td>                               ❺ 根據 id 刪除檔案
                    </tr>
                </c:forEach>
            </tbody>
        </table>
    </body>
</html>
```

　　為了簡化範例，這邊利用 JavaBean 方式建立 FileService 實例，並設為 application 範圍屬性❶，實務上，可以利用 ServletContextListener，在應用程式初始時建立 FileService 實例，並設定為 ServletContext 範圍屬性。在上傳表單的部分，action 是設定為 upload，以 POST 的方式發送❷，顯示檔案清單時，使用 JSTL 的<c:forEach>❸，呼叫 FileService 的 getFileList() 取得清單後，逐一顯示檔案名稱與上載時間，如果要下載檔案，是使用 URI 重寫的方式，根據 id 向 download 發送 GET 請求❹，如果要刪除檔案，也是使用 URI 重寫的方式，根據 id 向 delete 發送 GET 請求❺。

　　處理檔案上傳的 Servlet 如下：

JDBC Upload.java

```
package cc.openhome;

...略

@MultipartConfig
@WebServlet("/upload")
public class Upload extends HttpServlet {
    private final Pattern fileNameRegex =
            Pattern.compile("filename=\"(.*)\"");

    protected void doPost(HttpServletRequest request,
                          HttpServletResponse response)
                  throws ServletException, IOException {
        request.setCharacterEncoding("UTF-8");
        Part part = request.getPart("file");
        String filename = getSubmittedFileName(part);    ❶ 利用 Part 取得上傳檔名、位元組
        byte[] bytes = getBytes(part);
```

```
        File file = new File();
        file.setFilename(filename);
        file.setBytes(bytes);
        file.setSavedTime(Instant.now().toEpochMilli());  ←──❷取得系統時間

        FileService service = (FileService)
                getServletContext().getAttribute("fileService");
        service.save(file);  ←──❸使用 FileService 的 save()儲存

        response.sendRedirect("file.jsp");
    }

    private String getSubmittedFileName(Part part) {
        String header = part.getHeader("Content-Disposition");
        Matcher matcher = fileNameRegex.matcher(header);
        matcher.find();

        String filename =  matcher.group(1);
        if(filename.contains("\\")) {
            return filename.substring(filename.lastIndexOf("\\") + 1);
        }
        return filename;
    }

    private byte[] getBytes(Part part) throws IOException {
        try(InputStream in = part.getInputStream();
                ByteArrayOutputStream out = new ByteArrayOutputStream()) {
            byte[] buffer = new byte[1024];
            int length = -1;
            while ((length = in.read(buffer)) != -1) {
                out.write(buffer, 0, length);
            }
            return out.toByteArray();
        }
    }
}
```

在這邊利用了 3.2.5 介紹過的 Part 物件取得上傳的檔名與位元組❶，上傳的時間是透過 Instant.now() 來取得❷，在建立 File 物件封裝上傳檔案的檔名、位元組與時間相關資訊後，利用 FileService 的 save() 方法儲存檔案❸。

處理檔案下載的 Servlet 如下：

JDBC Download.java

```java
package cc.openhome;

import java.net.URLEncoder;
import java.io.*;
import javax.servlet.*;
import javax.servlet.annotation.*;
import javax.servlet.http.*;


@WebServlet("/download")
public class Download extends HttpServlet {
    protected void doGet(HttpServletRequest request,
                         HttpServletResponse response)
                            throws ServletException, IOException {
        FileService fileService =
                (FileService) getServletContext().getAttribute("fileService");

        String id = request.getParameter("id");

        File file = new File();
        file.setId(Long.parseLong(id));
        file = fileService.getFile(file);  ←──❶根據 id 取得檔案

        String filename = fileName(request, file);

        response.setContentType("application/octet-stream"); ←──❷告知回應類型
        response.setHeader("Content-disposition",
                "attachment; filename=\"" + filename + "\"");  ←──❸另存新檔的檔名

        OutputStream out = response.getOutputStream();
        out.write(file.getBytes());
    }

    private String fileName(HttpServletRequest request, File file)
                    throws UnsupportedEncodingException {


        String agent = request.getHeader("User-Agent");  ❹針對 Eclipse 內建瀏覽器
        if(agent.contains("rv:")) {                        處理 filename 編碼
            return URLEncoder.encode(file.getFilename(), "UTF-8");
        }
        return new String(file.getFilename().getBytes("UTF-8"), "ISO-8859-1");


                            ❺處理其他瀏覽器 filename 編碼


    }
}
```

　　瀏覽器會告知想下載的檔案 id 為何，Servlet 取得 id 請求參數，封裝為 File 物件，呼叫 FileService 的 getFile()取得 File 物件❶，從中取得檔名與位元組，為了讓瀏覽器出現另存新檔的對話方塊，必須告知回應類型為"application/ octet-stream"❷，也就是十六進位串流資料，並使用"Content-disposition"告知另存新檔時預設的檔名❸，不過這個檔名在不同瀏覽器的處理不同，對於 Eclipse 內建瀏覽器必須 URI 編碼❹，而其他瀏覽器必須以 ISO-8859-1 編碼❺，另存新檔時，才可以正確顯示中文檔名。

　　處理檔案刪除的 Servlet 如下：

JDBC Delete.java

```java
package cc.openhome;

import java.io.*;
import javax.servlet.*;
import javax.servlet.annotation.*;
import javax.servlet.http.*;

@WebServlet("/delete")
public class Delete extends HttpServlet {
    protected void doGet(HttpServletRequest request,
                         HttpServletResponse response)
                             throws ServletException, IOException {
        String id = request.getParameter("id");
        File file = new File();
        file.setId(Long.parseLong(id));
        FileService fileService =
                (FileService) getServletContext().getAttribute("fileService");
        fileService.delete(file);
        response.sendRedirect("file.jsp");
    }
}
```

　　刪除檔案時也是根據 id，在封裝為 File 物件後，呼叫 FileService 的 delete() 刪除檔案。一個執行時的參考畫面如下：

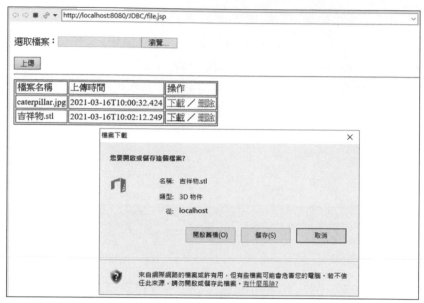

圖 9.17 檔案上傳、下載、刪除的簡易管理頁面

9.2.5 簡介交易

交易的四個基本要求是**原子性（Atomicity）、一致性（Consistency）、隔離行為（Isolation behavior）**與**持續性（Durability）**，依字母首字簡稱 **ACID**。

- 原子性

  一個交易是一個單元工作（Unit of work），當中可能包括數個步驟，這些步驟必須全部執行成功，若有一個失敗，整個交易宣告失敗，交易中其他步驟必須撤消曾經執行過的動作，回到交易前的狀態。

  在資料庫上執行單元工作為資料庫交易（Database transaction），單元中每個步驟就是每句 SQL 的執行，你要啟始一個交易邊界，通常是以 BEGIN 指令開始，所有 SQL 語句下達之後，COMMIT 確認操作變更，此時交易成功，若因某 SQL 錯誤，ROLLBACK 撤消動作，此時交易失敗。

- 一致性

  交易作用的資料集合在交易前後必須一致，若交易成功，整個資料集合必須是交易操作後的狀態，若交易失敗，整個資料集合必須與開始交易前一致，不能發生整個資料集合，部分有變更，部分沒變更的狀態。

例如轉帳行為，資料集合涉及 A、B 兩個帳戶，A 原有 20000，B 原有 10000，A 轉 10000 給 B，交易成功的話，A 必須變成 10000，B 變成 20000，交易失敗的話，A 必須為 20000，B 為 10000，不能發生 A 為 20000（未扣款），B 也為 20000（已入款）的情況。

- 隔離行為

   在多人使用的環境下個使用者各自進行交易，交易與交易之間，必須互不干擾，使用者不會意識到其他使用者正在進行交易，就好像只有自己在操作。

- 持續性

   交易一旦成功，變更必須保存下來，即使系統掛了，交易的結果也不能遺失，這通常需要系統軟、硬體架構的支援。

在原子性的要求上，在 JDBC 可以操作 Connection 的 **setAutoCommit()** 方法，給它 false 引數，提示資料庫啟始交易，在下達一連串的 SQL 語句後，自行呼叫 Connection 的 commit()，提示資料庫確認（COMMIT）操作，如果中間發生錯誤，則呼叫 rollback()，提示資料庫撤消（ROLLBACK）所有的執行。一個示範的流程如下所示：

```
Connection conn = null;
try {
    conn = dataSource.getConnection();
    conn.setAutoCommit(false);  // 取消自動提交
    Statement stmt = conn.createStatement();
    stmt.executeUpdate("INSERT INTO …");
    stmt.executeUpdate("INSERT INTO …");
    conn.commit();  // 提交
}
catch(SQLException e) {
    e.printStackTrace();
    if(conn != null) {
        try {
            conn.rollback();  // 撤回
        }
        catch(SQLException ex) {
            ex.printStackTrace();
        }
    }
}
finally {
    ...
```

```
        if(conn != null) {
            try {
                conn.setAutoCommit(true);   // 回復自動提交
                conn.close();
            }
            catch(SQLException ex) {
                ex.printStackTrace();
            }
        }
    }
```

如果在交易管理時，想撤回某個SQL執行點，可以設定儲存點（Save point），
例如：

```
Savepoint point = null;
try {
    conn.setAutoCommit(false);
    Statement stmt = conn.createStatement();
    stmt.executeUpdate("INSERT INTO …");
    …
    point = conn.setSavepoint(); // 設定儲存點
    stmt.executeUpdate("INSERT INTO …");
    ...
    conn.commit();
}
catch(SQLException e) {
    e.printStackTrace();
    if(conn != null) {
        try {
            if(point == null) {
                conn.rollback();
            }
            else {
                conn.rollback(point);                // 撤回儲存點
                conn.releaseSavepoint(point);        // 釋放儲存點
            }
        }
        catch(SQLException ex) {
            ex.printStackTrace();
        }
    }
}
finally {
    ...
    if(conn != null) {
        try {
            conn.setAutoCommit(true);
            conn.close();
        }
        catch(SQLException ex) {
```

```
            ex.printStackTrace();
        }
    }
}
```

在批次更新時，不用每一筆都確認的話，也可以搭配交易管理。例如：

```
try {
    conn.setAutoCommit(false);
    stmt = conn.createStatement();
    while(someCondition) {
        stmt.addBatch("INSERT INTO …");
    }
    stmt.executeBatch();
    conn.commit();
} catch(SQLException ex) {
    ex.printStackTrace();
    if(conn != null) {
        try {
            conn.rollback();
        } catch(SQLException e) {
            e.printStackTrace();
        }
    }
} finally {
    ...
    if(conn != null) {
        try {
            conn.setAutoCommit(true);
            conn.close();
        }
        catch(SQLException ex) {
            ex.printStackTrace();
        }
    }
}
```

在隔離行為的支援上，透過 Connection 的 **getTransactionIsolation()** 取得資料庫目前的隔離行為設定，透過 **setTransactionIsolation()** 可「提示」資料庫設定隔離行為，可設定常數是定義在 Connection 上，如下所示：

- TRANSACTION_NONE

- TRANSACTION_UNCOMMITTED

- TRANSACTION_COMMITTED

- TRANSACTION_REPEATABLE_READ

- TRANSACTION_SERIALIZABLE

其中 TRANSACTION_NONE 表示對交易不設定隔離行為,僅適用於沒有交易功能、以唯讀功能為主、不會發生同時修改欄位的資料庫。有交易功能的資料庫,可能不理會 TRANSACTION_NONE 的設定提示。

要了解其他隔離行為設定的影響,首先要了解多個交易並行時,可能引發的資料不一致問題有哪些,以下逐一舉例說明:

◉ 更新遺失（Lost update）

指某個交易對欄位進行更新的資訊,因另一個交易的介入而遺失更新效力。舉例來說,若某個欄位資料原為 ZZZ,使用者 A、B 分別在不同的時間點對同一欄位進行更新交易:

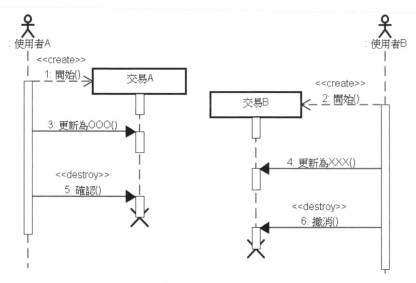

圖 9.18 更新遺失

單就使用者 A 的交易而言,最後欄位應該是 OOO,單就使用者 B 的交易而言,最後欄位應該是 ZZZ,在完全沒有隔離兩者交易的情況下,由於使用者 B 撤消操作時間在使用者 A 確認之後,最後欄位結果會是 ZZZ,使用者 A 看不到他更新後的 OOO 結果,使用者 A 發生更新遺失問題。

提示 >>> 可想像有兩個使用者，若 A 使用者開啟文件之後，後續又允許 B 使用者開啟文件，一開始 A、B 使用者看到的文件都有 ZZZ 文字，A 修改 ZZZ 為 OOO 後儲存，B 修改 ZZZ 為 XXX 後又還原為 ZZZ 並儲存，最後文件就為 ZZZ，A 使用者的更新遺失。

　　要避免更新遺失問題，可以設定隔離層級為「可讀取未確認」（Read uncommited），也就是 A 交易已更新但未確認的資料，B 交易僅可讀取，不可更新。可透過 Connection 的 setTransactionIsolation() 設為 TRANSACTION_UNCOMMITTED，提示資料庫採用此隔離行為。

　　資料庫對此隔離行為的基本作法是，A 交易在更新但未確認，延後 B 交易的更新需求至 A 交易確認之後。以上例而言，交易順序結果會變成以下：

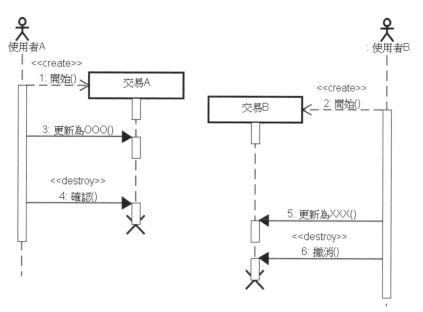

圖 9.19 「可讀取未確認」（Read uncommited）避免更新遺失

提示 >>> 可想像有兩個使用者，若 A 使用者開啟文件之後，後續只允許 B 使用者以唯讀方式開啟文件，B 使用者若要能夠寫入，至少得等 A 使用者修改完成關閉檔案之後。

提示資料庫「可讀取未確認」（Read uncommited）的隔離層次後，資料庫至少得保證交易能避免更新遺失問題，通常這也是具備交易功能的資料庫引擎會採取的最低隔離層級，不過這個隔離層級讀取錯誤資料的機率太高，一般預設不會採用這種隔離層級。

◉ 髒讀（Dirty read）

兩個交易同時進行，其中一個交易更新資料但未確認，另一個交易就讀取資料，就有可能發生髒讀問題，也就是讀到所謂髒資料（Dirty data）、不乾淨、不正確的資料。例如：

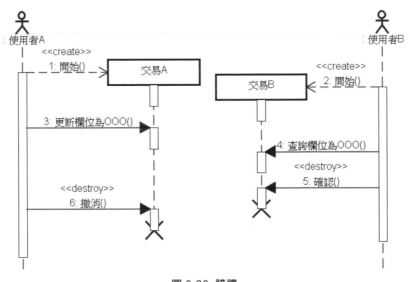

圖 9.20 髒讀

使用者 B 在 A 交易撤消前讀取了欄位資料為 OOO，如果 A 交易撤消了交易，那使用者 B 讀取的資料就是不正確的。

提示 ≫≫ 可想像有兩個使用者，若 A 使用者開啟文件並仍在修改期間，B 使用者開啟文件讀到的資料，就有可能是不正確的。

　　要避免髒讀問題，可以設定隔離層級為「可讀取確認」（Read commited），也就是交易讀取的資料必須是其他交易已確認之資料。可透過 `Connection` 的 `setTransactionIsolation()` 設為 `TRANSACTION_COMMITTED`，提示資料庫採用此隔離行為。

　　資料庫對此隔離行為的基本作法之一是，讀取的交易不會阻止其他交易，未確認的更新交易會阻止其他交易。若是這個作法，交易順序結果會變成以下（若原欄位為 ZZZ）：

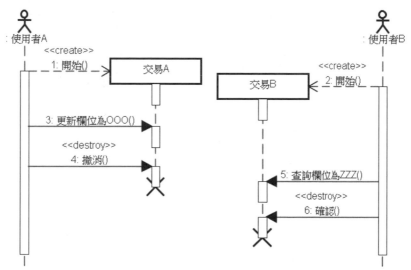

圖 9.21 「可讀取確認」（Read commited）避免髒讀

提示 »» 可想像有兩個使用者，若 A 使用者開啟文件並仍在修改期間，B 使用者就不能開啟文件。但在資料庫上這個作法影響效能較大，另一個基本作法是交易正在更新但尚未確定前先操作暫存表格，其他交易就不致於讀取到不正確的資料。JDBC 隔離層級的設定提示，實際在資料庫上如何實作，主要得看各家資料庫在效能的考量而定。

　　提示資料庫「可讀取確認」（Read commited）的隔離層次之後，資料庫至少得保證交易能避免髒讀與更新遺失問題。

● 無法重複的讀取（Unrepeatable read）

某個交易兩次讀取同一欄位的資料並不一致。例如，交易 A 在交易 B 更新前後進行資料的讀取，則 A 交易會得到不同的結果。例如（欄位若原為 ZZZ）：

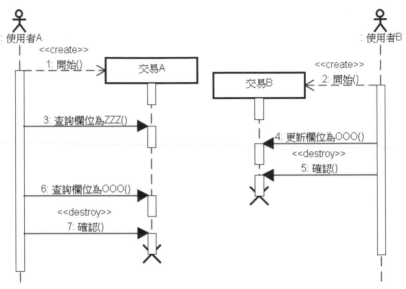

圖 9.22 無法重複的讀取（Unrepeatable read）

要避免無法重複的讀取問題，可以設定隔離層級為「可重複讀取」（Repeatable read），也就是同一交易內兩次讀取的資料必須相同。可透過 Connection 的 setTransactionIsolation()設為 TRANSACTION_REPEATABLE_READ，提示資料庫採用此隔離行為。

資料庫對此隔離行為的基本作法之一是，讀取交易在確認前不阻止其他讀取交易，但會阻止其他更新交易。若是這個作法，交易順序結果會變成以下（若原欄位為 ZZZ）：

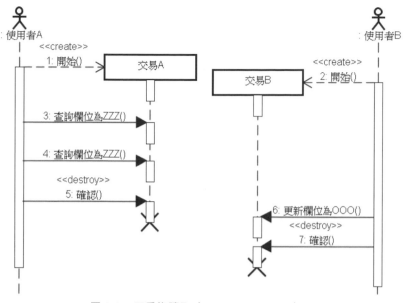

圖 9.23　可重複讀取（Repeatable read）

> **提示 ›››** 在資料庫上這個作法影響效能較大，另一個基本作法是交易正在讀取但尚未確認前，另一交易在會在暫存表格上更新。

　　提示資料庫「可重複讀取」（Repeatable read）的隔離層次之後，資料庫至少得保證交易能避免無法重複讀取、髒讀與更新遺失問題。

▶ 幻讀（Phantom read）

　　同一交易期間，讀取到的資料筆數不一致。例如交易 A 第一次讀取得到五筆資料，此時交易 B 新增了一筆資料，導致交易 A 再次讀取得到六筆資料。

　　如果隔離行為設為可重複讀取，但發生幻讀現象，可以設定隔離層級為「可循序」（Serializable），也就是若有資料不一致的疑慮，交易照順序逐一進行。可透過 Connection 的 setTransactionIsolation()設為 TRANSACTION_SERIALIZABLE，提示資料庫採用此隔離行為。

> **提示 ›››** 交易若真的循序進行，對資料庫的效能影響過於巨大，實際上也許未必直接阻止其他交易或真的循序進行，例如採暫存表格方式，事實上，只要能符合四個交易隔離要求，各家資料庫會尋求最有效能的解決方式。

下表整理了各個隔離行為可預防的問題：

表 9.2　隔離行為與可預防之問題

隔離行為	Lost update	Dirty read	Unrepeatable read	Phantom read
Read uncommitted	預防			
Read committed	預防	預防		
Repreatable read	預防	預防	預防	
Serializable	預防	預防	預防	預防

可以透過 Connection 的 **getMetaData()** 取得 **DatabaseMetadata** 物件，透過 DatabaseMetadata 的 **supportsTransactionIsolationLevel()** 得知是否支援隔離行為。例如：

```
DatabaseMetadata meta = conn.getMetaData();
boolean isSupported = meta.supportsTransactionIsolationLevel(
        Connection.TRANSACTION_READ_COMMITTED);
```

9.2.6　簡介 metadata

Metadata 即「詮釋資料的資料」（Data about data），例如，資料庫是用來儲存資料的地方，然而資料庫本身產品名稱為何？有幾個資料表格？表格名稱為何？表格有幾個欄位等，這些資訊就是 metadata。

JDBC 可以透過 Connection 的 **getMetaData()** 方法取得 **DatabaseMetaData** 物件，透過這個物件取得資料庫整體資訊；ResultSet 表示查詢到的資料，資料本身的欄位、型態等資訊，可以透過 ResultSet 的 getMetaData() 取得 ResultSetMetaData 物件，透過這個物件取得欄位名稱、型態等資訊。

提示 >>> DatabaseMetaData 或 ResultSetMetaData 本身 API 使用不難，問題點在於各家資料庫對某些名詞的定義不同，必須查閱資料庫廠商手冊搭配對應的 API，才能取得想要的資訊。

以上舉個例子，利用 JDBC 的 metadata 相關 API，取得先前檔案管理範例 t_files 表格相關資訊，首先定義 JavaBean：

JDBC TFileInfo.java

```java
package cc.openhome;

import java.io.Serializable;
import java.sql.*;
import java.util.*;
import javax.naming.*;
import javax.sql.DataSource;

public class TFilesInfo implements Serializable {
    private DataSource dataSource;

    public TFilesInfo() {
        try {
            Context initContext = new InitialContext();
            Context envContext = (Context)
                        initContext.lookup("java:/comp/env");
            dataSource = (DataSource) envContext.lookup("jdbc/demo");
        } catch (NamingException ex) {
            throw new RuntimeException(ex);
        }
    }

    public List<ColumnInfo> getAllColumnInfo() {
        try(Connection conn = dataSource.getConnection();) {   ❶ 查詢 T_FILES
            DatabaseMetaData meta = conn.getMetaData();             表格欄位
            ResultSet crs = meta.getColumns(null, null, "T_FILES", null);

            List<ColumnInfo> infos = new ArrayList<>();   ❷ 用來收集欄位資訊
            while(crs.next()) {
                ColumnInfo info = new ColumnInfo();
                info.setName(crs.getString("COLUMN_NAME"));
                info.setType(crs.getString("TYPE_NAME"));        ❸ 封裝欄位名稱、
                info.setSize(crs.getInt("COLUMN_SIZE"));             型態、大小、可
                info.setNullable(crs.getBoolean("IS_NULLABLE"));     否為空、預設值
                info.setDef(crs.getString("COLUMN_DEF"));            等資訊
                infos.add(info);
            }

            return infos;
        } catch (SQLException e) {
            throw new RuntimeException(e);
        }
    }
}
```

　　在呼叫 getAllColumnInfo() 時，會從 Connection 取得 DatabaseMetaData，以查詢資料庫中指定表格的欄位❶，這會取得一個 ResultSet，接著從 ResultSet 逐一取得各個資訊，封裝為 ColumnInfo 物件❸，並收集在 List 傳回❷。

接著撰寫 JSP 頁面使用 TFileInfo 類別：

JDBC metadata.jsp

```
<%@page contentType="text/html; charset=UTF-8"
    pageEncoding="UTF-8"%>
<%@taglib prefix="c" uri="http://java.sun.com/jsp/jstl/core"%>
<jsp:useBean id="tFileInfo" class="cc.openhome.TFilesInfo"/>    ←──❶ 以 JavaBean
<!DOCTYPE html>                                                        方式使用
<html>
    <head>
        <meta charset="UTF-8">
        <title>Metadata</title>
    </head>
    <body>
        <table style="text-align: left;" border="1"
                cellpadding="2" cellspacing="2">
            <tbody>
                <tr>
                    <td>欄位名稱</td>
                    <td>欄位型態</td>
                    <td>可否為空</td>
                    <td>預設數值</td>
                </tr>

                <c:forEach var="columnInfo"
                           items="${tFileInfo.allColumnInfo}">
                    <tr>
                        <td>${columnInfo.name}</td>
                        <td>${columnInfo.type}</td>          ❷ 取得欄位資訊
                        <td>${columnInfo.nullable}</td>        並顯示
                        <td>${columnInfo.def}  </td>
                    </tr>
                </c:forEach>

            </tbody>
        </table>
    </body>
</html>
```

為了簡化範例，在這邊將 TFileInfo 當作 JavaBean 來使用，並利用 JSTL 的 <c:forEach> 逐一取得 ColumnInfo 物件，以表格方式顯示欄位資訊。一個參考畫面如下所示：

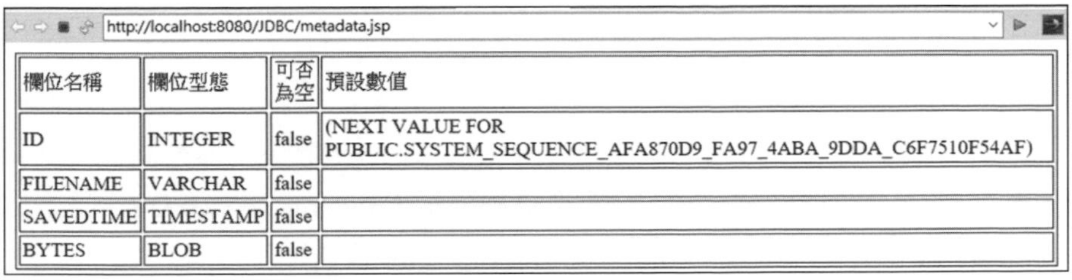

欄位名稱	欄位型態	可否為空	預設數值
ID	INTEGER	false	(NEXT VALUE FOR PUBLIC.SYSTEM_SEQUENCE_AFA870D9_FA97_4ABA_9DDA_C6F7510F54AF)
FILENAME	VARCHAR	false	
SAVEDTIME	TIMESTAMP	false	
BYTES	BLOB	false	

圖 9.24 取得欄位基本資訊

9.3 使用 SQL 標籤庫

JSTL 提供 SQL 標籤庫，可以直接在 JSP 進行資料庫增刪查找，無需撰寫任何 JDBC 程式碼，適用於不複雜的資料庫操作。

9.3.1 資料來源、查詢標籤

若要使用 JSTL 的 SQL 標籤庫，必須使用 `taglib` 指示元素如下定義：

```
<%@taglib prefix="sql" uri="http://java.sun.com/jsp/jstl/sql"%>
```

在進行任何資料庫來源之前，得先設定資料來源（Data source），對 JDBC 而言就是設定連線來源，這可以使用**<sql:setDataSource>**標籤來設定。例如：

```
<sql:setDataSource dataSource="java:/comp/env/jdbc/demo"/>
```

dataSource 屬性可以是 JNDI 字串名稱或 `DataSource` 實例，或者是直接設定驅動程式類別、使用者名稱、密碼與 JDBC URI：

```
<sql:setDataSource driver="org.h2.Driver"
                   user="caterpillar"
                   password="12345678"
                   url="jdbc:h2:tcp://localhost/c:/workspace/JDBC/demo"/>
```

如果要進行資料庫查詢，可以使用**<sql:query>**標籤，若已經使用`<sql:setDataSource>`設定資料來源，可以直接進行 SQL 查詢：

```
<sql:query sql="SELECT * FROM t_message" var="messages"/>
```

如果屬性範圍已經存在 `DataSource`，可以使用`<sql:query>`的 **dataSource** 屬性指定，如果 SQL 語句比較複雜，可以撰寫在標籤本體。例如：

```
<sql:query dataSource="${dataSource}" var="messages">
    SELECT * FROM t_message
</sql:query>
```

　　<sql:query>的 **startRow** 屬性能指定從第幾筆開始取得查詢結果，**maxRows** 屬性可以指定取得幾筆結果，查詢結果是 **javax.servlet.jsp.jstl.sql.Result** 型態，具有 **getColumnNames()**、**getRowCount()**、**getRows()** 等方法，可配合 JSTL 的 <c:forEach>取出每筆資料。例如：

```
<sql:query sql="SELECT * FROM t_message" var="messages"/>
<c:forEach var="message" items="${messages.rows}">
    ${message.name}<br>
    ${message.email}<br>
    ${message.msg}
</c:forEach>
```

　　javax.servlet.jsp.jstl.sql.Result 也有 **getRowsByIdex()** 方法，可以 Object[][] 傳回查詢資料，因此可根據索引取得欄位資料：

```
<sql:query sql="SELECT * FROM t_message" var="messages"/>
<c:forEach var="message" items="${messages.rowsByIndex}">
    ${message[0]}<br>
    ${message[1]}<br>
    ${message[2]}
</c:forEach>
```

提示 >>> 由於 getRowsByIndex()傳回的是 Object[][]，索引要從 0 開始。

9.3.2　更新、參數、交易標籤

　　若想透過 SQL 標籤庫對資料庫進行更新，可以使用**<sql:update>**標籤，例如要在資料庫新增一筆資料：

```
<sql:update>
    INSERT INTO t_message(name, email, msg)
        VALUES('Justin', 'caterpillar@openhome.cc', 'This is a test!')
</sql:update>
```

　　如果 SQL 有部分資料是未定的，例如可能來自請求參數資料，以下寫法雖可以但不建議：

```
<sql:update>
    INSERT INTO t_message(name, email, msg)
        VALUES(${param.user}, ${param.email}, ${param.msg})
</sql:update>
```

正如 9.1.4 提過的，直接將請求參數的值，未經過濾就安插在 SQL，可能會隱含 SQL Injection 的安全問題。可以在 SQL 中使用佔位字元，並搭配**`<sql:param>`**標籤設定佔位字元的值。例如：

```
<sql:update>
    INSERT INTO t_message(name, email, msg) VALUES(?, ?, ?)
    <sql:param value="${param.name}"/>
    <sql:param value="${param.email}"/>
    <sql:param value="${param.msg}"/>
</sql:update>
```

如果欄位是日期時間格式，可以使用**`<sql:paramDate>`**標籤，透過 **type** 屬性設定，指定使用`"time"`、`"date"`或`"timestamp"`的值。`<sql:param>`、`<sql:paramDate>`也可以搭配`<sql:query>`使用。

如果有必要指定交易隔離行為，可以透過**`<sql:transaction>`**標籤設定 `isolation` 屬性，可設定值有`"read_uncommitted"`、`"read_committed"`、`"repeatable"`或`"serializable"`。

下面這個程式改寫 9.1.3 的留言版範例，使用純 JSP 與 SQL 標籤庫來完成相同的功能：

JDBC guestbook3.jsp

```jsp
<%@page contentType="text/html" pageEncoding="UTF-8"%>
<%@taglib prefix="c" uri="http://java.sun.com/jsp/jstl/core"%>
<%@taglib prefix="sql" uri="http://java.sun.com/jsp/jstl/sql"%>
<sql:setDataSource dataSource="jdbc/demo"/>
<c:set target="${pageContext.request}"
        property="characterEncoding" value="UTF-8"/>
<c:if test="${param.msg != null}">
    <sql:update>
        INSERT INTO t_message(name, email, msg) VALUES (?, ?, ?)
        <sql:param value="${param.name}"/>
        <sql:param value="${param.email}"/>
        <sql:param value="${param.msg}"/>
    </sql:update>
</c:if>
<!DOCTYPE html>
<html>
    <head>
        <meta charset="UTF-8">
        <title>訪客留言版</title>
    </head>
    <body>
        <table style="text-align: left; width: 100%;" border="0"
```

```
                    cellpadding="2" cellspacing="2">
            <tbody>
                <sql:query sql="SELECT name, email, msg FROM t_message"
                           var="messages"/>
                <c:forEach var="message" items="${messages.rows}">
                    <tr>
                        <td>${message.name}</td>
                        <td>${message.email}</td>
                        <td>${message.msg}</td>
                    </tr>
                </c:forEach>
            </tbody>
        </table>
    </body>
</html>
```

9.4 綜合練習／微網誌

先前的微網誌綜合練習，使用檔案來儲存相關訊息，這一節將改用資料庫搭配 JDBC 存取資料，之後會再加入一個新功能，可在首頁顯示使用者最新發佈的訊息。

9.4.1 使用 JDBC 實作 DAO

接下來要分別實作 AccountDAO 與 MessageDAO，首先要建立資料庫與表格，資料庫名稱為 gossip，會存放在 C:\workspace\gossip\gossip.mv.db，因此連線時的

JDBC URI 會是 jdbc:h2:tcp://localhost/c:/workspace/gossip/gossip，建立表格時使用的 SQL 如下：

```
CREATE TABLE t_account (
  name VARCHAR(15) NOT NULL,
  email VARCHAR(128) NOT NULL,
  encrypt VARCHAR(32) NOT NULL,
  salt VARCHAR(256) NOT NULL,
  PRIMARY KEY (name)
);
CREATE TABLE t_message (
    name VARCHAR(15) NOT NULL,
    time BIGINT NOT NULL,
    blabla VARCHAR(512) NOT NULL,
    FOREIGN KEY (name) REFERENCES t_account(name)
);
```

首先使用 JDBC 實作 AccountDAO：

gossip AccountDAOJdbcImpl.java

```
package cc.openhome.model;
...略

public class AccountDAOJdbcImpl implements AccountDAO {
    private DataSource dataSource;        ←❶依賴在 DataSource

    public AccountDAOJdbcImpl(DataSource dataSource) {   ←❷注入 DataSource
        this.dataSource = dataSource;
    }

    @Override
    public void createAccount(Account acct) {
        try(var conn = dataSource.getConnection();   ←❸透過 DataSource
            var stmt = conn.prepareStatement(              取得 Connection
      "INSERT INTO t_account(name, email, encrypt, salt) VALUES(?, ?, ?, ?)"
        )) {

            stmt.setString(1, acct.getName());
            stmt.setString(2, acct.getEmail());        ❹取得 Account 封裝的資訊
            stmt.setString(3, acct.getEncrypt());         更新表格欄位
            stmt.setString(4, acct.getSalt());
            stmt.executeUpdate();
        } catch (SQLException e) {
            throw new RuntimeException(e);
        }
    }

    @Override
    public Optional<Account> accountBy(String name) {
        try(var conn = dataSource.getConnection();
            var stmt = conn.prepareStatement(
                    "SELECT * FROM t_account WHERE name = ?")) {
            stmt.setString(1, name);
            var rs = stmt.executeQuery();
            if(rs.next()) {
                return Optional.of(new Account(   ←❺查詢到的帳戶資料封
                    rs.getString(1),                 裝為 Account 物件
                    rs.getString(2),
                    rs.getString(3),
                    rs.getString(4)
                ));
            }
            return Optional.empty();
        } catch (SQLException e) {
            throw new RuntimeException(e);
        }
    }
}
```

在實作 AccountDAOJdbcImpl 時，採用 JDBC 作為存取方案。AccountDAOJdbcImpl 依賴在 DataSource❶，AccountDAOJdbcImpl 物件建立時，必須傳入 DataSource 實例❷，之後要取得 Connection 物件時，就是從 DataSource 實例取得❸。在新增帳戶資料時，會從 Account 物件逐一取得資料，並設為 PreparedStatement 的欄位值❹。在取得帳戶資料時，將查詢到的表格欄位逐個取出，建立 Account 實例封裝❺。

接著使用 JDBC 實作 MessageDAO 介面，同樣地，建構實例時，必須傳入 DataSource 物件：

---

gossip MessageDAOJdbcImpl.java

```java
package cc.openhome.model;
...略

public class MessageDAOJdbcImpl implements MessageDAO {
    private DataSource dataSource;

    public MessageDAOJdbcImpl(DataSource dataSource) {
        this.dataSource = dataSource;
    }

    @Override
    public List<Message> messagesBy(String username) {
        try(var conn = dataSource.getConnection();
            var stmt = conn.prepareStatement(
                "SELECT * FROM t_message WHERE name = ?")) {
            stmt.setString(1, username);
            var rs = stmt.executeQuery();

            var messages = new ArrayList<Message>();
            while(rs.next()) {
                messages.add(new Message(
                    rs.getString(1),
                    rs.getLong(2),
                    rs.getString(3))
                );
            }
            return messages;
        } catch(SQLException e) {
            throw new RuntimeException(e);
        }
    }

    @Override
    public void createMessage(Message message) {
        try(var conn = dataSource.getConnection();
            var stmt = conn.prepareStatement(
                "INSERT INTO t_message(name, time, blabla) VALUES(?, ?, ?)")) {
```

```
                stmt.setString(1, message.getUsername());
                stmt.setLong(2, message.getMillis());
                stmt.setString(3, message.getBlabla());
                stmt.executeUpdate();
            } catch(SQLException e) {
                throw new RuntimeException(e);
            }
        }

        @Override
        public void deleteMessageBy(String username, String millis) {
            try(var conn = dataSource.getConnection();
                var stmt = conn.prepareStatement(
                        "DELETE FROM t_message WHERE name = ? AND time = ?")) {
                stmt.setString(1, username);
                stmt.setLong(2, Long.parseLong(millis));
                stmt.executeUpdate();
            } catch(SQLException e) {
                throw new RuntimeException(e);
            }
        }
    }
```

9.4.2　設定 JNDI 部署描述

　　`AccountDAO` 與 `BlahDAO` 的實作依賴於 `DataSource`，`UserService` 依賴於 `AccountDAO` 與 `BlahDAO`，這邊在 `GossipInitializer` 中完成這些物件間的依賴關係。

gossip GossipInitializer.java

```
package cc.openhome.web;
...略

@WebListener
public class GossipInitializer implements ServletContextListener {

    private DataSource dataSource() {              ❶透過 JNDI 取得 DataSource
        try {
            var initContext = new InitialContext();
            var envContext = (Context) initContext.lookup("java:/comp/env");
            return (DataSource) envContext.lookup("jdbc/gossip");
        } catch (NamingException e) {
            throw new RuntimeException(e);
        }
    }

    public void contextInitialized(ServletContextEvent sce) {
        var dataSource = dataSource();
```

```
            var context = sce.getServletContext();

                    ❷ 設定 UserService、AccountDAO、MessageDAO
                       與 DataSource 間的依賴關係
            var acctDAO = new AccountDAOJdbcImpl(dataSource);
            var messageDAO = new MessageDAOJdbcImpl(dataSource);
            context.setAttribute("userService",
                        new UserService(acctDAO, messageDAO));
    }
}
```

在 GossipInitializer 透過 JNDI 取得 DataSource 實例❶，分別完成+AccountDAO、MessageDAO 對 DataSource 的依賴，以及 UserService 對 AccountDAO、MessageDAO 的依賴關係❷。

由於應用程式中透過 JNDI 取得 DataSource，必須在部署描述檔中加以宣告：

gossip web.xml

```
<?xml version="1.0" encoding="UTF-8"?>
<web-app ...>
    // 略...
    <resource-ref>
        <res-ref-name>jdbc/gossip</res-ref-name>
        <res-type>javax.sql.DataSource</res-type>
        <res-auth>Container</res-auth>
        <res-sharing-scope>Shareable</res-sharing-scope>
    </resource-ref>
</web-app>
```

先前 GossipInitializer 需要從初始參數，取得儲存資料檔案的資料夾名稱，現在已不需要，可以將對應的初始參數設定從 web.xml 移除。

伺服器上必須設置好 JNDI。這邊將採用 Tomcat 9，可在 META-INF 資料夾中，新增一個 context.xml，內容撰寫如下：

gossip context.xml

```
<?xml version="1.0" encoding="UTF-8"?>
<Context antiJARLocking="true" path="/gossip">
    <Resource name="jdbc/gossip"
      auth="Container" type="javax.sql.DataSource"
      maxActive="100" maxIdle="30" maxWait="10000"
      username="caterpillar"
      password="12345678"
```

```
        driverClassName="org.h2.Driver"
        url="jdbc:h2:tcp://localhost/c:/workspace/gossip/gossip"/>
</Context>
```

　　在應用程式部署之後，Tomcat 9 會載入 JDBC 驅動程式、建立 DBCP 連線池、建立 JNDI 相關資源。由於必須載入 JDBC 驅動程式，可將驅動程式的 JAR 檔案，放在 Tomcat 9 的 lib 資料夾。

9.4.3　實作首頁最新訊息

　　目前完成的微網誌，首頁除了登入表單的部分外，其他空空如也，這邊希望加入新功能，可在首頁顯示使用者最新發佈的訊息，完成的畫面如下：

圖 9.25　首頁顯示最新訊息

　　為了能取得使用者最新發表的訊息，要在 `MessageDAO` 介面上新增協定 `newestMessages()`：

gossip MessageDAO.java

```java
package cc.openhome.model;

import java.util.List;

public interface MessageDAO {
    List<Message> messagesBy(String username);
    void createMessage(Message message);
    void deleteMessageBy(String username, String millis);
    List<Message> newestMessages(int n);
}
```

newestMessages()可指定筆數取得最新發表的訊息。接著讓 MessageDAOJdbcImpl 實作 newestMessages()：

gossip MessageDAOJdbcImpl.java

```java
package cc.openhome.model;
...略

public class MessageDAOJdbcImpl implements MessageDAO {
    private DataSource dataSource;

    public MessageDAOJdbcImpl(DataSource dataSource) {
        this.dataSource = dataSource;
    }
    ...略

    @Override
    public List<Message> newestMessages(int n) {
        try(var conn = dataSource.getConnection();
            var stmt = conn.prepareStatement(
                "SELECT * FROM t_message ORDER BY time DESC LIMIT ?")) {
            stmt.setInt(1, n);
            var rs = stmt.executeQuery();

            var messages = new ArrayList<Message>();
            while(rs.next()) {
                messages.add(new Message(
                    rs.getString(1),
                    rs.getLong(2),
                    rs.getString(3))
                );
            }
            return messages;
        } catch(SQLException e) {
            throw new RuntimeException(e);
        }
    }
}
```

目前微網誌應用程式若要進行存取，都是透過 UserService，因此也要在 UserService 新增 newestMessages()方法，實際存取是委託 MessageDAO 的 newestMessages()：

gossip UserService.java

```java
package cc.openhome.model;
...略
```

```java
public class UserService {
    private final AccountDAO acctDAO;
    private final MessageDAO messageDAO;

    public UserService(AccountDAO acctDAO, MessageDAO messageDAO) {
        this.acctDAO = acctDAO;
        this.messageDAO = messageDAO;
    }

    ...略

    public List<Message> newestMessages(int n) {
        return messageDAO.newestMessages(n);
    }
}
```

負責首頁的 Index 現在可以透過 UserService 取得最新訊息，目前設為 10 筆最新訊息，在取得最新訊息後會轉發 index.jsp：

gossip Index.java

```java
package cc.openhome.controller;
...略

@WebServlet(
    urlPatterns={""},
    initParams={
        @WebInitParam(name = "INDEX_PATH", value = "/WEB-INF/jsp/index.jsp")
    }
)
public class Index extends HttpServlet {
    private String INDEX_PATH;
    private UserService userService;

    @Override
    public void init() throws ServletException {
        INDEX_PATH = getInitParameter("INDEX_PATH");
        userService =
                (UserService) getServletContext().getAttribute("userService");
    }

    protected void doPost(
            HttpServletRequest request, HttpServletResponse response)
                    throws ServletException, IOException {
        processRequest(request, response);
    }

    protected void doGet(
            HttpServletRequest request, HttpServletResponse response)
                    throws ServletException, IOException {
```

```
        processRequest(request, response);
    }

    protected void processRequest(
            HttpServletRequest request, HttpServletResponse response)
                    throws ServletException, IOException {
        var newest = userService.newestMessages(10);
        request.setAttribute("newest", newest);

        request.getRequestDispatcher(INDEX_PATH)
                .forward(request, response);
    }
}
```

這邊的 dotGet()、doPost() 都呼叫 processRequest()，這是因為稍後會修改登入的 Login 控制器，令其可以在登入失敗時，會轉發至 Index，目的是取得最新訊息並顯示，由於 Login 會接受 POST 請求，因此轉發目的地 Index 也要能處理 POST 請求。

現在可以在 index.jsp 加入顯示最新訊息的畫面了：

gossip index.jsp

```
<%@taglib prefix="c" uri="http://java.sun.com/jsp/jstl/core"%>
<!DOCTYPE html>
<html>
    <head>
        <meta charset="UTF-8">
        <title>Gossip 微網誌</title>
        <link rel="stylesheet" href="css/gossip.css" type="text/css">
    </head>
    <body>
        ...略
        <div>
            <h1>Gossip ... XD</h1>
            <ul>
                <li>談天說地不奇怪</li>
                <li>分享訊息也可以</li>
                <li>隨意寫寫表心情</li>
            </ul>

    <table style='background-color:#ffffff;'>
        <thead>
            <tr>
                <th><hr></th>
            </tr>
        </thead>
        <tbody>
          <c:forEach var="message" items="${requestScope.newest}">
```

```
        <tr>
            <td style='vertical-align: top;'>${message.username}<br>
                ${message.blabla}<br> ${message.localDateTime}
                <hr>
            </td>
        </tr>
      </c:forEach>
      </tbody>
    </table>

      </div>
   </body>
</html>
```

之前登入失敗時，直接轉發 index.jsp，現在改轉發至 Index，因此 Login 的 LOGIN_PATH 初始參數要做點修改：

gossip Login.java

```
package cc.openhome.controller;

...略

@WebServlet(
    urlPatterns={"/login"},
    initParams={
        @WebInitParam(name = "SUCCESS_PATH", value = "member"),
        @WebInitParam(name = "LOGIN_PATH", value = "/")
    }
)
public class Login extends HttpServlet {
    ...略
}
```

LOGIN_PATH 初始參數改為"/"，也就是應用程式根目錄，因此會經過 Index 控制器，也就能取得最新訊息並顯示了。

9.5　重點複習

JDBC（Java DataBase Connectivity）是執行 SQL 的解決方案，開發人員使用 JDBC 的標準介面，資料庫廠商對介面進行實作，開發人員無需接觸底層資料庫驅動程式的差異性。

資料庫操作相關的 JDBC 介面或類別都位於 java.sql 套件。要連接資料庫，可以向 DriverManager 取得 Connection 物件。Connection 是資料庫連線的代表物件，一個 Connection 物件就代表一個資料庫連線。SQLException 是在處理 JDBC 時很常遇到的例外,為資料庫操作過程發生錯誤時的代表物件。

在 Java EE 的環境中,將取得連線等與資料庫來源相關的行為,規範在 javax.sql.DataSource 介面,如何取得 Connection,由實作介面的物件來負責。

Connection 是資料庫連接的代表物件,接下來要執行 SQL 的話,必須取得 java.sql.Statement 物件,它是 SQL 陳述的代表物件,可以使用 Connection 的 createStatement() 來建立 Statement 物件。

Statement 的 executeQuery() 方法是用於 SELECT 等查詢資料庫的 SQL,executeUpdate() 會傳回 int 結果,表示資料變動的筆數,executeQuery() 會傳回 java.sql.ResultSet 物件,代表查詢的結果,查詢的結果會是一筆一筆的資料。可以使用 ResultSet 的 next() 來移動至下一筆資料,它會傳回 true 或 false 表示是否有下一筆資料,接著可以使用 getXXX() 來取得資料。

在使用 Connection、Statement 或 ResultSet 之後,記得關閉以釋放相關資源。

如果有些操作只是 SQL 語句當中某些參數不同,其餘的 SQL 子句皆相同,可以使用 java.sql.PreparedStatement。可以使用 Connection 的 preparedStatement() 方法建立好一個預先編譯的 SQL 語句,當中參數會變動的部分,先指定'?'這個佔位字元。等到需要真正指定參數執行時,再使用相對應的 setInt()、setString() 等方法,指定'?'處真正應有的參數。

課後練習

實作題

1. 微網誌應用程式的 AccountDAOJdbcImpl 與 MessageDAOJdbcImpl,為了處理 SQLException 與正確關閉 Statement、Connection,有著重複的 try...catch 程式碼,請嘗試透過設計的方式,讓 try...catch 程式碼可以重複使用,以簡化 AccountDAOJdbcImpl 與 MessageDAOJdbcImpl 的原始碼內容。

提示 >>> 搜尋關鍵字「JdbcTemplate」了解相關設計方式。

Web 容器安全管理

10

學習目標

- 了解 Java EE 安全概念與名詞
- 使用容器基本驗證與表單驗證
- 使用 HTTPS 保密資料傳輸

10.1　了解與實作 Web 容器安全管理

在安全這方面，容器提供驗證、授權等機制來滿足基本需求，當你沒辦法做得更好時，適當地使用容器安全管理不僅方便，而且有一定程度的防護效果。

10.1.1　Java EE 安全基本觀念

儘管對安全的要求細節各不相同，然而 Web 容器對於以下的四個安全基本特性提供了基礎：

- 驗證（Authentication）

  具體來說就是確認目前溝通的對象（號稱自己有權存取的對象），真的是自己宣稱的使用者（User）或身份（Identify）（你說自己是 caterpillar 這個使用者，那證據是什麼？）。

- 資源存取控制（Access control for resources）

  基於完整性（Integrity）、機密性（Confidentiality）、可用性限制（Availability constraints）等目的，對資源的存取必須設限，僅提供給一些特定的使用者或程式。

- 資料完整性（Data Integrity）

  在資訊傳輸期間，必須保證資訊的內容不被第三方修改。

- 資料機密性或隱私性（Confidentiality or Data Privacy）

  只讓具合法權限的使用者存取特定的資料。

問題在於如何正確實作這四個需求？要使用表單來做身份驗證嗎？驗證時要提供哪些資料？如何定義應用程式的使用者清單？權限清單？哪些使用者有哪些權限？哪些資源需要受到權限管制？傳送密碼的過程會不會受到竊聽？傳送機密資料時會不會被攔截？攔截後的內容別人看得懂嗎？會不會有人攔截資料後修改之後再送給你？

要實作解決這些需求不容易的事，在 Java EE 對這些做了規範，容器提供了規範的實作。

Java EE 使用**基於角色的存取控制（Role-based access control）**，使用 Web 容器提供的安全機制之前，必須先了解幾個 Java EE 的名詞與觀念：

- 使用者（User）

  允許使用應用程式服務的合法個體（也許是一個人或是一台機器），簡單地說，應用程式會定義使用者清單，要使用應用程式服務必須先通過身份驗證成為使用者。

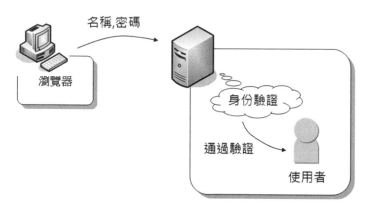

圖 10.1 通過驗證的才稱為使用者（User）

■ 群組（Group）

為了方便管理使用者,可以將多個使用者定義在一個群組中加以管理。例如一般使用者群組、系統管理群組、應用程式管理群組等,一個使用者可以同時屬於多個群組。

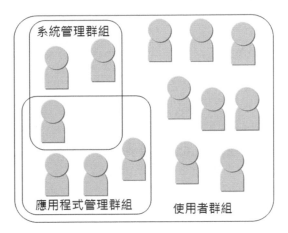

圖 10.2 利用群組管理使用者

■ 角色（Role）

Java 應用程式授權管理的依據。使用者是否可存取某些資源,憑藉的是使用者是否具備某種角色。群組與角色容易讓人混淆不清,群組是系統管理使用者的方式,而角色是 Java 應用程式中管理授權的方式。

例如,伺服器系統上有使用者及群組的資料清單（通常儲存在資料庫中）,但 Java 應用程式的開發人員在進行授權管理時,無法事先得知這個應用程式會部署在哪個伺服器,不能（也不建議）使用伺服器系統的使用者及群組來進行授權管理,而必須根據角色來定義。Java 應用程式部署至伺服器時,再透過伺服器特定的設定,將角色對應至使用者或群組。

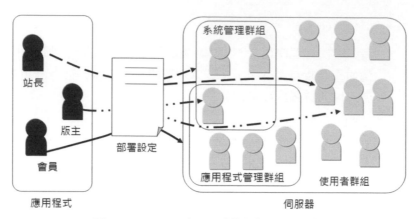

圖 10.3 Java EE 應用程式基於角色進行授權

圖 10.3 左邊定義了三個應用程式角色,角色實際如何對應至伺服器系統的使用者或群組,是透過部署時的設定來決定。例如圖 10.3 站長角色將對應至系統管理群組的三個使用者,以及使用者群組的一個使用者,版主角色對應系統管理群組的一個使用者,與使用者群組的一個使用者。

注意 ▶▶▶ 將角色對照至使用者或群組的設定方式,並非 Java EE 標準,不同的應用程式伺服器會有不同的設定方式。

例如在 Tomcat 容器,會透過 conf 資料夾下的 tomcat-users.xml 設定角色與使用者的對照,一個範例如下:

```
<tomcat-users>
    <role rolename="admin"/>
    <role rolename="member"/>
    <user username="caterpillar" password="12345678" roles="admin,member"/>
    <user username="momor" password="12345678" roles="member"/>
</tomcat-users>
```

在上例中,如果通過容器驗證而登入為 caterpillar 的使用者,將擁有 admin 與 member 角色,可以存取 Web 容器授與 admin 與 member 角色的資源,這會在 web.xml 設定,稍後就會看到。

■ Realm

　儲存身份驗證時必要資料的地方。Realm 這個名詞乍看有點難以理解，
但在談及安全時，很常看到這個名詞。舉例來說，如果進行身份驗證的
方式是基於名稱及密碼，儲存名稱及密碼的地方就稱為 Realm，這也許
是來自檔案，或是資料庫中的使用者表格，也可能是記憶體中的資料，
甚至來自網路。驗證的方式不限於名稱及密碼，也有可能基於憑證
（Certificate）之類的機制，這時提供憑證的來源就是 Realm。

　了解這幾個名詞，稍後在介紹如何使用 Web 容器安全管理時，才知道一些
設定名稱的意義與作用。Web 容器安全管理，基本上可以提供兩個方式：**宣告
式安全（Declarative Security）**與**程設式安全（Programmatic Security）**。

■ 宣告式安全

　可在設定檔中宣告哪些資源是合法授權的使用者才可以存取，在不修改
應用程式原始碼的情況下，為應用程式加上安全管理機制。基本上你已
經有過宣告式安全管理的經驗了，在第 6 單元綜合練習中，若 5.5.2 的
`AccessFilter` 是現成的過濾器元件，只要在標註或 web.xml 設定，就可
以為某些 URI 加上密碼保護。Web 容器本身提供了類似機制，不用自
行撰寫 `AccessFilter`。

■ 程設式安全

　在程式碼中撰寫邏輯，依不同權限的使用者，給予不同的操作功能。例
如，觀看論讀文章的頁面，會員只看到發表文章等基本功能選單，版主
權限的使用者，可以看到刪除討論串、修改會員文章等功能選單。如果
使用 Web 容器安全管理，可以使用 `request` 物件的 `isUserInRole()`或
`getUserPrincipal()`等方法，判斷使用者是否屬於某個角色或取得代表使
用者的 `Principal` 物件，進行相關邏輯判斷，針對不同的使用者（角色）
給予不同的功能。

10.1.2 宣告式基本驗證／授權

假設你已經開發好應用程式，現在想針對幾個頁面進行保護，只有通過身份驗證並授予權限的使用者，才可以觀看這些頁面。

在這邊對身份驗證方式，先採用最簡單的基本（Basic）驗證。在存取某些受保護資源時，瀏覽器會蹦現對話方塊要求輸入名稱密碼。例如在 Chrome 就會出現這個畫面：

圖 10.4 Chrome 被應用程式要求作基本驗證的畫面

如果打算讓 Web 容器提供基本驗證的功能，可以在 web.xml 定義：

```
<login-config>
    <auth-method>BASIC</auth-method>
</login-config>
```

為了能授予角色存取權限，要先定義角色，如之前談過的，這是因為不知道應用程式會部署到哪個伺服器，無法預測會有哪些使用者名稱與群組，也就無法根據使用者名稱或群組來授權，只能根據角色。

在授權之前，必須定義應用程式有哪些角色名稱。可以在 web.xml 定義：

```
<security-role>
    <description>Admin User</description>
    <role-name>admin</role-name>
</security-role>
<security-role>
    <description>Manager</description>
    <role-name>manager</role-name>
</security-role>
```

提示 ❯❯❯ 當應用程式只運行在單一容器時，使用者與資源、驗證與授權會在單一容器上
定義或實作；然而，驗證與授權其實是兩件不同的任務，有興趣可以參考〈驗
證與授權[1]〉。

在這邊定義了 `admin` 與 `manager` 兩個角色名稱。接著定義哪些 URI 可以被
哪些角色以哪種 HTTP 方法存取。例如，設定/`admin` 所有頁面，無論使用哪個
HTTP 方法，都只有 `admin` 角色可以存取：

```
<security-constraint>
    <web-resource-collection>
        <web-resource-name>Admin</web-resource-name>
        <url-pattern>/admin/*</url-pattern>
    </web-resource-collection>
    <auth-constraint>
        <role-name>admin</role-name>
    </auth-constraint>
</security-constraint>
```

如果有多個角色可以存取，**<auth-constraint>**標籤可以設置多個**<role-name>**
標籤。沒有定義 HTTP 方法時，預設就是限制全部的 HTTP 方法。來看另一個
例子：

```
<security-constraint>
    <web-resource-collection>
        <web-resource-name>Manager</web-resource-name>
        <url-pattern>/manager/*</url-pattern>
        <http-method>GET</http-method>
        <http-method>POST</http-method>
    </web-resource-collection>
    <auth-constraint>
        <role-name>admin</role-name>
        <role-name>manager</role-name>
    </auth-constraint>
</security-constraint>
```

根據**<http-method>**的設定，對於/`manager` 的所有頁面，只有 `admin` 或
`manager` 才能使用 GET 與 POST 方法存取。請留意這個語義「只有 `admin` 或
`manager` 才能使用 GET 與 POST 方法存取」，這表示，其他 HTTP 方法，如 PUT、
TRACE、DELETE、HEAD 與 OPTIONS 等，無論是否具備 `admin` 或 `manager` 角色，
都可以存取！

---

[1]　驗證與授權：openhome.cc/Gossip/Programmer/Auth.html

若/manager 只有 admin 或 manager 可以存取，而且只能使用 GET 與 POST 方法，可以使用<http-method-omission>：

```
<security-constraint>
    <web-resource-collection>
        <web-resource-name>Manager</web-resource-name>
        <url-pattern>/manager/*</url-pattern>
        <http-method-omission>GET</http-method-omission>
        <http-method-omission>POST</http-method-omission>
    </web-resource-collection>
    <auth-constraint>
        <role-name>admin</role-name>
        <role-name>manager</role-name>
    </auth-constraint>
</security-constraint>
```

如果沒有設定<auth-constraint>標籤，或是<auth-constraint>標籤中設定<role-name>*</role-name>，表示任何角色都能存取，在 Servlet 3.1 以後<role-name>**</role-name>表示任一通過驗證的使用者。如果直接撰寫<auth-constraint/>，就沒有任何角色可以存取了。

例如，除了 GET、POST 之外，其他方法一律拒絕，可以這麼寫：

```
<security-constraint>
    <web-resource-collection>
        <web-resource-name>Manager</web-resource-name>
        <url-pattern>/manager/*</url-pattern>
        <http-method-omission>GET</http-method-omission>
        <http-method-omission>POST</http-method-omission>
    </web-resource-collection>
    <auth-constraint/>
</security-constraint>
```

約束 GET、POST，然而拒絕其他 HTTP 方法，可以這麼撰寫：

```
<security-constraint>
    <web-resource-collection>
        <web-resource-name>Manager</web-resource-name>
        <url-pattern>/manager/*</url-pattern>
        <http-method>GET</http-method>
        <http-method>POST</http-method>
    </web-resource-collection>
    <auth-constraint>
        <role-name>admin</role-name>
        <role-name>manager</role-name>
    </auth-constraint>
</security-constraint>
```

```xml
<security-constraint>
    <web-resource-collection>
        <web-resource-name>Manager</web-resource-name>
        <url-pattern>/manager/*</url-pattern>
        <http-method-omission>GET</http-method-omission>
        <http-method-omission>POST</http-method-omission>
    </web-resource-collection>
    <auth-constraint/>
</security-constraint>
```

在 Servlet 3.1 以後，對於未被列入`<security-constraint>`的方法，定義為未涵蓋的 HTTP 方法（Uncovered Http Method），並有個`<deny-uncovered-http-methods/>`可以拒絕未涵蓋的 HTTP 方法，試圖存取的話，會傳回 403（`SC_FORBIDDEN`），因此，上面的例子，在 Servlet 3.1 以後可以寫為：

`<deny-uncovered-http-methods/>`

```xml
<security-constraint>
    <web-resource-collection>
        <web-resource-name>Manager</web-resource-name>
        <url-pattern>/manager/*</url-pattern>
        <http-method>GET</http-method>
        <http-method>POST</http-method>
    </web-resource-collection>
    <auth-constraint>
        <role-name>admin</role-name>
        <role-name>manager</role-name>
    </auth-constraint>
</security-constraint>
```

以下是個 web.xml 的設定範例：

BasicAuth web.xml

```xml
<?xml version="1.0" encoding="UTF-8"?>
<web-app xmlns:xsi="http://www.w3.org/2001/XMLSchema-instance"
xmlns="http://xmlns.jcp.org/xml/ns/javaee"
xsi:schemaLocation="http://xmlns.jcp.org/xml/ns/javaee
http://xmlns.jcp.org/xml/ns/javaee/web-app_4_0.xsd" version="4.0">
    <security-constraint>
        <web-resource-collection>
            <web-resource-name>Admin</web-resource-name>
            <url-pattern>/admin/*</url-pattern>
        </web-resource-collection>
        <auth-constraint>
            <role-name>admin</role-name>
        </auth-constraint>
    </security-constraint>
    <security-constraint>
```

根據角色進行授權

```
    <web-resource-collection>
        <web-resource-name>Manager</web-resource-name>
        <url-pattern>/manager/*</url-pattern>
        <http-method>GET</http-method>
        <http-method>POST</http-method>        只有 GET 與 POST 受到限制
    </web-resource-collection>
    <auth-constraint>
        <role-name>admin</role-name>
        <role-name>manager</role-name>
    </auth-constraint>
</security-constraint>
<login-config>
    <auth-method>BASIC</auth-method>        定義驗證方式為基本驗證
</login-config>
<security-role>
    <role-name>admin</role-name>
</security-role>
                                             定義角色名稱
<security-role>
    <role-name>manager</role-name>
</security-role>
</web-app>
```

就 Web 應用程式的設定部分，工作已經結束！將應用程式部署至伺服器時，得在伺服器設定角色與使用者或群組的對應，設定方式並非 Java EE 標準，各伺服器有所不同。例如在 Tomcat，可以在 conf/tomcat-users.xml 定義：

```xml
<?xml version='1.0' encoding='utf-8'?>
<tomcat-users>
  <role rolename="manager"/>
  <role rolename="admin"/>
  <user username="caterpillar" password="12345678" roles="admin,manager"/>
  <user username="momor" password="87654321" roles="manager"/>
</tomcat-users>
```

提示 >>> 在 Eclipse 中，伺服器設定資訊會儲存在「Servers」專案，要修改的是「Server」專案的 tomcat-users.xml。

```
✓ 📂 Servers
    ✓ 📂 Tomcat v9.0 Server at localhost-config
          📄 catalina.policy
          📄 catalina.properties
          📄 context.xml
          📄 server.xml
          📄 tomcat-users.xml
          📄 web.xml
```

　　在這個設定中，`caterpillar` 具有 `admin` 與 `manager` 角色，而 `momor` 具有 `manager` 角色。在啟動應用程式後，如果存取/`admin` 或/`manager`，會出現對話方塊要求輸入名稱、密碼。若輸入錯誤，會一直要求輸入正確的名稱、密碼。如果取消輸入，會出現以下的畫面：

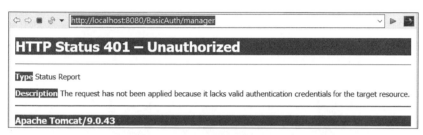

圖 10.5　驗證失敗畫面

　　如果存取/`admin` 的頁面，只有輸入 `caterpillar` 名稱及正確的密碼，才可以觀看到頁面，若輸入 `momor` 及正確密碼，雖然可以通過驗證，但 `momor` 只有 `manager` 角色的權限，無法觀看 `admin` 角色的頁面，就會出現拒絕存取的畫面。

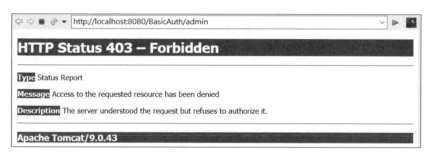

圖 10.6　權限不足，拒絕存取的畫面

提示 ❯❯❯　tomcat-users.xml是 Tomcat 預設的 Realm，用來儲存角色、使用者名稱、密碼等；可以改用資料庫表格，這需要額外設定，在本章稍後的微網誌應用程式綜合練習中，會示範如何設定 Tomcat 的 DataSourceRealm，其他的應用程式伺服器，就請參考各廠商的使用手冊了。

10.1.3　容器基本驗證／授權原理

　　這邊必須來談談容器基本驗證／授權的原理，如此才能了解這種方式是否符合安全需求。

在初次請求某個受保護的 URI 時，容器會檢查請求中是否包括
Authorization 標頭，如果沒有的話，容器會回應 401 Unauthorized 的狀態碼
與訊息，以及 WWW-Authenticate 標頭給瀏覽器，瀏覽器收到 WWW-Authenticate
標頭之後，就會出現對話方塊要求使用者輸入名稱及密碼。

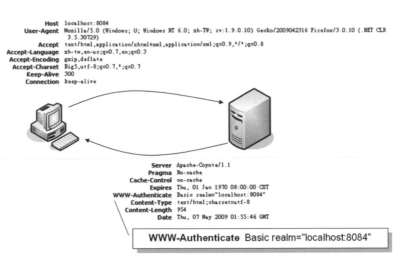

圖 10.7 回應中包括 WWW-Authenticate 標頭

如果使用者在對話方塊中輸入名稱、密碼後按下確定，瀏覽器將名稱、密
碼以 BASE64 方式編碼，然後放在 Authorization 標頭送出。容器會檢查請求
是否包括 Authorization 標頭，驗證名稱、密碼是否正確，如果正確，就將資
源傳送給瀏覽器。

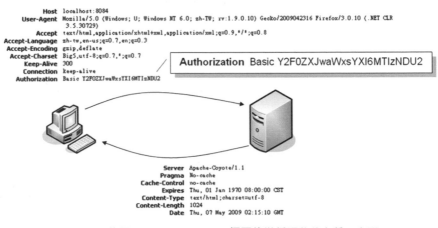

圖 10.8 使用 Authorization 標頭傳送編碼後的名稱、密碼

提示 >>> BASE64 是將二進位的位元組編碼（Encode）為 ASCII 序列的編碼方式，在 HTTP 中用來傳送內容較長的資料。編碼並非加密，只要反編碼（Decode）就能取得原始資訊。

接下來在關閉瀏覽器之前，只要是對伺服器的請求，每次都會包括 `Authorization` 標頭，而伺服器每次也會檢查是否有 `Authorization` 標頭，所以登入有效期間，會一直持續到關閉瀏覽器為止。下圖為容器基本驗證的流程圖：

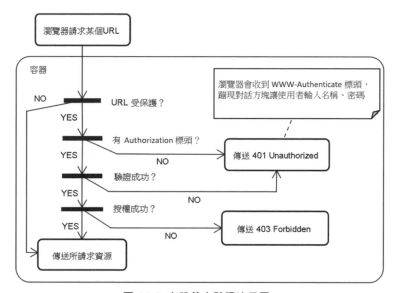

圖 10.9 容器基本驗證流程圖

由於使用對話方塊輸入名稱、密碼，無法自訂登入畫面（只能使用瀏覽器的蹦現對話方塊）。由於傳送名稱、密碼時是使用 `Authorization` 標頭，無法設計登出機制，關閉瀏覽器是結束會話的唯一方式。

10.1.4　宣告式表單驗證

如果要自訂登入的畫面，以及登入錯誤時的頁面，可以改用容器提供的表單驗證機制。要將之前的基本驗證改為表單驗證的話，可以在 web.xml 修改 `<login-config>` 的設定：

```
FormAuth web.xml
```

```xml
<?xml version="1.0" encoding="UTF-8"?>
<web-app xmlns:xsi="http://www.w3.org/2001/XMLSchema-instance"
xmlns="http://xmlns.jcp.org/xml/ns/javaee"
xsi:schemaLocation="http://xmlns.jcp.org/xml/ns/javaee
http://xmlns.jcp.org/xml/ns/javaee/web-app_4_0.xsd" version="4.0">

    // 略...
    <login-config>
        <auth-method>FORM</auth-method>
        <form-login-config>
            <form-login-page>/login.html</form-login-page>
            <form-error-page>/error.html</form-error-page>
        </form-login-config>
    </login-config>
    // 略...
</web-app>
```

　　<auth-method>的設定從 BASIC 改為 FORM，由於使用表單網頁進行登入，必須告訴容器，登入頁面是哪個？登入失敗的頁面又是哪個？這是在**<form-login-page>**及**<form-error-page>**設定，設定時必須以斜線開始，也就是從應用程式根資料夾開始的 URI 路徑。

　　再來可以設計自己的表單頁面，表單發送的 URI 必須是 **j_security_check**，發送名稱的請求參數必須是**j_username**，發送密碼的請求參數必須是**j_password**。以下是個簡單的示範：

```
FormAuth login.html
```

```html
<!DOCTYPE html>
<html>
  <head>
    <title>登入</title>
    <meta charset="UTF-8">
  </head>
  <body>
    <form action="j_security_check" method="post">
        名稱:<input type="text" name="j_username"><br>
        密碼:<input type="password" name="j_password"><br>
        <input type="submit" value="送出">
    </form>
  </body>
</html>
```

　　至於錯誤網頁的內容可以自行設計，沒什麼要遵守的規定。

10.1.5　容器表單驗證／授權原理

　　來了解一下容器利用表單進行驗證的原理。使用表單驗證時，如果存取受保護的資源，容器會檢查查看 `HttpSession` 中有無`"javax.security.auth.subject"`屬性，若沒有這個屬性表示沒有經過容器驗證流程，轉發至登入網頁，使用者輸入名稱、密碼並發送後，若驗證成功，容器在 `HttpSession` 設定屬性名稱`"javax.security.auth.subject"`的對應值 **`javax.security.auth.Subject`** 實例。具體的流程如下：

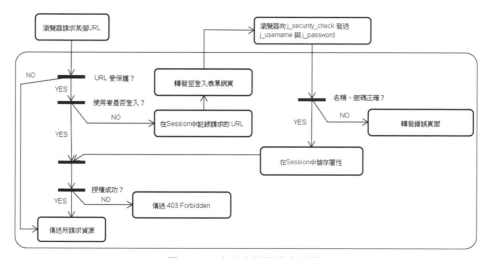

圖 10.10 容器表單驗證流程圖

　　要讓此次登入失效，可以呼叫 `HttpSession` 的 `invalidate()`方法，因此在表單驗證時可以設計登出機制。

　　除了基本驗證與表單驗證，`<auth-method>`還可以設定 `DIGEST` 或 `CLIENT-CERT`。

　　`DIGEST` 即所謂「摘要驗證」，瀏覽器會出現對話方塊輸入名稱、密碼，而後透過 `Authorization` 標頭傳送，只不過並非使用 BASE64 編碼名稱、密碼。瀏覽器會直接傳送名稱，但密碼先進行（MD5）摘要演算（非加密），得到理論上唯一且不可逆的字串再傳送，伺服端根據名稱從後端取得密碼，以同樣的方式做摘要演算，再比對瀏覽器送來的摘要字串是否符合，如果符合就驗證成功。由於網路傳送時不是真正的密碼，而是不可逆的摘要，密碼不容易被得知，理論上比較安全一些。不過 Java EE 規範中並無要求一定得支援 `DIGEST` 的驗證方式（看廠商實作，Tomcat 是有支援）。

CLIENT-CERT 也是用對話方塊方式輸入名稱與密碼,因為使用 PKC(Public Key Certificate)加密,可保證資料傳送時的機密性及完整性,客戶端需要安裝憑證(Certificate),在一般使用者及應用程式間並不常採用。

10.1.6 使用 HTTPS 保護資料

HTTP over SSL 是俗稱的 HTTPS。在 HTTPS 中,伺服端會提供憑證來證明自己的身份及提供加密用的公鑰,而瀏覽器會利用公鑰加密資訊再傳送給伺服端,伺服端再用對應的私鑰進行解密以取得資訊,客戶端本身不用安裝憑證,在保護資料傳送上是常採用的方式。

提示 >>> 要仔細說明公鑰、私鑰、憑證等觀念,已超出本書的範圍。你只要知道接下來怎麼設定 web.xml,讓容器利用伺服器的 HTTPS 傳輸資料就可以了。

如果要使用 HTTPS 傳輸資料,只要在 web.xml 中需要安全傳輸的 **<security-contraint>**設定:

```
<user-data-constraint>
    <transport-guarantee>CONFIDENTIAL</transport-guarantee>
</user-data-constraint>
```

<transport-guarantee>預設值是 NONE,可以設定為 CONFIDENTIAL 或 INTEGRAL,CONFIDENTIAL 在保證資料的機密性,也就是資料不可被未經驗證、授權的其他人看到,INTEGRAL 在保證完整性,也就是資料不可以被第三方修改。事實上,無論設定 CONFIDENTIAL 或 INTEGRAL,都可以保證機密性與完整性,只是大家慣例上都設定 CONFIDENTIAL。

可以為之前的表單驗證設定使用 HTTPS:

HTTPS web.xml

```
<?xml version="1.0" encoding="UTF-8"?>
<web-app xmlns:xsi="http://www.w3.org/2001/XMLSchema-instance"
xmlns="http://xmlns.jcp.org/xml/ns/javaee"
xsi:schemaLocation="http://xmlns.jcp.org/xml/ns/javaee
http://xmlns.jcp.org/xml/ns/javaee/web-app_4_0.xsd" version="4.0">

    // 略...
    <security-constraint>
        <web-resource-collection>
```

```
                <web-resource-name>Admin</web-resource-name>
                <url-pattern>/admin/*</url-pattern>
            </web-resource-collection>
            <auth-constraint>
                <role-name>admin</role-name>
            </auth-constraint>
            <user-data-constraint>
                <transport-guarantee>CONFIDENTIAL</transport-guarantee>
            </user-data-constraint>        └─ 設定資料傳輸必須保證機密性與完整性
    </security-constraint>
    <security-constraint>
        <web-resource-collection>
            <web-resource-name>Manager</web-resource-name>
            <url-pattern>/manager/*</url-pattern>
            <http-method>GET</http-method>
            <http-method>POST</http-method>
        </web-resource-collection>
        <auth-constraint>
            <role-name>admin</role-name>
            <role-name>manager</role-name>
        </auth-constraint>
        <user-data-constraint>
            <transport-guarantee>CONFIDENTIAL</transport-guarantee>
        </user-data-constraint>        └─ 設定資料傳輸必須保證機密性與完整性
    </security-constraint>
    // 略...
</web-app>
```

　　就 Web 應用程式來說，只要這樣設定就夠了！若伺服器有支援 SSL 且安裝好憑證，請求受保護的資源時，伺服器會要求瀏覽器重新導向使用 https。

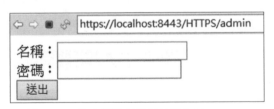

圖 10.11　注意網址列已重新導向至 `https`

伺服器必須支援 SSL 並安裝憑證，可以參考 5.1.4 設定。

10.1.7　程設式安全管理

　　Web 容器的宣告式安全管理，僅能針對 URI 設定哪些資源必須受到保護，如果打算依不同角色，在同一頁面設定可存取的資源，例如只有站長或版面管理員可以看到刪除整個討論串的功能，一般使用者不行，顯然地無法單純使用宣告式安全管理來達成。

Servlet 3.0 以後，`HttpServletRequest` 新增了三個與安全有關的方法：`authenticate()`、`login()`、`logout()`。

首先來看到 `authenticate()` 方法，搭配先前宣告式管理 web.xml 的設定，通過容器驗證才可以執行的流程，可以如下撰寫：

Programmatic User.java

```java
package cc.openhome;

...略

@WebServlet("/user")
public class User extends HttpServlet {
    @Override
    protected void doGet(
        HttpServletRequest request, HttpServletResponse response)
                    throws ServletException, IOException {
        if(request.authenticate(response)) {
            response.setContentType("text/html;charset=UTF-8");
            PrintWriter out = response.getWriter();
            out.println("必須驗證過使用者才可以看到的資料");
            out.println("<a href='logout'>登出</a>");
        }
    }
}
```

如果 `authenticate()` 傳回 false，表示驗證失敗，會自動轉發至登入表單：

Programmatic login.html

```html
<!DOCTYPE html>
<html>
  <head>
    <title>登入</title>
    <meta charset="UTF-8">
  </head>
  <body>
    <form action="login" method="post">
        名稱：<input type="text" name="user"><br>
        密碼：<input type="password" name="passwd" autocomplete="off"><br>
        <input type="submit" value="送出">
    </form>
  </body>
</html>
```

　　在登入表單中，可以決定登入驗證時的 `action`、請求參數等，執行登入時，可以使用請求物件的 `login()` 方法：

Programmatic Login.java

```java
package cc.openhome;

...略

@WebServlet("/login")
public class Login extends HttpServlet {
    @Override
    protected void doPost(
        HttpServletRequest request, HttpServletResponse response)
                        throws ServletException, IOException {
        String user = request.getParameter("user");
        String passwd = request.getParameter("passwd");
        try {
            request.login(user, passwd);
            response.sendRedirect("user");
        } catch(ServletException ex) {
            response.sendRedirect("login.html");
        }
    }
}
```

　　如果登入成功，Session ID 會更換。若要登出，可以使用請求物件的 `logout()` 方法：

Programmatic Logout.java

```java
package cc.openhome;

...略

@WebServlet("/logout")
public class Logout extends HttpServlet {
    protected void doGet(
        HttpServletRequest request, HttpServletResponse response)
            throws ServletException, IOException {
        request.logout();
        response.sendRedirect("login.html");
    }
}
```

　　在 Servlet 3.0 之前，`HttpServletRequest` 就已存在三個安全相關的方法：**getUserPrincipal()**、**getRemoteUser()** 及 **isUserInRole()**。

　　`getUserPrincipal()` 可以取得代表登入使用者的 `Principal` 物件。`getRemoteUser()` 可以取得登入使用者的名稱（如果驗證成功的話）或是傳回 `null`（如果沒有驗證成功的使用者）。

　　`isUserInRole()` 方法，可以傳給它一個角色名稱，如果登入的使用者屬於該角色傳回 `true`，否則傳回 `false`（沒有登入就呼叫也會傳回 `false`）。一個基本的使用方式像是：

```
if(request.isUserInRole("admin") || request.isUserInRole("manager")) {
    // 進行站長或版面管理員才可以作的事，例如呼叫刪除討論串的方法之類的
}
```

　　上面的程式碼中，將角色名稱直接寫死了。如果不想在程式碼寫死角色名稱，有兩個方式可以解決。第一個方式是透過 Servlet 初始參數設定。第二個方式，可以在 `<servlet>` 標籤設定 **`<security-role-ref>`**，透過 **`<role-link>`** 與 **`<role-name>`** 將程式碼中的名稱跟實際角色名稱對應起來。例如若 web.xml 定義如下：

```
<web-app…>
    <servlet>
        <security-role-ref>
            <role-name>administrator</role-name>
            <role-link>admin</role-link>
        </security-role-ref>
        ..
    </servlet>
    // 略…
    <security-role>
        <role-name>admin</role-name>
        <role-name>manager</role-name>
    </security-role>
</web-app>
```

　　如果 Servlet 程式碼中是這麼寫的：

```
if(request.isUserInRole("administrator")) {
    // 略...
}
```

　　則根據 web.xml 中 `<security-role-ref>` 的設定，`administrator` 名稱將對應至實際的角色名稱為 `admin`。

10.1.8　標註存取控制

　　除了在 web.xml 設定 `<security-constraint>`，也可直接在程式碼中使用 **@ServletSecurity** 設定對應的資訊。例如，如果 web.xml 中設定基本驗證：

```
<login-config>
    <auth-method>BASIC</auth-method>
</login-config>
```

　　若 /admin 僅允許 admin 角色存取的話，可以如下在 Servlet 中定義：

Declarative Admin.java

```
package cc.openhome;

...略

@WebServlet("/admin")
@ServletSecurity(
    @HttpConstraint(rolesAllowed = {"admin"})
)
public class Admin extends HttpServlet {
    protected void doGet(
        HttpServletRequest request, HttpServletResponse response)
                        throws ServletException, IOException {
        response.setContentType("text/html;charset=UTF-8");
        response.getWriter().println("只有 admin 才看得到");
    }
}
```

　　進一步地，如果 /manager 只允許 admin 與 manager 使用 GET、POST，而其他方法只允許 admin 角色，可以如下：

Declarative Manager.java

```
package cc.openhome;

...略

@WebServlet("/manager")
@ServletSecurity(
    value=@HttpConstraint(rolesAllowed = {"admin", "manager"}),
    httpMethodConstraints = {
        @HttpMethodConstraint(
            value = "GET", rolesAllowed = {"admin", "manager"}
        ),
        @HttpMethodConstraint(
            value = "POST", rolesAllowed = {"admin", "manager"}
        )
    }
```

```
)
public class Manager extends HttpServlet {
    protected void doGet(
        HttpServletRequest request, HttpServletResponse response)
                        throws ServletException, IOException {
        response.setContentType("text/html;charset=UTF-8");
        response.getWriter().println("只有 admin 與 manager 才看得到");
    }
}
```

如果要設定<transport-guarantee>的對應資訊，可以如下：

```
...
@WebServlet(name="SecurityServlet", urlPatterns={"/security"})
@ServletSecurity(
    httpMethodConstraints = {
        @HttpMethodConstraint(
            value = "GET", rolesAllowed = {"admin", "manager"},
            transportGuarantee = TransportGuarantee.CONFIDENTIAL
        ),
        @HttpMethodConstraint(
            value = "POST", rolesAllowed = {"admin", "manager"},
            transportGuarantee = TransportGuarantee.CONFIDENTIAL
        )
    }
)
public class Security extends HttpServlet {
...
```

10.2 綜合練習／微網誌

在先前的微網誌程式中，使用自行設計的 AccessFilter 過濾使用者是否登入，這的綜合練習將應用本章內容，將登入檢查、驗證等動作交給 Web 容器負責。

10.2.1 使用容器表單驗證

微網誌應用程式原先使用表單驗證，因此在這邊採用 Web 容器表單驗證，為此必須在 web.xml 如下定義：

gossip web.xml

```
<?xml version="1.0" encoding="UTF-8"?>
<web-app ...>
    ...略
    <login-config>
        <auth-method>FORM</auth-method>
            <form-login-config>
```

```
                    <form-login-page>/</form-login-page>
                    <form-error-page>/ </form-error-page>
                </form-login-config>
        </login-config>
</web-app>
```

處理登入的 Servlet，直接使用 HttpServletRequest 的 login()方法：

gossip Login.java

```java
package cc.openhome.controller;

...略

@WebServlet(
    urlPatterns={"/login"},
    initParams={
        @WebInitParam(name = "SUCCESS_PATH", value = "member"),
        @WebInitParam(name = "LOGIN_PATH", value = "/")
    }
)
public class Login extends HttpServlet {
    ...略

    protected void doPost(
            HttpServletRequest request, HttpServletResponse response)
                            throws ServletException, IOException {
        var username = request.getParameter("username");
        var password = request.getParameter("password");

        if(isInputted(username, password) &&
                login(request, username, password)) {
            request.getSession().setAttribute("login", username);
            response.sendRedirect(SUCCESS_PATH);
        } else {
            request.setAttribute("errors", Arrays.asList("登入失敗"));
            request.getRequestDispatcher(LOGIN_PATH)
                    .forward(request, response);
        }
    }

    private boolean login(HttpServletRequest request,
                                String username, String password) {
        var optionalPasswd =
                userService.encryptedPassword(username, password);
        try {
            request.login(username, optionalPasswd.get());
            return true;
        } catch(NoSuchElementException | ServletException e) {
            e.printStackTrace();
            return false;
        }
```

```
    }
    ...略
}
```

由於微網誌應用程式的密碼欄位並不儲存明碼，因此必須將使用者傳送的 password 進行加鹽雜湊，然後才呼叫 request 的 login()方法，為此，UserService 新增了 encryptedPassword()方法：

gossip UserService.java

```
package cc.openhome.model;

...略

public class UserService {
    ...略

    public Optional<String> encryptedPassword(
                            String username, String password) {
        var optionalAcct = acctDAO.accountBy(username);
        if(optionalAcct.isPresent()) {
            var acct = optionalAcct.get();
            var salt = Integer.parseInt(acct.getSalt());
            return Optional.of(String.valueOf(password.hashCode() + salt));
        }
        return Optional.empty();
    }
    ...略
}
```

負責登出的 Servlet，使用 HttpServletRequest 的 logout()方法：

gossip Logout.java

```
package cc.openhome.controller;
...略

@WebServlet("/logout")
@ServletSecurity(
    @HttpConstraint(rolesAllowed = {"member"})
)
public class Logout extends HttpServlet {
    ...略
    protected void doGet(HttpServletRequest request,
                         HttpServletResponse response)
                            throws ServletException, IOException {
        request.logout();
        response.sendRedirect(LOGIN_PATH);
    }
}
```

在原先的 AccessFilter 過濾器的設定中，/logout 是受到保護的，現在改用宣告式安全，只有登入成為 member 才可以請求，類似地，/member、/new_message、/del_message 等 Servlet，也都如上標註 @ServletSecurity，這邊就不列出原始碼了，接下來直接刪除先前撰寫的 AccessFilter 過濾器，改用容器提供的安全機制來保護指定的頁面，不過暫時還不能登入，因為尚未設定容器讀取使用者與角色的資料庫來源。

10.2.2　設定 DataSourceRealm

Tomcat 預設讀取 tomcat-users.xml 的使用者與角色資料，然而微網誌的資料都儲存在資料庫，這邊將設定 DataSourceRealm，讓 Tomcat 能讀取表格中儲存的使用者與角色資料。

提示 >>> Realm 的設定不在規範之中，而是由廠商自行實作，Tomcat 9 如何設定各種 Realm，可以參考〈Realm Configuration HOW-TO[2]〉。

要在 Tomcat 使用 DataSourceRealm，必須有個對應使用者與角色的表格，可以使用以下的 SQL 來建立微網誌應用程式所需的各個表格：

```
CREATE TABLE t_account (
  name VARCHAR(15) NOT NULL,
  email VARCHAR(128) NOT NULL,
  encrypt VARCHAR(32) NOT NULL,
  salt VARCHAR(256) NOT NULL,
  PRIMARY KEY (name)
);
CREATE TABLE t_message (
    name VARCHAR(15) NOT NULL,
    time BIGINT NOT NULL,
    blabla VARCHAR(512) NOT NULL,
    FOREIGN KEY (name) REFERENCES t_account(name)
);
CREATE TABLE t_account_role (
    name VARCHAR(15) NOT NULL,
    role VARCHAR(15) NOT NULL,
    PRIMARY KEY (name, role)
);
```

---

[2] Realm Configuration HOW-TO：tomcat.apache.org/tomcat-9.0-doc/realm-howto.html

　　因為使用者必須有對應的角色，在新增使用者時，必須一併在 t_account_role 表格新增資料，必須修改一下 AccountDAOJdbcImpl 中 createAccount() 方法：

gossip AccountDAOJdbcImpl.java

```
package cc.openhome.model;
...略
public class AccountDAOJdbcImpl implements AccountDAO {
    ...略

    @Override
    public void createAccount(Account acct) {
        try(var conn = dataSource.getConnection();
            var stmt = conn.prepareStatement(
      "INSERT INTO t_account(name, email, password, salt) VALUES(?, ?, ?, ?)");
            var stmt2 = conn.prepareStatement(
      "INSERT INTO t_account_role(name, role) VALUES(?, 'member')")) {

            conn.setAutoCommit(false);                    ❶ 新增使用者與
                                                              角色對應
            stmt.setString(1, acct.getName());
            stmt.setString(2, acct.getEmail());
            stmt.setString(3, acct.getPassword());
            stmt.setString(4, acct.getSalt());
            stmt.executeUpdate();

            stmt2.setString(1, acct.getName());
            stmt2.executeUpdate();

            conn.commit();  ❷ 執行變更
        } catch (SQLException e) {
            throw new RuntimeException(e);
        }
    }
    ...略
}
```

　　在新增使用者時，必須一併於 t_account_role 中新增使用者與角色對應❶，並且記得執行變更❷。

　　接著在 context.xml 設定 DataSourceRealm 相關資訊：

gossip context.xml

```
<?xml version="1.0" encoding="UTF-8"?>
<Context antiJARLocking="true" path="/Gossip">
    ...略
    <Realm className="org.apache.catalina.realm.DataSourceRealm"
      localDataSource="true"
```

```
        dataSourceName="jdbc/gossip"
        userTable="t_account" userNameCol="name" userCredCol="encrypt"
        userRoleTable="t_account_role" roleNameCol="role"/>
</Context>
```

dataSourceName 是 9.4.2 設定的 DataSource JNDI 名稱，userTable 是使用者表格名稱，userNameCol 是使用者表格中的使用者欄位名稱，userCredCol 是使用者表格中的密碼欄位名稱，userRoleTable 是角色對應表格名稱，roleNameCole 是角色對應表格中的角色欄位名稱。

完成以上設定後，重新啟動 Tomcat，就可以新增使用者並嘗試進行登入。

10.3　重點複習

當應用程式要求具備安全性時，可以歸納為四個基本需求：驗證、授權、機密性完整性。

在使用 Web 容器提供的安全實作之前，必須先了解幾個 Java EE 的名詞與觀念：使用者、群組、角色、Realm。

角色是 Java 應用程式授權管理的依據。Java 應用程式的開發人員在進行授權管理時，無法事先得知應用程式將部署在哪個伺服器上，無法直接使用伺服器系統上的使用者及群組來進行授權管理，而必須根據角色來定義。屆時 Java 應用程式真正部署至伺服器時，再透過伺服器特定的設定方式，將角色對應至使用者或群組。

使用 Web 容器安全管理，基本上可以提供兩個安全管理的方式：宣告式安全（Declarative Security）與程設式安全（Programmatic Security）。

在授權之前，必須定義應用程式中，有哪些角色名稱。接著定義哪些 URI 可以被哪些角色以哪種 HTTP 方法存取。

沒有設定 <http-method>，所有 HTTP 方法都受到限制。設定了 <http-method>，只有設定被設定的 HTTP 方法受到限制，其他方法不受限制。如果沒有設定 <auth-constraint> 標籤，或是 <auth-constraint> 標籤中設定 <role-name>*</role-name>，表示任何角色都可以存取。如果直接撰寫 <auth-constraint/>，那就沒有任何角色可以存取了。

　　容器基本驗證是使用對話方塊輸入名稱、密碼，所以使用基本驗證時無法自訂登入畫面，而傳送名稱、密碼時是使用 Authentication 標頭，無法設計登出機制，關閉瀏覽器是結束會話的唯一方式。容器表單驗證時，發送的 URI 要是 j_security_check，發送名稱的請求參數必須是 j_username，發送密碼的請求參數必須是 j_password，登入字符是儲存在 HttpSession 中，如果要讓此次登入失效，可以呼叫 HttpSession 的 invalidate() 方法，因此在表單驗證時可以設計登出機制。

　　在 <auth-method> 可以設定的值是 BASIC、FORM、DIGEST 或 CLIENT-CERT。

　　通常 Web 應用程式要在傳輸過程中保護資料，會採用 HTTP over SSL，就就是俗稱的 HTTPS。如果要使用 HTTPS 來傳輸資料，只要在 web.xml 中需要安全傳輸的 <security-contraint> 中設定：

```
<user-data-constraint>
    <transport-guarantee>CONFIDENTIAL</transport-guarantee>
</user-data-constraint>
```

　　<transport-guarantee> 預設值是 NONE，還可以設定的值是 CONFIDENTIAL 或 INTEGRAL。事實上無論設定 CONFIDENTIAL 或 INTEGRAL，都可以保證機密性與完整性，慣例上都設定 CONFIDENTIAL。

　　如果使用容器的驗證及授權管理，那麼有五個 HttpServletRequest 上的方法與安全管理有關：login()、logout()、getUserPrincipal()、getRemoteUser() 及 isUserInRole()。

📖 課後練習

實作題

1. 在 9.2.4 曾經實作一個檔案管理程式，請利用本章學到的 Web 容器安全管理，必須通過表單驗證才能使用檔案管理程式，可以使用 Tomcat 的 tomcat-users.xml 作為使用者與角色資料來源。

JavaMail 入門

- 寄送純文字郵件
- 寄送 HTML 郵件
- 寄送附檔郵件

11.1 使用 JavaMail

在郵件寄送方面，Java EE 的解決方案是 JavaMail，本章將簡介 JavaMail，並應用於微網誌應用程式，在使用者忘記密碼時，可藉由郵件通知來變更密碼。

11.1.1 傳送純文字郵件

可以至〈JavaMail[1]〉參考實作網站下載 JavaMail 程式庫，它相依的程式庫可在〈JavaBeans Activation Framework[2]〉下載，可以將 JAR 放置至 Web 應用程式的 WEB-INF/lib 資料夾。

要使用 JavaMail 進行郵件傳送，首先必須建立代表當次郵件會話的 `javax.mail.Session` 物件，Session 包括了 SMTP 郵件伺服器位址、連接埠、使用者名稱、密碼等資訊，以連接 Gmail 為例，可以如下建立 Session 物件：

```
Properties props = new Properties();
props.put("mail.smtp.host", "smtp.gmail.com");
props.put("mail.smtp.auth", "true");
props.put("mail.smtp.starttls.enable", "true");
```

---

[1] JavaMail：javaee.github.io/javamail/

[2] JavaBeans Activation Framework：oracle.com/java/technologies/java-beans-activation.html

```
props.put("mail.smtp.port", 587);
Session session = Session.getInstance(props,
    new Authenticator(){
        protected PasswordAuthentication getPasswordAuthentication() {
            return new PasswordAuthentication(username, password);
        }
    });
```

其中 username"與 password 必須是你的 Gmail 使用者帳號（像是 xxx@gmail.com）與密碼。在取得代表當次郵件傳送會話的 Session 物件後，接著要建立郵件訊息，設定寄件人、收件人、主旨、傳送日期與郵件本文：

```
Message message = new MimeMessage(session);
message.setFrom(new InternetAddress(from));
message.setRecipient(Message.RecipientType.TO, new InternetAddress(to));
message.setSubject(subject);
message.setSentDate(new Date());
message.setText(text);
```

最後再以 **javax.mail.Transport** 的靜態 **send()** 方法傳送訊息：

```
Transport.send(message);
```

接下來以實際範例，示範如何發送純文字郵件，這個範例使用以下的網頁進行郵件發送：

圖 11.1 簡單的郵件發送網頁

按下「傳送」按鈕後，郵件會發送給以下的 Servlet 處理：

JavaMail Mail.java

```java
package cc.openhome;

...略

@WebServlet(
    urlPatterns={"/mail"},
    initParams={
        @WebInitParam(name = "host", value = "smtp.gmail.com"),
        @WebInitParam(name = "port", value = "587"),
        @WebInitParam(name = "username", value = "yourname@gmail.com"),
        @WebInitParam(name = "password", value = "yourpassword")
    }
)
public class Mail extends HttpServlet {
    private String host;
    private int port;
    private String username;
    private String password;
    private Properties props;

    @Override
    public void init() throws ServletException {
        host = getServletConfig().getInitParameter("host");
        port = Integer.parseInt(
                getServletConfig().getInitParameter("port"));
        username = getServletConfig().getInitParameter("username");
        password = getServletConfig().getInitParameter("password");

        props = new Properties();
        props.put("mail.smtp.host", host);
        props.put("mail.smtp.auth", "true");
        props.put("mail.smtp.starttls.enable", "true");
        props.put("mail.smtp.port", port);
    }

    protected void doPost(HttpServletRequest request,
                          HttpServletResponse response)
                              throws ServletException, IOException {
        request.setCharacterEncoding("UTF-8");
        response.setContentType("text/html;charset=UTF-8");

        String from = request.getParameter("from");
        String to = request.getParameter("to");
        String subject = request.getParameter("subject");
```

❶ 在初始參數設定 Gmail 相關資訊

❷ 設定會話必要屬性

```
        String text = request.getParameter("text");

        try {
            Message message = createMessage(from, to, subject, text); ←──❸建立訊息
            Transport.send(message); ←──❹傳送訊息
            response.getWriter().println("郵件傳送成功");
        } catch (MessagingException e) {
            throw new RuntimeException(e);
        }
    }

    private Message createMessage(
            String from, String to, String subject, String text)
                        throws MessagingException {
        Session session = Session.getInstance(props, new Authenticator() {
            protected PasswordAuthentication getPasswordAuthentication() {
                return new PasswordAuthentication(username, password);
            }}
        );

        Message message = new MimeMessage(session);
        message.setFrom(new InternetAddress(from));
        message.setRecipient(Message.RecipientType.TO,
                        new InternetAddress(to));
        message.setSubject(subject);
        message.setSentDate(new Date());
        message.setText(text);

        return message;
    }
}
```

　　連接 SMTP 基本資訊設為 Servlet 初始參數❶，並且在初始化 init() 方法中，設定好建立 Session 物件的必要屬性❷，建立 Message 的過程繁瑣，因此封裝為 createMessage() 方法，每次要建立 Message 就只要呼叫 createMessage()❸，最後透過 Transport.send() 傳送郵件❹。

　　Gmail 預設會限制一些「低安全性應用程式」，必須至 Google 帳戶的「安全性」，將「允許低安全性應用程式」啟用，才能透過方才的範例程式發送郵件：

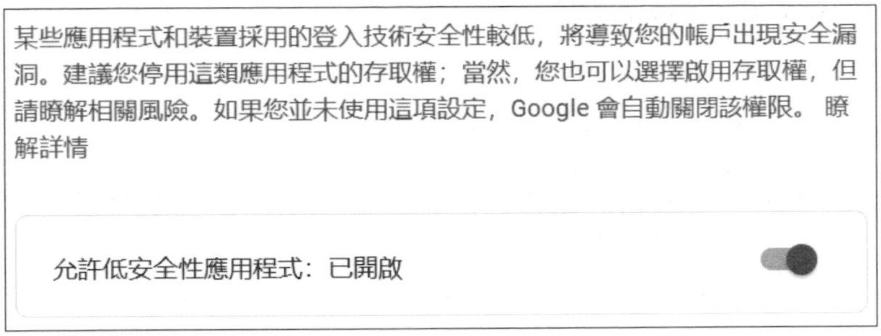
某些應用程式和裝置採用的登入技術安全性較低，將導致您的帳戶出現安全漏洞。建議您停用這類應用程式的存取權；當然，您也可以選擇啟用存取權，但請瞭解相關風險。如果您並未使用這項設定，Google 會自動關閉該權限。瞭解詳情
允許低安全性應用程式：已開啟

圖 11.2 允許安全性較低的應用程式

收到的郵件如下圖所示：

測試
收件匣 x
justin.sdk@gmail.com
寄給 caterpillar
這是一封測試郵件！

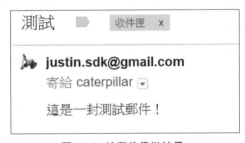

圖 11.3 純郵件傳送結果

11.1.2 傳送多重內容郵件

如果郵件要包括 HTML 或附加檔案等多重內容，必須使用 **javax.mail.Multipart** 物件，並在這個物件增加代表多重內容的 **javax.mail.internet.MimeBodyPart** 物件。例如，要讓郵件內容包括 HTML 內容，可以如下：

```
// 代表 HTML 內容類型的物件
MimeBodyPart htmlPart = new MimeBodyPart();
htmlPart.setContent(text, "text/html;charset=UTF-8");
// 建立可包括多重內容的郵件本體
Multipart multiPart = new MimeMultipart();
// 新增 HTML 內容類型
multiPart.addBodyPart(htmlPart);
// 設定為郵件本體
message.setContent(multiPart);
```

將上面的程式碼片段，取代上一個範例 `createMessage()` 方法中 `message.setText(text)` 該行，就可以在郵件內容欄位中撰寫 HTML。

如果要附加檔案的話，可以如下建立 `MimeBodyPart`，設定檔名與內容之後，再加入 `MultiPart` 之中：

```
InputStream fileIn = ...;  // 檔案來源的 InputStream
MimeBodyPart filePart = new MimeBodyPart();
filePart.setFileName(MimeUtility.encodeText(filename, "UTF-8", "B"));
filePart.setDataHandler(
    new DataHandler(
        new ByteArrayDataSource(fileIn, part.getContentType())
    )
);
```

在使用 `MimeBodyPart` 的 `setFileName()` 設定附檔名稱時，必須做 MIME 編碼，因此借助 `MimiUtility.encodeText()` 方法，在使用 `ByteArrayDataSource` 設定來源時，還需指定內容類型。

以下實作一個可使用 HTML 與附加檔案的郵件傳送範例，使用的表單如下：

圖 11.4 HTML 與附檔郵件傳送

表單發送後使用的 Servlet 如下所示：

JavaMail Mail2.java

```
package cc.openhome;
```

...略

```java
@MultipartConfig ◀──❶為了支援上傳檔案，記得設定標註
@WebServlet(
    urlPatterns={"/mail2"},
    initParams={
        @WebInitParam(name = "host", value = "smtp.gmail.com"),
        @WebInitParam(name = "port", value = "587"),
        @WebInitParam(name = "username", value = "yourname@gmail.com"),
        @WebInitParam(name = "password", value = "yourpassword")
    }
)
public class Mail2 extends HttpServlet {
    private final Pattern fileNameRegex =
            Pattern.compile("filename=\"(.*)\"");

    private String host;
    private String port;
    private String username;
    private String password;
    private Properties props;

    @Override
    public void init() throws ServletException {
        host = getServletConfig().getInitParameter("host");
        port = getServletConfig().getInitParameter("port");
        username = getServletConfig().getInitParameter("username");
        password = getServletConfig().getInitParameter("password");

        props = new Properties();
        props.put("mail.smtp.host", host);
        props.put("mail.smtp.auth", "true");
        props.put("mail.smtp.starttls.enable", "true");
        props.put("mail.smtp.port", port);
    }

    protected void doPost(
            HttpServletRequest request, HttpServletResponse response)
                throws ServletException, IOException {
        request.setCharacterEncoding("UTF-8");
        response.setContentType("text/html;charset=UTF-8");

        String from = request.getParameter("from");
        String to = request.getParameter("to");
        String subject = request.getParameter("subject");
        String text = request.getParameter("text");
        Part part = request.getPart("file");

        try {
            Message message = createMessage(from, to, subject, text, part);
            Transport.send(message);
            response.getWriter().println("郵件傳送成功");
        } catch (Exception e) {
```

```
            throw new ServletException(e);
        }
    }

    private Message createMessage(
            String from, String to, String subject, String text, Part part)
                    throws MessagingException, AddressException, IOException {
        Session session = Session.getDefaultInstance(props,
                            new Authenticator(){
            protected PasswordAuthentication getPasswordAuthentication() {
                return new PasswordAuthentication(username, password);
            }}
        );

        Multipart multiPart = multiPart(text, part);

        Message message = new MimeMessage(session);
        message.setFrom(new InternetAddress(from));
        message.setRecipient(Message.RecipientType.TO,
                                new InternetAddress(to));
        message.setSubject(subject);
        message.setSentDate(new Date());
        message.setContent(multiPart);

        return message;
    }

    private Multipart multiPart(String text, Part part)
        throws MessagingException, UnsupportedEncodingException, IOException {
        Multipart multiPart = new MimeMultipart();

        MimeBodyPart htmlPart = new MimeBodyPart();
        htmlPart.setContent(text, "text/html;charset=UTF-8");   ❷ 處理 HTML 內容
        multiPart.addBodyPart(htmlPart);

        String filename = getSubmittedFileName(part);
        MimeBodyPart filePart = new MimeBodyPart();
        filePart.setFileName(MimeUtility.encodeText(filename, "UTF-8", "B"));
        filePart.setDataHandler(
            new DataHandler(
                new ByteArrayDataSource(
                    part.getInputStream(),
                    part.getContentType()
                )
            )
        );
                                            ❸ 取得檔名，處理檔案內容
        multiPart.addBodyPart(filePart);
        return multiPart;
    }
```

```
    private String getSubmittedFileName(Part part) {
        String header = part.getHeader("Content-Disposition");
        Matcher matcher = fileNameRegex.matcher(header);
        matcher.find();

        String filename =  matcher.group(1);
        if(filename.contains("\\")) {
            return filename.substring(filename.lastIndexOf("\\") + 1);
        }
        return filename;
    }
}
```

　　由於表單會以"multipart/form-data"類型送出，Servlet 3.0 以後，如果要使用
HttpServletRequest 的 getPart()等方法，必須加註@MultipartConfi❶，郵件中首先
處理 HTML 內容❷，判斷如果有附加檔案的話，再處理上傳檔案內容❸。發送
後的郵件內容如下所示：

圖 11.5 HTML 與附檔郵件傳送結果

11.2　綜合練習／微網誌

　　在學會發送郵件之後，現在打算讓目前的微網誌在使用者註冊時，可以發
送郵件至使用者信箱，告知是否申請會員失敗，或者附上啟動帳戶的鏈結，另
外，在微網誌應用程式的首頁，有個「忘記密碼？」的鏈結，使用者可以在忘
記密碼之時，透過網頁輸入使用者名稱與註冊時的郵件位址，系統會發送郵件
提供可以重設密碼的鏈結，這一節將來實作這些功能。

11.2.1 傳送驗證帳號郵件

為了能透過郵件來驗證使用者，目前的微網誌必須先做點修改，首先，在填寫完表單進行帳號申請時，除了使用者名稱之外，郵件地址也不可重複，因此，必須能根據郵件查詢是否存在對應的帳號：

---

gossip AccountDAO.java

```java
package cc.openhome.model;

import java.util.Optional;

public interface AccountDAO {
    void createAccount(Account acct);
    Optional<Account> accountBy(String name);
    Optional<Account> accountByEmail(String email);
    void activateAccount(Account acct);
}
```

除了根據郵件來查詢帳號的 accountByEmail() 方法之外，為了能啟用帳號，AccountDAO 上也新增了 activateAccount() 方法，接著就是讓 AccountDAOJdbcImpl 實現這兩個方法：

---

gossip AccountDAOJdbcImpl.java

```java
package cc.openhome.model;

...略

public class AccountDAOJdbcImpl implements AccountDAO {
    ...略

    @Override
    public void createAccount(Account acct) {
        try(var conn = dataSource.getConnection();
            var stmt = conn.prepareStatement(
        "INSERT INTO t_account(name, email, password, salt) VALUES(?, ?, ?, ?)");
            var stmt2 = conn.prepareStatement(
        "INSERT INTO t_account_role(name, role) VALUES(?, 'unverified')")) {    ❶先設定為未驗證角色

            conn.setAutoCommit(false);

            stmt.setString(1, acct.getName());
            stmt.setString(2, acct.getEmail());
            stmt.setString(3, acct.getPassword());
            stmt.setString(4, acct.getSalt());
            stmt.executeUpdate();
```

```
                    stmt2.setString(1, acct.getName());
                    stmt2.executeUpdate();

                    conn.commit();
            } catch (SQLException e) {
                throw new RuntimeException(e);
            }
        }
        ...略
```

❷根據郵件查詢帳號

```
    @Override
    public Optional<Account> accountByEmail(String email) {
        try(var conn = dataSource.getConnection();
            var stmt = conn.prepareStatement(
                        "SELECT * FROM t_account WHERE email = ?")) {
            stmt.setString(1, email);
            var rs = stmt.executeQuery();
            if(rs.next()) {
                return Optional.of(new Account(
                    rs.getString(1),
                    rs.getString(2),
                    rs.getString(3),
                    rs.getString(4)
                ));
            } else {
                return Optional.empty();
            }

        } catch (SQLException e) {
            throw new RuntimeException(e);
        }
    }

    public void activateAccount(Account acct) {
        try(var conn = dataSource.getConnection();
            var stmt = conn.prepareStatement(
                "UPDATE t_account_role SET role = ? WHERE name = ?")) {
            stmt.setString(1, "member");   ◀────❸設定為會員角色
            stmt.setString(2, acct.getName());
            stmt.executeUpdate();

        } catch (SQLException e) {
            throw new RuntimeException(e);
        }
    }
}
```

除了實現 `accountByEmail()` 之外❷，在建立帳號時，先將會員設為未驗證角色❶，在未驗證帳號之前，試圖登入應用程式，會因為權限不足而無法閱覽會員網頁，使用者必須經過驗證，才會將帳號角色設為會員❸。

應用程式會透過 `UserService` 的 `tryCreateUser()` 嘗試建立帳號，現在必須修改實作，檢查使用者名稱與郵件都不存在的情況下，才可以新建帳號：

gossip UserService.java

```java
package cc.openhome.model;

...略

public class UserService {
    ...略

    public Optional<Account> tryCreateUser(
                String email, String username, String password) {
        if(emailExisted(email) || userExisted(username)) { ←❶檢查使用者與郵件
            return Optional.empty();
        }
        return Optional.of(createUser(username, email, password));
    }

    private Account createUser(
                    String username, String email, String password) {
        var salt = ThreadLocalRandom.current().nextInt();
        var encrypt = String.valueOf(salt + password.hashCode());
        var acct = new Account(username, email,
                String.valueOf(encrypt), String.valueOf(salt));
        acctDAO.createAccount(acct);
        return acct;
    }

    public boolean userExisted(String username) {
        return acctDAO.accountBy(username).isPresent();
    }

    public boolean emailExisted(String email) {
        return acctDAO.accountByEmail(email).isPresent();
    }

    public Optional<Account> verify(String email, String token) {
        var optionalAcct= acctDAO.accountByEmail(email);
        if(optionalAcct.isPresent()) {
            var acct = optionalAcct.get();
            if(acct.getEncrypt().equals(token)) { ←❷比對驗證碼
                acctDAO.activateAccount(acct); ←❸啟用帳號
                return Optional.of(acct);
```

```
            }
        }
        return Optional.empty();
    }
    ...略
}
```

使用 `tryCreateUser()` 嘗試建立帳號後，會傳回 `Optional<Account>`，藉以判斷帳號建立是否成功，只有在使用者名稱與郵件都不存在的情況下，才可以新建帳號❶，驗證碼直接使用加鹽雜湊過後的密碼❷，這只是為了簡化範例，在實際的應用程式中，應該另外產生一個隨機的驗證碼，只有在驗證碼符合的情況下，才可以啟用帳號❸。

註冊用的 `Register` 現在必須進行修改，在申請表單提交成功後，傳送郵件通知：

gossip Register.java

```java
package cc.openhome.controller;
...略
public class Register extends HttpServlet {
    ...略
    private EmailService emailService;

    @Override
    public void init() throws ServletException {
        ...略
        emailService =
                (EmailService) getServletContext().getAttribute("emailService");
    }

    ...略

    protected void doPost(
            HttpServletRequest request, HttpServletResponse response)
                throws ServletException, IOException {
        var email = request.getParameter("email");
        var username = request.getParameter("username");
        var password = request.getParameter("password");
        var password2 = request.getParameter("password2");

        var errors = new ArrayList<String>();
        if (!validateEmail(email)) {
            errors.add("未填寫郵件或格式不正確");
        }
        if(!validateUsername(username)) {
            errors.add("未填寫使用者名稱或格式不正確");
```

```
        }
        if (!validatePassword(password, password2)) {
            errors.add("請確認密碼符合格式並再度確認密碼");
        }

        String path;
        if(errors.isEmpty()) {
            path = SUCCESS_PATH;

            var optionalAcct =
                    userService.tryCreateUser(email, username, password);
            if(optionalAcct.isPresent()) {                    ❶ 傳送驗證鏈結郵件

                emailService.validationLink(optionalAcct.get());
            } else {
                emailService.failedRegistration(username, email);
            }
        } else {                                              ❷ 傳送申請失敗郵件
            path = FORM_PATH;
            request.setAttribute("errors", errors);
        }

        request.getRequestDispatcher(path).forward(request, response);
    }
    ...略
}
```

　　如果帳號建立成功，會透過 EmailService 實例傳送驗證郵件❶，否則傳送申請失敗郵件❷，由於可能會採用其他郵件系統，因此 EmailService 設計為介面：

gossip EmailService.java

```
package cc.openhome.model;

public interface EmailService {
    public void validationLink(Account acct);
    public void failedRegistration(String acctName, String acctEmail);
}
```

　　實作類別是使用 Gmail 來發送郵件：

gossip GmailService.java

```
package cc.openhome.model;
...略

public class GmailService implements EmailService {
    private final Properties props = new Properties();
    private final String mailUser;
    private final String mailPassword;
```

```java
public GmailService(String mailUser, String mailPassword) {
    props.put("mail.smtp.host", "smtp.gmail.com");
    props.put("mail.smtp.auth", "true");
    props.put("mail.smtp.starttls.enable", "true");
    props.put("mail.smtp.port", 587);
    this.mailUser = mailUser;
    this.mailPassword = mailPassword;
}

@Override
public void validationLink(Account acct) {
    try {
        var link = String.format(
            "http://localhost:8080/gossip/verify?email=%s&token=%s",
            acct.getEmail(), acct.getEncrypt()
        );

        var anchor = String.format("<a href='%s'>驗證郵件</a>", link);

        var html = String.format(
            "請按 %s 啟用帳戶或複製鏈結至網址列：<br><br> %s", anchor, link);

        var message = createMessage(
                mailUser, acct.getEmail(), "Gossip 註冊結果", html);

        Transport.send(message);
    } catch (MessagingException | IOException e) {
        throw new RuntimeException(e);
    }
}

@Override
public void failedRegistration(String acctName, String acctEmail) {
    try {
        var message =
            createMessage(mailUser, acctEmail, "Gossip 註冊結果",
                String.format("帳戶申請失敗，使用者名稱 %s 或郵件 %s 已存在！",
                    acctName, acctEmail));

        Transport.send(message);
    } catch (MessagingException | IOException e) {
        throw new RuntimeException(e);
    }
}

private javax.mail.Message createMessage(
        String from, String to, String subject, String text)
                throws MessagingException, AddressException, IOException {
    var session = Session.getDefaultInstance(props, new Authenticator(){
        protected PasswordAuthentication getPasswordAuthentication() {
```

```
                    return new PasswordAuthentication(mailUser, mailPassword);
            }}
    );

    var multiPart = multiPart(text);

    var message = new MimeMessage(session);
    message.setFrom(new InternetAddress(from));
    message.setRecipient(javax.mail.Message.RecipientType.TO,
                        new InternetAddress(to));
    message.setSubject(subject);
    message.setSentDate(new Date());
    message.setContent(multiPart);

    return message;
}

private Multipart multiPart(String text)
        throws MessagingException, UnsupportedEncodingException, IOException {

    var htmlPart = new MimeBodyPart();
    htmlPart.setContent(text, "text/html;charset=UTF-8");

    var multiPart = new MimeMultipart();
    multiPart.addBodyPart(htmlPart);

    return multiPart;
}
}
```

　　大部分程式碼，都是有關於 JavaMail 的使用，這部分上一節已做過說明，最主要是注意粗體字部分，如先前談到，驗證碼為了簡化範例，直接使用加鹽雜湊過後的密碼，而申請帳號失敗的郵件訊息，只是單純附上了使用者名稱與郵件位址。

　　為了能建立 GmailService 實例，以及在 ServletContext 中設置 "emailService" 屬性，GossipInitializer 也要修改：

gossip GossipInitializer.java

```
package cc.openhome.web;

...略

@WebListener
public class GossipInitializer implements ServletContextListener {
    ...略
```

```
public void contextInitialized(ServletContextEvent sce) {
    var dataSource = dataSource();

    var context = sce.getServletContext();

    var acctDAO = new AccountDAOJdbcImpl(dataSource);
    var messageDAO = new MessageDAOJdbcImpl(dataSource);
    context.setAttribute(
        "userService", new UserService(acctDAO, messageDAO));

    context.setAttribute("emailService",
            new GmailService(
                context.getInitParameter("MAIL_USER"),
                context.getInitParameter("MAIL_PASSWORD")
            )
    );
    }
}
```

初始參數"MAIL_USER"與"MAIL_PASSWORD"是設定在 web.xml 之中：

gossip web.xml

```
<?xml version="1.0" encoding="UTF-8"?>
<web-app ...略>
    ...略
    <context-param>
        <param-name>MAIL_USER</param-name>
        <param-value>yourname@gmail.com</param-value>
    </context-param>
    <context-param>
        <param-name>MAIL_PASSWORD</param-name>
        <param-value>yourpassword</param-value>
    </context-param>

    <error-page>
        <error-code>403</error-code>
        <location>/403.html</location>
    </error-page>

</web-app>
```

　　使用者在未驗證前若試圖登入應用程式，將會引發 403 權限不足的回應，這部分可以自行設計一個 HTML 頁面，取代 Web 容器預設的回應，403.html 只是純 HTML，因此這邊就不列出了。

下圖是使用者申請帳號失敗時發送的郵件範例：

圖 11.6 申請帳號失敗

下圖是使用者申請帳號成功時發送的郵件範例：

圖 11.7 申請帳號的驗證郵件

11.2.2 驗證使用者帳號

當使用者申請帳號成功，並透過郵件中的鏈結啟用帳號時，會以 GET 請求 Verify 這個 Servlet：

```
gossip Verify.java

package cc.openhome.controller;

...略

@WebServlet(
    urlPatterns={"/verify"},
    initParams={
        @WebInitParam(name = "VERIFY_PATH", value = "/WEB-INF/jsp/verify.jsp")
    }
)
public class Verify extends HttpServlet {
    private String VERIFY_PATH;
    private UserService userService;

    @Override
    public void init() throws ServletException {
```

```
        VERIFY_PATH = getInitParameter("VERIFY_PATH");
        userService =
            (UserService) getServletContext().getAttribute("userService");
    }

    protected void doGet(
            HttpServletRequest request, HttpServletResponse response)
                throws ServletException, IOException {
        var email = request.getParameter("email");
        var token = request.getParameter("token");
        request.setAttribute("acct", userService.verify(email, token));
        request.getRequestDispatcher(VERIFY_PATH).forward(request, response);
    }
}
```

在驗證之後會轉發 verify.jsp，告知使用者驗證是否成功：

gossip verify.jsp

```
<%@taglib prefix="c" uri="http://java.sun.com/jsp/jstl/core"%>
<!DOCTYPE html>
<html>
<head>
<meta charset='UTF-8'>
<title>啟用帳號</title>
</head>
<body>
    <c:choose>
        <c:when test="${requestScope.acct.present}">
            <h1>帳號啟用成功</h1>
        </c:when>
        <c:otherwise>
            <h1>帳號啟用失敗</h1>
        </c:otherwise>
    </c:choose>
    <a href='/gossip'>回首頁</a>
</body>
</html>
```

11.2.3　傳送重設密碼郵件

　　使用者如果忘記密碼，可以按下首頁「忘記密碼？」的鏈結，鏈結的 HTML 頁面中必須填寫註冊時的使用者名稱與郵件，然後發送請求至 Forget：

```
gossip Forgot.java
```

```java
package cc.openhome.controller;
...略

@WebServlet(
    urlPatterns={"/forgot"},
    initParams={
        @WebInitParam(name = "FORGOT_PATH", value = "/WEB-INF/jsp/forgot.jsp")
    }
)
public class Forgot extends HttpServlet {
    private String FORGOT_PATH;
    private UserService userService;
    private EmailService emailService;

    @Override
    public void init() throws ServletException {
        FORGOT_PATH = getInitParameter("FORGOT_PATH");
        userService =
          (UserService) getServletContext().getAttribute("userService");
        emailService =
          (EmailService) getServletContext().getAttribute("emailService");
    }

    protected void doPost(
            HttpServletRequest request, HttpServletResponse response)
                    throws ServletException, IOException {
        var name = request.getParameter("name");
        var email = request.getParameter("email");

        var optionalAcct = userService.accountByNameEmail(name, email);
                                                      ❶查詢帳號
        if(optionalAcct.isPresent()) {
            emailService.passwordResetLink(optionalAcct.get());  ❷發送郵件
        }

        request.setAttribute("email", email);
        request.getRequestDispatcher(FORGOT_PATH)  ❸轉發 JSP
                .forward(request, response);
    }
}
```

這個 Servlet 會根據使用者名稱與郵件，使用 UserService 的 accountByNameEmail() 查詢是否有對應的帳戶❶，如果存在的話，透過 EmailService 的 passwordResetLink() 發送重設密碼的郵件❷，無論是否有發送郵件，一律轉發 JSP 頁面告知郵件已發送❸，以避免有心人士做惡意的測試：

gossip forgot.jsp

```html
<!DOCTYPE html>
<html>
    <head>
        <meta charset="UTF-8">
    <title>重設密碼</title>
    </head>
    <body>
        我們已經發送了重設密碼的郵件至 ${requestScope.email}！
    </body>
</html>
```

UserService 新增了 accountByNameEmail() 與 resetPassword() 方法，後者可以用來重設密碼，在重設密碼的時候，也會進行密碼加鹽雜湊：

gossip UserService.java

```java
package cc.openhome.model;
...略

public class UserService {
    ...略

    public Optional<Account> accountByNameEmail(String name, String email) {
        var optionalAcct = acctDAO.accountBy(name);
        if(optionalAcct.isPresent() &&
            optionalAcct.get().getEmail().equals(email)) {
            return optionalAcct;
        }
        return Optional.empty();
    }

    public void resetPassword(String name, String password) {
        var salt = ThreadLocalRandom.current().nextInt();;
        var encrypt = salt + password.hashCode();
        acctDAO.updatEncryptSalt(
            name, String.valueOf(encrypt), String.valueOf(salt));
    }

    ...略
}
```

AccountDAO 新增了對應的 updatePasswordSalt() 方法：

gossip AccountDAO.java

```java
package cc.openhome.model;
import java.util.Optional;
public interface AccountDAO {
```

```
        void createAccount(Account acct);
        Optional<Account> accountByUsername(String name);
        Optional<Account> accountByEmail(String email);
        void activateAccount(Account acct);
        void updatEncryptSalt(String name, String encrypt, String salt);
    }
```

AccountDAOJdbcImpl 也要有對應的實作：

gossip AccountDAOJdbcImpl.java

```
package cc.openhome.model;
...略
public class AccountDAOJdbcImpl implements AccountDAO {
    ...略

    @Override
    public void updatEncryptSalt(String name, String encrypt, String salt) {
        try(var conn = dataSource.getConnection();
            var stmt = conn.prepareStatement(
              "UPDATE t_account SET encrypt = ?, salt = ? WHERE name = ?")) {
            stmt.setString(1, encrypt);
            stmt.setString(2, salt);
            stmt.setString(3, name);
            stmt.executeUpdate();
        } catch (SQLException e) {
            throw new RuntimeException(e);
        }
    }
}
```

方才看到，EmailService 提供了一個新的 passwordResetLink()：

gossip EmailService.java

```
package cc.openhome.model;

public interface EmailService {
    public void validationLink(Account acct);
    public void failedRegistration(String acctName, String acctEmail);
    public void passwordResetLink(Account account);
}
```

相對應的 GmailService 實作如下：

gossip GmailService.java

```
package cc.openhome.model;
...略
public class GmailService {
```

```
...略

@Override
public void passwordResetLink(Account acct) {
    try {
        var link = String.format(
    "http://localhost:8080/gossip/reset_password?name=%s&email=%s&token=%s",
            acct.getName(), acct.getEmail(), acct.getEncrypt()
        );

        var anchor = String.format("<a href='%s'>重設密碼</a>", link);

        var html = String.format(
            "請按 %s 或複製鏈結至網址列：<br><br> %s", anchor, link);

        var message = createMessage(
                mailUser, acct.getEmail(), "Gossip 重設密碼", html);
        Transport.send(message);
    } catch (MessagingException | IOException e) {
        throw new RuntimeException(e);
    }
}
}
```

為了簡化範例，在這邊同樣地，將加鹽雜湊後的密碼當成是驗證碼，實際的應用程式中，應該使用隨機產生的驗證碼來取代。

11.2.4　重新設定密碼

如果使用者收到了重設密碼的郵件，按下其中附上之鏈結，會以 GET 請求 ResetPassword 這個 Servlet，並提供使用者名稱、郵件與驗證碼：

gossip ResetPassword.java

```
package cc.openhome.controller;

...略

@WebServlet(
    urlPatterns={"/reset_password"},
    initParams={
        @WebInitParam(name = "RESET_PW_PATH",
                    value = "/WEB-INF/jsp/reset_password.jsp"),
        @WebInitParam(name = "SUCCESS_PATH",
                    value = "/WEB-INF/jsp/reset_success.jsp")
    }
)
public class ResetPassword extends HttpServlet {
```

```
private String RESET_PW_PATH;
private String SUCCESS_PATH;
private String LOGIN_PATH;

private UserService userService;

@Override
public void init() throws ServletException {
    RESET_PW_PATH = getInitParameter("RESET_PW_PATH");
    SUCCESS_PATH = getInitParameter("SUCCESS_PATH");
    LOGIN_PATH = getServletContext().getContextPath();
    userService =
            (UserService) getServletContext().getAttribute("userService");
}

private final Pattern passwdRegex = Pattern.compile("^\\w{8,16}$");

protected void doGet(HttpServletRequest request,
     HttpServletResponse response) throws ServletException, IOException {
    var name = request.getParameter("name");
    var email = request.getParameter("email");
    var token = request.getParameter("token");

    var optionalAcct = userService.accountByNameEmail(name, email);

    if(optionalAcct.isPresent()) {         ◄──❶查詢帳號是否存在
        var acct = optionalAcct.get();
        if(acct.getEncrypt().equals(token)) {  ◄──❷查詢驗證碼是否符合
            request.setAttribute("acct", acct);
            request.getSession().setAttribute("token", token);
            request.getRequestDispatcher(RESET_PW_PATH)
                    .forward(request, response);   ❸在會話中儲存驗證碼
            return;
        }
    }

    response.sendRedirect(LOGIN_PATH);  ◄──❹沒有請求憑據或憑證不符合，
                                            重新導向至首頁
}

protected void doPost(HttpServletRequest request,
   HttpServletResponse response) throws ServletException, IOException {
    var token = request.getParameter("token");
    var storedToken =
            (String) request.getSession().getAttribute("token");
    if(storedToken == null || !storedToken.equals(token)) {
        response.sendRedirect(LOGIN_PATH);
        return;
    }

    var name = request.getParameter("name");
```

```
        var email = request.getParameter("email");
        var password = request.getParameter("password");
        var password2 = request.getParameter("password2");

        if (!validatePassword(password, password2)) {
            var optionalAcct = userService.accountByNameEmail(name, email);
            request.setAttribute("errors",
                    Arrays.asList("請確認密碼符合格式並再度確認密碼"));
            request.setAttribute("acct", optionalAcct.get());

            request.getRequestDispatcher(RESET_PW_PATH)
                    .forward(request, response);
        } else {
            userService.resetPassword(name, password);    ←──❺重設密碼
            request.getRequestDispatcher(SUCCESS_PATH)
                    .forward(request, response);
        }
    }

    private boolean validatePassword(String password, String password2) {
        return password != null &&
                passwdRegex.matcher(password).find() &&
                password.equals(password2);
    }
}
```

為了防止惡意使用者濫用這個 Servlet 來隨意重設使用者密碼，首先以名稱與郵件來確認帳號是否存在❶，接著比對驗證碼是否符合❷，為了避免跨域偽造請求（Cross-site request forgery, CSRF）[3]，也就是透過 JavaScript 等方式，誘使瀏覽器在使用者不知情的狀況下發出請求，必須有額外的憑據，確認請求是基於使用者自身意願發送，因此這邊先簡單地將驗證碼儲存在 HttpSession❸。

後續真正重設密碼的請求會以 POST 發送，其中必須含有請求憑據，如果不存在或不符合，拒絕重設密碼並重新導向至首頁❹，如果請求憑據符合，而且密碼格式符合要求，進行密碼重設❺。

至於如何確認請求憑據的是使用者提供呢？基本的方式是，在表單中使用隱藏欄位附上：

---

[3] CSRF：en.wikipedia.org/wiki/Cross-site_request_forgery

```
gossip reset_password.jsp
```

```
<%@taglib prefix="c" uri="http://java.sun.com/jsp/jstl/core"%>
<!DOCTYPE html>
<html>
<head>
<meta charset="UTF-8">
<title>重設密碼</title>
</head>
<body>
    <h1>重設密碼</h1>

        <c:if test="${requestScope.errors != null}">
            <ul style='color: rgb(255, 0, 0);'>
            <c:forEach var="error" items="${requestScope.errors}">
                <li>${error}</li>
            </c:forEach>
            </ul>
        </c:if>

    <form method='post' action='reset_password'>
        <input type='hidden' name='name' value='${requestScope.acct.name}'>
        <input type='hidden' name='email' value='${requestScope.acct.email}'>
        <input type='hidden' name='token' value='${sessionScope.token}'>
        <table>
            <tr>
                <td>密碼（8 到 16 字元）：</td>
                <td><input type='password' name='password'
                        size='25' maxlength='16'></td>
            </tr>
            <tr>
                <td>確認密碼：</td>
                <td><input type='password' name='password2'
                        size='25' maxlength='16'></td>
            </tr>
            <tr>
                <td colspan='2' align='center'>
                    <input type='submit' value='確定'>
                </td>
            </tr>
        </table>
    </form>
</body>
</html>
```

　　若是透過 JavaScript 等方式，誘使瀏覽器在使用者不知情下發出的請求，因為沒有透過表單，也就不會有請求憑據，可以在一定程度上防範 CSRF 問題。

> 提示 >>> 這是防範 CSRF 的一種模式，稱為 Synchronizer token pattern，在 OWASP 中
> 有個 CSRFGuard[4]專案，提供了 JSP 自訂標籤等方式，可用來實現此模式。

至於 reset_success.jsp 只是個簡單的 JSP 頁面：

gossip reset_success.jsp

```html
<!DOCTYPE html>
<html>
    <head>
        <meta charset="UTF-8">
        <title>密碼重設成功</title>
    </head>
    <body>
        <h1>${param.name} 密碼重設成功</h1>
        <a href='/gossip'>回首頁</a>
    </body>
</html>
```

11.3　重點複習

要使用 JavaMail 進行郵件傳送，首先必須建立代表當次郵件會話的
`javax.mail.Session` 物件，`Session` 中包括了 SMTP 郵件伺服器位址、連接埠、使
用者名稱、密碼等資訊。在取得代表當次郵件傳送會話的 `Session` 物件之後，接
著要建立郵件訊息，設定寄件人、收件人、主旨、傳送日期與郵件本文。最後
再以 `javax.mail.Transport` 的靜態 `send()` 方法傳送訊息。

如果郵件要包括 HTML 或附加檔案等多重內容，必須 `javax.mail.Multipart`
物件，並在這個物件中增加代表多重內容的 `javax.mail.internet.MimeBodyPart`
物件。

在使用 `MimeBodyPart` 的 `setFileName()` 設定附檔名稱時，必須作 MIME 編碼，
可借助 `MimiUtility.encodeText()` 方法，在使用 `ByteArrayDataSource` 設定來源時，
還需指定內容類型。

---

[4] CSRFGuard：www.owasp.org/index.php/Category:OWASP_CSRFGuard_Project

📖✐ 課後練習

實作題

1. 請實作一個簡單的圖片上傳程式,使用者上傳的圖片,可以直接內嵌在 HTML 郵件中顯示,而不是以附件方式顯示。例如若使用以下表單:

圖 11.8 上傳圖片表單

收到的郵件內容要是如下:

圖 11.9 內嵌圖片的 HTML 郵件

提示 ▶▶▶ 搜尋關鍵字 cid。

Spring 起步走

學習目標

- 使用 Gradle
- 結合 Gradle 與 IDE
- 認識相依注入
- 使用 Spring 核心

12.1　使用 Gradle

　　若要使用 Spring，在 Spring 3.x 以前的版本，可以在 Spring 官方網站[1]直接下載 JAR 檔案，然而**從 4.x 開始，推薦使用 Gradle 或 Maven 下載**，本書將採用 Gradle。

12.1.1　下載、設定 Gradle

　　在 Java 中要開發應用程式，必須撰寫原始碼、編譯、執行，過程中必須指定類別路徑、原始碼路徑，相關應用程式檔案必須使用工具程式建構，以完成封裝與部署，嚴謹的應用程式還有測試等階段。

　　像這類的工作，IDE 解決了部分問題，然而，對於重複需要自動化的流程，單靠 IDE 提供之功能不易解決，因而 Java 的世界中，提供有建構工具來輔助開發人員，在建構工具中元老級的專案是 Ant（Another Neat Tool），使用 Ant 在專案結構上有很大的彈性，然而彈性的另一面就是鎖碎的設定。

---

[1]　Spring：spring.io

另一方面，類似專案會有類似慣例流程，如果能提供預設專案及相關慣例設定，對於開發將會有所幫助，這就是 Maven 後來興起的原因之一，除了提供預設專案及相關慣例設定之外，對於 Java 中程式庫或框架相依性問題，Maven 也提供了集中式貯藏室（Central repository）解決方案；對於相依性管理問題 Ant 也結合了 Ivy 來進行解決。

然而無論是 Ant Ivy、Maven，主要都使用 XML 進行設定，設定繁鎖，而且有較高的學習曲線，Gradle[2]結合了 Ant 與 Maven 的一些好的概念，並使用 Groovy 語言作為腳本設定，在設定上有極大簡化，並可以輕易地與 Ant、Maven 整合，種種優點吸引了不少開發者。

接下來要介紹的，就是 Gradle 的下載與設定，可以在〈Gradle | Release[3]〉下載 Gradle 的 zip 壓縮版本，撰寫本節時的版本是 6.8.3，解壓縮之後會有個 gradle-6.8.3 資料夾，其中 bin 資料夾放置了 gradle 執行檔，為了便於使用，可以在 PATH 環境變數增加該 bin 資料夾的路徑，之後開啟文字模式，就可使用 gradle -v 得知 Gradle 版本：

圖 12.1 使用 gradle -v

12.1.2 簡單的 Gradle 專案

在文字模式中編譯、執行 Java 應用程式有些麻煩，實際上在編譯.java 原始碼時，如果有多個.java 檔案及已經編譯完成的.class 檔案，必須指定-classpath、-sourcepath 等，這些都可讓 Gradle 代勞。

2 　Gradle：gradle.org

3 　Gradle | Release：gradle.org/releases/

可以建立一個 HelloWorld 資料夾，Gradle 的慣例期待.java 原始碼會置放在 src\main\java 資料夾，依套件階層放置，假設在 HelloWorld\src\main\java\cc\openhome 有個 Main.java：

HelloWorld Main.java

```java
package cc.openhome;

public class Main {
    public static void main(String[] args) {
        System.out.printf("Hello, %s%n", args[0]);
    }
}
```

接著在專案資料夾建立一個 build.gradle 檔案：

HelloWorld build.gradle

```
apply plugin: 'java'
apply plugin:'application'
mainClassName = "cc.openhome.Main"

run {
    args username
}
```

'java'的 plugin 為 Gradle 專案加入了 Java 語言的原始碼編譯、測試與打包（Bundle）等能力；'application'的 plugin 擴充了語言常用的相關任務，像是執行應用程式等；mainClassName 指出了從哪個位元碼檔案的 main 開始執行。run 這個任務中，使用 args 指定了執行位元碼檔案時給定的命令列引數。

接著可以在 HelloWorld 資料夾如下執行 Gradle：

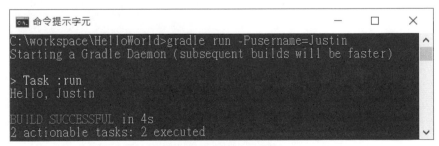

圖 12.2　執行 Java 程式

-Puserame=Justin 指定了 build.gradle 中 username 參數的值為"Justin"，編譯後的.class 檔案，會放置在 build\classes\main，Gradle 會自行建立。

12.1.3 Gradle 與 Eclipse

方才的範例中，必須自行建立.java 對應的套件資料夾，若能結合 IDE 會省事許多，目前最新版本的 Eclipse 內建了 Gradle 的支援，最簡單的方式使用 Eclipse 內建的 Gradle Project：

1. 執行選單「File/New/Project...」，在出現的「New Project」對話方塊中，選擇「Gradle/Gradle Project」後按下「Next >」。

2. 在「New Gradle Project」的「Project name」中輸入「Mail」，按下「Finish」按鈕。

3. 展開新建專案中的「Project and External Dependencies」節點，可以看到 Gradle Project 預設相依的程式庫 JAR 檔案。

```
∨ 🖻 Mail
  > 🏭 src/main/java
  > 🏭 src/main/resources
  > 🏭 src/test/java
  > 🏭 src/test/resources
  > 🛋 JRE System Library [JavaSE-15]
  ∨ 🛋 Project and External Dependencies
    > 🔒 commons-math3-3.6.1.jar - C:\Users\Justin\.gradle\caches\modules-2\files-2.1\org.apache.comm
    > 🔒 guava-28.2-jre.jar - C:\Users\Justin\.gradle\caches\modules-2\files-2.1\com.google.guava\guav
    > 🔒 failureaccess-1.0.1.jar - C:\Users\Justin\.gradle\caches\modules-2\files-2.1\com.google.guava\fa
    > 🔒 listenablefuture-9999.0-empty-to-avoid-conflict-with-guava.jar - C:\Users\Justin\.gradle\caches\
    > 🔒 jsr305-3.0.2.jar - C:\Users\Justin\.gradle\caches\modules-2\files-2.1\com.google.code.findbugs\
    > 🔒 checker-qual-2.10.0.jar - C:\Users\Justin\.gradle\caches\modules-2\files-2.1\org.checkerframew
    > 🔒 error_prone_annotations-2.3.4.jar - C:\Users\Justin\.gradle\caches\modules-2\files-2.1\com.goo
    > 🔒 j2objc-annotations-1.3.jar - C:\Users\Justin\.gradle\caches\modules-2\files-2.1\com.google.j2ob
    > 🔒 junit-4.12.jar - C:\Users\Justin\.gradle\caches\modules-2\files-2.1\junit\junit\4.12\2973d150c0d
    > 🔒 hamcrest-core-1.3.jar - C:\Users\Justin\.gradle\caches\modules-2\files-2.1\org.hamcrest\hamcre
  > 🖿 bin
  > 🖿 gradle
  > 🖿 src
    📄 build.gradle
    📄 gradlew
    📄 gradlew.bat
    📄 settings.gradle
```

圖 12.3 預設的 Gradle Project

　　會有這些相依的 JAR 檔案，是因為在預設的 build.gradle 中，已經撰寫了一些定義：

```
plugins {
    id 'java-library'
}

repositories {
    // 預設的相依程式庫來源
    jcenter()
}

dependencies {
    // 這邊可以宣告相依的程式庫資訊
    // api 指定的相依程式庫，在相依此專案的其他專案中也可以呼叫其 API
    api 'org.apache.commons:commons-math3:3.6.1'
    // implementation 指定的相依程式庫，在相依此專案的其他專案中不能呼叫其 API
    implementation 'com.google.guava:guava:28.2-jre'
    // testImplementation 指定了測試程式庫的，只能在測試程式碼中使用 API
    testImplementation 'junit:junit:4.12'
}
```

　　Gradle 會自動下載相依的 JAR 檔案，如圖 12.3 所示，預設會將 JAR 檔案儲存在使用者資料夾的.gradle\caches 之中，Eclipse 的 Gradle 專案會設定類別路徑資訊，要修改或增加相依程式庫，例如 JavaMail，可以在 build.gradle 定義：

```
Mail build.gradle
plugins {
    id 'java-library'
}

repositories {
    jcenter()
}

dependencies {
    // https://mvnrepository.com/artifact/com.sun.mail/javax.mail
    implementation group: 'com.sun.mail', name: 'javax.mail', version: '1.6.2'
    testImplementation 'junit:junit:4.12'
}
```

　　接著在專案上按右鍵執行「Gradle/Refresh Gradle Project」，就會下載相依的 JAR 檔案，如果程式庫還有相依於其他程式庫，相關 JAR 檔案會一併下載，這就是使用 Gradle 的好處，不用為了程式庫間複雜的相依性而焦頭爛額。

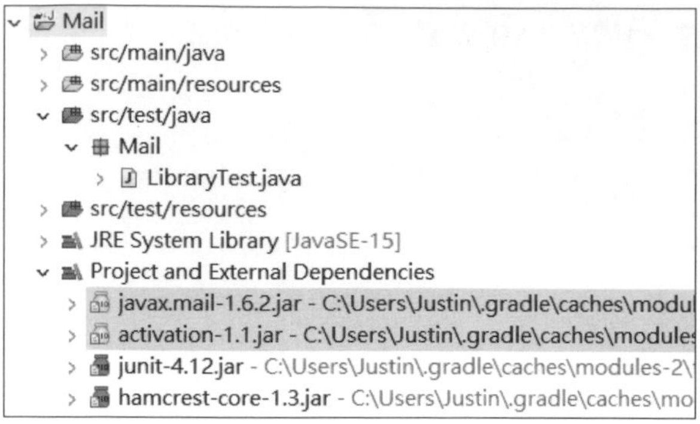

圖 12.4 自動下載相依的程式庫 JAR 檔案

可以在 src/main/java 建立類別撰寫一些程式,例如簡單地寄送郵件:

Mail Main.java
```
package cc.openhome;

...略

public class Main {
    ...略

    public static void main(String[] args) {
        try {
            Message message = createMessage(
                    "from@gmail.com",
                    "to@gmail.com", "測試", "這是一封測試");
            Transport.send(message);
            System.out.println("郵件傳送成功");
        } catch (MessagingException e) {
            throw new RuntimeException(e);
        }

    }

    ...略
}
```

想執行程式的話,只要在原始碼上按右鍵執行「Run As/Java Application」就可以了。

如果是既有的 Java 應用程式專案，可以直接在專案上按右鍵執行「Configure/Add Gradle Nature」，讓既有專案支援最基本的 Gradle 特性，接著在專案上按右鍵執行「New/File」建立 build.gradle 檔案，在其中撰寫定義，例如：

```
Mail2 build.gradle
plugins {
    id 'java-library'
}

repositories {
    jcenter()
}

dependencies {
    // https://mvnrepository.com/artifact/com.sun.mail/javax.mail
    implementation group: 'com.sun.mail', name: 'javax.mail', version: '1.6.2'
}
```

接著在專案按右鍵執行「Gradle/Refresh Gradle Project」，就會下載相依的 JAR 檔案，想執行程式的話，同樣在原始碼上按右鍵執行「Run As/Java Application」。

提示 >>> 在 Eclipse 中匯入 Gradle 專案之後，記得在專案上按右鍵執行「Gradle/Refresh Gradle Project」，重新整理專案中相依的程式庫資訊。

12.2　認識 Spring 核心

在學會 Gradle 的基本使用後，接下來要試著使用 Spring 框架，然而，Spring 框架非常龐大，試圖完全掌握沒有意義，這一節將從 Spring 的核心開始認識，初步運用 Spring 來解決一些問題。

接下來不會全面地介紹 Spring，這不是本書設定的目標，**本書介紹 Spring 的原因是作為一個銜接**，希望在本書結束之後，你有能力自行探討更多有關 Spring 的課題。

> 提示 >>> 在接下來的章節，若想對某個主題有更進一步認識，或者本書結束後，想更進一步研究 Spring 的話，可以參考〈開源框架：Spring[4]〉，當中涵蓋了 Spring 入門到 Spring Cloud 等內容。

12.2.1　相依注入

在先前的微網誌應用程式中，為了能建構 `UserService` 實例，必須建構 `AccountDAOJdbcImpl`、`MessageDAOJdbcImpl` 實例，而為了要能建構這兩個實例，必須先建構 `DataSource` 實例，為了突顯這個過程，接下來用基本的 Java 程式來示範：

```
package cc.openhome;

import org.h2.jdbcx.JdbcDataSource;
...略

public class Main {
    public static void main(String[] ags) {
        // JdbcDataSource 實現了 DataSource 介面
        JdbcDataSource dataSource = new JdbcDataSource();
        dataSource.setURL(
            "jdbc:h2:tcp://localhost/c:/workspace/SpringDI/gossip");
        dataSource.setUser("caterpillar");
        dataSource.setPassword("12345678");

        AccountDAO acctDAO = new AccountDAOJdbcImpl(dataSource);
        MessageDAO messageDAO = new MessageDAOJdbcImpl(dataSource);

        UserService userService = new UserService(acctDAO, messageDAO);

        userService.messages("caterpillar")
                .forEach(message -> {
                    System.out.printf("%s\t%s%n",
                        message.getLocalDateTime(),
                        message.getBlabla());
                });
    }
}
```

---

[4] 開源框架：Spring：openhome.cc/Gossip/Spring

　　物件的建立與相依注入（Dependency Injection）當然是必要的關切點，只不過在過程太過冗長，模糊了商務流程之時，應該適當地將之分離，也許建立一個工廠方法會比較好：

```
package cc.openhome;
...略
public class Service {
    public static UserService getUserService() {
        JdbcDataSource dataSource = new JdbcDataSource();
        dataSource.setURL(
            "jdbc:h2:tcp://localhost/c:/workspace/SpringDI/gossip");
        dataSource.setUser("caterpillar");
        dataSource.setPassword("12345678");

        AccountDAO acctDAO = new AccountDAOJdbcImpl(dataSource);
        MessageDAO messageDAO = new MessageDAOJdbcImpl(dataSource);

        UserService userService = new UserService(acctDAO, messageDAO);
        return userService;
    }
}
```

　　那麼要取得 UserService 實例，就只要如下撰寫：

```
package cc.openhome;

import cc.openhome.model.UserService;

public class Main {
    public static void main(String[] ags) {
        UserService userService = Service.getUserService();

        userService.messages("caterpillar")
                .forEach(message -> {
                    System.out.printf("%s\t%s%n",
                        message.getLocalDateTime(),
                        message.getBlabla());
                });
    }
}
```

　　如此之來，程式碼的流程清晰了，而且即使是不懂 JDBC 或 DataSource 等的開發者，只要透過這樣的方式，也可以直接取得 UserService 進行操作。

上面的 `Service` 當然是特定用途，隨著打算開始整合各種程式庫或方案，會遇到各種物件建立與相依設定需求，為此，你可能會重構 `Service`，使之越來越通用，像是可透過組態檔進行相依設定，甚至成為一個通用於各式物件建立與相依設定的容器，實際上這類容器，在 Java 的世界早已存在，且有多樣性的選擇，而最有名的實現之一就是 Spring 框架。

12.2.2　使用 Spring DI

為了要能使用 Spring 進行相依注入（Dependency Injection，簡稱 DI），必須在 build.gradle 設定，由於會使用到 H2 資料庫驅動程式，這也可以一併透過 Gradle 來管理相關的 JAR：

SpringDI build.gradle

```
plugins {
    id 'java-library'
}

repositories {
    jcenter()
}

dependencies {
    // https://mvnrepository.com/artifact/com.h2database/h2
    implementation group: 'com.h2database', name: 'h2', version: '1.4.200'

    // https://mvnrepository.com/artifact/org.springframework/spring-context
    implementation group: 'org.springframework',
                   name: 'spring-context', version: '5.3.5'

    testImplementation 'junit:junit:4.12'
}
```

由於 H2 的 `JdbcDataSource` 原始碼不在專案的控制之內，無法直接在原始碼中設定相依資訊，因此在建立 Spring 設定檔時，一併撰寫在其中：

SpringDI AppConfig.java

```
package cc.openhome;

import javax.sql.DataSource;

import org.h2.jdbcx.JdbcDataSource;
import org.springframework.context.annotation.Bean;
```

```
import org.springframework.context.annotation.ComponentScan;
import org.springframework.context.annotation.Configuration;

@Configuration
@ComponentScan
public class AppConfig {
    @Bean
    public DataSource getDataSource() {
        JdbcDataSource dataSource = new JdbcDataSource();
        dataSource.setURL(
            "jdbc:h2:tcp://localhost/c:/workspace/gossip/gossip");
        dataSource.setUser("caterpillar");
        dataSource.setPassword("12345678");
        return dataSource;
    }
}
```

　　Spring 支援多種設定方式，最方便的一種是透過標註，將設定集中在一個.java，雖然副檔名為 .java，不過，應將之當成設定檔看待，Spring 稱這種設定方式為 **JavaConfig**。

　　@Configuration告知 Spring，這個 AppConfig 會作為設定檔，因為它也是個 Java 類別，可以在其中撰寫 Java 程式碼，因此對於更複雜的設定，像是過去 XML 方式無法滿足的設定，就可以使用程式碼來組裝，以便滿足設定需求，如同 getDataSource()示範的。

> 提示 >>> @Configuration 標註的類別，在透過 Spring 的處理之後，在角色上真的就是個設定檔，因而某些行為不會是 Java 程式該有的行為。

　　由 Spring 管理的實例稱為 Bean，@Bean 告訴 Spring，getDataSource()傳回的實例會作為 Bean 元件，至於其他的 Bean，像是 AccountDAOJdbcImpl、MessageDAOJdbcImpl、UserService 等實例，實際上也可以寫在 AppConfig 裏，然而由於它們的原始碼在我們的控制之中，更方便的作法是透過 Spring 自動掃描與綁定。

　　為了能 Spring 能自動掃描 Bean 的存在，AppConfig 標註了 @ComponentScan，表示預設掃描同一套件以及其子套件下，是否有 Bean 元件的存在。

接著可以來處理 `AccountDAOJdbcImpl` 的自動綁定：

SpringDI AccountDAOJdbcImpl.java

```java
package cc.openhome.model;
...略
import org.springframework.beans.factory.annotation.Autowired;
import org.springframework.stereotype.Component;

@Component
public class AccountDAOJdbcImpl implements AccountDAO {
    private DataSource dataSource;

    public AccountDAOJdbcImpl(@Autowired DataSource dataSource) {
        this.dataSource = dataSource;
    }
    ...略
}
```

在這邊看到 `DataSource` 的建構式上，`dataSource` 標註了 `@Autowired`，預設行為是當 Spring 管理的 Bean 中發現相同類型的實例，就會設給 `dataSource`，而 `AccountDAOJdbcImpl` 本身也會被 Spring 作為 Bean 管理，因此可以使用 `@Component` 來標註，表示這也是個 Bean 元件。

`MessageDAOJdbcImpl` 也做了類似的標註：

SpringDI MessageDAOJdbcImpl.java

```java
package cc.openhome.model;
...略

@Component
public class MessageDAOJdbcImpl implements MessageDAO {
    private DataSource dataSource;

    public MessageDAOJdbcImpl(@Autowired DataSource dataSource) {
        this.dataSource = dataSource;
    }
    ...略
}
```

接下來 UserService 也是類似，只不過自動綁定的對象包括了 AccountDAO 與 MessageDAO 的實例：

SpringDI UserService.java

```java
package cc.openhome.model;
...略

@Component
public class UserService {
    private final AccountDAO acctDAO;
    private final MessageDAO messageDAO;

    public UserService(
            @Autowired AccountDAO acctDAO, @Autowired MessageDAO messageDAO) {
        this.acctDAO = acctDAO;
        this.messageDAO = messageDAO;
    }

    ...略
}
```

完成設定與標註後，就可以透過 Spring 取得 DataSource、AccountDAOJdbcImpl、MessageDAOJdbcImpl 或 UserService 實例，然而，必須要有個物件來讀取 AppConfig 設定檔：

SpringDI Main.java

```java
package cc.openhome;

import org.springframework.context.ApplicationContext;
import org.springframework.context.annotation.AnnotationConfigApplicationContext;

import cc.openhome.model.UserService;

public class Main {
    public static void main(String[] ags) {
        ApplicationContext context =
                new AnnotationConfigApplicationContext(
                        cc.openhome.AppConfig.class);

        UserService userService = context.getBean(
                cc.openhome.model.UserService.class);

        userService.messages("caterpillar")
                .forEach(message -> {
                    System.out.printf("%s\t%s%n",
```

```
                            message.getLocalDateTime(),
                            message.getBlabla());
            });
    }
}
```

由於這邊使用 JavaConfig 設定，可透過 `AnnotationConfigApplicationContext` 來讀取，在建立`ApplicationContext`實例後，可以透過 `getBean()` 方法來取得Bean，至於這些實例之間的相依性，是由 Spring 自動搓合。

12.2.3　屬性檔資訊注入

先前初步使用了 Spring DI 的 JavaConfig 以及自動綁定功能，不過，`AppConfig` 的 JDBC URL、名稱、密碼等是寫死的，雖然 `AppConfig` 應看成是設定檔的角色，然而，畢竟它是個.java，會編譯為.class，某些設定若能不寫死，在更改設定時還是比較方便。

首先可以使用`@Value` 來注入屬性資訊，例如將 `AppConfig` 修改為：

```
package cc.openhome;

...略
import org.springframework.beans.factory.annotation.Value;

@Configuration
@ComponentScan
public class AppConfig {
    @Value("jdbc:h2:tcp://localhost/c:/workspace/SpringDI2/gossip")
    private String jdbcUrl;

    @Value("caterpillar")
    private String user;

    @Value("12345678")
    private String password;

    @Bean
    public DataSource getDataSource() {
        JdbcDataSource dataSource = new JdbcDataSource();
        dataSource.setURL(jdbcUrl);
        dataSource.setUser(user);
        dataSource.setPassword(password);
        return dataSource;
    }
}
```

　　呃？這算什麼？依舊是在.java 寫死了值啊！若要從屬性檔案載入屬性值，可以透過 PropertySourcesPlaceholderConfigurer 實例讀取，並透過 @PropertySource 指定屬性檔案來源：

```
SpringDI2 AppConfig.java
package cc.openhome;

...略
import org.springframework.beans.factory.annotation.Value;
import org.springframework.context.annotation.PropertySource;
import
org.springframework.context.support.PropertySourcesPlaceholderConfigurer;

@Configuration
@ComponentScan
@PropertySource("classpath:jdbc.properties")
public class AppConfig {
    @Value("${cc.openhome.jdbcUrl}")
    private String jdbcUrl;

    @Value("${cc.openhome.user}")
    private String user;

    @Value("${cc.openhome.password}")
    private String password;

    @Bean
    public DataSource getDataSource() {
        JdbcDataSource dataSource = new JdbcDataSource();
        dataSource.setURL(jdbcUrl);
        dataSource.setUser(user);
        dataSource.setPassword(password);
        return dataSource;
    }

    @Bean
    public static PropertySourcesPlaceholderConfigurer
                    propertySourcesPlaceholderConfigurer() {
        return new PropertySourcesPlaceholderConfigurer();
    }
}
```

　　PropertySourcesPlaceholderConfigurer 實例是 Spring 本身需要，通常你不需要在應用程式直接使用它，也就是說，設定檔除了設定應用程式需要的 Bean，也會設定 Spring 本身需要的資源。

留意一下當中的 `static` 方法，那是必要的，原因與 Spring 的生命週期有關，簡單來說，為了讀取屬性檔案，在 `@Configuration` 標註的類別載入之後，生成實例前，就必須要取得 `PropertySourcesPlaceholderConfigurer` 實例，因而 Spring 透過 `static` 方法來解決。

在 `@Value` 的部分，值的設定使用了 `${...}` 的形式，表示將.properties 對應的值注入，可以設定預設值，例如 `@Value("${cc.openhome.user:caterpillar}")` 的話，在沒有對應的 `cc.openhome.user` 時，就會使用 `"caterpillar"` 作為預設值。

屬性檔案來源可以透過 `@PropertySource` 指定，範例中的 `classpath:` 表示，從類別路徑讀取 jdbc.properties：

SpringDI2 jdbc.properties

```
cc.openhome.jdbcUrl=jdbc:h2:tcp://localhost/c:/workspace/SpringDI2/gossip
cc.openhome.user=caterpillar
cc.openhome.password=12345678
```

現在可以直接執行專案中的 `Main`，依舊能看到查詢資料的結果，日後要更改名稱、密碼等資訊，只要在.properties 修改就可以了。

12.2.4 關於 AOP

Spring 核心的另一重要特性是對 AOP 的支援，AOP 全名 Aspect-Oriented Programming，相關的術語不少，然而實際上，你在 5.3 認識過濾器時，就已經有過 AOP 的相關經驗了。

在 5.3 時談過，效能量測、使用者驗證、字元替換、編碼設定等需求，與應用程式的商務需求沒有直接關係，可以設計為獨立可重用的過濾器，便於加入客戶端請求的處理流程，也便於抽離這個過程，不用修改既有的應用程式。

過濾器可算是 AOP 概念的簡單實現，辨識出橫切主要商務流程的需求，抽離出來以便重用，讓主要流程在實作上保持單純，在 AOP 的術語中，效能量測、使用者驗證、字元替換、編碼設定等這類被抽離出來的需求，稱為 **Aspect**，設計的過程就稱為 Aspect-oriented Programming。

過濾器就是一種 Aspect 的實現，過濾器 `doFilter()`的流程實現，會橫切主要流程，在 AOP 的術語中，稱 `doFilter()`的流程實現為 **Advice**，Advice 與主要流程的接點，就稱為 **Join Point**，就過濾器的 `doFilter()`來說，Join Point 就是 `Servlet` 的 `service()`方法。

過濾器可以透過標註或web.xml的URI模式，設定哪些時機要套用過濾器，就 AOP 的術語來說，URI 模式這種定義服務何時切入的表示方式，稱為 **Pointcut**。

當然，就 Web 容器的過濾器而言，只需要定義 Filter 的 `doFilter()`方法，而且只能在 `Servlet` 的 `service()`方法前後接入，在 Web 容器以外的場合就發揮不了作用，也就不需要特別區分 Aspect、Advice、Join Point、Pointcut 這類術語。

然而，其他場合也會有辨識出橫切主要商務流程的服務，抽離出來以便重用的需求，例如，想在 `MessageDAO` 呼叫某方法前，做些簡單的日誌呢？

在 Java 的世界中，有些框架可以滿足這類需求，其中一個就是 Spring 對 AOP 的支援，因為是通用的框架，才有了 Aspect、Advice、Join Point、Pointcut 這類，作為彼此間溝通用的共同術語。

12.2.5　使用 Spring AOP

對於某些語言來說，特別是動態定型語言，要做橫切主流程的關切點分離，並不是件難事，因此在這些語言的生態圈中，不常聽到 AOP 這類概念；然而對 Java 這門嚴謹的語言來說，要實現 AOP 需要更多技巧與技術，Spring AOP 是提供了這類技術的框架之一，希望能省去 Java 開發者在實現 AOP 時的麻煩。

為了使用 Spring AOP 標註，可以在 build.gradle 增加 spring-aspects 相依：

SpringAOP build.gradle

```
plugins {
    id 'java-library'
}

repositories {
    jcenter()
}
```

```
dependencies {
    // https://mvnrepository.com/artifact/com.h2database/h2
    implementation group: 'com.h2database', name: 'h2', version: '1.4.200'

    // https://mvnrepository.com/artifact/org.springframework/spring-context
    implementation group: 'org.springframework',
                name: 'spring-context', version: '5.3.5'

    // https://mvnrepository.com/artifact/org.springframework/spring-aspects
    implementation group: 'org.springframework',
                name: 'spring-aspects', version: '5.3.5'

    testImplementation 'junit:junit:4.12'
}
```

使用 Spring AOP 設計 Aspect 時，可以使用@Aspect 等標註，例如，設計一個日誌服務的 Aspect：

SpringAOP LoggingAspect.java

```java
package cc.openhome.aspect;

import java.util.Arrays;
import java.util.logging.Logger;

import org.aspectj.lang.JoinPoint;
import org.aspectj.lang.annotation.Aspect;
import org.aspectj.lang.annotation.Before;
import org.springframework.stereotype.Component;

@Component
@Aspect
public class LoggingAspect {
    @Before("execution(* cc.openhome.model.MessageDAO.*(..))")
    public void before(JoinPoint joinPoint) {
        Object target = joinPoint.getTarget();
        String methodName = joinPoint.getSignature().getName();
        Object[] args = joinPoint.getArgs();
        Logger.getLogger(target.getClass().getName())
            .info(String.format("%s.%s(%s)",
                target.getClass().getName(),
                methodName,
                Arrays.toString(args))
            );
    }
}
```

使用@Aspect 標註的 Aspect 元件，不用實作介面或繼承類別；橫切進主要流程的服務稱為 Advice，由於現在是希望某方法被呼叫前執行日誌，可以使用@Before 標註方法，表示這是個 Before Advice，一個 Aspect 元件，可以有多個 Advice，可以使用的標註有 @Around、@Before、@After、@AfterThrowing 與 @AfterReturning 等，知道有這些 Advice 存在，需要用到的時候再查詢相關文件就可以了。

可以在@Before 這類標註使用 Pointcut 表示式（pointcut expression），定義服務何時切入，execution(* cc.openhome.model.MessageDAO.*(..)) 表示，在 MessageDAO 任何方法執行時進行日誌，第一個*表示任何傳回型態，第二個*表示所有方法，而..表示任何引數。

在執行 Advice 時，Join Point 的資訊會封裝為 JoinPoint 實例，作為 Advice 的引數傳入，可以透過它來取得方法簽署、引數等資訊，若不需要 JoinPoint 實例，Advice 上可以不宣告該參數。

AppConfig 要加上@EnableAspectJAutoProxy，這樣才會啟用 AOP 的相關機制：

SpringAOP AppConfig.java

```java
package cc.openhome;

...略
import org.springframework.context.annotation.EnableAspectJAutoProxy;

@Configuration
@EnableAspectJAutoProxy
@ComponentScan
@PropertySource("classpath:jdbc.properties")
public class AppConfig {
    ...略
}
```

現在可以直接執行專案中的 Main，除了查詢資料的結果之外，也可以看到相關的日誌訊息。

12.3 重點複習

從 Spring 4.x 開始,推薦使用 Gradle 或 Maven 來下載。

Gradle 提供預設專案及相關慣例設定之外,對於 Java 中程式庫或框架相依性問題,也提供了集中式貯藏室解決方案。

物件的建立與相依注入當然是必要的關切點,只不過當過程太過冗長,模糊了商務流程之時,應該適當地將之分離,Spring 框架的核心功能之一,就是用來解決物件的建立與相依注入的問題。

課後練習

實作題

1. 在第 9 章的課後練習中,曾經要求自行開發一個 `JdbcTemplate`,實際上 Spring 就提供有 `JdbcTemplate` 實作,請試著使用 Spring 的 `JdbcTemplate` 來簡化 12.2.3 的 `AccountDAOJdbcImpl` 與 `MessageDAOJdbcTemplate`。

Spring MVC/Security

學習目標

- 區別程式庫與框架
- 逐步善用 Spring MVC
- 簡介 Thymeleaf 模版
- 使用 Spring Security

13.1 初嘗 Spring MVC

Spring MVC 功能龐多，全面掌握的意義不大，如果有個應用程式原型符合框架的流程架構，可以對其重構、逐步套用框架，篩選出對應用程式有益處的功能，如此就算框架龐大，對你來說也會是簡潔的，使用該框架才會有價值。

本章將基於先前開發的微網誌應用程式，先試著最小程度地套用 Spring MVC，再逐步重構應用程式，套用更多 Spring MVC 的功能，從中理解各個功能的作用與好處。

13.1.1 程式庫或框架？

在先前開發微網誌的過程中，有使用到幾個程式庫，像是 OWASP 的 HTML Sanitizer、H2 JDBC 驅動程式、Java Mail 等，然而，應用程式主要流程一直由你控制，像是處理請求參數、取得模型物件、轉發請求、顯示頁面等各式流程。

在開始使用框架後，會發現框架主導了程式運行的主要流程，要在框架的規範下定義某些元件，框架會在適當時機調用你實作的程式，也就是說，對應用程式的流程控制權被反轉了，現在是**框架定義流程**，由框架來呼叫你的程式，而不是你來呼叫框架。

▶ IoC（Inversion of Control）

在談到框架時，有時會聽到 **IoC** 這個縮寫名稱，全名為 **Inversion of Control**，中文可譯為控制權反轉，使用框架時，最重要的是知道，哪些控制權被反轉了？誰能決定程式的流程？

例如，使用程式庫的話，主要流程的控制是這樣的：

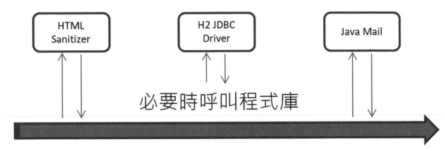

圖 13.1 **使用程式庫**

灰色部分是可自行掌控的流程，過程中必要時機引用各種程式庫，當然，執行程式庫的過程中，會暫時進入程式庫的流程，不過，絕大多數的情況下，你對應用程式的主要流程，還是擁有很大的控制權。

使用框架的話，主要流程的控制是這樣的：

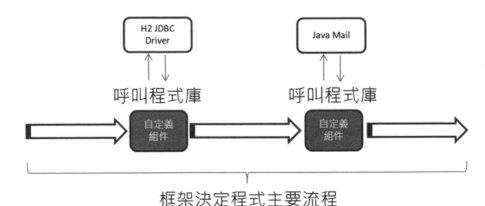

圖 13.2 **使用框架**

框架本質上也是程式庫，不過**會被定位為框架，表示它對程式主要流程擁有更多控制權**，然而，**框架本身是個半成品**，想完成整個流程，必須在框架的流程規範下，實現自定義元件，如圖 13.2 表示的，灰色部分是可自行掌控的部分，與使用程式庫相比，對流程控制的自由度少了許多。

▶ 需要使用框架嗎？

應用程式開發時是否需要使用框架，有很多考量點，然而簡單來說，**使用程式庫時，開發者擁有較高的自由度；使用框架時，開發者受到較大的限制。**

例如，目前的微網誌應用程式在組合 `UserService`、`AccountDAOJdbcImpl`、`MessageDAOJdbcImpl`、`DataSource` 等元件時，可以有各種方式，只要能達到目的就可以了，如果應用程式本身在組合元件上不複雜，就不需套用框架來完成任務。

因為在第 12 章中看過，若使用 Spring 核心，必須按照框架的規範撰寫定義檔、設定相關標註、取得 Bean 元件等，若應用程式在組合元件上並不複雜，在享用到 Spring 核心的益處前，就會被繁瑣規範或設定困擾，產生「有必要這麼複雜嗎？」的疑惑。

然而，如果應用程式有組合元件甚至管理元件生命週期等複雜需求，在自行撰寫程式碼完成任務已成沉重負擔之時，若 Spring 核心對元件的管理流程，大致符合需求的話，套用 Spring 核心來管理相關元件，能省去自行撰寫、維護元件生命週期的麻煩，**換來的益處超越了犧牲的自由度，使用框架才具有意義。**

類似地，想套用 Spring MVC 嗎？那要先問自己，應用程式打算遵照或已經是 MVC 流程架構嗎？如果不是，Spring MVC 並不會為你帶來益處，反而會感到處處受限，正如股市有句名言：「好的老師帶你上天堂，不好的老師帶你住套房。」用框架時可以這麼想：「好的框架帶你上天堂，不好的框架帶你住套房。」

接下來的內容，會基於微網誌應用程式套用 Spring MVC，因為從一開始，微網誌應用程式就逐步重構，朝著 MVC 架構而發展，而且有一定的複雜度，接下來在重構微網誌應用程式套用 Spring MVC 的過程中，才能體會到 Spring MVC 框架的好處。

13.1.2 初步套用 Spring MVC

判定框架是否適用的方式之一，是看看框架是否有個最小集合，最好能基於開發者既有的技術背景，在略為重構（原型）應用程式以使用此最小集合後，就能使應用程式運行起來，之後隨著對框架認識越多，在判定框架的特定功能是否適用後，再逐步重構應用程式來採用，如此就算框架本身包山包海，也能從中掌握有益於應用程式的部分。

> **提示 >>>** 基於可掌握的技術基礎來運用框架最小集合，對安全也有助益，勉強使用框架中不熟悉的技術，只是埋下安全隱憂。

因此接下來會重構微網誌應用程式，採用 Spring MVC 最小集合，屆時會發現，絕大多數的 Web 相關元件，仍是基於 Servlet/JSP 的 API，這表示就算對 Spring MVC 基礎薄弱，也能大致看懂甚至於維護應用程式。

▶ 設定 Gradle 支援

在第 12 章談過，Spring 現在建議使用 Gradle 下載、管理程式庫相依性，可以在 gossip 專案按右鍵執行「Configure/Add Gradle Nature」，讓既有專案支援基本的 Gradle 特性，接著在專案按右鍵執行「New/File」建立 build.gradle 檔案，在其中撰寫定義：

gosslp build.gradle

```
import org.gradle.plugins.ide.eclipse.model.Facet

apply plugin: 'java'
apply plugin: 'war'
apply plugin: 'eclipse-wtp'

// 設定原始碼版本
sourceCompatibility = 1.15
// 設定 WebApp 根目錄
webAppDirName = 'WebContent'
// 設定 Java 原始碼目錄
sourceSets.main.java.srcDir 'src'
// 編譯時的原始碼編碼
compileJava.options.encoding = 'UTF-8'

repositories {
    jcenter()
}
```

```
// 設置 Project Facets
eclipse {
    wtp {
        facet {
            facet name: 'jst.web', type: Facet.FacetType.fixed
            facet name: 'wst.jsdt.web', type: Facet.FacetType.fixed
            facet name: 'jst.java', type: Facet.FacetType.fixed
            facet name: 'jst.web', version: '4.0'
            facet name: 'jst.java', version: '1.8'
            facet name: 'wst.jsdt.web', version: '1.0'
        }
    }
}

dependencies {
    providedCompile 'javax.servlet:javax.servlet-api:4.0.0'
    providedCompile 'javax.servlet.jsp:jsp-api:2.3'

    compile 'javax.servlet:jstl:1.2'
    compile 'com.sun.mail:javax.mail:1.6.2'
    compile 'com.h2database:h2:1.4.2'
    compile
'com.googlecode.owasp-java-html-sanitizer:owasp-java-html-sanitizer:20200713.1'

    // Spring MVC 基本的相依程式庫
    compile 'org.springframework:spring-context:5.3.5'
    compile 'org.springframework:spring-webmvc:5.3.5'
}
```

這麼一來，微網誌相依的程式庫都由 Gradle 來管理，雖然 Tomcat 會有 Servlet API 與 JSP API，然而 Eclipse 套用了 Gradle 特性後，會由 Gradle 來管理相依程式庫，為了能在 IDE 編譯相關原始碼，必須使用 providedCompile 設定，這表示程式庫只用於編譯，部署後會使用 Tomcat 既有的 JAR，由於 Tomcat 上沒有 JSTL 等相依程式庫，設定為 compile，這樣部署時會一併包含相依程式庫。

同樣地，接著在專案上按右鍵執行「Gradle/Refresh Gradle Project」，就會下載相依的 JAR 檔案，完成之後，就可以刪除 WEB-INF/lib 中的 JAR 檔案。

◉ 初始前端控制器

在第 12 章使用 Spring 核心時看過，必須有相關設定檔，以及讀取設定、維護 Bean 的核心元件存在，而為了將請求都交由 Spring MVC 管理，也必須有個角色，可以接受全部請求，判斷由哪個元件處理，這樣的角色稱為**前端控制器**（**Front Controller**），而 Spring MVC 擔任此角色的是 DispatcherServlet。

想要設定 DispatcherServlet，Spring MVC 建議在應用程式初始化時進行，這可以繼承 AbstractAnnotationConfigDispatcherServletInitializer 達成：

gosslp SpringInitializer.java

```java
package cc.openhome.web;

import org.springframework.web.servlet.support.*;

public class SpringInitializer
    extends AbstractAnnotationConfigDispatcherServletInitializer{

    @Override
    protected Class<?>[] getServletConfigClasses() {
        return new Class<?>[] {WebConfig.class};      ❶ Web 層設定
    }

    @Override
    protected Class<?>[] getRootConfigClasses() {
        return new Class<?>[] {RootConfig.class};      ❷ 元件層設定
    }

    @Override
    protected String[] getServletMappings() {
        return new String[] {"/"};      ❸ 預設 Servlet 路徑
    }
}
```

只要有這個類別，在應用程式初始化時，就會進行 Servlet 建立、設定與註冊，在 SpringInitializer 的 getServletMappings() 中，可以看到預設 Servlet 的 URI 模式設定❸，找不到適合的 URI 模式對應時，就會使用 DispatcherServlet 處理。

提示 >>> 這個類別背後的運作原理，是藉由 Servlet 3.0 以後提供的 ServletContainerInitializer，在 5.2.1 的「提示」對話框中曾經談過。

Spring MVC 建議將 Web 層次的元件與其他元件分開設定，Web 層次的元件設定，可以實作 getServletConfigClasses() 方法，這邊指定 WebConfig 為設定檔❶，至於其他元件，可以實作 getRootConfigClasses()，這邊指定 RootConfig 為設定檔❷。

　　WebConfig 的內容設定如下：

---
gossIp WebConfig.java

```java
package cc.openhome.web;

...略

@Configuration
@EnableWebMvc
@ComponentScan("cc.openhome.controller")
public class WebConfig implements WebMvcConfigurer {
    @Override
    public void configureDefaultServletHandling(
                DefaultServletHandlerConfigurer configurer) {
        configurer.enable();
    }
}
```

　　@Configuration 與 @ComponentScan 在第 12 章談過，不同的是，這邊的 @ComponentScan 指定了掃描 cc.openhome.controller 套件，稍後會看到該套件的控制器實作中會設定相關標註，@ComponentScan 會掃描指定套件，建立相關的元件；另外，為了能使用 Spring MVC 的功能，加註了 @EnableWebMVC。

　　由於請求都會交由 DispatcherServlet 來處理，這將使得 HTML 等靜態資源無法直接請求，透過 DefaultServletHandlerConfigurer 的 enable()，這會讓 DispatcherServlet 無法找到對應的處理器處理請求時，轉交給容器來處理。

　　目前僅打算運用 Spring MVC 的最小集合，暫時不使用 Spring 管理 UserService、AccountDAOJdbcImpl、MessageDAOJdbcImpl、DataSource 等元件之組合，因此 RootConfig 內容先保持為空：

---
gossIp RootConfig.java

```java
package cc.openhome.web;

import org.springframework.context.annotation.Configuration;

@Configuration
public class RootConfig {
}
```

⊙ 重構控制器

接下來可以重構控制器了，這也給了個機會重新檢討應用程式，看看先前完成的微網誌應用程式,在 cc.openhome.controller 有幾個類別呢？總共有 11 個,實際上，某些控制器彼此間是相關的，例如 ，Register、Verify、Forgot、ResetPassword，都與帳號管理有關，而 Member、NewMessage、DelMessage 都是會員才能使用等。

如果不使用 Spring MVC，也許可以使用套件來群組相關的控制器，像是在 cc.openhome.controller.account 管理 Register、Verify、Forgot、ResetPassword 等控制器，然而，使用 Spring MVC 的話，可以在一個類別集中管理相關的方法，例如將 Member、NewMessage、DelMessage 的程式碼重構至 MemberController：

gosslp AuthController.java

```
package cc.openhome.controller;
...略

@Controller          ◀━━❶ 這是一個控制器
public class MemberController {
    @Value("/WEB-INF/jsp/member.jsp")  ◀━━❷ 使用值域與 @Value 取代
    private String MEMBER_PAGE;                 Servlet 初始參數

    @Value( "member")
    private String REDIRECT_MEMBER_PATH;

    @GetMapping("member")  ◀━━❸ 對 member 的 GET、POST 請求使用此方法
    @PostMapping("member")
    protected void member(
               HttpServletRequest request, HttpServletResponse response)
                     throws ServletException, IOException {
        request.setAttribute("messages",
                 userService(request).messages(getUsername(request)));
        request.getRequestDispatcher(MEMBER_PAGE)
            .forward(request, response);
    }

    @PostMapping("new_message")  ◀━━❹ 對 new_message 的 POST 請求使用此方法
    protected void newMessage(
           HttpServletRequest request, HttpServletResponse response)
                         throws ServletException, IOException {
        request.setCharacterEncoding("UTF-8");
        var blabla = request.getParameter("blabla");

        if(blabla == null || blabla.length() == 0) {
            response.sendRedirect(REDIRECT_MEMBER_PATH);
```

```
            return;
    }

    if(blabla.length() <= 140) {
        userService(request).addMessage(getUsername(request), blabla);
        response.sendRedirect(REDIRECT_MEMBER_PATH);
    }
    else {
        request.getRequestDispatcher(MEMBER_PAGE)
                .forward(request, response);
    }
}

@PostMapping("del_message")
protected void delMessage(
        HttpServletRequest request, HttpServletResponse response)
                throws ServletException, IOException {
    var millis = request.getParameter("millis");
    if(millis != null) {
        userService(request).deleteMessage(getUsername(request), millis);
    }

    response.sendRedirect(REDIRECT_MEMBER_PATH);
}

private String getUsername(HttpServletRequest request) {
    return (String) request.getSession().getAttribute("login");
}

private UserService userService(HttpServletRequest request) {
    return (UserService) request.getServletContext()
                            .getAttribute("userService");
}
```

❺從 request 取得 ServletContext，
進一步取得 UserService

　　絕大多數的程式碼，都是從既有的 Member、NewMessage、DelMessage 重構而來，
這邊說明一下有修改的部分，首先，必須標註@Controller 表示這是個控制器，
然而不用繼承類別或實作介面❶，這不再是個 Servlet 了，因而無法標註 Servlet
初始參數，這邊透過@Value 與值域取代❷，稍後會進一步注入屬性檔案中的值，
趁著重構控制器的機會，值域名稱也做了一些修改，以更彰顯各個值域的作用。

　　@GetMapping、@PostMapping 可用來標註方法接受哪種 HTTP 請求，可指定 URI
請求模式❸❹，由於這個類別不是個 Servlet，無法直接呼叫 getServletContext()，
因此改從 HttpServletRequest 的 getServletContext()來取得 ServletContext❺。

依照類似的做法，可以將 Member、NewMessage、DelMessage 重構至 MemberController，將 Login、Logout 重構至 AuthController，基於篇幅限制，這邊就不列出 MemberController、AuthController 的程式碼了，可以自行參考範例檔案的內容。

倒是將 Index、User 重構至 DisplayController 時要注意一下：

gosslp DisplayController.java

```java
package cc.openhome.controller;
...略

@Controller
public class DisplayController {
    @Value("/WEB-INF/jsp/index.jsp")
    private String INDEX_PAGE;

    @Value("/WEB-INF/jsp/user.jsp")
    private String USER_PAGE;

    @RequestMapping(value = "/",          ←──❶ 使用 @RequestMapping
            method = {RequestMethod.GET, RequestMethod.POST})
    protected void index(
            HttpServletRequest request, HttpServletResponse response)
                    throws ServletException, IOException {
        var newest = userService(request).newestMessages(10);
        request.setAttribute("newest", newest);

        request.getRequestDispatcher(INDEX_PAGE)
                .forward(request, response);
    }

    @GetMapping("user/*")
    protected void doGet(
            HttpServletRequest request, HttpServletResponse response)
                    throws ServletException, IOException {
        var username = getUsername(request);
        var userExisted = userService(request).exist(username) ;

        var messages = userExisted ?
                            userService(request).messages(username) :
                            Collections.emptyList();

        request.setAttribute("userExisted", userExisted);
        request.setAttribute("messages", messages);
        request.setAttribute("username", username);

        request.getRequestDispatcher(USER_PAGE)
                .forward(request, response);
```

```
    }

    private String getUsername(HttpServletRequest request) {
        return request.getRequestURI().replace("/gossip/user/", "");
    }
                                    ❶ 使用 @RequestMapping
    private UserService userService(HttpServletRequest request) {
        return (UserService) request.getServletContext()
                                    .getAttribute("userService");
    }
}
```

　　負責提取訊息、轉發首頁的 index()，要能接受 GET、POST 請求，然而這邊不能直接標示 @GetMapping、@PostMapping，因為它們只能接受同一個 @Controller 標示類別的請求轉發，微網誌的登入表單是設計在首頁，AuthController 驗證失敗的話，會轉發至 DisplayController 的 index()，兩者不屬於同一個控制器。

　　這其實暗示著，微網誌的登入表單可以獨立出來，並歸屬在 AuthController 之中，然而若微網誌確實想將登入表單置於首頁還是可以的，只要改用 @RequestMapping，在 HTTP 方法的指定上，可以使用 method 設定 ❶。

　　另外，記得先前的 User，URI 模式是 "/user/*" 嗎？在 @GetMapping 時可以改設定為 "user/*"，然而，這會使得 request.getPathInfo() 的傳回 null，因此在這邊改用 request.getRequestURI() 傳回完整的請求 URI，再從中擷取使用者名稱 ❷。

▶ 在 web.xml 宣告安全設定

　　現在原本微網誌中使用 Servlet 實現的控制器，都可以刪除了，不過，這也包括了第 11 章使用 @ServletSecurity 標註的幾個 Servlet，為了能繼續得到 Java EE 容器安全機制的協助，相關的設定改至 web.xml：

gosslp web.xml

```xml
<?xml version="1.0" encoding="UTF-8"?>
<web-app ...略>
    ...略

  <security-constraint>
     <web-resource-collection>
         <web-resource-name>Member</web-resource-name>
         <url-pattern>/del_message</url-pattern>
         <url-pattern>/new_message</url-pattern>
         <url-pattern>/logout</url-pattern>
         <url-pattern>/member</url-pattern>
```

```
            <http-method>GET</http-method>
            <http-method>POST</http-method>
        </web-resource-collection>
        <auth-constraint>
            <role-name>member</role-name>
        </auth-constraint>
    </security-constraint>

    <login-config>
        <auth-method>FORM</auth-method>
        <form-login-config>
            <form-login-page>/</form-login-page>
            <form-error-page>/</form-error-page>
        </form-login-config>
    </login-config>

    <security-role>
        <role-name>member</role-name>
    </security-role>
    ...略
</web-app>
```

現在可以如先前方式執行應用程式，嗯？這樣就算使用 Spring MVC 嗎？為什麼不算？只要應用程式功能正常運作，沒有人規定用到什麼程度、用了哪些 API，才算是使用了一個框架！

13.1.3 注入服務物件與屬性

你可能會說，這太浪費框架的功能了，至少該將第 12 章相依注入功能加進去吧！其實已經在使用了喔！Spring 的控制器不是沒有繼承類別或實作介面嗎？那麼 HttpServletRequest、HttpServletResponse 實例怎麼來的？ Spring MVC 會管理相關的 Servlet API 實例，若發現控制器的方法有對應的型態，呼叫時就會自動注入。

那麼第 12 章談到的 UserService、AccountDAOJdbcImpl、MessageDAOJdbcImpl、DataSource 等元件的管理與注入，如何在 Spring MVC 實作呢？首先，可以按照 12.2.2 的說明，將 AccountDAOJdbcImpl 進行標註：

gossip AccountDAOJdbcImpl.java

```
package cc.openhome.model;
...略
import org.springframework.beans.factory.annotation.Autowired;
import org.springframework.stereotype.Repository;
```

```
@Repository
public class AccountDAOJdbcImpl implements AccountDAO {
    private DataSource dataSource;

    @Autowired
    public AccountDAOJdbcImpl(DataSource dataSource) {
        this.dataSource = dataSource;
    }

    ...略
}
```

　　基本上 AccountDAOJdbcImpl 標註 @Component 也可以，@Component 是通用的標註，表示 Spring 管理的元件，然而 @Repository 意義更為清楚，表示設計分層中的存儲層元件，若方法拋出 SQLException，會轉為 Spring 的 DataAccessException，MessageDAOJdbcImpl 也可做相同標示，這部分就不列出了，可以參考範例專案中的設定。

　　至於 UserService 的部分可以如下：

gossip UserService.java

```
package cc.openhome.model;
...略
import org.springframework.beans.factory.annotation.Autowired;
import org.springframework.stereotype.Service;

@Service
public class UserService {
    private final AccountDAO acctDAO;
    private final MessageDAO messageDAO;

    @Autowired
    public UserService(AccountDAO acctDAO, MessageDAO messageDAO) {
        this.acctDAO = acctDAO;
        this.messageDAO = messageDAO;
    }

    ...略
}
```

　　基本上在 UserService 標註 @Component 也可以，然而 @Service 涵義更為清楚，表示設計分層中的服務層元件。

至於 GmailService 的部分可以如下：

---
gossip GmailService.java

```
package cc.openhome.model;
...略

@Service
public class GmailService implements EmailService {
    private final Properties props = new Properties();
    private final String mailUser;
    private final String mailPassword;

    public GmailService(
            @Value("${user}") String mailUser,
            @Value("${password}") String mailPassword) {
        props.put("mail.smtp.host", "smtp.gmail.com");
        props.put("mail.smtp.auth", "true");
        props.put("mail.smtp.starttls.enable", "true");
        props.put("mail.smtp.port", 587);
        this.mailUser = mailUser;
        this.mailPassword = mailPassword;
    }
    ...略

}
```

除了標註 @Service 之外，這邊還看到建構式上的參數標註了 @Value，其中的 user、password 來自於 mail.properties 中的設定：

---
gossip mail.properties

```
user=yourname@gmail.com
password=yourpassword
```
---

mail.properties 存放在 src 資料夾，也就是 Web 應用程式的類別路徑，為了讓 Spring 讀取 mail.properties，自動綁定至 @Value 標註處，必須在 RootConfig 進行設定：

---
gossip RootConfig.java

```
package cc.openhome.web;
...略

@Configuration
@PropertySource("classpath:mail.properties")  ←── ❶ 設定屬性檔案
```

```
@ComponentScan("cc.openhome.model") ←──❷指定掃描套件
public class RootConfig {
    @Bean
    public DataSource getDataSource() { ←──❸管理 DataSource
        try {
            var initContext = new InitialContext();
            var envContext = (Context) initContext.lookup("java:/comp/env");
            return (DataSource) envContext.lookup("jdbc/gossip");
        } catch (NamingException e) {
            throw new RuntimeException(e);
        }
    }

    @Bean
    public static PropertySourcesPlaceholderConfigurer ←──❹管理屬性資訊
                    propertySourcesPlaceholderConfigurer() {
        return new PropertySourcesPlaceholderConfigurer();
    }
}
```

　　屬性檔案的指定是透過 @PropertySource 標註 ❶，RootConfig 設為掃描 cc.openhome.model 中標註的元件並自動完成相依注入 ❷，DataSource 的取得原先是寫在 GossipInitializer，現在改由 Spring 來管理 ❸，記得必須有個 PropertySourcesPlaceholderConfigurer 實例來讀取屬性檔案 ❹。

　　類似地，也可以將先前控制器中，@Value 寫死的相關路徑，改存放 web.properties：

gossip web.properties

```
page.register_success=/WEB-INF/jsp/register_success.jsp
page.register_form=/WEB-INF/jsp/register.jsp
page.verify=/WEB-INF/jsp/verify.jsp
page.forgot=/WEB-INF/jsp/forgot.jsp
page.reset_password=/WEB-INF/jsp/reset_password.jsp
page.reset_success=/WEB-INF/jsp/reset_success.jsp
page.index=/WEB-INF/jsp/index.jsp
page.user=/WEB-INF/jsp/user.jsp
page.member=/WEB-INF/jsp/member.jsp

path.redirect.member=member
path.forward.login=/
```

這些屬性是屬於 Web 層面，因而在 WebConfig 設定屬性管理：

gossip WebConfig.java

```
package cc.openhome.web;
...略

@Configuration
@EnableWebMvc
@PropertySource("classpath:web.properties")
@ComponentScan("cc.openhome.controller")
public class WebConfig implements WebMvcConfigurer {
    @Override
    public void configureDefaultServletHandling(
                    DefaultServletHandlerConfigurer configurer) {
        configurer.enable();
    }

    @Bean
    public static PropertySourcesPlaceholderConfigurer
                        propertySourcesPlaceholderConfigurer() {
        return new PropertySourcesPlaceholderConfigurer();
    }
}
```

接下來就是將 UserService、EmailService 實例與屬性值注入至控制器了，以 AccountController 為例：

gossip AccountController.java

```
package cc.openhome.controller;
...略

@Controller
public class AccountController {
    @Value("${page.register_success}")
    private String REGISTER_SUCCESS_PAGE;

    @Value("${page.register_form}")
    private String REGISTER_FORM_PAGE;

    @Value("${page.verify}")
    private String VERIFY_PAGE;

    @Value("${page.forgot}")
    private String FORGOT_PAGE;

    @Value("${page.reset_password}")
```

```java
private String RESET_PW_PAGE;

@Value("${page.reset_success}")
private String RESET_SUCCESS_PAGE;

@Autowired
private UserService userService;

@Autowired
private EmailService emailService;

...略

@PostMapping("register")
protected void register(
        HttpServletRequest request, HttpServletResponse response)
            throws ServletException, IOException {
    var email = request.getParameter("email");
    var username = request.getParameter("username");
    var password = request.getParameter("password");
    var password2 = request.getParameter("password2");

    var errors = new ArrayList<String>();
    if (!validateEmail(email)) {
        errors.add("未填寫郵件或格式不正確");
    }
    if(!validateUsername(username)) {
        errors.add("未填寫使用者名稱或格式不正確");
    }
    if (!validatePassword(password, password2)) {
        errors.add("請確認密碼符合格式並再度確認密碼");
    }

    String path;
    if(errors.isEmpty()) {
        path = REGISTER_SUCCESS_PAGE;

        var optionalAcct =
                userService.tryCreateUser(email, username, password);
        if(optionalAcct.isPresent()) {
            emailService.validationLink(optionalAcct.get());
        } else {
            emailService.failedRegistration(username, email);
        }
    } else {
        path = REGISTER_FORM_PAGE;
        request.setAttribute("errors", errors);
    }
```

```
            request.getRequestDispatcher(path).forward(request, response);
    }
    ...略

}
```

主要修改就是透過 @Value 注入屬性值，以及使用 @Autowire 自動綁定 UserService 與 EMailService，原先控制器中從 ServletContext 取得 UserService 與 EMailService 的程式碼，改從值域來取得，其他控制器的修改也是類似，這邊就不列出原始碼了。

現在不需要 GossipInitializer 了，可以將之刪除，由於郵件帳號、密碼資訊現在儲存在 mail.properties 中，web.xml 中郵件帳號、密碼的初始參數也可以刪除，接著運行應用程式，看看功能是否正常。

13.2　逐步善用 Spring MVC

在微網誌應用程式逐步套用 Spring MVC 功能後，現在是否感受到運用框架的益處了？像是控制器的管理、相依注入、屬性設定等，這些功能拆開來個別說明，其實意義並不大，唯有實際用在應用程式之中，才能感受到它們的益處。

接下來會再將焦點集中在 Web 層面，看看 Spring MVC 還有哪些不錯的功能，可以用來套用在微網誌應用程式，以簡化應用程式的撰寫與管理。

13.2.1　簡化控制器

在實作 MVC 架構的控制器時，是否感覺到一些相似的程式邏輯，像是取得請求參數、請求轉發、重新導向等，例如，每次內部轉發時，總寫著相同的程式碼：

```
request.getRequestDispatcher(PATH).forward(request, response);
```

這是一種重複嗎？是的！而且由於採 MVC 架構，如果不是為了重新導向，實際上某些控制器中，並非真正需要 HttpServletResponse 實例，只是為了滿足 RequestDispatcher 的 forward()必須有 HttpServletResponse 實例罷了，另外在路徑設定上，微網誌應用程式的 JSP，都是放在/WEB-INF/jsp，也形成重複的資訊。

Spring MVC 可以封裝這些重複的邏輯與資訊，將控制器簡化。首先處理內部轉發的重複邏輯與資訊，這要在 WebConfig 添加設定：

```
gossip WebConfig.java

package cc.openhome.web;
...略


@Configuration
@EnableWebMvc
@PropertySource("classpath:path.properties")
@ComponentScan("cc.openhome.controller")
public class WebConfig implements WebMvcConfigurer {
    ...略

    @Bean
    public ViewResolver viewResolver() {
        InternalResourceViewResolver resolver =
                            new InternalResourceViewResolver();
        resolver.setPrefix("/WEB-INF/jsp/");
        resolver.setSuffix(".jsp");
        resolver.setExposeContextBeansAsAttributes(true);
        return resolver;
    }
}
```

在這邊設定了 ViewResolver，它負責解析 Spring 的視圖（View）相關元件，根據不同的實作類別，可以替換不同的頁面呈現技術，這邊的 InternalResourceViewResolver 負責處理內部轉發，可以設定前置與後置字串，這會與控制器中的方法傳回字串結合，例如，若控制器傳回"member"，會轉發 "/WEB-INF/jsp/member.jsp"，稍後也會看到，若在控制器方法中，透過注入的 Model 加入相關屬性，這些屬性會是 JSP 頁面可存取的屬性。

配合 InternalResourceViewResolve 設定，web.properties 路徑資訊可以調整為：

```
gossip web.properties

page.register_success=register_success
page.register_form=register
page.verify=verify
page.forgot=forgot
page.reset_password=reset_password
page.reset_success=reset_success
page.index=index
page.user=user
```

```
page.member=member

path.redirect.index=/
path.redirect.member=/member
```

接著先來簡化 DisplayController，因為相對而言，它是最簡單的控制器：

gossip DisplayController

```
package cc.openhome.controller;
...略

@Controller
public class DisplayController {
    @Value("${page.index}")
    private String INDEX_PAGE;

    @Value("${page.user}")
    private String USER_PAGE;

    @Autowired
    private UserService userService;

    @RequestMapping(value = "/",
                    method = {RequestMethod.GET, RequestMethod.POST})
    public String index(Model model) { ←──❶注入 Model，傳回字串
        var newest = userService.newestMessages(10);
        model.addAttribute("newest", newest); ←──❷新增 Model 屬性
        return INDEX_PAGE;
    }

    @GetMapping("user/{username}") ←──❸指定佔位變數
    public String doGet(
            @PathVariable("username") String username, ←──❹注入變數值
            Model model) {
        var userExisted = userService.exist(username) ;

        var messages = userExisted ?
                           userService.messages(username) :
                           Collections.emptyList();

        model.addAttribute("userExisted", userExisted);
        model.addAttribute("messages", messages);
        model.addAttribute("username", username);

        return USER_PAGE;
    }
}
```

　　index()方法的傳回值現在是 String，參數部分注入了 Model 實例❶，可以透過 Model 實例來新增屬性❷，預設會成為請求範圍屬性，@GetMapping 可在路徑指定佔位變數❸，後續可透過@PathVariable 注入變數實際的值❹，就不用自行解析 URI 取得使用者名稱了。

　　你也可以觀察到，DisplayController 因為沒有 Servlet API，方法上相關的受檢例外（Checked exception）宣告可以移除了，整個控制器的實作得到了簡化。

　　接下來簡化 AuthController：

gossip AuthController.java

```
package cc.openhome.controller;
...略

@Controller
@SessionAttributes("login")  ←── ❶會話屬性名稱
public class AuthController {
    @Value("#{'redirect:' + '${path.redirect.member}'}")  ←── ❷串接重導字串
    private String REDIRECT_MEMBER_PATH;

    @Value("#{'redirect:' + '${path.redirect.index}'}")
    private String REDIRECT_INDEX_PATH;

    @Autowired
    private UserService userService;

    @PostMapping("login")
    public String login(
            HttpServletRequest request,
            @RequestParam String username,  ←── ❸注入請求參數
            @RequestParam String password,
            Model model,
            RedirectAttributes redirectAttrs) {  ←── ❹重導屬性物件

        if(isInputted(username, password) &&
           login(request, username, password)) {
            model.addAttribute("login", username);  ←── ❺儲存會話屬性
            return REDIRECT_MEMBER_PATH;
        } else {
            redirectAttrs.addFlashAttribute(
                    "errors", Arrays.asList("登入失敗"));  ←── ❻儲存 flash 屬性
            return REDIRECT_INDEX_PATH;
        }
    }

    @GetMapping("logout")
    public String logout(HttpServletRequest request) throws ServletException {
```

```
        request.logout();
        return REDIRECT_INDEX_PATH;
    }

    ...略
}
```

方才談到，Model 物件新增的屬性，預設會成為請求範圍屬性，若某個屬性要是會話屬性，可以使用@SessionAttributes 來指定❶；由於這個控制器中有些方法會重新導向頁面，為了與請求轉發區分，傳回的字串上必須前置"redirect:"，雖然標註@Value("${path.redirect.member}")，後續自行用字串來串接也可以，不過這邊透過 Spring 表示式（Expression language），也就是#{…}形式的語言，在取得注入的字串後直接與"redirect:"串接，再指定給對應的值域❷。

Spring 也可以為你注入請求參數，方式是透過@RequestParam，這會取得並注入與參數名稱相同的請求參數❸；重新導向時，若要同時夾帶請求參數或者一些屬性，以便處理重新導向的控制器或頁面能取得，可以透過 RedirectAttributes❹，稍後會看到，這邊先看到 Model 新增了"login"屬性❺，由於先前用@SessionAttributes 指定了"login"名稱，因此這個屬性會是儲存在會話範圍。

原本 AuthController 的 login()方法中，若登入失敗，會在請求範圍設定錯誤訊息，轉發至處理首頁的控制器，然而現在因為設定了 InternalResourceViewResolver，令這個方法受到限制了，因為若傳回沒有 "redirect:"前置的字串，就會直接轉發給 JSP，這時會看不到最新訊息。

雖然在 login()成功後，增加提取最新訊息的相關程式碼，可以搪塞（workaround）這個問題，不過最新訊息的提取，不該是登入處理相關的流程。

這邊處理的方式是，登入失敗後重新導向首頁，然而"登入失敗"的請求範圍屬性怎麼辦呢？方式之一是重新導向時夾帶請求參數，這可以透過 RedirectAttributes 的 addAttribute()方法，方式之二是在會話範圍設定屬性，重新導向後，頁面處理完該屬性後，從會話範圍中刪除，雖然這可以自行實作，不過透過 RedirectAttributes 的 addFlashAttribute()方法會更為方便❻。

Flash 這個字眼很有趣，代表著設定的屬性只存活於兩次請求範圍之間，一閃而過，通常具有這類元件的框架，會將兩次請求範圍間一閃而過的屬性，封裝得像 HTTP 請求提供的特性（實際上當然不是，如前所述，底層是基於會話的原理），就 Spring MVC 來說，`RedirectAttributes` 的 `addFlashAttribute()` 方法加入的屬性，在控制器中可以在請求處理方法的參數，標註 `@ModelAttribute` `("errors") ArrayList<String> errors` 來取得，若是在 JSP 頁面，可以在透過 `requestScope` 來取得屬性。

因為 index.jsp 原本就是透過 `requestScope` 來取得 `errors` 屬性，這邊就採用 `RedirectAttributes` 的 `addFlashAttribute()` 方法加入屬性。

接下來看看 `MemberController` 的簡化：

gossip MemberController.java

```
package cc.openhome.controller;
...略

@Controller
public class MemberController {
    @Value("${page.member}")
    private String MEMBER_PAGE;

    @Value("#{'redirect:' + '${path.redirect.member}'}")
    private String REDIRECT_MEMBER_PATH;

    @Autowired
    private UserService userService;

    @GetMapping("member")
    @PostMapping("member")
    public String member(
            @SessionAttribute("login") String username,
            Model model) {
        model.addAttribute("messages", userService.messages(username));
        return MEMBER_PAGE;
    }

    @PostMapping("new_message")
    public String newMessage(
            @RequestParam String blabla,
            @SessionAttribute("login") String username) {

        if(blabla == null || blabla.length() == 0) {
            return REDIRECT_MEMBER_PATH;
        }
```

```
        if(blabla.length() <= 140) {
            userService.addMessage(username, blabla);
            return REDIRECT_MEMBER_PATH;
        }
        else {
            return MEMBER_PAGE;
        }
    }

    @PostMapping("del_message")
    public String delMessage(
            @RequestParam String millis,
            @SessionAttribute("login") String username) {

        if(millis != null) {
            userService.deleteMessage(username, millis);
        }

        return REDIRECT_MEMBER_PATH;
    }
}
```

大部分的標註或設定，前面都談過，這邊主要是多了 @SessionAttribute
("login")的使用，這表示注入會話範圍的"login"屬性。

原先 newMessage()方法中，有個 request.setCharacterEncoding("UTF-8")，可以
將之刪除，並在 web.xml 設定：

---

gossip web.xml

```xml
<?xml version="1.0" encoding="UTF-8"?>
<web-app xmlns:xsi="http://www.w3.org/2001/XMLSchema-instance"
xmlns="http://xmlns.jcp.org/xml/ns/javaee"
xmlns:jsp="http://java.sun.com/xml/ns/javaee/jsp"
xsi:schemaLocation="http://xmlns.jcp.org/xml/ns/javaee
http://xmlns.jcp.org/xml/ns/javaee/web-app_4_0.xsd" version="4.0">
    ...略

  <request-character-encoding>UTF-8</request-character-encoding>
</web-app>
```

至於 AccountController，需要使用的標註與設定方式，前面都談過了，需要
的只是重構時的細心，基於篇幅限制，就不列出程式碼了，可以自行參考範例
檔案。

現在可以試著執行應用程式，看看功能是否一切如常，並與 13.1.3 控制器
程式碼比較，看看是否簡潔許多。

13.2.2　建立表單物件

雖然微網誌的控制器已經簡化許多，然而還有改善空間，例如，在
AccountController 中，register() 與 resetPassword() 方法都有針對表單的格式驗證，
這類格式驗證可以抽取至表單物件，從而簡化控制器的流程。

 針對驗證的部分，JSR303 規範了 Java Validation API，而 Spring 可以整合
JSR303，然而需要有個 JSR303 的實作品，在這邊使用 Hibernate Validator，因
此在 build.gradle 加入 JSR303 與 Hibernate Validator：

gossip build.gradle

```
import org.gradle.plugins.ide.eclipse.model.Facet

...略

dependencies {
    ...略

    compile 'javax.validation:validation-api:2.0.1.Final'
    compile 'org.hibernate:hibernate-validator:6.2.0.Final'
}
```

接著針對註冊表單設計對應的表單類別：

gossip RegisterForm.java

```
package cc.openhome.controller;

import javax.validation.constraints.AssertTrue;
import javax.validation.constraints.Email;
import javax.validation.constraints.Pattern;
import javax.validation.constraints.Size;

public class RegisterForm {
    @Email(message = "未填寫郵件或格式不正確")
    private String email;

    @Pattern(regexp = "^\\w{1,16}$", message = "未填寫使用者名稱或格式不正確")
    private String username;
```

```
    @Size(min = 8, max = 16, message = "請確認密碼符合格式")
    private String password;

    private String password2;

    @AssertTrue(message="密碼與再次確認密碼不相符")
    private boolean isValid() {
        return password.equals(password2);
    }

    public String getEmail() {
        return email;
    }

    public void setEmail(String email) {
        this.email = email;
    }

    ...其他值域相對應的 Getter、Setter，故略...
}
```

在 RegisterForm 中，設定了針對表單各欄位的驗證標註，Spring 會自動收集對應名稱的請求參數，另外，針對重設密碼的表單，也設計了對應的表單物件：

gossip ResetPasswordForm.java

```
package cc.openhome.controller;

import javax.validation.constraints.Pattern;

public class ResetPasswordForm {
    private String token;
    private String name;
    private String email;

    @Size(min = 8, max = 16, message = "請確認密碼符合格式")
    private String password;

    private String password2;

    @AssertTrue(message="密碼與再次確認密碼不相符")
    private boolean isValid() {
        return password.equals(password2);
    }

    public String getToken() {
        return token;
    }
    public void setToken(String token) {
```

```
        this.token = token;
    }

    ...其他值域相對應的 Getter、Setter，故略...
}
```

接著使用這兩個表單物件重構 AccountController：

gossip AccountController.java

```
package cc.openhome.controller;
...略

@Controller
@SessionAttributes("token")
public class AccountController {
    ...略

    @PostMapping("register")
    public String register(
            @Valid RegisterForm form, ◄───❶ 驗證表單物件
            BindingResult bindingResult, ◄───❷ 注入驗證結果
            Model model) {
                                    ❸ 取得 BindingResult 的錯誤訊息
                                       │
        var errors = toList(bindingResult);

        String path;
        if(errors.isEmpty()) {
            path = REGISTER_SUCCESS_PAGE;

            var optionalAcct = userService.tryCreateUser(
                    form.getEmail(), form.getUsername(), form.getPassword());
            if(optionalAcct.isPresent()) {
                emailService.validationLink(optionalAcct.get());
            } else {
                emailService.failedRegistration(
                    form.getUsername(), form.getEmail());
            }
        } else {
            path = REGISTER_FORM_PAGE;
            model.addAttribute("errors", errors);
        }

        return path;
    }

    ...略
```

```
@PostMapping("reset_password")
public String resetPassword(
        @Valid ResetPasswordForm form,
        BindingResult bindingResult,
        @SessionAttribute("token") String storedToken,
        Model model) {
    if(storedToken == null || !storedToken.equals(form.getToken())) {
        return REDIRECT_INDEX_PATH;
    }

    var errors = toList(bindingResult);

    if (!errors.isEmpty()) {
        var optionalAcct = userService.accountByNameEmail(
                            form.getName(), form.getEmail());
        model.addAttribute("errors", errors);
        model.addAttribute("acct", optionalAcct.get());
        return RESET_PW_PAGE;
    } else {
        userService.resetPassword(form.getName(), form.getPassword());
        return RESET_SUCCESS_PAGE;
    }
}

private List<String> toList(BindingResult bindingResult) {
    var errors = new ArrayList<String>();
    if(bindingResult.hasErrors()) {   ←——❹如果有驗證錯誤訊息的話
        bindingResult.getFieldErrors().forEach(err -> {
            errors.add(err.getDefaultMessage());
        });                           ❺取得並收集錯誤訊息
    }
    return errors;
}
}
```

　　register()現在注入了 RegisterForm 實例，@Valid 標註必須驗證欄位❶，如果有欄位驗證錯誤，會收集在 BindingResult，透過注入其實例❷，稍後就可以檢查是否有相關的驗證問題，BindingResult 的錯誤訊息會收集至 List<String>❸。

　　BindingResult 可以透過 hasErrors()詢問是否有欄位錯誤❹，如果有的話，可以透過 getFieldErrors()取得 FieldError 清單，透過每個 FieldError 實例 getDefaultMessage()取得設定的錯誤訊息❺。如程式碼所示，resetPassword()方法也做了類似處理。

13.2.3　訊息消毒與 AOP

隨著對 Spring MVC 的認識越多，越來越多的 Servlet API 會被 Spring MVC 的相關元件封裝在底層，你可能開始會想一件事「有沒有辦法將 Servlet API 全部封裝在底層呢？」

在某些需求下是辦得到的，然而要記得，單純想全面去除 Servlet API，沒有太大的意義，畢竟 Spring MVC 是基於 Servlet API，有些任務透過 Servlet API 比較省事，有時就是得跟 Servlet API 打交道，而且想全面封裝 Servlet API，也涉及對 Spring 要認識更多，這表示技術門檻會高許多，也就是說，如果需求上確實要封裝 Servlet API，而你與團隊的技術能力也到達必要水準，再來進行會比較好。

回過頭來，如果要對目前的微網誌應用程式進行 Servlet API 封裝，該怎麼做呢？目前有 Servlet API 的還有 `AuthController` 與 `HtmlSanitizer`，前者涉及 Web 容器安全機制，這表示必須找 Spring 對應方案來替代，也就是 Spring Security，這會在 13.3 討論。

至於 `HtmlSanitizer`，它是個過濾器，目前主要針對 `MemberController` 的 `newMessage()` 做訊息的消毒，因此若想用 Spring 的方案來取代，可以使用 12.2.5 談到的 Aspect 元件，為此，可以在 build.gradle 加入 spring-aspects：

```
gossip build.gradle
```
```
import org.gradle.pluqins.ide.eclipse.model.Facet

...略

dependencies {
    ...略
    compile 'org.springframework:spring-aspects:5.3.5'
}
```

為了能針對 `newMessage()` 的 `blabla` 參數值進行消毒，可以使用 Around Advice，直接來看程式碼如何實作：

gossip HtmlSanitizer.java

```
package cc.openhome.aspect;

...略

@Component
@Aspect
public class HtmlSanitizer {
    @Autowired
    private PolicyFactory policy;

    @Around(
      "execution(* cc.openhome.controller.MemberController.newMessage(..))")
    public Object around(
            ProceedingJoinPoint proceedingJoinPoint) throws Throwable {
        Object[] args = proceedingJoinPoint.getArgs(); // 取得全部引數
        args[0] = policy.sanitize(args[0].toString()); // 消毒第一個引數
        return proceedingJoinPoint.proceed(args);      // 以更新後的引數呼叫方法
    }
}
```

　　這個 HtmlSanitizer 標註了 @Aspect，表示它是個 Aspect 元件，@Around 指定了
Pointcut 為 newMessage() 方法，而被標註的方法可接受 ProceedingJoinPoint 實例，
除了可取得接入點等資訊之外，還可以控制是否進一步呼叫目標方法，如果沒
有呼叫它的 proceed() 方法，就等於攔截方法的呼叫請求。

　　由於消毒策略是會變動的，上頭使用了 @Autowired 自動綁定 PolicyFactory，
可以在 WebConfig 設定為 Bean：

gossip WebConfig.java

```
package cc.openhome.web;

...略

@Configuration
@EnableWebMvc
@PropertySource("classpath:web.properties")
@EnableAspectJAutoProxy
@ComponentScan(basePackages = {"cc.openhome.controller", "cc.openhome.aspect"})
public class WebConfig implements WebMvcConfigurer {
    ...略

    @Bean
    public PolicyFactory htmlPolicy() {
        return new HtmlPolicyBuilder()
                    .allowElements("a", "b", "i", "del", "pre", "code")
```

```
            .allowUrlProtocols("http", "https")
            .allowAttributes("href").onElements("a")
            .requireRelNofollowOnLinks()
            .toFactory();
    }
}
```

别忘了加上 `@EnableAspectJAutoProxy` 啟用 AOP 功能，而且掃描 Aspect 元件的套件，現在原本消毒訊息用的過濾器可以刪掉了，訊息消毒仍然是個橫切 `MemberController` 的 `newMessage()` 方法的服務。

13.2.4　關於 Thymeleaf 模版

或許你曾經聽說過或看過「JSP 已經過時了」這類的論調，當然，這論調也有許多開發者不認同，可以在網路上搜尋看看兩造人馬的說法，這邊不評論 JSP 是否過時了這件事。

不過，JSP 確實不是唯一的頁面呈現技術，如果你瞭解 JSP，有機會也可以接觸其他模版引擎，未來在評估採用何種頁面呈現技術時，總是可以多個選擇。

如果使用 Spring MVC，在其他模版引擎上，能見度高的選擇之一是 Thymeleaf[1]，它主打的特性之一是自然模版（Natural template），模版頁面本身是只需瀏覽器就可檢視的 HTML，例如：

gossip index.html

```html
<!DOCTYPE html>
<html xmlns="http://www.w3.org/1999/xhtml"
      xmlns:th="http://www.thymeleaf.org">
    <head>
        <meta charset="UTF-8">
        <title>Gossip 微網誌</title>
        <link rel="stylesheet" href="css/gossip.css" type="text/css">
    </head>
    <body>
        <div id="login">
            <div>
                <img src='images/caterpillar.jpg' alt='Gossip 微網誌'/>
            </div>
```

---

[1] Thymeleaf：www.thymeleaf.org

```
        <a href='register'>還不是會員？</a>
        <p></p>

<ul th:if="${errors != null}" style='color: rgb(255, 0, 0);'>
    <li th:each="error : ${errors}"
        th:text="${error}">error message</li>
</ul>

        <form method='post' action='login'>
            <table>
                <tr>
                    <td colspan='2'>會員登入</td>
                <tr>
                    <td>名稱：</td>
                    <td><input type='text' name='username'
                            th:value="${param.username}"></td>
                </tr>
                <tr>
                    <td>密碼：</td>
                    <td><input type='password' name='password'></td>
                </tr>
                <tr>
                    <td colspan='2' align='center'>
                        <input type='submit' value='登入'>
                    </td>
                </tr>
                <tr>
                    <td colspan='2'>
                        <a href='static/forgot.html'>忘記密碼？</a>
                    </td>
                </tr>
            </table>
        </form>
</div>
<div>
    <h1>Gossip ... XD</h1>
    <ul>
        <li>談天說地不奇怪</li>
        <li>分享訊息也可以</li>
        <li>隨意寫寫表心情</li>
    </ul>
  <table style='background-color:#ffffff;'>
        <thead>
            <tr>
                <th><hr></th>
            </tr>
        </thead>
        <tbody>

        <tr th:each="message : ${newest}">
            <td style='vertical-align: top;'>
```

```
                <span th:text="${message.username}">user name</span><br>
                <span th:utext="${message.blabla}">blabla</span><br>
                <span th:text="${message.localDateTime}">time here</span>
                    <hr>
            </td>
        </tr>

        </tbody>
    </table>

    </div>
    </body>
</html>
```

　　這是一個完全合法的 HTML 文件，直接在瀏覽器上開啟，也可以顯示原型頁面：

圖 13.3 在瀏覽器中直接檢視 Thymeleaf 模版頁面

　　如果沒有在 Web 容器上運行，使用瀏覽器直接開啟 JSP 檔案，只會直接顯示 JSP 原始碼內容而已。

　　如果想在 Spring MVC 改用 Thymeleaf 模版作為呈現技術，可以在 build.gradle 裏頭加入：

gossip build.gradle

```
import org.gradle.plugins.ide.eclipse.model.Facet
 ...略

dependencies {
    ...略
    compile 'org.thymeleaf:thymeleaf-spring5:3.0.12.RELEASE'
}
```

並在 WebConfig 替換 ViewResolver 實作：

gossip WebConfig.java

```
package cc.openhome.web;
...略

@Configuration
@EnableWebMvc
@PropertySource("classpath:path.properties")
@ComponentScan("cc.openhome.controller")
public class WebConfig implements WebMvcConfigurer, ApplicationContextAware {
    ...略

    private ApplicationContext applicationContext;

    @Override
    public void setApplicationContext(
            ApplicationContext applicationContext) throws BeansException {
        this.applicationContext = applicationContext;
    }

    @Bean
    public ITemplateResolver templateResolver() {
        // 透過此實例進行相關設定，後續用來建立模版引擎物件
        var resolver = new SpringResourceTemplateResolver();
        resolver.setApplicationContext(applicationContext);

        // 開發階段可設定為不快取模版內容，修改模版才能即時反應變更
        resolver.setCacheable(false);
        // 搭配控制器傳回值的前置名稱
        resolver.setPrefix("/WEB-INF/templates/");
        // 搭配控制器傳回值的後置名稱
        resolver.setSuffix(".html");
        // HTML 頁面編碼
        resolver.setCharacterEncoding("UTF-8");
        // 這是一份 HTML 文件
        resolver.setTemplateMode(TemplateMode.HTML);
        return resolver;
    }
```

```
@Bean
public SpringTemplateEngine templateEngine(
                ITemplateResolver templateResolver) {
    // 建立與設定模版引擎
    var engine = new SpringTemplateEngine();
    engine.setEnableSpringELCompiler(true);
    engine.setTemplateResolver(templateResolver);
    return engine;
}

@Bean
public ViewResolver viewResolver(SpringTemplateEngine engine) {
    // 建立 ViewResolver 實作物件並設置模版引擎實例
    var resolver = new ThymeleafViewResolver();
    resolver.setTemplateEngine(engine);
    // 回應內容編碼
    resolver.setCharacterEncoding("UTF-8");
    resolver.setCache(false);
    return resolver;
}
}
```

接下來，就可以將先前的 JSP 頁面，逐一改造為 Thymeleaf 的 HTML 模版，詳細說明 Thymeleaf 的 HTML 模版如何撰寫，不在本書設定範圍內，然而，若有 JSTL 的基礎，學習 Thymeleaf 模版的撰寫並不困難，這部分可參考官方文件〈Tutorial: Using Thymeleaf[2]〉。

雖然本書不打算說明如何撰寫 Thymeleaf 的 HTML 模版，然而範例檔案中提供的微網誌應用程式，已經將全部的 JSP 改寫為 Thymeleaf 的 HTML 模版，可作為你未來學習時的參考。

13.3　使用 Spring Security

Spring Security 可以提供與 Web 容器安全機制相對應的方案，而且功能更為多元，這一節將介紹幾個基本應用，接著重構微網誌，令其能套用 Spring Security。

---

[2]　Tutorial: Using Thymeleaf：www.thymeleaf.org/doc/tutorials/3.0/usingthymeleaf.html

13.3.1 初嘗 Spring Security

Spring Security 提供了比 Web 容器安全機制更多的功能，相對應地，觀念與設定上也更為繁雜，最好的方式是從簡單的應用開始認識，逐步釐清各個觀念與設定的意義。

為了有個簡單的開始，在書附範例檔案的 lab/CH13 準備了一個 Security 專案，該專案有基本的 Spring MVC 設定，在部署至 Web 容器後，可以請求任一路徑，應用程式只是很簡單地顯示請求了哪個路徑，接下來，要以該專案為基礎，認識 Spring Security 的相關設定與元件。

為了使用 Spring Security，相依的程式庫可以在 build.gradle 加入管理：

Security build.gradle

```
import org.gradle.plugins.ide.eclipse.model.Facet
...略

dependencies {
    ...略

    compile 'org.springframework.security:spring-security-core:5.3.5.RELEASE'
    compile 'org.springframework.security:spring-security-config:5.3.5.RELEASE'
    compile 'org.springframework.security:spring-security-web:5.3.5.RELEASE'
}
```

想在 Web 容器使用 Spring Security，技術上來說是透過過濾器實現，Spring 提供了 AbstractSecurityWebApplicationInitializer，角色上類似 13.1.2 談過的 AbstractAnnotationConfigDispatcherServletInitializer，就目前需求而言，只要繼承 AbstractSecurityWebApplicationInitializer，應用程式初始化時就會進行 org.springframework.web.filter.DelegatingFilterProxy 過濾器的建立與設定，其角色類似 13.1.2 談過的 DispatcherServlet：

Security SecurityInitializer.java

```
package cc.openhome.web;
...略

public class SecurityInitializer extends
                AbstractSecurityWebApplicationInitializer {}
```

接著建立 `SecurityConfig` 類別作為安全設定檔案，別忘了要加上 `@Configuration` 與 `@EnableWebSecurity`：

```
Security SecurityConfig.java
```

```java
package cc.openhome.web;
...略


@Configuration
@EnableWebSecurity
public class SecurityConfig extends WebSecurityConfigurerAdapter {
    @Override
    protected void configure(AuthenticationManagerBuilder auth)
                                                    throws Exception {
        PasswordEncoder pwdEncoder = new BCryptPasswordEncoder();

        auth.inMemoryAuthentication()      // 驗證資訊存放於記憶體
            .passwordEncoder(pwdEncoder)
            .withUser("admin")
                .password(pwdEncoder.encode("admin12345678"))
                .roles("ADMIN", "MEMBER")
            .and()
            .withUser("caterpillar")
                .password(pwdEncoder.encode("12345678"))
                .roles("MEMBER");
    }
}
```

Web 容器安全在基於角色的存取控制（Role-based access control）這部分的觀念，對認識 Spring Security 是有幫助的，如果你不清楚這部分，建議回顧一下第 10 章的內容。

為了有個簡單的開始，這邊將驗證資訊存放在記憶體，因為使用者的密碼不存明碼，現在已經是基本安全認知，從 Spring Security 5 開始，強制對密碼進行編碼，方式之一是指定 `PasswordEncoder`，這邊使用 `BCryptPasswordEncoder`，並透過 `encode()`編碼，實際上這會是使用者註冊時進行的動作，這邊只是暫時寫在設定檔。

BCryptPasswordEncoder 實作了 bcrypt[3]密碼雜湊演算，是 Spring 推薦的密碼雜湊，使用加鹽流程防禦彩虹表攻擊，鹽值會包含在雜湊後的結果中，不過 bcrypt 屬於 Slow Hash Function 手法，也就是破解的時間成本高，高到可以讓攻擊者放棄。

提示 >>> bcrypt 是所謂「慢得剛好的雜湊演算」，有興趣可參考〈不是祕密的祕密[4]〉。

目前沒有設定要防護的頁面路徑以及登入資訊，預設就是防護全部路徑，登入路徑為 login，登出路徑會是 logout，並自動產生登入與登出頁面。

接著，這個設定檔必須加入 RootConfig：

Security MVCInitializer.java

```
package cc.openhome.web;
...略

public class MVCInitializer
    extends AbstractAnnotationConfigDispatcherServletInitializer {
    ...略

    @Override
    protected Class<?>[] getRootConfigClasses() {
        return new Class<?>[] {SecurityConfig.class};
    }
    ...略
}
```

現在可以部署應用程式，一開始會重新導向至登入頁面，輸入名稱與密碼，就可以完成登入：

---

[3] bcrypt：zh.wikipedia.org/wiki/Bcrypt
[4] 不是祕密的祕密：openhome.cc/Gossip/Programmer/Hash.html

圖 13.4　Spring Security 預設登入頁面

想登出的話，可以直接請求 `logout`，會出現預設的登出確認畫面：

圖 13.5　Spring Security 預設登出確認頁面

按下 Log Out 會回到 login，並附上 logut 請求參數：

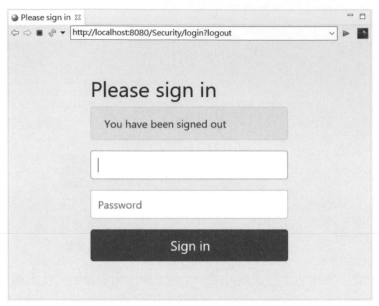

圖 13.6 Spring Security 預設登出頁面

如果登入失敗，預設會重新導向 login，並附上 error 請求參數：

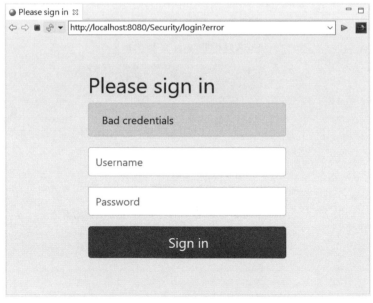

圖 13.7 Spring Security 預設登入錯誤頁面

13.3.2　自訂驗證頁面

自動產生的驗證相關頁面，通常不會符合 Web 應用程式風格，如果想自訂這些頁面，必須在 SecurityConfig 設定相關資訊：

```
Security2 SecurityConfig.java

package cc.openhome.web;
...略

@Configuration
@EnableWebSecurity
public class SecurityConfig extends WebSecurityConfigurerAdapter {
    ... 略

    @Override
    protected void configure(HttpSecurity http) throws Exception {
        http.authorizeRequests()
            .antMatchers("/login_page", "/logout_page",
                         "/perform_login", "/perform_logout")
                .permitAll()
            .antMatchers("/**")
                .authenticated()
            .and()
            .formLogin()
                .loginPage("/login_page")
                .loginProcessingUrl("/perform_login")
                .failureUrl("/login_page?error")
            .and()
            .logout()
                .logoutUrl("/perform_logout")
                .logoutSuccessUrl("/login_page?logout");
    }
}
```

這邊重新定義了 configure(HttpSecurity http)，因為登入、登出頁面，以及接受登入、登出請求的 URI 必須能直接請求，使用了 antMatchers() 設定頁面清單，方法名稱上可以看出，這表示使用 Ant 比對表示式，必要時也可以使用 regexMatchers() 以規則表式（Regular expression）設定比對清單。

比對清單設好之後，permitAll() 表示清單中的頁面允許各種請求；接下來 antMatchers("/**").authenticated() 表示，其他全部的路徑，要經過驗證才能存取。

接著表單登入的部分,於呼叫 `formLogin()` 後設定,`loginPage()` 設定表單的路徑,`loginProcessingUrl()` 用來自訂 POST 請求登入的路徑(也就是表單 `action` 屬性的對象),這部分只是將預設的 `login` 改為 `perform_login`,驗證預設由 Spring Security 進行。

登入失敗時重新導向的路徑與請求參數,使用 `failureUrl()` 設定;登出則是呼叫 `logout()` 後設定,`logoutUrl()` 自訂接受 POST 請求登出的對象,這部分只是將預設的 `logout` 改為 `perform_logout`,登出預設由 Spring Security 進行,`logoutSuccessUrl()` 是登出後重新導向的路徑。登入錯誤會附上 `error` 請求參數,而登出成功會附上 `logout` 請求參數,對應的頁面可以藉此決定是否顯示相關資訊。

可以建立一個控制器,其作用只是單純轉發至登入與登出頁面:

Security2 AuthController.java

```java
package cc.openhome.controller;

import org.springframework.stereotype.Controller;
import org.springframework.web.bind.annotation.GetMapping;

@Controller
public class AuthController {
    @GetMapping("login_page")
    public String login_page() {
        return "login";
    }

    @GetMapping("logout_page")
    public String logout_page() {
        return "logout";
    }
}
```

其實這種直接對應至畫面的處理器,基本上可以在 `WebConfig` 這麼設定:

```java
@Override
public void addViewControllers(ViewControllerRegistry registry) {
    registry.addViewController("/login_page").setViewName("login");
    registry.addViewController("/logout_page").setViewName("logout");
}
```

不過這個設定是在沒有符合的處理器時才會套用，而目前範例的 `FooController` 有個 `@GetMapping("/{path}")` 處理器，對於請求 `login_page`、`logout_page`，會因符合 `@GetMapping("/{path}")` 而套用該處理器，而不是套用 `WebConfig` 的設定，因此範例還是使用了 `AuthController`。

因為專案使用 Thymeleaft 模版，根據專案的設定，要在 WEB-INF/templates 新增 login.html 作為登入頁面：

```
Security2 login.html
<!DOCTYPE html>
...略
</head>
<body>
    <form method="post" action="perform_login">
        <span th:unless="${param.error == null}"
              th:text="登入失敗">登入失敗</span>
        <span th:unless="${param.logout == null}"
              th:text="你已經登出">你已經登出</span>
        <h2>請登入</h2>
        <p>名稱<input type="text" name="username" required autofocus/></p>
        <p>密碼<input type="password" name="password" required/></p>
        <input type="hidden"  th:name="${_csrf.parameterName}"
                              th:value="${_csrf.token}" />
        <button type="submit">登入</button>
    </form>
</body>
</html>
```

儘管沒有正式介紹 Thymeleaft 模版，然而在具有 JSP/JSTL 的基礎下，應該不難看懂模版檔案的頁面邏輯，檔案中看到了判斷是否有 error 或 logout 請求參數，以顯示對應訊息的 span 標籤；根據方才 SecurityConfig 的設定，登入表單發送的 action 設為"perform_login"。

為了防範 CSRF，Spring Security 預設啟用 CSRF Token，也就是請求要有 Token 作為憑據，通常作為隱藏欄位安插在表單，在 Thymeleaf（或 JSP），Token 名稱與值可分別使用 ${_csrf.parameterName} 與 ${_csrf.token} 取得；如果不想啟用 CSRF 防護，方才 SecurityConfig 的範例檔中，可以呼叫 disable().csrf() 停用。

可以在目前專案的 foo.html 設計登出鏈結：

Security2 foo.html

```
<!DOCTYPE html>
...略
<body>
    You're requesting <b><span th:text="${path}">path</span></b>.
    <p><a href="logout_page">登出</a></p>
</body>
</html>
```

按下鏈結登出後會轉發至登出確認頁面，根據目前專案的設定，要撰寫在 WEB-INF/templates 的 logout.html：

Security2 logout.html

```
<!DOCTYPE html>
...略
<body>
    <form method="post" action="perform_logout">
        <input type="hidden"   th:name="${_csrf.parameterName}"
                               th:value="${_csrf.token}" />
        <button type="submit">確定要登出嗎？</button>
    </form>
</body>
</html>
```

根據方才 SecurityConfig 的設定，登出表單發送的 action 設為"perform_logout"，接著可以重新部署應用程式，看看自訂頁面是否成功。

13.3.3　角色與授權

在方才的專案中，只使用了 authenticated()方法，這表示只要登入成功，就可以在 Web 應用程式中暢行無阻；可以使用 hasRole()或 hasAnyRole()等方法，指定某些頁面可以存取的角色，例如，目前 SecurityConfig 有 ADMIN 與 MEMBER 兩種角色，就用這兩個角色來看看權限設定，例如：

```
... 略

@Configuration
@EnableWebSecurity
public class SecurityConfig extends WebSecurityConfigurerAdapter {
    ...略
```

```
    @Override
    protected void configure(HttpSecurity http) throws Exception {
        http.authorizeRequests()
            .antMatchers("/admin").hasRole("ADMIN")
            .antMatchers("/member").hasAnyRole("ADMIN", "MEMBER")
            .antMatchers("/user").authenticated()
            .anyRequest().permitAll()
            .and()
            .formLogin()
                .loginPage("/login_page")
                .loginProcessingUrl("/perform_login")
                .failureUrl("/login_page?error")
            .and()
            .logout()
                .logoutUrl("/perform_logout")
                .logoutSuccessUrl("/login_page?logout");
    }
}
```

　　如上設定的話，ADMIN 角色才能存取/admin，MEMBER 角色才可以存取/member，
而/user 只要登入就可以看，如果登入為 caterpillar，卻想要觀看/admin，就會
出現 403－Forbidden 頁面。

　　使用 hasAuthority()或 hasAyAuthority()方法的話，必須在角色名稱前置 ROLE_。
例如：

```
... 略
@Override
protected void configure(HttpSecurity http) throws Exception {
    http.authorizeRequests()
        .antMatchers("/admin").hasAuthority("ROLE_ADMIN")
        .antMatchers("/member").hasAuthority("ROLE_MEMBER")
        .antMatchers("/user").authenticated()
        .anyRequest().permitAll()
        .and()
        .formLogin()
            .loginPage("/login_page")
            .loginProcessingUrl("/perform_login")
            .failureUrl("/login_page?error")
        .and()
        .logout()
            .logoutUrl("/perform_logout")
            .logoutSuccessUrl("/login_page?logout");
}
... 略
```

13.3.4 JDBC 驗證與授權

到目前為止，驗證資訊是透過 inMemoryAuthentication()方法做相關設定，簡單地存放於記憶體，當然也可以採用其他來源，因為微網誌使用 JDBC，這邊就先談一下基本的 JDBC 驗證與授權，資料庫將採用 H2，而且需要 Spring JDBC 支援，因而先設定相依程式庫：

Security3 build.gradle

```
import org.gradle.plugins.ide.eclipse.model.Facet
...略

dependencies {
    ...略

    compile 'org.springframework:spring-jdbc:5.3.5'
    compile 'com.h2database:h2:1.4.200'
}
```

接下來要呼叫 AuthenticationManagerBuilder 的 jdbcAuthentication()，設定 DataSource、使用者資料查詢 SQL 以及角色查詢 SQL，DataSource 的部分採用 H2 的嵌入式資料庫，這是個便於進行測試的記憶體內資料庫：

Security3 SecurityConfig.java

```
package cc.openhome.web;

...略

@Configuration
@EnableWebSecurity
public class SecurityConfig extends WebSecurityConfigurerAdapter {
    @Override
    protected void configure(AuthenticationManagerBuilder auth)
                                                throws Exception {
        auth.jdbcAuthentication()
            .passwordEncoder(new BCryptPasswordEncoder())
            .dataSource(dataSource())
            .usersByUsernameQuery(
                "select name, encrypt, enabled from t_account where name=?")
            .authoritiesByUsernameQuery(
                "select name, role from t_account_role where name=?");
    }

    ...略
```

```
@Bean(destroyMethod="shutdown")
public DataSource dataSource(){
    return new EmbeddedDatabaseBuilder()
            .setType(EmbeddedDatabaseType.H2)
            .addScript("classpath:db.sql")
            .build();
}

...略
}
```

使用者資料查詢 SQL 必須取得名稱、密碼與是否可用三個欄位，而角色查詢必須取得名稱與角色對應兩個欄位，如 Spring Security 就能進行驗證與授權，用來建立表格以及測試用的資料的 db.sql 如下：

Security3 db.sql

```
CREATE TABLE t_account (
  name VARCHAR(15) NOT NULL,
  encrypt VARCHAR(64) NOT NULL,
  enabled TINYINT NOT NULL,
  PRIMARY KEY (name)
);

CREATE TABLE t_account_role (
    name VARCHAR(15) NOT NULL,
    role VARCHAR(15) NOT NULL,
    PRIMARY KEY (name, role)
);

INSERT INTO t_account(name, encrypt, enabled) VALUES
('admin','$2a$10$PUFa4u8d434aWitf87scE.vue580tghpCU6JdPnDXQgjK1q0Ddtgu', 1);
INSERT INTO t_account(name, encrypt, enabled) VALUES
('caterpillar','$2a$10$yh5WJetawp2KloUtEoVzRuT4/WEeR5BhPdfRZGoAvnCtKAbFBP8Sa',
1);
INSERT INTO t_account_role (name, role) VALUES ('admin', 'ROLE_ADMIN');
INSERT INTO t_account_role (name, role) VALUES ('admin', 'ROLE_MEMBER');
INSERT INTO t_account_role (name, role) VALUES ('caterpillar', 'ROLE_MEMBER');
```

密碼資料的部分是經過 BCryptPasswordEncoder 的 encode()編碼過的結果，admin 的密碼原本是 admin12345678，而 caterpillar 的密碼原本是 12345678。

13.3.5 套用於微網誌

在認識 Spring Security 的一些基本使用方式後，來試著將之套用至微網誌，Web 容器安全機制與 Spring Security 在流程上有些類似，不過一些細節上還是有所不同，在套用時雖不致過於麻煩，然而還是會有一定程度的修改。

無論如何，一開始總得從相依程式庫的管理開始，首先是設定 build.gradle：

gossip build.gradle

```
import org.gradle.plugins.ide.eclipse.model.Facet
...略

dependencies {
    ...略

    compile 'org.springframework:spring-jdbc:5.3.5'
    compile 'com.h2database:h2:1.4.200'
    compile
'org.thymeleaf.extras:thymeleaf-extras-springsecurity5:3.0.4.RELEASE'

    compile 'org.springframework.security:spring-security-core:5.3.5.RELEASE'
    compile 'org.springframework.security:spring-security-config:5.3.5.RELEASE'
    compile 'org.springframework.security:spring-security-web:5.3.5.RELEASE'}
```

除了 Spring Security 的相依程式庫之外，還看到了 thymeleaf-extras-springsecurity5，這是為了能在 Thymeleaf 模版使用 Spring Security 的擴充方言，你可以將之想像成 JSP 自訂標籤的對應角色。

因為打算透過 JDBC 進行驗證與授權，為了符合 Spring Security 需要的驗證與授權資料，資料庫的表格會使用以下的 SQL 來建構：

```
CREATE TABLE t_account (
  name VARCHAR(15) NOT NULL,
  email VARCHAR(128) NOT NULL,
  encrypt VARCHAR(64) NOT NULL,
  enabled TINYINT NOT NULL,
  PRIMARY KEY (name)
);
CREATE TABLE t_message (
    name VARCHAR(15) NOT NULL,
    time BIGINT NOT NULL,
    blabla VARCHAR(512) NOT NULL,
    FOREIGN KEY (name) REFERENCES t_account(name)
);
```

```
CREATE TABLE t_account_role (
    name VARCHAR(15) NOT NULL,
    role VARCHAR(15) NOT NULL,
    PRIMARY KEY (name, role)
);
```

與 10.2.2 的 SQL 相比，主要不同就是 t_account 不需要 salt 欄位，因為稍後會採用 BcryptPasswordEncoder，鹽值是直接附在編碼結果中，然而增加了 enabled 欄位。

接下來要從微網誌底層往呈現層逐一進行必要的修改：

▶ 組態檔案

首先繼承 AbstractSecurityWebApplicationInitializer 定義 SecurityInitializer：

gossip SecurityInitializer.java

```
package cc.openhome.web;
...略

public class SecurityInitializer extends
                AbstractSecurityWebApplicationInitializer {}
```

接著定義 SecurityConfig 作為組態檔案，使用 JDBC 驗證與授權：：

gossip SecurityConfig.java

```
package cc.openhome.web;
...略

@Configuration
@EnableWebSecurity
public class SecurityConfig extends WebSecurityConfigurerAdapter  {
    @Autowired
    private DataSource dataSource;

    @Autowired
    private PasswordEncoder passwordEncoder;

    @Override
    protected void configure(HttpSecurity http) throws Exception {
        http
            .authorizeRequests()
            .antMatchers("/member", "/new_message",
                        "/del_message", "/logout").hasRole("MEMBER")
```

```
                    .anyRequest().permitAll()
                    .and()
                        .formLogin()
                            .loginPage("/")
                            .loginProcessingUrl("/login")
                            .failureUrl("/?error")
                            .defaultSuccessUrl("/member")
                    .and()
                        .logout().logoutUrl("/logout").logoutSuccessUrl("/?logout")
                    .and()
                        .csrf().disable();
    }

    @Override
    protected void configure(AuthenticationManagerBuilder auth)
                                                throws Exception {
        auth.jdbcAuthentication()
            .passwordEncoder(passwordEncoder)
            .dataSource(dataSource)
            .usersByUsernameQuery(
                "select name, encrypt, enabled from t_account where name=?")
            .authoritiesByUsernameQuery(
                "select name, role from t_account_role where name=?");
    }

    @Bean
    public PasswordEncoder passwordEncoder() {
        return new BCryptPasswordEncoder();
    }
}
```

　　大部分的設定，之前都談過了，沒看過的有 `failureUrl()`、`defaultSuccessUrl()` 與 `logoutSuccessUrl()`，從方法名稱上應該可以明瞭各自是設置登入失敗、成功或登出成功時重新導向的 URL；另外還可以看到 `PasswordEncoder` 實例被設為 Bean，除了這個組態檔會用到之外，後續也會注入至 `UserService`。

　　`SecurityConfig` 必須加入 `SpringInitializer` 的 `getRootConfigClasses()`：

gossip SpringInitializer.java

```
package cc.openhome.web;
...略

public class SpringInitializer
    extends AbstractAnnotationConfigDispatcherServletInitializer{
    ...略

    @Override
    protected Class<?>[] getRootConfigClasses() {
```

```
        return new Class<?>[] {RootConfig.class, SecurityConfig.class};
    }
    ...略
}
```

方才談到，thymeleaf-extras-springsecurity5 的加入，是為了在 Thymeleaf 模版使用 Spring Security 的擴充方言，這部分要在 WebConfig 設定：

gossip WebConfig.java

```
package cc.openhome.web;
...略

public class WebConfig implements WebMvcConfigurer, ApplicationContextAware {
    ...略
    @Bean
    public SpringTemplateEngine templateEngine(
                            ITemplateResolver templateResolver) {
        // 建立與設定模版引擎
        var engine = new SpringTemplateEngine();
        engine.setEnableSpringELCompiler(true);
        engine.setTemplateResolver(templateResolver);
        engine.addDialect(new SpringSecurityDialect());
        return engine;
    }
    ...略
}
```

◉ 修改模型層

由於資料庫表格欄位有了變更，cc.openhome.model 對應的類別必須有對應的修改，首先是封裝帳號資訊的 Account 不需要鹽值欄位了：

gossip Account.java

```
package cc.openhome.model;

public class Account {
    private String name;
    private String email;
    private String encrypt;

    public Account(String name, String email, String encrypt) {
        this.name = name;
        this.email = email;
        this.encrypt = encrypt;
    }
```

```
        ...一些 Getter，故略...
}
```

AccountDAO 的 updatEncryptSalt() 修改為 updatEncrypt()：

gossip AccountDAO.java

```
package cc.openhome.model;

import java.util.Optional;

public interface AccountDAO {
    void createAccount(Account acct);
    Optional<Account> accountBy(String name);
    Optional<Account> accountByEmail(String email);
    void activateAccount(Account acct);
    void updatEncrypt(String name, String encrypt);
}
```

因應資料表格欄位與 AccountDAO 的變動，AccountDAOJdbcImpl 的 SQL 與相關實作也要修改，變動並不大，只要細心修正就可以了：

gossip AccountDAOJdbcImpl.java

```
package cc.openhome.model;
...略

@Repository
public class AccountDAOJdbcImpl implements AccountDAO {
    private DataSource dataSource;

    @Autowired
    public AccountDAOJdbcImpl(DataSource dataSource) {
        this.dataSource = dataSource;
    }

    @Override
    public void createAccount(Account acct) {
        try(var conn = dataSource.getConnection();
            var stmt = conn.prepareStatement(
     "INSERT INTO t_account(name, email, encrypt, enabled) VALUES(?, ?, ?, 0)")) {
            var stmt2 = conn.prepareStatement(
     "INSERT INTO t_account_role(name, role) VALUES(?, 'ROLE_MEMBER')");

            conn.setAutoCommit(false);

            stmt.setString(1, acct.getName());
            stmt.setString(2, acct.getEmail());
            stmt.setString(3, acct.getEncrypt());
            stmt.executeUpdate();
```

```
        stmt2.setString(1, acct.getName());
        stmt2.executeUpdate();

        conn.commit();
    } catch (SQLException e) {
      throw new RuntimeException(e);
    }
}


@Override
public Optional<Account> accountBy(String name) {
    try(var conn = dataSource.getConnection();
        var stmt = conn.prepareStatement(
          "SELECT name, email, encrypt FROM t_account WHERE name = ?")) {
        stmt.setString(1, name);
        var rs = stmt.executeQuery();
        if(rs.next()) {
            return Optional.of(new Account(
                rs.getString(1),
                rs.getString(2),
                rs.getString(3)
            ));
        }
        return Optional.empty();
    } catch (SQLException e) {
        throw new RuntimeException(e);
    }
}


@Override
public Optional<Account> accountByEmail(String email) {
    try(var conn = dataSource.getConnection();
        var stmt = conn.prepareStatement(
         "SELECT name, email, encrypt FROM t_account WHERE email = ?")) {
        stmt.setString(1, email);
        var rs = stmt.executeQuery();
        if(rs.next()) {
            return Optional.of(new Account(
                rs.getString(1),
                rs.getString(2),
                rs.getString(3)
            ));
        } else {
            return Optional.empty();
        }

    } catch (SQLException e) {
        throw new RuntimeException(e);
    }
}
```

```
    public void activateAccount(Account acct) {
        try(var conn = dataSource.getConnection();
            var stmt = conn.prepareStatement(
              "UPDATE t_account SET enabled = ? WHERE name = ?")) {
            stmt.setInt(1, 1);
            stmt.setString(2, acct.getName());
            stmt.executeUpdate();

        } catch (SQLException e) {
            throw new RuntimeException(e);
        }
    }

    @Override
    public void updatEncrypt(String name, String encrypt) {
        try(var conn = dataSource.getConnection();
            var stmt = conn.prepareStatement(
              "UPDATE t_account SET password = ? WHERE name = ?")) {
            stmt.setString(1, encrypt);
            stmt.setString(2, name);
            stmt.executeUpdate();
        } catch (SQLException e) {
            throw new RuntimeException(e);
        }
    }
}
```

　　接著是使用到 AccountDAO 的 UserService，首先可以刪除其中的 login()、isCorrectPassword()與 encryptedPassword()，因為會用 Spring Security 的驗證機制及 PasswordEncoder 取代，然後是對既有實作做些修改：

gossip UserService.java

```
package cc.openhome.model;
...略

@Service
public class UserService {
    private final AccountDAO acctDAO;
    private final MessageDAO messageDAO;

    private PasswordEncoder passwordEncoder;

    @Autowired
    public UserService(
        AccountDAO acctDAO,
        MessageDAO messageDAO,
        PasswordEncoder passwordEncoder) {
        this.acctDAO = acctDAO;
```

```
        this.messageDAO = messageDAO;
        this.passwordEncoder = passwordEncoder;
    }
    ...略

    private Account createUser(
            String username, String email, String password) {
        var acct = new Account(
            username, email, passwordEncoder.encode(password));
        acctDAO.createAccount(acct);
        return acct;
    }
    ...略

    public void resetPassword(String name, String password) {
        acctDAO.updatEncrypt(name, passwordEncoder.encode(password));
    }
    ...略
}
```

　　因為不用自行產生鹽值了，建立使用者與重置密碼的部分就簡單許多，只要透過注入的 PasswordEncoder 對密碼進行編碼就可以了。

▶ 修改呈現層

　　原先微網誌的使用者登入後，會話範圍就儲存"login"屬性，對應的值是使用者名稱，以便在 MemberController、member.html 使用，現在登入交給了 Spring Security，該怎麼取得登入的使用者名稱呢？

　　在 10.1.1 談過，代表使用者的物件是 Principal 實例，Spring Security 若登入成功，也會將相關資訊封裝為 Principal 實例，可以直接將之注入控制器，透過 Principal 實例的 getName() 取得使用者名稱：

gossip MemberController.java

```
package cc.openhome.model;
...略

@Controller
public class MemberController {
    @Value("${page.member}")
    private String MEMBER_PAGE;

    @Value("#{'redirect:' + '${path.redirect.member}'}")
```

```
private String REDIRECT_MEMBER_PATH;

@Autowired
private UserService userService;

@GetMapping("member")
@PostMapping("member")
public String member(
        Principal principal,
        Model model) {
    model.addAttribute("messages",
            userService.messages(principal.getName()));
    return MEMBER_PAGE;
}

@PostMapping("new_message")
public String newMessage(
        @RequestParam String blabla,
        Principal principal) {

    if(blabla == null || blabla.length() == 0) {
        return REDIRECT_MEMBER_PATH;
    }

    if(blabla.length() <= 140) {
        userService.addMessage(principal.getName(), blabla);
        return REDIRECT_MEMBER_PATH;
    }
    else {
        return MEMBER_PAGE;
    }
}

@PostMapping("del_message")
public String delMessage(
        @RequestParam String millis,
        Principal principal) {

    if(millis != null) {
        userService.deleteMessage(principal.getName(), millis);
    }

    return REDIRECT_MEMBER_PATH;
}
}
```

至於 member.html，可以透過 Spring Security 在 Thymeleaf 模版的擴充方言，
透過 Principal 實例的 getName() 取得使用者名稱：

gossip member.html

```
<!DOCTYPE html>
...略
<body>

    <div class='leftPanel'>
        <img src='images/caterpillar.jpg' alt='Gossip 微網誌' /><br>
        <br>
        <a href='logout'>登出 <span sec:authentication="name">User</span></a>
    </div>
    ...略

</body>
</html>
```

最後一個要修改的是 index.html，配合 SecurityConfig 的 failureUrl() 設定，
改判斷是否有 error 請求參數來顯示登入錯誤訊息：

gossip index.html

```
<!DOCTYPE html>
...略
<body>
    <div id="login">
        <div>
            <img src='images/caterpillar.jpg' alt='Gossip 微網誌'/>
        </div>
        <a href='register'>還不是會員？</a>
        <p></p>
            <p><span th:unless="${param.error == null}"
        th:text='登入失敗' style='color: rgb(255, 0, 0);'>登入失敗</span></p>

    ...略
</body>
</html>
```

到這邊修改全部完成了，現在可以刪除 AuthController，並將 web.xml 的
Web 容器安全相關設定刪除，然後部署應用程式，重新註冊使用者，看看各功
能是否都正常運作了。

13.4　重點複習

在開始使用框架之後，會發現框架主導了程式運行的流程，必須在框架的規範下定義某些類別，框架會在適當時候調用你實作的程式，也就是說，對應用程式的流程控制權被反轉了，現在是框架在定義流程，由框架來呼叫你的程式，而不是由你來呼叫框架。

框架本質上也是個程式庫，不過會被定位為框架，表示它對程式主要流程擁有更多的控制權，然而，框架本身是個半成品，想要完成整個流程，必須在框架的流程規範下，實現自定義元件，然而可以自行掌控的部分與使用程式庫相比，對流程控制的自由度少了許多。

使用程式庫時，開發者會擁有較高的自由度；使用框架時，開發者會受到較大的限制，只有換取而來的益處超越了犧牲掉的流程自由度，才會使得使用框架具有意義。

判定一個框架是否適用之時，有一個方式是看看，框架是否有個最小集合，它最好可以基於開發者既有的技術背景，在略為重構（原型）應用程式以使用此最小集合後，就能使應用程式運行起來，之後隨著對框架認識的越多，在判定框架中的特定功能是否適用之後，再逐步重構應用程式能使用該功能，如此就算框架本身包山包海，也能從中掌握真正有益於應用程式的部分。

📖 課後練習

實作題

1. 請將第 12 章的練習成果，套用至 13.3.5 的微網誌應用程式，也就是使用 JdbcTemplate 來簡化 AccountDAOJdbcImpl 與 MessageDAOJdbcTemplate，並且試著使用 Spring 的 JavaMail 方案，簡化 GmailService 的實作內容。

使用 Spring Boot

- 認識 Spring Boot
- 使用 Spring Tool Suite
- 遷移微網誌至 Spring Boot

14.1 初嘗 Spring Boot

在逐漸熟悉了 Spring 之後，接下來的專案也許想使用 Spring 開發了，不過要初始 Spring 專案似乎有些麻煩，必須設定 Gradle、撰寫 build.gradle、決定相依的程式庫、組態檔、相關資源等，雖然相對而言，比直接使用 Servlet/JSP 開發簡化一些了，然而，不能再簡單一些嗎？

如果打算使用 Spring 來開發應用程式，Spring Boot 提供快速初始專案的方案，透過自動組態、Starter、命令列介面等，可以省去初始專案時的繁瑣設定。

14.1.1 Spring Boot CLI

想瞭解 Spring Boot，方式之一從命令列指令開始，也就是使用 Spring Boot CLI，首先可以到 Spring Boot 官方網站[1]，撰寫本文時 Spring Boot 的版本是 2.4.4，可在 Learn 頁籤中，找到各版本的 Reference Doc，若想直接下載 Spring Boot CLI，可以在〈Installing the Spring Boot CLI[2]〉取得 zip 檔案。

---

[1]　Spring Boot 官方網站：spring.io/projects/spring-boot

[2]　Installing the Spring Boot CLI：bit.ly/3ucen6V

在解壓縮 zip 的資料夾中，bin 資料夾裏有 `spring` 指令，可以在 PATH 環境變數中加入 bin 資料夾的路徑，以便於使用指令。

● Spring Initializer

要初始 Spring Boot 專案，方式之一是在 Spring Initializer[3]設定並下載，例如，建立一個基於 Web 的 hello 專案：

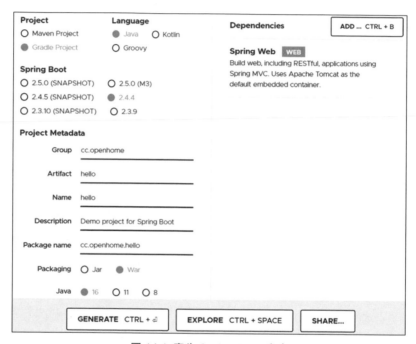

圖 14.1 產生 Spring Boot 專案

如圖 14.1 設定並按下「Generate」，就可以下載 hello.zip，可壓縮至 C:\workspace，先查看 bulid.gradle 寫了什麼：

hello build.gradle

```
plugins {
    id 'org.springframework.boot' version '2.4.4'
    id 'io.spring.dependency-management' version '1.0.11.RELEASE'
    id 'java'
    id 'war'
```

3　Spring Initializer：start.spring.io

```
}

group = 'cc.openhome'
version = '0.0.1-SNAPSHOT'
sourceCompatibility = '11'

repositories {
    mavenCentral()
}

dependencies {
    implementation 'org.springframework.boot:spring-boot-starter-web'
    providedRuntime 'org.springframework.boot:spring-boot-starter-tomcat'
    testImplementation 'org.springframework.boot:spring-boot-starter-test'
}

test {
    useJUnitPlatform()
}
```

　　可以看到基本的 plugin 已經設定好了，之後可以在 Eclipse 匯入這個專案，而在「 dependencies 」的部分可以看到 'org.springframework.boot:spring-boot-starter-web'，Spring Boot 將開發 Web 時必要的相依程式庫，都整理在這個 Starter，也就不用如第 13 章時，自行設定 spring-webmvc、spring-context 等相依程式庫，至於**使用的 Spring 版本，決定於採用的 Spring Boot 版本**，例如 Spring Boot 2.4.4 是基於 Spring 5.3.5。

　　接著可以查看 src\main\java\cc\openhome\hello 中的 HelloApplication：

hello HelloApplication.java

```
package cc.openhome.hello;

import org.springframework.boot.SpringApplication;
import org.springframework.boot.autoconfigure.SpringBootApplication;

@SpringBootApplication
public class HelloApplication {
    public static void main(String[] args) {
        SpringApplication.run(HelloApplication.class, args);
    }
}
```

　　@SpringBootApplication 等於標註了 @Configuration、@EnableAutoConfiguration 與 @ComponentScan，因此 HelloApplication 本身就是設定檔。

至於 @EnableAutoConfiguration 表示自動配置相關資源，**Spring Boot 會自動看看相依程式庫設定，自動產生並注入元件**（稍後會看到範例），這也是 Spring Boot 能簡化設定的原因之一，**在 Spring Boot 一開始感覺像是零組態，其實是許多設定都有預設值或行為，想採用預設值以外的設定時，才要進行相關組態。**

可以來寫個最基本的控制器：

```
hello HelloApplication.java

package cc.openhome.hello;

import org.springframework.boot.SpringApplication;
import org.springframework.boot.autoconfigure.SpringBootApplication;

import org.springframework.stereotype.Controller;
import org.springframework.web.bind.annotation.GetMapping;
import org.springframework.web.bind.annotation.ResponseBody;

@SpringBootApplication
@Controller
public class HelloApplication {
    @GetMapping("user")
    @ResponseBody
    public String user(String name) {
        return String.format("哈囉！%s！", name);
    }

    public static void main(String[] args) {
        SpringApplication.run(HelloApplication.class, args);
    }
}
```

現在這個 HelloApplication 也是個控制器了，你也可以另外建立一個 .java，在其中標註 @Controller、撰寫相關的程式碼等，這邊就直接撰寫在 HelloApplication，其中使用 @ResponseBody 標註，表示以 JSON 格式回應，只不過這個簡單範例的 JSON 回應，只是 user() 傳回的字串值。

其他的標註在第 13 章都介紹過了，現在可以在 hello 資料夾輸入 gradle bootRun，在下載相依程式庫之後，會執行 HelloApplication。接著請開啟瀏覽器，如下圖進行請求：

圖 14.2　哈囉！Spring Boot！

可以看到，不用設置 Web 容器、不必設定 `DispatcherServlet`，不需要 `WebConfig`、`RootConfig` 之類，就可以直接運行應用程式了，馬上能感受到使用 Spring Boot 的快速與方便性（當然，快速與方便其實是建立於熟悉 Spring MVC 的基礎之上）。

◉ 使用 `spring` 指令

使用 Spring Boot 本身的 `spring` 指令，也可以建立初始專案，例如若在 C:\workspace 執行指令：

圖 14.3 使用 `spring init` 指令

如圖 14.3 所示，`spring init` 也是連線至 start.spring.io 產生初始專案，`-dweb` 指定了相依 Starter，如果不指定`--build gradle`，預設使用 Maven 作為建構工具，在不指定專案名稱的情況下，會使用 demo 作為名稱下載 demo.zip。

可以在某個資料夾執行 `spring init` 並附上`-x`，這會在下載 zip 後自動壓縮在同一資料夾：

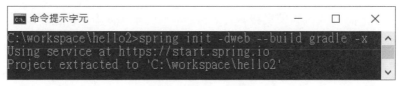

圖 14.4 加上`-x` 引數

或者是執行 `spring init` 時指定專案名稱：

圖 14.5 指定專案名稱

若想知道更多 `spring init` 的使用方式，可以執行 `spring help init` 來查看協助訊息。

14.1.2 Spring Tool Suite

　　如果想將 14.1.1 的 hello 專案匯入 Eclipse，可以執行選單「File/Import...」，在「Import」對話方塊選擇「Gradle/Existing Gradle Project」，然後在後續操作選擇 hello 資料夾完成匯入。

　　想要執行 `bootRun` 任務的話，可以於「Gradle Task」頁籤，展開「hello/application」，於「bootRun」按右鍵執行「Run Gradle Tasks」：

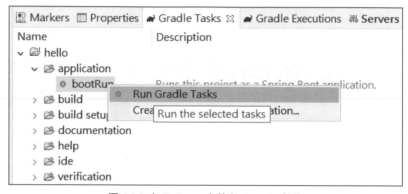

圖 14.6 在 Eclipse 中執行 Gradle 任務

　　若要停止執行，「Gradle Task」頁籤右方有個紅色按鈕，按下就可以取消任務。

　　另一種方式，就是直接找出 @SpringBootApplication 標註的類別，在上面按右鍵執行「Run as/Java Application」就可以了。

　　然而，在開發 Spring Boot 專案上，Spring 官方提供 Spring Tool Suite[4]，可以在 Eclipse，透過「Help/Eclipse Marketplace」安裝 Spring Tool Suite，或是在官網下載自動解壓縮檔，在撰寫本章的時間點，解壓縮後可在 sts-4.10.0.RELEASE 資料夾看到 SpringToolSuite4 執行檔，執行後可以啟動 Spring Tool Suite，由於是基於 Eclipse，一樣先選擇 Workspace 資料夾（本書都是採用 C:\workspace）。

　　如果想要建立 Spring Boot 專案，可以執行選單「File/New/Project…」，在「New Project」對話方塊，選擇「Spring Boot/Spring Starter Project」，按下「Next >」後，可以在底下的畫面進行選項設定：

---

[4]　Spring Tool Suite：spring.io/tools

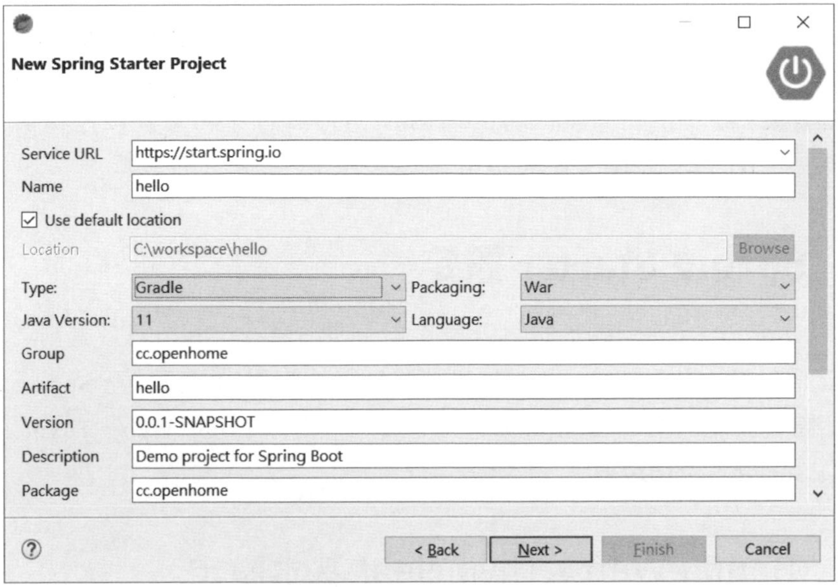

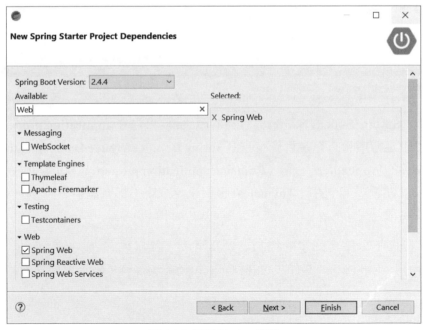

圖 14.7 建立 Spring Boot 新專案

　　在按下「Next >」之後，可以看到 Starter 專案的選擇，透過「Available:」可以搜尋想要的選項。

圖 14.8 設定 Starter 選項

接著可以按下「Finish」完成專案建立,可以試著在其中實作 14.1.1 的範例,體會一下在 Spring Tool Suite 進行程式撰寫、設定時的便利性,想要執行專案,除了上述「Run Gradle Tasks」的方式,也可以直接在專案上按右鍵,執行「Rus as/Spring Boot App」。

14.2　Spring Starter 設定

Spring Boot 針對不同的專案需求,提供了各種 Starter,各有其設定的方式,全面介紹並沒有意義,本章稍後會將微網誌應用程式遷移至 Spring Boot,這一節將會介紹必要的 Starter 與基礎設定,像是 Spring Web、Thymeleaf、JDBC 與 Spring Security 等。

14.2.1　Spring Web、Thymeleaf 基本設定

微網誌是 Web 應用程式,在第 13 章也使用了 Thymeleaf 作為模版引擎,你可以如 14.1.2 的方式選擇 Spring Web 與 Thymeleaf 兩個 Starter 建立 toy 專案,這麼一來,預設就使用 Thymeleaf 模版,而且會啟用模版快取,若開發時會頻繁修改模版,希望能即時看到模版修改後的結果,可以將快取關掉,這可以在 src/main/resources 的 application.properties 設定:

toy application.properties

```
spring.thymeleaf.cache=false
```

Spring Boot 的 Starter 有各自的預設值,可以在 application.properties 更改,可設定的項目有好幾百條,可在〈Spring Boot Reference Documentation[5]〉查詢,文件的 Appendices 有個〈Common application properties〉是常用設定,必要時可以查看一下,對於 Thymeleaf 模版設定來說,都有個 spring.thymeleaf 作為前置名稱。

接下來撰寫簡單的控制器以及模型,各自放在 cc.openhome.controller 與 cc.openhome.model 套件,可在 @SpringBootApplication 設定要掃描的套件:

---

[5]　Spring Boot Reference Documentation:docs.spring.io/spring-boot/docs/2.4.4/reference/htmlsingle/

```
toy ToyApplication.java
```

```java
package cc.openhome;

import org.springframework.boot.SpringApplication;
import org.springframework.boot.autoconfigure.SpringBootApplication;

@SpringBootApplication(
    scanBasePackages={
        "cc.openhome.controller",
        "cc.openhome.model"
    }
)
public class ToyApplication {
    public static void main(String[] args) {
        SpringApplication.run(ToyApplication.class, args);
    }
}
```

控制器的部分非常簡單，都是第 13 章談過的東西：

```
toy DisplayController.java
```

```java
package cc.openhome.controller;
...略

@Controller
public class DisplayController {
    @Autowired
    private UserService userService;

    @GetMapping("/user/{name}")
    public String user(
        @PathVariable("name") String name,
        Model model) {
            List<Message> messages = userService.messagesBy(name);
            model.addAttribute("username", name);
            model.addAttribute("messages", messages);
            return "user";
    }
}
```

user()方法傳回"user"，因此要有個 user.html，這是 Spring Boot 預設的副檔名（可透過 `spring.thymeleaf.suffix` 修改），模版檔案預設要放在 src/main/resources/templates 資料夾（可透過 `spring.thymeleaf.prefix`修改）。

模版檔案搭配的 css 與 images 等屬於靜態資源，Spring Boot 預設靜態資源的位置是 src/main/resources/static 資料夾，你可以在〈Spring Boot Reference

Documentation〉搜尋 `spring.resources.static-locations`，看看還有哪些位置可以存放靜態資源。

基於篇幅限制，user.html、css 與 images 靜態資源，以及 `Message`、`UserService` 這兩個簡單的模型，可以自行觀察下載的範例檔案 samples/CH14/toy 的成果，`Message`、`UserService` 的程式碼內容，都是第 13 章談過的東西。這邊就不列出了。

14.2.2　JDBC API 基本設定

在 14.2.1 中，`UserService` 的訊息是寫死的，接下來要改從資料庫獲取訊息，因為打算使用 JDBC 連線 H2，可以在 build.gradle 設定 JDBC API 的 Starter，以及 H2 程式庫：

```
toy2 build.gradle
...略
sourceCompatibility = '15'

repositories {
    mavenCentral()
}
dependencies {
    ...略
    implementation 'org.springframework.boot:spring-boot-starter-jdbc'
    runtimeOnly 'com.h2database:h2'
}

test {
    useJUnitPlatform()
}
```

接著，將 13.3.5 的 gossip 成果專案中的 gossip.mv.db，複製到目前專案，`MessageDAO`、`MessageDAOJdbcImpl` 也複製到對應的套件。

`UserService` 改為自動綁定 `MessageDAO`，並使用其 `messagesBy()` 方法取得訊息清單：

```
toy2 UserService.java
package cc.openhome.model;
...略

@Service
public class UserService {
```

```
@Autowired
private MessageDAO messageDAO;

public List<Message> messagesBy(String name) {
    messageDAO.messagesBy(name);
    return messageDAO.messagesBy(name);
}
}
```

然後要設定 `DataSource`，可以在 application.properties 中設置：

toy application.properties

```
spring.thymeleaf.cache=false
spring.datasource.driver-class-name=org.h2.Driver
spring.datasource.url=jdbc:h2:tcp://localhost/c:/workspace/toy2/gossip
spring.datasource.username=caterpillar
spring.datasource.password=12345678
```

如此一來，Spring Boot 會自動建立對應的 DataSource 實作，並自動注入 `MessageDAOJdbcImpl` 之中。

14.2.3　Spring Security 基本設定

如果想在目前的專案加上 Spring Security，可以在 build.gradle 加入 Security 的 Starter：

toy3 build.gradle

```
...略

dependencies {
    ...略
    implementation 'org.springframework.boot:spring-boot-starter-security'
}

test {
    useJUnitPlatform()
}
```

Spring Boot 只要有 Spring Security 的 Starter 存在，就會自動啟用頁面防護，預設的使用者名稱為 user，密碼為隨機產生，在啟動專案時，可以於日誌訊息中看到：

```
 /\\ / ___'_ __ _ _(_)_ __  __ _ \ \ \ \
( ( )\___ | '_ | '_| | '_ \/ _` | \ \ \ \
 \\/  ___)| |_)| | | | | || (_| |  ) ) ) )
  '  |____| .__|_| |_|_| |_\__, | / / / /
 =========|_|==============|___/=/_/_/_/
 :: Spring Boot ::                (v2.4.4)

2021-04-01 14:43:12.577  INFO 7556 --- [          main] cc.openhome.ToyApplication
2021-04-01 14:43:12.578  INFO 7556 --- [          main] cc.openhome.ToyApplication
2021-04-01 14:43:13.082  INFO 7556 --- [          main] o.s.b.w.embedded.tomcat.TomcatWebServer
2021-04-01 14:43:13.088  INFO 7556 --- [          main] o.apache.catalina.core.StandardService
2021-04-01 14:43:13.088  INFO 7556 --- [          main] org.apache.catalina.core.StandardEngine
2021-04-01 14:43:13.135  INFO 7556 --- [          main] o.a.c.c.C.[Tomcat].[localhost].[/]
2021-04-01 14:43:13.135  INFO 7556 --- [          main] w.s.c.ServletWebServerApplicationContext
2021-04-01 14:43:13.273  INFO 7556 --- [          main] o.s.s.concurrent.ThreadPoolTaskExecutor
2021-04-01 14:43:13.394  INFO 7556 --- [          main] .s.s.UserDetailsServiceAutoConfiguration

Using generated security password: abff189e-f47b-4921-8455-8a5e1ee79ead
```

圖 14.9 預設產生的密碼

當然，可以自行設置使用者名稱與密碼，這是在 application.properties 設定，例如：

```
spring.security.user.name=caterpillar
spring.security.user.password=12345678
```

如果想使用 13.3.4 的 JDBC 驗證與授權，並設定相關的防護頁面，可以撰寫 SecurityConfig：

toy3 SecurityConfig.java

```java
package cc.openhome;
...略

@Configuration
public class SecurityConfig extends WebSecurityConfigurerAdapter {
    @Autowired
    private DataSource dataSource;

    @Override
    protected void configure(HttpSecurity http) throws Exception {
      http.authorizeRequests()
            .antMatchers("/user/**").hasRole("MEMBER")
            .and()
            .formLogin();
    }

    @Override
    protected void configure(AuthenticationManagerBuilder builder)
                                                throws Exception {
        builder.jdbcAuthentication()
            .passwordEncoder(new BCryptPasswordEncoder())
            .dataSource(dataSource)
            .usersByUsernameQuery(
```

```
              "select name, encrypt, enabled from t_account where name=?")
          .authoritiesByUsernameQuery(
              "select name, role from t_account_role where name=?");

    }
}
```

記得要在 `@SpringBootApplication` 增加設定檔所在套件：

toy3 ToyApplication.java

```
package cc.openhome;

import org.springframework.boot.SpringApplication;
import org.springframework.boot.autoconfigure.SpringBootApplication;

@SpringBootApplication(
    scanBasePackages={
        "cc.openhome",
        "cc.openhome.controller",
        "cc.openhome.model"
    }
)
public class ToyApplication {
    public static void main(String[] args) {
        SpringApplication.run(ToyApplication.class, args);
    }
}
```

14.2.4　微網誌與 Spring Boot

可以將 13.3.4 的微網誌成果遷移至 Spring Boot，這可以簡化不少設定，可以如 14.1.2 的方式先建立 Spring Starter Project，專案名稱為 gossip，有些程式庫並不在 Spring Tool Suite 提供的 Starter 選項中，必須自行在 build.gradle 設定，最後需要的相依程式庫會有：

gossip build.gradle

```
plugins {
    id 'org.springframework.boot' version '2.4.4'
    id 'io.spring.dependency-management' version '1.0.11.RELEASE'
    id 'java'
    id 'war'
}

group = 'cc.openhome'
version = '0.0.1-SNAPSHOT'
sourceCompatibility = '15'
```

```
repositories {
    mavenCentral()
}

dependencies {
    implementation 'org.springframework.boot:spring-boot-starter-aop'
    implementation 'org.springframework.boot:spring-boot-starter-jdbc'
    implementation 'org.springframework.boot:spring-boot-starter-mail'
    implementation 'org.springframework.boot:spring-boot-starter-security'
    implementation 'org.springframework.boot:spring-boot-starter-thymeleaf'
    implementation 'org.springframework.boot:spring-boot-starter-web'
    implementation
'com.googlecode.owasp-java-html-sanitizer:owasp-java-html-sanitizer:20200713.1'
    implementation 'javax.validation:validation-api:2.0.1.Final'
    implementation 'org.hibernate:hibernate-validator:6.2.0.Final'

    runtimeOnly 'com.h2database:h2'
    runtimeOnly
'org.thymeleaf.extras:thymeleaf-extras-springsecurity5:3.0.4.RELEASE'

    providedRuntime 'org.springframework.boot:spring-boot-starter-tomcat'
    testImplementation 'org.springframework.boot:spring-boot-starter-test'
}

test {
    useJUnitPlatform()
}
```

接著在 application.properties 設定關閉 Thymeleaf 模版快取，以及 DataSource：

gossip application.properties

```
spring.thymeleaf.cache=false

spring.datasource.driver-class-name=org.h2.Driver
spring.datasource.url=jdbc:h2:tcp://localhost/c:/workspace/gossip/gossip
spring.datasource.username=caterpillar
spring.datasource.password=12345678
```

application.properties 是用來設定 Spring Boot 本身支援的選項，微網誌專案本來有的 mail.properties、web.properties，可以直接複製至 src/main/resources 資料夾，稍後會設定讀取這兩個屬性檔案。

先前微網誌的模版頁面檔案，可以複製至 src/main/resources/templates 資料夾，而靜態資源檔案，像是根目錄中的 403.html、forgot.html，以及 css、images 資料夾，可以複製至 src/main/resources/static 資料夾。

先前微網誌中的既有原始碼的話，直接將 `cc.openhome.aspect`、`cc.openhome.controller` 與 `cc.openhome.model` 套件複製至 src\main\java 資料夾，`cc.openhome.web` 套件的話，只要複製 `SecurityConfig` 至 src\main\java\cc\openhome，並略做修改：

gossip SecurityConfig.java

```java
package cc.openhome;
...略

@Configuration
public class SecurityConfig extends WebSecurityConfigurerAdapter {
    ...略

    @Bean
    public PolicyFactory htmlPolicy() {
        return new HtmlPolicyBuilder()
                .allowElements("a", "b", "i", "del", "pre", "code")
                .allowUrlProtocols("http", "https")
                .allowAttributes("href").onElements("a")
                .requireRelNofollowOnLinks()
                .toFactory();
    }
}
```

主要的修改在於套件名稱，而且只需標註@Configuration，因為只要有 Spring Security 的 Starter，就會自動啟用 Spring Security 機制，不需要自行標註 @EnableWebSecurity 了；由於包含了 Thymeleaf 的 Starter，也會有模版相關的預設組態，原本微網誌的 WebConfig.java，其實只剩 `PolicyFactory` 的設定，這與安全相關，就順勢移至 `SecurityConfig` 設定。

接著，記得在 GossipApplication.java 設定掃描套件，同時指定.properties 來源：

gossip GossipApplication.java

```java
package cc.openhome;
...略

@SpringBootApplication(
    scanBasePackages={
        "cc.openhome",
        "cc.openhome.controller",
        "cc.openhome.model",
        "cc.openhome.aspect"
    }
)
```

```
@PropertySources({
    @PropertySource("classpath:web.properties"),
    @PropertySource("classpath:mail.properties")
})
public class GossipApplication {
        public static void main(String[] args) {
                SpringApplication.run(GossipApplication.class, args);
        }
}
```

這麼一來，微網誌的遷移就完成了，也完成了本書最後一項任務了，當然，本書在 Spring 這部分，只是作為 Servlet 的銜接，因而並非全面性地介紹 Spring，若有興趣做更多的探索，別忘了可以進一步參考〈開源框架：Spring[6]〉的內容。

14.3 重點複習

Spring Boot 將開發時必要的相依程式庫，都整理 Starter 相依之中，因此就不用自行設定 spring-webmvc、spring-context 等相依程式庫，至於使用的 Spring 版本，決定於使用的 Spring Boot 版本。

Spring Boot 會自動看看相依程式庫設定，自動產生並注入元件。在 Spring Boot 一開始感覺像是零組態，然而這並不是表示不需要任何設定，而是有許多設定都有預設值或行為了，在想要預設值以外的設定時，才需要進行相關組態。

使用 Spring Boot 本身的 spring 指令，使用 sping init 連線至 start.spring.io 來產生初始專案。

可以在既有的 Eclipse，透過「Help/Eclipse Marketplace」來安裝 Spring Tool Suite，或者是直接在 Spring 官網下載 Spring Tool Suite。

課後練習

實作題

1. 在 3.2.6 中，有個 Model 2 範例，試著使用 Spring Boot 來實現相同的功能。

---

6 開源框架：Spring：openhome.cc/Gossip/Spring/

如何使用本書專案

A.1 專案環境配置

　　為了方便讀者檢視範例程式、運行範例以觀摩成果，本書每個章節範例於範例檔案中都有提供，由於每個讀者的電腦環境配置不盡相同，在這邊對本書範例製作時的環境加以介紹，以便讀者配置出與作者製作範例時最為接近的環境。

　　本書撰寫過程安裝的主要軟體：

- Oracle JDK 15.0.1
- Eclipse IDE for Enterprise Java Developers - 2020-09
- Apache Tomcat 9.0.43
- H2 資料庫 2019-10-14

　　其他使用到的程式庫，詳見各章說明，若必須連線資料庫，記得按照 9.1 的說明啟動與設定 H2 資料庫，本書連線 H2 資料庫時的使用者名稱與密碼，都是 caterpillar 與 12345678。

　　至於跟路徑有關的資訊包括：

- Apache Tomcat 是放在 C:\workspace\apache-tomcat-9.0.43 資料夾。
- Eclipse 啟動時選擇的工作區（workspace）是 C:\workspace 資料夾。

A.2 範例專案匯入

　　請先按照 2.1.1 準備好相關開發環境，由於 Eclipse 啟動時選擇的工作區（workspace）是 C:\workspace 資料夾，若要使用範例專案，請將範例專案複製至 C:\workspace，接著在 Ecipse 執行匯入專案的動作：

1. 執行選單「File/Import...」指令，在出現的「Import」對話方塊中，選擇「General/Existing Projects into Workspace」後按下「Next>」按鈕。

2. 在「Select root directory」中按下「Browser」，在對話方塊中選擇 C:\workspace 後按下「確定」按鈕。

3. 選擇要匯入的專案後按下「Finish」完成匯入。

　　如果匯入專案後，發現 🖫 圖示，可能是 Tomcat 等環境不符，必須調整設定：

1. 選取專案後按右鍵，執行「Properties」指令，在出現的「Properties」對話方塊中選取「Java Build Path」，會發現有相依問題的程式庫出現 🔳 圖示。

2. 選取有相關問題的程式庫，按下「Edit...」按鈕以進行程式庫的調整。

3. 在「Properties」對話方塊中選取「Project Facets」，調整「Runtimes」頁籤中的 Web 容器。

　　第 12、13 章會談到 Gradle，以及在 Eclipse 建立與執行 Gradle 專案，第 14 章會使用 Spring Boot 與 Spring Tool Suite，如何使用這些專案，詳見各章說明。